石油和化工行业"十四五"规划教材

 自动化国家级特色专业系列教材

智能制造基础理论与创新实践案例

冯毅萍　赵久强　潘 戈　编著

化学工业出版社

·北京·

内容简介

智能制造背景下，培养具有创新实践能力的智能制造复合型人才成为新工科教育的重要目标。本书从智能制造成熟度等级模型的角度，分析了新型智能制造人才的培养需求，构建了智能制造教学工厂的概念模型、面向服务的组成域模型及全生命周期数字化资源模型；分专题讨论了智能产线、柔性生产、机器视觉、智能物流 AGV、工业机械臂、复合机器人、协作机器人、数字孪生、可重构产线等核心技术，并围绕这些核心技术问题设计了一系列创新实践案例。

本书在内容安排上紧密围绕智能制造核心技术，在案例设置上贴合工业 4.0 智能制造应用场景，助力解决行业创新应用；理论与实践结合，由浅入深，帮助读者建立智能制造基本概念及创新能力。另外，为了方便读者学习，本书配套的彩图可扫描封四二维码随时观看。

本书可作为自动化、智能制造等相关专业智能制造相关课程和课外创新实践竞赛的参考教材，也可面向广大工程技术人员作为智能制造系统应用的参考书目。

图书在版编目（CIP）数据

智能制造基础理论与创新实践案例 / 冯毅萍，赵久强，潘戈编著 . —北京：化学工业出版社，2024.2
新工科自动化国家级特色专业系列教材
ISBN 978-7-122-44550-6

Ⅰ. ①智… Ⅱ. ①冯… ②赵… ③潘… Ⅲ. ①智能制造系统-高等学校-教材 Ⅳ. ①TH166

中国国家版本馆 CIP 数据核字（2023）第 231771 号

责任编辑：郝英华　　　　　　文字编辑：吴开亮
责任校对：边　涛　　　　　　装帧设计：史利平

出版发行：化学工业出版社
　　　　　　（北京市东城区青年湖南街 13 号　邮政编码 100011）
印　　装：三河市双峰印刷装订有限公司
787mm× 1092mm　1/16　印张 20¼　字数 502 千字
2024 年 6 月北京第 1 版第 1 次印刷

购书咨询：010-64518888　　　　售后服务：010-64518899
网　　址：http://www.cip.com.cn
凡购买本书，如有缺损质量问题，本社销售中心负责调换。

定　　价：68.00 元　　　　　　版权所有　违者必究

总　序

随着工业化、信息化进程的不断加快，"以信息化带动工业化、以工业化促进信息化"已成为推动我国工业产业可持续发展、建立现代产业体系的战略举措，自动化正是承载两化融合乃至社会发展的核心。自动化既是工业化发展的技术支撑和根本保障，也是信息化发展的主要载体和发展目标，自动化的发展和应用水平在很大意义上成为一个国家和社会现代工业文明的重要标志之一。从传统的化工、炼油、冶金、制药、电力等产业，到能源、材料、环境、航天、国防等新兴战略发展领域，社会发展的各个方面均和自动化息息相关，自动化无处不在。

本系列教材是在建设浙江大学自动化国家级一流本科专业、国家级特色专业的过程中，围绕新工科自动化人才培养目标，针对新时期自动化专业的知识体系，为培养新一代的自动化创新人才而编写的，体现了在新工科专业建设过程中的一些新思考与新成果。

浙江大学控制科学与工程学院自动化专业在人才培养方面有着悠久的历史，其前身是浙江大学于1956年创立的化工自动化专业，这也是我国第一个化工自动化专业。1961年该专业开始培养研究生，1981年以浙江大学化工自动化专业为基础建立的"工业自动化"学科点，被国务院学位委员会批准为首批博士学位授予点，1988年被原国家教委批准为国家重点学科，1989年确定为博士后流动站，同年成立了工业控制技术国家重点实验室，1992年原国家计委批准成立了工业自动化国家工程研究中心，2007年启动了由国家教育部和国家外专局资助的高等学校学科创新引智计划（"111"引智计划），2013年由国家发改委批准成立了工业控制系统安全技术国家工程实验室，2016年由国家科技部批准成立流程生产质量优化与控制国家级国际联合研究中心，2017年控制科学与工程学科入选国家"双一流"建设学科，同年在教育部第四轮学科评估中获评"A+"学科，2020年由教育部认定为国家级一流本科专业建设点。经过50多年的传承和发展，浙江大学自动化专业建立了完整的高等教育人才培养体系，沉积了深厚的文化底蕴，其高层次人才培养的整体实力在国内外享有盛誉。

作为知识传播和文化传承的重要载体，浙江大学自动化专业一贯重视教材的建设工作，历史上曾经出版过一系列优秀的教材和著作，对我国的自动化及相关专业的人才培养起到了引领作用。近年来，以新技术、新业态、新模式、新产业为代表的新经济蓬勃发展，对工程科技人才提出了更高要求，迫切需要加快工程教育改革创新。教育部积极推进新工科建设，发布了《关于开展新工科研究与实践的通知》《关于推进新工科研究与实践项目的通知》，全力探索形成领跑全球工程教育的中国模式、中国经验，助力高等教育强国建设。 大力开展新工科专业建设、加强新工科人才培养是高等教育新时期的主要指导方针。 浙江大学自动化专业正是在教育部"加快建设新工科、实施卓越工程师教育培养计划 2.0"相关精神的指导下，以"一体两翼、创新驱动"为特色对新工科自动化专业的培养主线、知识体系和培养模式进行重新调整和优化，对传统核心课程的教学内容进行了新工科化改造，并新增多门智能自动化和创新实践类课程，突出了对学生创新能力和实践能力的培养，力求做到理论和实践相结合，知识目标和能力目标相统一，使该系列教材能和研讨式、探究式教学方法和手段相适应。

本系列教材涉及范围包括自动控制原理、控制工程、传感与检测、计算机控制、智能控制、人工智能、建模与仿真、系统工程、工业互联网、自动化综合创新实验等方面，所有成果都是在传承老一辈教育家智慧的基础上，结合当前的社会需求，经过长期的教学实践积累形成的。

大部分已出版教材和其前身在我国自动化及相关专业的培养中都具有较大的影响，其中既有国家"九五"重点教材，也有国家"十五""十一五""十二五"规划教材，多数教材或其前身曾获得过国家级教学成果奖或省部级优秀教材奖。

本系列教材主要面向控制科学与工程、计算机科学和技术、航空航天工程、电气工程、能源工程、化学工程、冶金工程、机械工程等学科和专业有关的高年级本科生和研究生，以及工作于相应领域和部门的科学工作者和工程技术人员。 我希望，这套教材既能为在校本科生和研究生的知识拓展提供学习参考，也能为广大科技工作者的知识更新提供指导帮助。

本系列教材的出版得到了很多国内知名学者和专家的悉心指导和帮助，在此我代表系列教材的作者向他们表示诚挚的谢意。 同时要感谢使用本系列教材的广大教师、学生和科技工作者的热情支持，并热忱欢迎提出批评和意见。

2022 年 10 月

前　言

进入 21 世纪，数字技术取得了跨越式发展，人工智能、大数据、数字孪生、5G 等新兴技术的广泛应用促进了工业化和信息化的深度融合，全球制造业正在向数字化、绿色化、智能化方向发展。 我国作为制造业大国，产业门类齐全，供应链体系完备，在全球制造业竞争体系中占据了重要的地位，但是仍面临着"大而不强"、劳动力成本上升、原材料价格剧烈波动、市场竞争加剧等严峻挑战，广大制造业企业迫切需要提升创新能力和经营管理水平。 在这种背景下，利用先进数字技术改变传统制造模式，推进数字化、智能化转型升级成为制造业企业的必然选择。 同时，由于智能制造涉及计算机、自动化、机器人、人工智能、机械、电气等多学科领域知识，以及多系统集成能力，决定了智能制造人才需要具备跨学科复合知识面和创新实践能力。 传统教学模式不利于复合型人才的培养，人才问题成为制约企业顺利进行数字化智能化转型的瓶颈之一。

为了积极应对新一轮工业革命，支持"中国制造 2025"，国家推出了一系列制造业人才发展规划，探索新工科背景下复合型、创新型、实践型智能制造人才的培养模式。 本书结合浙江大学控制学院智能制造人才培养的教学实践，从智能制造系统成熟度等级水平模型的角度，分析了新型智能制造人才的培养需求，构建了智能制造教学工厂的概念模型、面向服务的组成域模型及全生命周期数字化资源模型，并围绕智能工厂设计理论、智能传感与检测、柔性制造、智能物流 AGV、协作机器人、机器视觉、智能运维、可重构生产系统等主题开展了创新实践教学与研究。

全书共分 12 章，第 1 章智能制造内涵与发展概论，对智能制造发展历史、核心技术、内涵特点、发展趋势进行概述。 第 2 章智能制造背景下的新工程教育，对智能制造创新人才培养模式进行了讨论。 第 3 章智能制造教学工厂的设计理论，介绍了智能制造教学工厂概念模型、基本组成，以及流水线自动控制系统、柔性自动装配系统等的设计方法。 第 4 章智能玩具生产线教学工厂的设计，介绍了智能组装流水线工艺分析、控制系统设计、数据管理、工业以太网、执行器中的气动执行机构等内容，以及教学工厂资源及运行情况。 第 5 章智能产线传感与检测桌面型实验装置，介绍了桌面型基础实验装置的软硬件设计以及实验案例。 第 6 章桌面型柔性上料实验装置，介绍了 FlexiJet 柔性上料实验装置的系统架构、软硬件设计，以及实验案例。 第 7 章 AGV 与机器人协同搬运系统，讨论了 AGV 与机器人协同搬运系统设计方案及其导航运动、机械臂抓取、机器视觉、语音识别等模块的具体实现方法。 第 8 章魔术师机械臂力控视觉抓手，围绕视觉伺服仿真、力控视觉抓手实物设计、近红外光谱技术破损检测实验等内容开展实验探索。 第 9 章数字孪生驱动的智能装配机械臂控制与运行监测，介绍了数字孪生驱动的机械臂建模、机械臂控制、运行数据与处理、机械臂运行监测等实验探索。 第 10 章人机物品交接协同机器人，介绍了机器视觉、机器人运动规划与控制、人机交接系统构建与实验测试等内容。 第 11 章多 AGV 协同智慧物流仿真，就多 AGV 应用场景、Petri 网建模、仿真模型测试等内容进行了实验研究。 第 12 章智能产线生产管控可重构实验平台，介绍了智能产线可重构模型、生产调度可重构模型建模方法，以及基于多智能体的智能产线重构模型实例等平台拓展内容。

本书具有以下特色：

① 以智能制造全链条创新实践能力培养为目标。

研究型实验作为一类研究性学习的重要载体，在突显学生的主体地位和主动精神，培养学生创新精神和实践能力方面，起到了重要的作用。 从知识、工具、素养和行业最佳实践等方面提供创新人才培养计划，培养造就掌握现代数学建模与分析技能、具有制造系统实际操作经验、能够设计和开发先进 IT 系统的复合型高级工程人才。

② 内容设计深入浅出，便于初学者参考。

本书针对自动化、智能制造专业创新实验课程的教学特点，重点聚焦新兴技术的基础理论与原理，以通俗易懂的语言、由浅入深的实验设计和贴近工厂的实践案例，介绍了智能制造背景下的相关前沿技术，易学易教。 为便于学生学习，设置了多层次的实验内容。 基础性实验，包括智能传感器、机械臂、PLC 控制器及执行器等内容；综合创新性实验及拓展性实验引导有一定专业基础和动手能力的高年级学生，对智能化技术的创新应用进行探索性创新实验。

③ 实验案例融合工业应用，具有较强的指导示范效果。

本书所采用的实验案例均来源于行业典型应用，属于目前智能制造、工业智能应用中的经典场景。选用的实验软硬件模块参考行业标准及工业应用需求，且图像资料丰富，案例设计具有一定的挑战性，对于学生全面深入地了解智能制造基础理论、参加各类学科性竞赛，以及未来从事智能制造相关领域工作具有较强的指导和示范意义。

④ 实验平台可重构设计具有较强的可拓展性。

在实验平台建设中引入可重构制造系统理论，构建了智能产线生产调度可重构模型，以满足智能生产优化等应用问题研究对异构生产场景复杂性的需求。 该可重构模型可以有效拓展产线规模及复杂度，进而为生产调度优化等研究与应用提供灵活高效的仿真实验系统、测试验证工具、评价比较平台与优选推荐服务，从而为开展创新性的复杂优化算法实验提供了实验平台环境。

本书第 1~3 章由冯毅萍编写；第 5、7 章由赵久强编写；第 4、6 章由赵久强、冯毅萍编写；第 8~11 章由冯毅萍根据学生实验报告整理编写；第 12 章由潘戈编写。 全书由冯毅萍统稿。

全书结构紧凑，重点突出，以智能制造教学工厂及实验案例为载体，全面探讨了智能制造背景下自动化、智能制造专业创新实践教学模式的开展、教学实践内容设计、技术路线等方面的关键问题，对于相关院校建设智能制造、自动化专业实验平台提供了方案借鉴。 同时，对于学生全面深入地了解智能制造基础理论、参加相关竞赛，以及未来从事智能制造相关领域工作提供指导和参考示范。 另外，为了方便读者学习，本书配套的彩图可扫描封四二维码随时观看。

在实验室建设和本书的编写过程中，得到了兄弟学校老师及企业界，特别是菲尼克斯电气公司技术人员的大力支持和帮助，在此向他们表示深深的感谢。 此外，也要感谢支持、帮助和关心我们编写工作的浙江大学控制学院的老师与学生，感谢林润泽、戴雨欣、钱佳琳、杨逸飞等项目组同学提供的实验报告素材。 同时，我们要感谢所有帮助此书编写和出版的朋友们！

编著者
2023 年 5 月于浙大玉泉求是园

目　录

第4章 智能玩具生产线教学工厂的设计

第5章 智能产线传感与检测桌面型实验装置

第6章 桌面型柔性上料实验装置

第 7 章　AGV 与机器人协同搬运系统

第 8 章　魔术师机械臂力控视觉抓手

第 9 章　数字孪生驱动的智能装配机械臂控制与运行监测

第10章 人机物品交接协同机器人

第11章 多 AGV 协同智慧物流仿真

第12章 智能产线生产管控可重构实验平台

参考文献

第1章 智能制造内涵与发展概论

1.1 智能制造发展的历史背景

制造业是人类历史上最古老的产业之一，制造业的发展同工具的使用和发展密切相关。以工具的发明和使用为里程碑，人类经历了石器时代、青铜器时代、铁器时代、蒸汽机时代、电气时代以及目前以计算机为工具的信息时代。由于生产工具的不断改进，人类从其所从事的生产环境中不断得到解放。18 世纪末，蒸汽机广泛使用标志着第一次工业革命的开始，制造业开始由人工制造向机械制造迈进；20 世纪初，由电力驱动的大规模生产取代了原有的生产模式；继第二次工业革命后，20 世纪 70 年代，信息技术（体系）的迅速发展开启了第三次工业革命，机器接管了部分"脑力劳动"，生产模式逐渐转变为全自动化生产；21 世纪，由于全球经济一体化的冲击和信息革命的推动，在世界范围内制造业正在经历一场重大的变革。企业面临的是一个变化越来越快的市场和竞争越来越激烈的环境，社会对产品的需求正从大批量产品转向多品种、小批量甚至单件产品上。企业要在这样的市场环境中立于不败之地，必须对自身不断进行改造以适应变化的市场。如何在传统工艺的基础上，促进制造的敏捷化、服务化、绿色化和智能化，如何全面提升企业的市场竞争力，如何高度解放人的体力劳动实现"机器换人"、提升企业创新价值成为第四次工业革命（即工业 4.0）面临的主要问题。

近年来，西方各国对智能制造技术的研究和开发都十分重视。美国是智能制造思想的发源地之一，美国政府高度重视智能制造，将其视为 21 世纪占据世界制造技术领先地位的基石。美国 1992 年实施旨在促进传统工业升级和培育新兴产业的新技术政策（critical technology），其中涉及信息技术和新制造工艺、智能制造技术等。此外，还建立了许多重要试验基地，美国国家标准和技术研究所的自动化制造与试验基地就把"为下一代以知识库为基础的自动化制造系统提供研究与实验设施"作为其主要目的之一。卡内基梅隆大学的制造系统构造实验室一直从事制造智能化的研究，包括制造组织描述语言、制造知识表示、制造通信协议、谈判策略和分布式知识库，先后开发了车间调度系统、项目管理系统等项目。

日本由于其制造业面临劳动力资源短缺、制造产业向海外转移、制造技术高度的内部化导致标准规范不统一以及与美欧贸易摩擦加剧等问题，认识到发展智能制造的重要性。日本东京大学 Furkawa 教授等正式提出智能制造系统（IMS）国际合作计划，并于 1990 年被日本通产省立案为国际共同研究开发项目。日本提出的智能制造系统国际合作计划以高新计算机为后盾，其特点是：①由政府出面支持，投资巨大，民间企业热情高，有50多家民间企业参加；②强调部分代替人的智能活动，实现部分人的技能；③使用先进的智能计算机技术，实现设计、制造一体化，以虚拟现实技术实现虚拟制造；④强调全球性网络的生产制造；⑤强调智能化、自律化智能加工系统和智能化CNC、智能机器人的研究；⑥重视分布式人工智能技术的应用，强调自律协作代替集中递阶控制。

自从2013年德国在汉诺威工业博览会上正式推出了旨在提高德国工业竞争力的"工业4.0"，智能制造作为国家战略开始受到全球各国的关注。从德国工业4.0的相关文献看，其战略的核心是智能制造技术和智能生产模式，旨在通过"物联网"和"务（服务）联网"两类网络，把产品、机器、资源、人有机联系在一起，构建信息物理融合系统（CPS，又称赛博物理系统），实现产品全生命周期和全制造流程的数字化以及基于信息通信技术的端对端集成，从而形成一个高度灵活（柔性、可重构）、个性化、数字化、网络化的产品与服务的生产模式；旨在将智能服务渗透到所有关键领域，使其成为智能化、网络化世界的一部分。其中，工业4.0的重点是创造智能产品、程序和过程，智能工厂构成了工业4.0的一个关键特征。智能工厂应能够智能化执行生产、智能化管理产品、智能化提供服务。在智能工厂里，人、机器和资源如同在一个社交网络里一般自然地相互沟通协作，协作的核心在于智能产品，即通过产品传递信息，如"我需要哪些生产环节""我需要的上一加工环节及下一环节是什么""我应该何时完成生产"等，进而组织生产过程各环节相互协调工作，其技术关键则在于物联网与务联网的无缝对接。工业4.0的本质是将物联网和务联网应用于制造行业，其实施将重点聚焦在三个方面：一是通过价值网络实现横向集成，即在供应链价值传递过程中的B2B或B2C集成；二是贯穿整个价值链的端到端工程数字化集成，即产品的全生命周期数据集成；三是垂直集成和网络化制造系统，即企业内部由决策层到生产过程控制层的管理集成。

进入新时代，党中央、国务院作出一系列重要战略部署，把信息化作为培育经济发展新动能、推动我国经济迈上高质量发展阶段的重要抓手。党的十九大报告提出，贯彻新发展理念，建设现代化经济体系，把提高供给体系质量作为主攻方向，加快建设制造强国，加快发展先进制造业，推动互联网、大数据、人工智能和实体经济深度融合。我国智能制造发展迅速、发展战略清晰。2016年12月8日，我国工业和信息化部、财政部联合制定的《智能制造发展规划（2016—2020年）》（简称规划）颁布。根据规划，2025年前，我国推进智能制造发展实施"两步走"战略。第一步，到2020年，智能制造发展基础和支撑能力明显增强，传统制造业重点领域基本实现数字化制造，有条件、有基础的重点产业智能转型取得明显进展；第二步，到2025年，智能制造支撑体系基本建立，重点产业初步实现智能转型。目前，我国工业企业改革进入了深水区，正处于调整结构、转型升级、高质量发展的关口，各企业纷纷借助数字化智能化转型来实现改革、开拓、创新的发展新局面。通过数字化智能化转型推动传统产业基础设施、生产方式、创新模式持续变革，不断提高全要素生产率，大幅提升产业能力和质量。各企业把平台思维、跨界思维、大数据思维等新思维和以人为本、创新引领、开放协调等新理念注入企业发展的全过程，把数据作为新的生产要素与传统要素加速融合并成为提升全要素生产率的倍增器，制造方法正在从传统的试错法向模拟择优法、大数据分析法演进拓展，自动控制和感知、工业软件、工业网络、工业云平台正成为融合发展的新基础。

未来新一轮全球制造业分工争夺战将日益激烈，世界制造业大国纷纷制定国家工业战略。发达国家力求推动中高端制造业回流，发挥集群的优势并进一步加强全球产业布局调整，力图保持全球制造业领先地位。而发展中国家则利用低成本竞争优势，围绕集群核心国家积极吸引劳动密集型产业和低附加值环节转移。

1.2　智能制造的基本内涵

20 世纪 80 年代美国赖特等首次提出智能制造概念，几十年来物联网、大数据、云计算等新技术飞速发展，推动了制造业不断进步。特别是近年来，由于经济全球化、生产力成本增加以及制造环境复杂程度的提升，智能制造受到了更为广泛的关注。主要经济体纷纷提出了利用信息技术推动传统制造业发展的国家战略，具体内容见表 1-1。

表 1-1　各国智能制造规划内涵对比

国家战略名称	定义	侧重点
德国工业 4.0	通过广泛应用互联网技术,实时感知、监控生产过程中产生的海量数据,实现生产系统的智能分析和决策,生产过程变得更加自动化、网络化、智能化,使智能生产、网络协同制造、大规模个性化制造成为生产新业态	侧重信息物理融合系统(CPS)的应用以及生产新业态
美国《智能制造系统现行标准体系》	增加了互操作性和增强了生产力的全面数字化制造企业;通过设备互联和分布式智能来实现实时控制和小批量柔性生产;快速响应市场变化和供应链失调的协同供应链管理;集成和优化的决策支撑用来提升能源和资源使用效率;通过产品全生命周期的高级传感器和数据分析技术来达到高速的创新循环	侧重柔性生产、协同供应链、能源和资源利用等智能制造目标
美国智能制造领导力联盟(SMLC)	以柔性生产、协同供应链、能源和资源利用等智能制造为目标,通过广泛的、全面的、有目的的使用基于传感器产生的数据进行分析、建模、仿真和集成,为企业提供实时的决策支持	侧重数据与信息的获取、建模、应用、分析等
中国《国家智能制造标准体系建设指南》	智能制造基于物联网、大数据、云计算等新一代信息技术,贯穿于设计、生产、管理、服务等制造活动的各个环节,具有信息深度自感知、智慧优化自决策、精准控制自执行等功能的先进制造过程、系统与模式的总称	涵盖新技术、制造全过程、智能特征等各方面

从表 1-1 中可见，各国均将 CPS 作为抢占全球新一轮产业竞争制高点的核心技术及优先议题。CPS 的本质就是构建一套赛博（cyber）空间与物理（physical）空间之间基于数据自动流动的状态感知、实时分析、科学决策、精准执行的闭环赋能体系，解决生产制造、应用服务过程中的复杂性和不确定性问题，提高资源配置效率，实现资源优化。智能制造的目的就是对目前的生产制造模式进行转型升级，从而达到改善和优化生产制造产业链，使生产的产品质量更好、成本更低、制造效率更高。其中一个关键点就是技术研发、产品生产流程的优化，并通过采用"精益化、自动化、数字化、云端化"等技术来实现。

精益管理就是以最小的资源成本投入（包括人力、物力、财力及时间、场地等）来获取最大的经济效益，创造最大的价值。通过精益化生产管理，企业在为顾客提供满意的产品与服务的同时，将浪费降到最低程度，并将精益理念推广到整个企业业务链的管理环节，涵盖市场、研发、制造、供应链、运营和服务整个价值链。通过精益制造和精益管理，企业对现存的生产制造流程做进一步的优化和改善，将大幅提高生产效率。

通过生产制造自动化改造，可以有效地降低制造成本，优化生产效率，提高产品质量，特别是产品质量的一致性和稳定性。在智能制造背景下，通过信息技术和控制技术的融合，自动化生产制造具有了智能化、自适应和模块化等特点，同时具有柔性灵活、支持快速重构的能力，不仅可以适应大规模生产模式，还能实现小批量、多品种的定制生产模式。

1.3 智能制造核心技术

智能制造（intelligent manufacturing，IM）是指由智能机器和人类专家共同组成的人机一体化智能系统，它在制造过程中能进行智能活动，诸如分析、推理、判断、构思和决策等，通过人与人、人与机器、机器与机器之间的协同，去扩大、延伸和部分地取代人类专家在制造过程中的脑力劳动。

智能制造实现整个制造业价值链的智能化和创新，是信息化与工业化深度融合的进一步提升。智能制造融合了信息技术、先进制造技术、自动化技术和人工智能技术。智能制造包括开发智能产品、应用智能装备、自底向上建立智能产线、构建智能车间并最终打造智能工厂。《中国制造2025》国家行动纲领指出，智能制造发展应紧扣关键工序智能化、关键岗位机器人替代、生产过程智能优化控制、供应链优化，建设重点领域智能工厂/数字化车间。智能制造使企业的竞争要素发生根本性的变化，由之前的以材料、能源两种资源为核心的竞争转变为以材料、能源和信息三种资源为核心的竞争，从而产生了两种生产力，即以传统的材料和能源为代表的工业生产力和以信息为代表的信息生产力，这三种资源、两种生产力合在一起，形成了未来企业竞争的核心。智能制造的核心技术包括以下几种。

（1）赛博物理系统

赛博物理系统（cyber-physical system，CPS）是一个综合了计算、网络和物理环境的多维复杂系统，通过3C（computing、communication、control）技术的有机融合与深度协作，实现大型工程系统的实时感知、动态控制和信息服务，让物理设备具有计算、通信、精确控制、远程协调和自治五大功能，从而实现虚拟网络世界与现实物理世界的融合。CPS可以将资源、信息、物体及人紧密联系在一起，从而创造物联网及相关服务，并将生产工厂转变为智能环境。

CPS因为控制而兴起，由于计算而发展壮大，借助互联网而普及应用。飞机特别是无人机（在很多场合甚至直接叫作空中机器人），就是CPS应用的重点领域之一。从产业角度看，CPS涵盖了小到智能家庭网络，大到智能交通系统、工业控制系统等应用。更为重要的是，这种涵盖并不仅是将现有设备简单地连接，而是要催生出众多具有计算、通信、控制、协同和自治性能的设备。回到智能制造系统中来看，CPS内容博大精深，它大到包括整个工业体系，小到一个简单的PLC控制器，这些都是智能制造系统。智能工厂需要CPS化的物理实体不仅是设备，更是应该将涉及产品生产的人、机、料、法、环、测予以全面CPS化。例如通过对携带RFID的人的移动轨迹采集分析，提出更精益的操作规程，并通过穿戴设备提供给员工，最典型的如现场的物料配送人员。还有对现场工艺参数（如热处理温度）实时采集，并通过大数据分析，给出工艺参数优化指导。

（2）人工智能

人工智能（artificial intelligence，AI）是研究、开发用于模拟、延伸和扩展人的智能的理论、方法、技术及应用系统的技术。它试图了解智能的实质，并生产出一种新的能以与人类智能相似的方式做出反应的智能机器。该领域的研究包括机器人、语言识别、图像识别、自然语言处理和专家系统等。

美国麻省理工学院的尼尔逊教授对人工智能下了这样一个定义："人工智能是关于知识的学科——怎样表示知识以及怎样获得知识并使用知识的学科。"而该学院的温斯顿教授则认为："人工智能就是研究如何使计算机去做过去只有人才能做的智能工作。"这些说法反映了人工智能学科的基本思想和基本内容。即人工智能是研究人类智能活动的规律，构造具有一定智能的人工系统，研究如何让计算机去完成以往需要人的智力才能胜任的工作，也就是研究如何应用计算机的软硬件来模拟人类某些智能行为的基本理论、方法和技术。

用来研究人工智能的主要物质基础以及能够实现人工智能技术平台的机器就是计算机，人工智能的发展史是和计算机科学的发展史联系在一起的。除计算机科学以外，人工智能还涉及信息论、控制论、自动化、仿生学、生物学、心理学、数理逻辑、语言学、医学和哲学等多学科。人工智能学科研究的主要内容包括知识表示、自动推理和搜索方法、机器学习和知识获取、知识处理系统、自然语言理解、计算机视觉、智能机器人、自动程序设计等方面。

从1956年正式提出人工智能学科算起，60多年来，人工智能学科取得了长足发展，成为一门交叉广泛和前沿科学。在机器视觉、指纹识别、人脸识别、视网膜识别、虹膜识别、掌纹识别、专家系统、自动规划、智能搜索、定理证明、博弈、自动程序设计、智能控制、机器人学、语言和图像理解、遗传编程等领域得到了广泛的应用。

（3）数字孪生

数字孪生（digital twin，DT）充分利用物理模型、传感器更新、运行历史等数据，集成多学科、多物理量、多尺度、多概率的仿真过程，在虚拟空间中完成映射，从而反映相对应的实体装备的全生命周期过程。数字孪生是一种超越现实的概念，可以被视为一个或多个重要的、彼此依赖的装备系统的数字映射系统。

2011年，Michael Grieves教授在《几乎完美：通过PLM驱动创新和精益产品》中给出了数字孪生的三个组成部分：物理空间的实体产品、虚拟空间的虚拟产品、物理空间和虚拟空间之间的数据和信息交互接口。在2016西门子工业论坛上，西门子认为数字孪生的组成包括产品数字化双胞胎、生产工艺流程数字化双胞胎、设备数字化双胞胎，数字孪生完整真实地再现了整个生产。北京理工大学的庄存波等也从产品的视角给出了数字孪生的主要组成，包括产品设计数据、产品工艺数据、产品制造数据、产品服务数据以及产品退役和报废数据等。无论是西门子，还是北京理工大学的庄存波，都是从产品的角度给出了数字孪生的组成，并且西门子是以它的产品全生命周期管理系统（product lifecycle management，PLM）为基础，在制造企业推广它的数字孪生相关产品。同济大学的唐堂等提出数字孪生的组成应该包括产品设计、过程规划、生产布局、过程仿真、产量优化等。该数字孪生的组成不仅包括产品的设计数据，也包括产品的生产过程和仿真分析，更加全面，更加符合智能工厂的要求。北京航空航天大学的陶飞等从车间组成的角度先给出了车间数字孪生的定义，然后提出了车间数字孪生的组成，主要包括物理车间、虚拟车间、车间服务系统、车间孪生数据几部分。物理车间是真实存在的车间，主要从车间服务系统接受生产任务，并按照虚拟车间仿真优化后的执行策略完成任务；虚拟车间是物理车间在计算机内的等价映射，主要负责对生产活动进行仿真分析和优化，并对物理车间的生产活动进行实时的监测、预测和调控；车间服务系统是车间各类软件系统的总称，主要负责车间数字孪生驱动物理车间的运行，以及接受物理车间的生产反馈。

数字孪生最重要的启发意义在于，它实现了现实物理系统向赛博空间数字化模型的反馈，这是一次工业领域中逆向思维的壮举。人们试图将物理世界发生的一切塞回到数字空间中，只有带有回路反馈的全生命跟踪的全生命周期才是真正的全生命周期。这样就可以真正在全生命周期范围内，保证数字与物理世界的协调一致。各种基于数字化模型进行的仿真、分析、数据积累、挖掘，甚至人工智能的应用，都能确保它与现实物理系统的适用性。这就是数字孪生对智能制造的意义所在。

（4）增强现实

增强现实技术（augmented reality，AR）是一种将真实世界信息和虚拟世界信息"无缝"集成的新技术，是把原本在现实世界的一定时间、空间范围内很难体验到的实体信息（视觉、声音、味道、触觉等信息）通过计算机等科学技术模拟仿真后再叠加，将虚拟的信息应用到真实世界，被人类感官感知，从而达到超越现实的感官体验，真实的环境和虚拟的物体实时地叠加到了同一个画面或空间中。增强现实技术不仅展现了真实世界的信息，而且将虚拟的信息同时显示出来，两种信息相互补充、叠加。增强现实技术包含多媒体、三维建模、实时视频显示及控制、多传感器融合、实时跟踪及注册、场景融合等新技术与新方法。

（5）物联网

物联网（internet of things，IoT）是物物相连的互联网，指通过各种信息传感设备，实时采集任何需要监控、连接、互动的物体或过程等的信息，与互联网结合形成的一个巨大网络。其目的是实现物与物、物与人、所有的物品与网络的连接，以方便识别、管理和控制。具体来讲，物联网将无处不在的末端设备（devices）、设施（facilities）（包括具备"内在智能"的传感器、移动终端、工业系统、数控系统、家庭智能设施、视频监控系统等）和"外在使能"（enabled）的［如贴上 RFID 的各种资产（assets）、携带无线终端的个人与车辆等］"智能化物件或动物"或"智能尘埃"（mote），通过各种无线和（或）有线的长距离、短距离通信网络实现互联互通（M2M），应用大集成（grand integration）以及基于云计算的 SaaS 营运等模式，在内网（Intranet）、专网（Extranet）和（或）互联网（Internet）环境中，采用适当的信息安全保障机制，提供安全可控乃至个性化的实时在线监测、定位追溯、报警联动、调度指挥、预案管理、远程控制、安全防范、远程维保、在线升级、统计报表、决策支持、领导桌面（集中展示的驾驶舱仪表盘）等管理和服务功能，实现对"万物"的"高效、节能、安全、环保"的"管、控、营"一体化。

（6）云计算

云计算（cloud computing，CC）是一种分布式计算，是指通过网络"云"将巨大的数据计算处理程序分解成无数个小程序，然后，通过多台服务器组成的系统处理和分析这些小程序，并将结果返回给用户。云计算早期就是先进行简单的分布式计算，然后将解决任务分发，并进行计算结果的合并。因而云计算又称网格计算。通过这项技术，可以在很短的时间内（几秒）完成大量的数据处理，从而实现强大的网络服务。

云计算是继互联网、计算机后在信息时代的又一种革新。云计算是信息时代的一个大飞跃，未来的时代可能是云计算的时代，虽然目前有关云计算的定义有很多，但概括来说，云计算的基本含义是一致的，即云计算具有很强的扩展性和需要性，可以为用户提供一种全新的体验。云计算的核心是将很多计算机资源协调在一起，因此，用户通过网络就可以获取到无限的资源，同时获取的资源不受时间和空间的限制。云计算技术实质是计算、存储、服务器、应用软件等 IT 软硬件资源的虚拟化，云计算在虚拟化、数据存储、数据管理、编程模式等方面具有独特的技术。

（7）工业大数据

工业大数据（industrial big data，IBD）是将大数据理念应用于工业领域，它将设备数据、活动数据、环境数据、服务数据、经营数据、市场数据和上下游产业链数据等原本孤立、海量、多样性的数据相互连接，实现人与人、物与物、人与物之间的连接，尤其是实现终端用户与制造、服务过程的连接，通过新的处理模式，根据业务场景对实时性的要求，实现数据、信息与知识的相互转换，使终端用户具有更强的决策力、洞察发现力和流程优化能力。

工业大数据是指在工业领域中，围绕典型智能制造模式，从客户需求到销售、订单、计划、研发、设计、工艺、制造、采购、供应、库存、发货和交付、售后服务、运维、报废或回收再制造等整个产品全生命周期各个环节所产生的数据及相关技术和应用的总称。其以产品数据为核心，极大扩展了传统工业数据范围，同时还包括工业大数据相关技术和应用。工业大数据的主要来源可分为以下三类：第一类是与生产经营相关的业务数据；第二类是设备物联数据；第三类是外部数据。

工业大数据技术是使工业大数据中所蕴含的价值得以挖掘和展现的一系列技术与方法，包括数据规划、采集、预处理、存储、分析挖掘、可视化和智能控制等。工业大数据应用，则是对特定的工业大数据集集成应用工业大数据系列技术与方法，获得有价值信息的过程。工业大数据技术的研究与突破，其本质目标就是从复杂的数据集中发现新的模式与知识，挖掘得到有价值的新信息，从而促进制造型企业创新产品、提升经营水平和生产运作效率以及拓展新型商业模式。相比其他领域的大数据，工业大数据具有更强的专业性、关联性、流程性、时序性和解析性等特点。

（8）预测与健康管理

传统设备维护多以定期检查、事后维修为主，不仅耗费大量的人力和物力，而且效率低下。预测与健康管理（prognostics and health management，PHM）是综合利用现代信息技术、人工智能技术的最新研究成果提出的一种全新的管理健康状态的解决方案。PHM技术的发展过程包括从对设备的故障和失效的被动维护，到定期检修、主动预防，再到事先预测和综合规划管理。

PHM的方法通常有基于模型的故障诊断与预测、基于状态信息的故障诊断与预测以及基于知识的故障诊断与预测。在实际工程应用中，常常无法获得对象系统的精确数学模型，这就大幅限制了基于模型的故障诊断与预测方法的实施。而基于知识的故障诊断与预测方法不需要对象系统精确的数学模型，同时能够有效地表达与对象相关的领域专家的经验知识。但是，由于基于知识的故障诊断与预测方法本身更适合定性推理而不太适合定量计算，因此，一般将其与其他技术相结合（如与神经网络结合的故障预测），以期获得更好的应用效果。

（9）混合制造

现今的制造业正在经历一场浩大的技术革命，"工业4.0"朝着高生产效率、低成本且灵活而智慧化的方向迈进，未来工厂链接了3D打印、大数据、系统整合、自动化等九大科技。作为核心九大科技之一的3D打印技术，随着国际知名企业与研发单位不断地投入，已然由快速打样的用途逐渐发展到消除了原型设计和工具的概念，直接完成了产品实现的两个步骤——设计和制造，迈入了高度定制化数字制造技术的时代。将3D打印（增材制造）技术与铣削加工（减材制造）技术有机地结合起来，形成了一种新型的制造模式——混合制造。通过混合制造可以有效借助增材制造的优势实现全新几何形状的加工，同时使增材制造技术不再局限于加工小型工件，加工效率也得以大幅提升。

3D打印技术的特点在于利用材料进行加法制造，可以在不使用模具的情况下制造结构复杂的对象，因其具有至高的设计自由度，更容易实现传统减法加工与塑性成型加工无法完成的加工，例如复杂结构对象、特殊的内部特征变化以及高度定制化产品。增材制造可实现产品轻量化、节省材料。近年来，与日俱增的企业及个人不断将创新的思维导入3D打印技术中，使3D打印产业的规模快速扩大。现行技术中，最为世人所熟悉的仍为塑料材料的3D打印，然而受限于其材料性质，仅适合应用于打样模型与无安全性考量的结构。不论是汽车、医疗、食品、航天等行业需求，还是整体产业生态升华的需求，都正在化为一股洪流，推动混合制造朝着高速、高精度的方向发展。

（10）工厂信息安全

工厂信息安全是将信息安全理念应用于工业领域，实现对工厂及产品使用维护环节所涵盖的系统及终端的安全防护。涉及的终端设备及系统包括工业以太网、数据采集与监控（SCADA）设备、分布式控制系统（DCS）、过程控制系统（PCS）、可编程逻辑控制器（PLC）、远程监控系统等网络设备及工业控制系统。确保工业以太网及工业系统不被未经授权的访问使用、泄露、中断、修改和破坏，为企业正常生产和产品正常使用提供信息服务。

对于工厂信息安全，还没有一个公认、统一的定义，但是对于信息安全，已经有较为统一的认识。信息安全主要包括五个方面的内容，即需保证信息的保密性、真实性、完整性、未授权不能复制和所寄生系统的安全性。其根本目的就是使内部信息不受外部威胁，因此信息通常要加密。为保障信息安全，要求有信息源认证、访问控制，不能有非法软件驻留，不能有非法操作。信息安全是指信息网络的硬件、软件及系统中的数据受到保护，不因偶然的或恶意的原因而遭到破坏、更改、泄露，使系统连续可靠正常地运行，信息服务不中断。

对于工厂信息安全，仅靠传统的杀毒软件进行防护是远远不够的。只有有一套完善的网络体系架构，才能实现真正的工厂信息安全。工厂信息安全应该采用商业（IT）防火墙、抵御多种威胁的安全网关、防病毒软件、控制系统防火墙与IDS（IPS）系统、安全可靠的现场设备等五层防御体系进行构建，严格对区域进行划分。

1.4 智能制造的特点

基于这些技术，相比传统制造，智能制造将在产品设计与加工、过程控制、生产管理、人机协作等领域发生质的变化。智能制造具有以下基本特点。

（1）智能产品

智能产品与传统产品相比，通常具有记忆、感知、计算和联网功能，例如智能手机、智能汽车、智能家电等。区别于传统设计图纸的手工绘制及计算机辅助设计，人工智能和专家系统被引入智能产品的设计及制造过程，在其全生命周期各阶段都可以进行产品的性能模拟、运动分析、功能仿真与评价。

（2）智能装备

制造装备经历了机械装备到数控装备的发展，目前正在逐步发展为智能装备。智能装备具有检测功能，可以实现在线检测，从而补偿加工误差，提高加工精度，还可以对热变形进行补偿。以往一些精密装备对环境的要求很高，现在由于有了闭环的检测与补偿，可以降低对环境的要求。

（3）智能控制

传统过程控制建立在确定的模型基础上，而实际系统由于存在复杂性、非线性、时变性、不确定性和不完全性等，一般无法获得精确的数学模型。而智能控制系统利用模糊数学、神经网络等方法对制造过程进行动态环境建模，利用传感器融合技术来进行信息的预处理和综合，具有多模态、变结构、自修复能力和判断决策能力等特点。智能传感器则具有自诊断、数据处理以及自适应能力，通过分布式感知，采用智能算法可对来自多个传感器的数据进行综合处理。智能机器人由于具有感知、决策和执行能力，可以根据外界条件的变化自行修改程序，相较传统机器人具备了更高的自主性和适应性。

（4）智能管理

传统基于工作流模式设计开发的菜单式交互式 ERP/MES，无法满足现代制造企业中各种管理流程和业务流程结构的复杂性与多变性。在智能制造系统中采用智能决策技术，利用知识库、专家系统和决策支持系统，在综合分析各类数据的基础上为管理层提供决策支持。基于面向服务的 SOA 架构，综合感知生产需求和生产能力状态，作出最优工作流决策。例如生产调度利用传统的方法无法在可接受的时间内找到问题的最优解，而采用人工智能、运筹学等优化方法，可以较好地解决调度优化问题。作为智能工厂，不仅生产过程应实现自动化、透明化、可视化、精益化，同时，产品检测、质量检验和分析、生产物流也应当与生产过程实现闭环集成，实现企业级的信息共享、准时配送及协同作业。

（5）智能服务

基于传感器和物联网（IoT），产品状态可以被实时感知，企业可以给用户提供有针对性的预测性服务。传统企业通过维持一支规模庞大的服务队伍来满足客户需求，而智能服务系统利用大数据分析、性能衰退过程预测、维护优化、应需式监测等技术，使产品和设备的维护体现了预防性，从而实现近乎为零的故障及自我维护。

（6）智能物流

制造企业的采购、生产、销售流程都伴随着物料的流动，因此，越来越多的制造企业在重视生产自动化的同时，也越来越重视物流自动化，自动化立体仓库、无人引导小车（AGV）、智能吊挂系统得到了广泛的应用；在制造企业和物流企业的物流中心，智能分拣系统、堆垛机器人、自动辊道系统的应用日趋普及。WMS（warehouse management system，仓储管理系统）和 TMS（transport management system，运输管理系统）也受到制造企业和物流企业的普遍关注。

（7）人机协作

在传统生产模式下，操作人员控制有关设备，接收人机互动设备上传来的生产指令和要求，并执行生产管控工作流的各项活动。人与人、人与机、机与机的协作内容由工作流模型预定，以人对机操作为主要协作方式，机器主动推动人的活动少。而智能制造环境中的人机协作，通过智能化互动、多模态（多通道）多媒体交互、虚拟互动等方式，借助智能机器或系统的帮助来完成复杂程度较高的决策，有效实现按需组织的工作流。

1.5　智能工厂

企业的生产方式主要分为按订单生产、按库存生产或上述两者的组合。从生产类型上考虑，则可以分为批量生产和单件小批生产。从产品类型和生产工艺组织方式考虑，企业的行业类型可分为流程生产行业和离散制造行业。流程生产行业主要是通过对原材料进行混合、分离、粉碎、加热等物理或化学处理，使原材料增值。通常以批量或连续的方式进行生产。典型的流程生产行业有医药、石油化工、电力、钢铁、水泥等领域。而离散制造行业主要是通过对原材料物理形状的改变、组装成为产品使其增值。典型的离散制造行业主要包括机械制造、电子电器制造、航空制造、汽车制造等。这些行业既有按订单生产，也有按库存生产；既有批量生产，也有单件小批生产。

面向订单的离散制造行业，其特点是多品种和小批量。因此，生产设备的布置不是按产品而是按照工艺进行的。例如，离散制造行业往往要按车、磨、刨、铣等工艺过程来安排机床的位置。每个产品的工艺过程都可能不一样，而且可以进行同一种加工工艺的机床有多台。流程生产行业企业的特点是产品品种固定，批量大，生产设备投资大，而且按照产品进行布置。通常，流程生产行业企业的设备是专用的，很难改作其他用途。

最近几年，欧美国家针对流程工业提出了"智能工厂"的概念。流程工业智能工厂由商业智能、运营智能、操作智能三个层次组成，由于自身的自动化水平较高，因此实施智能工厂相对比较容易。与流程生产行业相比，离散制造行业在底层制造环节由于生产工艺的复杂性（如车、铣、刨、磨、铸、锻、铆、焊），对生产设备的智能化要求很高，投资很大，特别是装备制造、家电、汽车、机械、模具、航空航天、消费电子等领域大都要求产品智能化、设计智能化。

1.5.1　流程工业智能工厂

流程工业智能工厂应当考虑从工艺设计、工程建设到生产运行管理全生命周期，再到生产及管理的自动化、数字化和智能化，并从自动控制到智能运营管理均采用成熟可落地的先进技术，帮助企业达到安全生产、降本增效和提高决策效率的目标，通过数据驱动策略的部署为企业最终实现数字化转型赋能。

流程工业智能工厂实现路径可以从纵向和横向两个维度来看。

（1）纵向应用层级

从纵向应用层级看，包括感知控制层，实现工厂的高度自动化，通过智能感知、边缘计算、先进控制技术等为业务决策提供基础数据支持，并带来既定的效益；生产运营层，结合运营数据，利用一系列业务智能工具，提炼商业洞见，实现基于数据驱动的业务优化决策，在整个供应链上获得成本优势和商业先机；企业管理层，KPI驱动下的数字化决策和精益管理，即企业决策者根据业务目标设定企业运营的KPI，并将其分解到各个职能部门，通过感知控制层和生产运营层的实时信息对流程优化来实现全厂效益的提升。

智能工厂的建设是一个全面的建设，涵盖了从底层到高层的全面建设和优化。在考虑业务运行智能化、企业管理数字化转型的同时，兼顾感知控制层（如DCS）的应用功能提升和更多智能软件工具的应用，打好智能工厂的基础。例如，根据工厂实际运营状态，在已有现场控制系统（如DCS）基础上进行升级改造，也可以获得较大的回报，一样是明"智"之道；开车前将PID回路整定后把更多回路投入自动，并采用智能回路性能管理软件在线实时监控回路性能，定时提供性能报告，确保回路处于最佳运行状态；在设计阶段进行报警的合理化分析和报警知识库的建设，在DCS上为操作员提供报警的在线帮助，这一系列动作可以减少装置波动和错误操作，过程报警正是工厂生产安全的第一道防线。先进控制是一项成熟技术，如果在建设阶段规划、开车后尽早投用，带来的直接和间接效益将非常明显。

智能工厂业务智能化的核心是制造执行系统（MES）、资产预测性维护和供应链优化。目前 MES 是流程工业数字化转型的核心平台，既是企业提高智能化运行的升级手段，又是新建工厂投运时需要的充分条件，保证业务和运行就绪。因此，在设计阶段就要考虑好企业运行组织架构、角色定义及关键绩效指标（KPI），并确定业务运行协同流程管理，尽量采用标准化模块配置 MES，规划好分阶段投运计划。资产性能管理（APM）已经进入 4.0 阶段，即基于物联网平台，充分利用数字孪生、高级数据分析和机器学习等技术提高设备故障诊断的准确性和故障的可预测性。工厂设备的健康状况和设备的工艺指标是分不开的，如设备性能下降，其工艺性能也会下降。通过故障模型自动提示设备的工艺指标偏差，就可以及时发现和消除潜在故障。同时，工厂维护人员的知识和经验可以被固化到故障模型，获得传承。数字孪生则能够计算资产性能并预测、预警故障，使生产、技术和维护人员在同一平台上从不同维度分析和确诊故障原因，并及时付诸行动，使不同部门之间的协同效率显著提高。

（2）横向实施过程

横向实施过程充分利用设计阶段数字化交付成果，实现了从可研/前期设计、详细设计、采购建设到开车/生产的全生命周期的数字化建设和转型。如果能够在设计开始就通过数字化技术实现各阶段的数字化交付，能够极大地提高智能工厂落地的效率，并提升总体的效果。

充分利用设计和建造阶段的数字化成果会对智能化工厂运营阶段的系统建设带来很多便利。例如，工厂主数据和设备属性在设计阶段就被有效地组织和管理的话，运营系统对这些信息的需求可以直接导入，从而节省了信息收集时间和配置不对应的返工时间。又如，采用控制系统组态软件与设计系统的接口，可以节省 90% 的设计工程师和控制系统组态工程师的交接时间。通常在设计阶段，工程公司会采用工艺模型来设计工厂，这些精确建立的模型可以被复用，作为装置数字孪生体，进一步为运行阶段的高级应用赋能——资产性能管理（APM）对装置性能的监视、对实时优化（RTO）非线性增益的校正，以及互联工厂远程工艺优化指导。

1.5.2　离散制造智能工厂

在"中国制造 2025"及"工业 4.0"信息物理融合系统（CPS）的支持下，离散制造行业需要实现生产设备网络化、生产数据可视化、生产文档无纸化、生产过程透明化、生产现场无人化等先进技术应用，做到纵向、横向和端到端的集成，以实现优质、高效、低耗、清洁、灵活的生产，从而建立基于工业大数据和"互联网"的智能工厂。

（1）生产设备网络化，实现车间"物联网"

工业物联网的提出给"中国制造 2025""工业 4.0"提供了一个新的突破口。物联网是指通过各种信息传感设备，实时采集任何需要监控、连接、互动的物体或过程的信息，其目的是实现物与物、物与人，所有的物品与网络的连接，方便识别、管理和控制。传统的工业生产采用 M2M（machine to machine）的通信模式，实现了设备与设备间的通信，而物联网通过 things to things 的通信方式实现人、设备和系统三者之间的智能化、交互式无缝连接。

在离散制造车间生产过程中，将所有的设备及工位统一联网管理，使设备与设备之间、设备与计算机之间能够联网通信，设备与工位人员紧密关联。例如，数控编程人员可以在自己的计算机上进行编程，将加工程序上传至 DNC 服务器，设备操作人员可以在生产现场通过设备控制器下载所需要的程序，待加工任务完成后，再通过 DNC 网络将数控程序回传至服务器中，由程序管理员或工艺人员进行比较或归档，整个生产过程实现网络化、追溯化管理。

（2）生产数据可视化，利用大数据分析进行生产决策

"中国制造2025"发布以后，信息化与工业化快速融合，信息技术渗透到离散制造产业链的各个环节，条形码、二维码、RFID、工业传感器、工业自动控制系统、工业物联网、ERP、CAD/CAM/CAE/CAI 等技术在离散制造中得到广泛应用，尤其是互联网、移动互联网、物联网等新一代信息技术在工业领域的应用，使离散制造也进入了互联网工业的新的发展阶段，其拥有的数据也日益丰富。

离散制造生产线处于高速运转，由生产设备所产生、采集和处理的数据量远大于计算机和人工产生的数据，对数据的实时性要求也更高。在生产现场，每隔几秒就收集一次数据，利用这些数据可以实现很多形式的分析，包括设备开机率、主轴运转率、主轴负载率、运行率、故障率、生产率、设备综合利用率（OEE）、零部件合格率、质量百分比等。在生产工艺改进方面，在生产过程中使用这些大数据，就能分析整个生产流程，了解每个环节是如何执行的。一旦某个流程偏离了标准工艺，就会产生一个报警信号，能更快速地发现错误或瓶颈，也就能更容易解决问题。利用大数据技术，还可以对产品的生产过程建立虚拟模型，仿真并优化生产流程，当所有流程和绩效数据都能在系统中重建时，这种透明度将有助于制造企业改进其生产流程。再如，在能耗分析方面，在设备生产过程中利用传感器集中监控所有的生产流程，能够发现能耗的异常或峰值情形，由此便可在生产过程中优化能源的消耗，对所有流程进行分析将会大幅降低能耗。

（3）生产文档无纸化，实现高效、绿色制造

构建绿色制造体系，建设绿色工厂，实现生产洁净化、废物资源化、能源低碳化是"制造大国"走向"制造强国"的重要战略之一。目前，在离散制造企业中产生了繁多的纸质文件，如工艺过程卡片、零件蓝图、三维数模、刀具清单、质量文件、数控程序等，这些纸质文件大多分散管理，不便于快速查找、集中共享和实时追踪，而且易产生大量的纸张浪费、丢失等。

生产文档进行无纸化管理后，工作人员在生产现场即可快速查询、浏览、下载所需要的生产信息，生产过程中产生的资料能够即时进行归档保存，大幅减少了基于纸质文档的人工传递及流转，从而杜绝了文件、数据丢失，进一步提高了生产准备效率和生产作业效率，实现了绿色、无纸化生产。

（4）生产过程透明化，智能工厂的"神经"系统

"中国制造2025"明确提出推进制造过程智能化，通过建设智能工厂，促进制造工艺的仿真优化、数字化控制、状态信息实时监测和自适应控制，进而实现整个过程的智能管控。在机械、汽车、航空、船舶、轻工、家用电器和电子信息等离散制造行业，企业发展智能制造的核心目的是拓展产品价值空间，侧重从单台设备自动化和产品智能化入手，基于生产效率和产品效能的提升实现价值增长。因此，智能工厂建设模式为推进生产设备（生产线）智能化，通过引进各类生产所需的智能装备，建立基于制造执行系统（MES）的车间级智能生产单元，提高精准制造、敏捷制造、透明制造的能力。

离散制造生产现场，MES 在实现生产过程的自动化、智能化、数字化等方面发挥着巨大作用。首先，MES 借助信息传递对从订单下达到产品完成的整个生产过程进行优化管理，减少企业内部无附加值活动，有效地指导工厂生产运作过程，提高企业及时交货能力。其次，MES 在企业和供应链间以双向交互的形式提供生产活动的基础信息，使计划、生产、资源三者密切配合，从而确保决策者和各级管理者可以在最短的时间内掌握生产现场的变化，做出准确的判断并制定快速的应对措施，保证生产计划得到合理而快速的修正、生产流程畅通、资源得到充分有效的利用，进而最大限度地发挥生产效率。

（5）生产现场无人化，真正做到"无人"工厂

"中国制造 2025"推动了工业机器人、机械手臂等智能设备的广泛应用，使工厂无人化制造成为可能。在离散制造生产现场，数控加工中心、智能机器人和三坐标测量仪及其他所有柔性化制造单元进行自动化排产调度，工件、物料、刀具进行自动化装卸调度，可以实现无人值守的全自动化生产模式。在不间断单元自动化生产的情况下，管理生产任务的优先和暂缓，远程查看管理单元内的生产状态情况，如果生产中遇到问题，一旦解决，立即恢复自动化生产，整个生产过程无需人工参与，真正实现"无人"智能生产。

1.5.3 智能工厂与传统工厂的区别

信息技术、网络技术与传统的自动化技术和机械技术的融合是传统工厂与智能工厂存在差异的根本原因。传统工厂引入了三层企业级结构进行生产经营的管理和控制，然而仅一部分企业在实际生产中应用了规模较完整的生产执行系统，并且生产执行系统中仍不具备统一的功能结构和技术体系。同时，随着信息集成度和企业服务质量要求的提高，MES 不再局限于 MESA 定义的 11 项标准功能，更多的智能化功能需要集成到 MES 中，由此也对 MES 的功能结构和技术体系提出了新的要求。

智能工厂与传统工厂在决策分析、计划调度、现场控制以及人、资源和设备管理等方面具有以下异同点。

（1）企业决策智能化

传统工厂决策缺乏纵、横向集成信息以及仿真工具、数据挖掘工具的协同性支撑。根据客户订单、市场需求和企业规划制定生产计划，预测生产成本及效益是企业决策层的核心任务，成功的决策过程依赖于准确实时的纵、横向信息数据支持，贴近实际生产场景的决策支持仿真工具，以及全面深入挖掘信息价值的数据挖掘工具等。其中，仿真平台可以进行验证性及模拟性仿真，仿真结果可以详细指出现有计划在实际生产中是否满足生产能力，核算物料及能源的总消耗量，计算总成本及收益等，数据挖掘工具可进一步减少生产数据冗余，服务于企业以促进质量提升、故障诊断等，它们协同服务可使决策者制定最优决策方案。

（2）资源管理智能化

传统工厂缺乏对资源的高效整合分配。企业资源可分为外部资源和内部资源，内部资源包括人力、财力、物力、信息、技术及管理资源等，外部资源包括行业资源、产业资源、市场资源等。除此之外，智能工厂中计算资源、知识资源、应用工具资源等成为更为重要的制造资源，其可为 MES 智能功能的实现提供资源支持。企业资源分布以 MES 为核心，其中

MES 层与 ERP 层存在纵向资源管理重叠关系，同时 MES 在横向供应链中也兼顾着资源整合和共享的作用。然而，传统工厂 MES 对资源管理分散，无法针对调度排产过程中的动态变化和不确定性进行资源的智能匹配组合，生产服务能力有限，资源利用率还有待提高。

（3）调度排产智能化

传统工厂缺乏完整详细的优化调度模型和集成应用模块。在流程工业和制造行业中，由于生产的连续性和离散性的差异导致其调度优化问题的模型各不相同，且需采用不同的求解方法，难以制定规范一致的调度优化智能求解模块（即智能调度模块）。另外，对于一些生产过程涉及复杂机理及知识结构的制造企业，如炼油厂和乙烯化工厂，虽然同属流程工业，其生产过程的优化问题却存在生产机理、能源结构、市场结构等多方面的差异。因此针对智能工厂的调度问题，需要结合行业特征对应用工具的集成和建模技术进行进一步研究分析。

（4）实体空间虚拟化

传统工厂中的资源尚未具备数字化、虚拟化实体，缺乏生产过程的虚拟场景支撑，工厂生产尚未拓展至三维虚拟工厂。实体资源虚拟化包括两个方面：一是数字化角度的虚拟，是指将生产系统中的机器设备、产品物料及生产服务等，通过数据采集、生产过程建模、服务资源封装等实现实体数字化；二是可视化角度的虚拟，是指将重点生产装置、加工车间、全厂场景等进行三维建模，通过三维可视化平台支持生产过程仿真展示、面向客户提供服务以及对生产过程细节的直观分析等。同时，实体虚拟化将为传统工厂中信息管理的智能化过渡提供虚拟资源支持。

（5）信息管理智能化

传统工厂信息分散冗杂，实时性、规范性差，信息化与工业化尚未实现深度融合。随着大数据、物联网、移动互联网、云计算等新技术的快速应用，企业发展进入"数据驱动的企业"的发展模式，CPS 技术的迅速发展也使信息集成管理成为工厂"智能化"的核心。信息管理的智能性体现在工厂可实时管理产品信息、设备信息、状态信息、流程信息、人力信息等，促进人、机器与资源之间的交互，如决策者能够随时统计分析当前信息及历史统计信息，车间工作人员或领导者随时可以获悉底层装置工作状态及生产进程，甚至机器出现故障时自动发送故障信息等，从而将工厂中独立运行的各个工作单元和产品之间紧密联系起来，使每一个个体都成为可以表达和参与协作的成员。

（6）智能化应对"大数据"

传统工厂中主要存在两个问题：一是缺乏对生产实时数据的采集、存储和管理；二是缺乏科学、高效的数据分析和挖掘技术。在当下初步转型的工厂中，以德国安贝格工厂为例，其生产线上的在线监测节点超过 1000 个，每天采集数据逾 5000 万个，数据存在高度冗余和混杂，如何筛选、预处理和存储成为第一个难题；部分数据是实时生产数据，需要快速处理分析才具备实际意义，部分数据需要实时分析整合后汇报给相关部门，因此对数据的高效分析和价值挖掘成为第二个难题。在生产制造领域，数据挖掘技术可应用于故障诊断、质量提升以及调度规则挖掘等，因此对于智能工厂而言，数据即代表质量、价值和效益。

（7）服务转型便携、友好交互

传统工厂在 MES 的用户体验和服务质量方面需结合 Web 技术、社交网络等实现平台，从而实现转型升级。对于智能工厂中的 MES 而言，决策分析、产品设计、生产加工、虚拟仿真、实验分析、供应链管理等均可视为服务，MES 需要针对各项服务，为车间工作人员提供便捷友好的交互界面，用户可随时随地地观察设备工作状态，随时以报告形式发送操作指令或与其他生产单元交互协作。同时，技术革新潮流中同行业企业竞争的主要因素除生产效率、生产成本和产品质量外，客户服务也十分重要，移动终端可使用户随时关注生产情况，使流程透明化，并允许客户随时沟通订单进程。

(8) 生产操作"机器换人"

精益生产节能降耗，传统工厂生产过程仍依赖于大量的人工干预，生产的标准化和智能化程度有待提升。所谓"机器换人"，是指在工业生产中，使用现代化、自动化的设备来代替流水线上埋头工作的工人，由机器将人从简单的执行劳动中提升至决策控制活动中来。而智能工厂对企业的机械自动化技术提出了更高的要求，即面向生产过程，需通过自动化设备的引入进行标准化、智能化的现场操作，通过机器实现高精度、高效率、高安全保障、低人力消耗、低管理费用的精益生产及环境友好型生产。智能机器人的加入也将成为未来企业的发展趋势，从而优化企业人力资源结构、提升劳动生产率，推动制造业企业的转型升级。

由传统工厂发展到智能工厂的过程中，工厂智能化的进程不仅要关注上述几方面，同样应关注如工厂内物流运输的智能化、能源网络的智能化。由于生产执行系统（MES）在智能工厂中的核心地位，以上的智能化需求均可在 MES 的基础上进行拓展和集成，MES 的平台架构也将为 CPS 技术提供基础平台支持。

1.5.4 建设智能工厂的路径方向

对于不同的行业和企业，由于市场产品定位和需求模式不同，尽管其建设智能工厂的路径不尽相同，但是都有一些共性的方向。

① 精益化。精益化的两大支柱是"准时化"和"智能自动化"。秉持"创造价值消除浪费"的精益生产理念，通过生产资源的优化配置，达到质量、效率和反应速度的快速提升。

② 标准化。标准化是自动化的基础，也是工业智能化的前提。

③ 模块化。模块化包括模块化设计、模块化采购、模块化生产。通过模块化降低了整个环节的复杂性，标准化的接口和连接方式增加了通用性，降低了制造成本和周期，所以，模块化是工业智能化能否实现低成本，满足个性化消费的关键所在。

④ 自动化。随着技术的进步和人力成本的提高，自动化成为必然之选。通过自动化技术将原来零散的手工生产工序进行集成，实现精益式的连续生产，从而提升生产效率。

⑤ 服务化。移动互联网的发展加速了制造业向服务业的转型，企业不同可提供的服务也不同，在互联网＋模式下，传统制造业需要不断创新自身的商业模式。

⑥ 个性化。企业需要根据自身的自动化和标准化水平来决定产品的个性化模式，从而达到有限条件的个性化。

⑦ 生态化。企业的竞争正在从单个企业的竞争转化为供应链及生态链的竞争。

⑧ 数字化。随着计算机、通信技术等的快速发展，将企业生产过程的关键要素人、机、料、法、环通过数字化进行互联互通，万物互联成为不可逆转的趋势，一切皆可数字化，从而为工业化和信息化的深度融合打下坚实基础。

⑨ 智能化。智能化包括产品的智能化和生产过程的智能化。

迄今为止，中国制造已经走过了 30 多年的高速发展，成为世界第一制造大国。未来 30 年，中国要从制造大国转变为制造强国，就必须从以上几个方向进行持续创新，从商业模式、智能技术及管理理念等各个方面实现向工业智能的转型。

1.6 智能工厂的设计步骤

第一步，在企业战略规划下对企业各相关能力进行现状诊断和评估。

首先要了解企业发展战略规划，即企业长远发展的全局性谋划。它是由企业的愿景、使命、政策环境、长期和短期目标及实现目标的策略等组成的总体规划。企业战略是企业一切工作的出发点和归宿。按照企业发展战略，站在两化融合的高度，充分运用信息技术进行智能工厂设计，这无疑是实现企业发展战略的一个重要组成部分，它从企业战略出发并服务于企业战略。为了实现战略目标，还应分析企业可持续发展的竞争能力需求，如产品创新设计能力、供应链管控能力、生产制造能力、财务管控能力、经营决策能力、客户服务能力等。根据识别出的可持续发展竞争能力需求，站在智能工厂的高度，对企业的组织、管理模式、业务流程、技术手段、数据开发利用等进行诊断和评估，找出打造可持续发展的核心竞争能力的方法，从而确定智能工厂的方针、目标、需求，为智能工厂每个分项目的设计提供依据。

第二步，智能工厂信息化系统框架及功能模块设计。

基于企业系列标准的支持和企业级别的信息安全要求，在信息物理融合系统（CPS）的支持下，构建智能设计、智能产品、智能经营、智能服务、智能生产、智能决策六大系统。

基于智能工厂所需的以下业务系统进行规划建设。

① ERP 系统（企业资源计划系统）。它是企业信息化的核心系统，管理销售、生产、采购、仓库、质量、成本核算等。

② PLM 系统（产品生命周期管理系统）。它负责产品的设计图文档、设计过程、设计变更、工程配置的管理，为 ERP 系统提供最主要的数据源 BOM 表，同时为 MES 提供最主要的数据源工艺路线文件。

③ MES（制造执行系统）。它负责生产过程的数字化管理，实现信息与设备的深度融合，为 ERP 系统提供完整、及时、准确的生产执行数据，是智能工厂的基础。

④ WMS（仓库管理系统）。它具备入库业务、出库业务、仓库调拨等管理功能，从 ERP 系统接收入/出库物料清单和从 MES 接收入/出库指令，协同 AGV 完成物料配送的自动化，实现立体仓库、平面库仓储信息的统一管理。

第三步，项目投资预算和可行性分析。

按照项目的设备设施购置费、软件购置费、软件开发费、咨询服务费、人工成本、运行维护费、不可预见费进行项目的投资预算。

可行性分析是通过对项目的主要内容和配套条件，如市场需求、资源供应、建设规模、工艺路线、设备选型、环境影响、资金筹措、盈利能力等，从技术、经济、工程等方面进行调查研究和分析比较，并对项目建成以后可能取得的经济效益及社会环境影响进行预测，从而给出该项目是否值得投资和如何进行建设的意见。这是为项目决策提供依据的一种综合性的系统分析方法。可行性分析应具有预见性、公正性、可靠性、科学性的特点。

第四步，制定项目实施计划。

项目实施计划包括项目实施的组织，落实总项目和分项目的负责人和团队，编制项目实施进度，明确项目实施的先后顺序、内容、时间进度以及关键节点。

第五步，项目评审。

项目评审要多次进行。项目的总体方针、目标、基本内容确定后，就要进行初步评审。每一个单项初步方案出来后也要评审，然后才是最终评审。要由领导班子成员、项目相关的部门、外部专家组成评审组，听取项目组的方案汇报、质询项目组并由项目组答辩。达到评审要求的项目则组织实施，否则修改设计，直至达标。

1.7　智能工厂信息化总体架构

基于企业系列标准的支持和企业级别的信息安全要求，在信息物理融合系统（CPS）的支持下，构建智能设计、智能产品、智能经营、智能服务、智能生产、智能决策六大系统。其中，通过务联网、物联网将企业设施、设备、组织、人员互通互联，集计算机、通信系统、感知系统一体化，实现对物理世界的安全可靠、实时、协调的感知和控制；同时通过企业信息门户（EIP）实现与客户、供应商、合作伙伴的横向集成（如协同商务和信息共享），以及实现企业内部的纵向集成（如不同系统之间的业务协同）。

1.7.1　ERP 系统

ERP 概念来自制造资源计划（MRPⅡ），但很快就不局限于制造工具，扩展到如金融服务、政府、教育、公用事业、零售等领域。ERP 系统着重处理物料台账、合同、计划、采购、成本等相关管理目标，具体如下。

① 提升管理概念。由定性管理转变为定量管理，由单一的职能式管理转变为资源式管理。

② 理顺管理流程。理顺和制定适应单件小批量加工装配型企业的生产管理流程，规范生产流程环节中的各类票据，根据岗位说明书制定相应的操作制度及条例。

③ 实现物料配送，建立缺件报警制度。将领料制仓库变成配送制仓库，在装配前做缺件分析，推行缺件报警制度。

④ 有效控制库存。提出配套库存的管理思想，努力降低库存中长短期件的比例。

⑤ 降低成本。从限额发料、控制库存、缩短生产周期等方面降低生产成本。

⑥ 缩短生产周期。通过提高设计及生产环节对工程变更的反应速度、提高装配中物料的齐套率、减少生产装配中停工待料的时间和缩短采购周期等措施，实现缩短成品的生产周期。

⑦ 建立生产的可预见性机制，包括销售预测、库存预测、缺件预测、生产过程预测、客户订单交货期预测、采购到货期预测、生产成本预测等。

⑧ 建立生产计划的控制和反馈机制体系，实现各类生产计划的闭环管理。

⑨ 建立价格管理和多层次成本控制体系。建立原材料基准价管理体系、零部件/外协件的定额成本价、合同的实际成本计算体系等，形成完善的销售报价审计、采购合同价格审计、设计成本审计和完工审计制度。

⑩ 建立高速、专业、准确的报价体系。

⑪ 实现公司生产、运营、财务一体化管理。

1.7.2 PLM 系统

PLM 系统着重实现工艺设计、图纸管理、设计变更等相关管理目标，具体如下。

① 建立统一、高效、规范的文控体系，实现企业资料的有效沉淀和有序管理。

② 建立企业物料标准库，规范管理物料。

③ 搭建图文档管理平台和工艺信息管理平台，前端支持各类 CAD 数据的集成，包括常用的 AutoCAD、SolidWorks 等数据格式，实现对 CAD 数据的信息提取、在线浏览等。

④ 通过图文档管理系统平台，实现产品数据安全共享、产品结构化管理，在审批流程方面，实现电子审批。

⑤ 通过工艺信息管理平台，实现工艺卡片图文混排编制、工艺路线的编制；通过汇总报表 BOM 的输出，支撑生产。

1.7.3 MES

MES 着重实现生产过程管控、防错防呆、产品质量追溯、设备运行等相关管理目标，具体如下。

① 全面集成。承上启下，完成所有与 MES 链接的信息化系统（如 ERP、PLM 等）、自动化控制系统（如钣金、铜排、二次裁线、产线等）和设备（如实验设备等）的无缝集成，通过 MES 整合上下游信息流，建立一个业务统一、流程顺畅、数据规范的生产管理平台。

② 精益排程。离散制造系统的生产调度主要研究的是工件在机器上的加工顺序排列问题，即对一个可用的加工机器集在时间上进行加工任务集分配，以满足一个性能指标集。缩短加工过程的时间、提高加工过程的柔性是离散过程调度的一个主要目标。结合 ERP 系统建立先进的计划体系，制定在产能和物资等资源约束条件下的详细排程计划，统一指挥控制物料、人员和设备等生产资源。

在流程工业生产过程中，生产是以管理和控制为核心的，生产调度是沟通生产过程控制和管理的纽带，是企业获取经济效益的根本所在。生产调度是生产指挥中心，它将工厂各种业务管理系统（决策支持系统 DSS、管理信息系统 MIS）和生产过程管理（工艺管理）有机地结合在一起，形成一个 PDSC 循环，如图 1-1 所示。

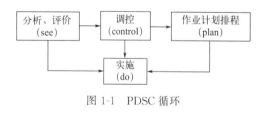

图 1-1　PDSC 循环

③ 自动化物流和物料管理。MES 应覆盖部分 WMS 功能，并实现与自动化物流系统（如自动化立库、AGV 等）一道完成生产物流管理，在数字化工厂内实现无人化自动物料流转。MES 指挥和跟踪物料流动、管理物料消耗、编制物料投料计划等，同时采用工单、批次管理实现对物料的跟踪和回馈。

④ 质量管理。质量管理以生产过程质量信息汇总和控制为核心，建立快速、高效、全过程的质量反馈、质量处理、质量跟踪控制，MES 自动生成各类质量报告和出厂试验报告等资料。

⑤ 生产过程管理。以全厂数据采集系统为基础，建立起综合控制系统，包括电子看板、SCADA 系统集成、监控中心和 Andon 系统等，实时显示整个生产过程的各种现场数据，并按照预先设定的报警条件在出现异常情况时报警，及采取相应的调度措施。

⑥ 设备管理。对生产车间主要生产设备的使用频率、运行状况、工时、定额、能耗、产能等有关信息进行采集和分析，对设备进行全面的运筹管理，以达到保持设备完好率、充分发挥其效能的目的。

⑦ 统计分析。对实时数据进行统计分析。通过对大量数据的综合分析，可以对生产运行情况进行有效评价，为优化组织、提高产量质量、提高设备保障能力、降低生产成本提供强有力的支持，如员工绩效管理、核算计件工资、设备效率分析等。

⑧ 移动化应用。支持手机、PDA 等移动终端，实现移动端的派工报工、接料发料、数据录入、生产进度跟踪、实时统计分析展示等。

1.7.4 WMS

WMS 着重实现实物仓储、出入库、物料质检、组盘等相关管理目标，具体如下。

① 实现原材料、成品、备品备件的出入库、调拨、转换、质检、在库等过程的有效全方位管控。

② 实现 ERP 系统、WMS 及库存实物信息交互的及时性和一致性。

③ 实现账务相符、物料流转及消耗的精准追踪、多样化盘点功能应用。

④ 底层技术应用，实现自动化调度。

1.8 国内外智能工厂发展现状

智能制造将新一代信息通信技术、人工智能技术与先进制造技术深度融合，帮助制造业从机械化、电气化、自动化向数字化、互联化及智能化方向升级。其中，数字化是将工业信息转换为数字格式，通过计算机管理；互联化对应万物互联，在生产者-机器、机器-机器、消费者-生产者之间构建连接；智能化是通过大数据分析和人工智能技术实现数据的自由流动和各种场景的智能决策。智能制造已成为制造业重要的发展趋势。市场研究机构 Markets and Markets 2020 年发布的报告显示，2020 年全球智能制造市场规模达到 2147 亿美元，2025 年将达到 3848 亿美元，期间复合年均增长率为 12.4%。随着 3D 打印、模拟分析、工业物联网等技术在制造业中的渗透，汽车、航空航天、国防工业在智能制造领域已实现领先增长，能源和装备制造等行业将保持较高增速。全球各国智能制造水平可分为四大梯队：第一梯队是掌握先进技术、专利以及品牌的引领型国家，以美国、日本、德国为代表；第二梯队是以中国、韩国、英国、瑞典等为代表的先进型国家，有部分核心技术和大规模集成能力，可生产关键元件；第三梯队是核心技术较少，以零部件加工为主的潜力型国家；第四梯队是提供原材料、发展劳动密集型制造业的滞后型国家。

德国早在 20 世纪初进入工业化中后期。第二次世界大战后，德国加快市场经济建设，在推动基础工业发展的同时逐步谋划产业升级。此后，德国通过电子与信息技术的广泛应用，进一步提高制造过程的自动化程度，于 20 世纪 70 年代中期进入"后工业化"阶段。进入 21 世纪以后，德国经济呈现出以高新技术产业为主的新特征，制造业生产方式由自动化向智能化转变。2013 年 4 月，德国提出"工业 4.0"战略。这是继三次工业革命后，以信息物理融合系统（CPS）为基础，以生产高度数字化、网络化、机器自组织为标志的第四次工业革命，也是德国在顺利完成"工业1.0"（机械化）"工业2.0"（电气化），基本完成"工业3.0"（自动化）之后提出的战略目标。

德国制造业综合实力一直保持在世界前列。在联合国工业发展组织发布的《2016年工业发展报告》中，德国制造业竞争力排名世界第一。报告认为德国的制造业部门是其宏观经济表现的关键因素，具有完备的工业体系并且有能力控制复杂的产业价值创造链。在生产和贸易两方面，德国制造业拥有强劲的技术实力和贸易基础。与美国的情况类似，德国政府在扶持制造业上也是政策频出，这些政策在相当长的时间内都取得了积极的成果。根据相关研报资料，德国政府在2006年发布了《德国高技术战略》，从国家层面制定先进技术发展的中长期战略。2007年德国教研部在《德国高技术战略》的框架下发起的德国尖端集群项目，让不同类型的企业以互通有无、取长补短的互动方式对能力和知识进行重新组合，实现合作创新。2010年接着推出了《德国高技术战略2020》，旨在发展气候/能源、健康/营养、交通、安全、通信五大领域的关键技术。在每一个领域都确定一些"未来项目"，制定要达到的社会和全球目标，依靠科学技术的进步，德国将在未来10~15年跟踪这些目标。2011年德国政府在高科技战略框架下发起"科技校园：公司创新伙伴联盟"行动计划，目的在于深化产学研之间合作，推动科研成果的顺利转化。同年发布"技术运动"计划，旨在突破能源、生物、纳米、光学、微电子和纳米电子学、信息通信及空间飞行等关键技术。2013年德国提出了跨时代的工业4.0发展战略。工业4.0的概念被正式提出并被德国政府确立为国家战略。2015年工业4.0平台的主导机构升级为德国经济与能源部、德国教育与科研部。在德国政府的主导下，工业4.0的实施既涉及跨部门的技术、标准、商业和组织模式，又涉及大学、研究机构与中小企业及工业企业之间的合作，具体涉及标准规范、创新研究、信息安全、教育培训、法律框架五大方面。

波士顿咨询公司2019年推出的《工业4.0：未来生产力与制造业发展前景》中指出，在实施了工业4.0后，德国将在以下几个方面受益。①在生产率方面，在未来的5~10年德国制造业产值预计将提升900亿至1500亿欧元，按除原料成本以外的加工成本计算，生产率将提升15%~25%。即使加上原料成本，整体生产率也将提升5%~8%。工业部件制造型企业的生产率将提升20%~30%，汽车制造企业生产率则将提高10%~20%。②在收入方面，工业4.0将推动企业的收入增长。制造商对新型设备和数据应用的需求将大幅增加，同时消费者对定制产品的需求也将增大，这将带来每年300亿欧元的收入。③在就业方面，未来十年工业4.0带来的增长带动就业人数提高6%。而在机械工程领域，雇佣需求提升的幅度更大，将达到10%。④在投资方面，波士顿咨询公司测算德国大规模采用工业4.0将在未来10年带动2500亿欧元的投资。德国制造型企业、制造业从业者以及制造系统供应商等都将受到工业4.0的巨大影响。

而与美国形成高科技及互联网巨头相对的是，德国企业绝大多数都是中小型企业。据统计，德国约有360万家注册的中小企业，占德国企业总数的99.7%。德国有2100万人在中小企业工作，占德国总就业人数的79.6%。在德国中小企业中，有相当一部分具有强大的国际竞争力，其中不乏在全球排名前三位或在所在大洲排名第一位的公司（虽然其营业收入通常低于50亿美元），这些公司被德国知名管理大师赫尔曼·西蒙教授称为"隐形冠军"。这些企业以追求独门技艺并领先行业为发展目标，在一个细分领域内精耕细作，逐渐获取雄踞全球的行业独尊地位。它们虽然扩张步伐缓慢但发展稳健，注重价值驱动并富于创新，形成持续的竞争优势，成为众多知名跨国公司等目标客户群体的长久合作伙伴。成立于1923年的菲尼克斯电气公司便是德国众多"隐形冠军"的代表。1928年，全球第一片组合接线端子在菲尼克斯电气公司诞生。经过90多年的创新与专注，菲尼克斯电气公司已成为全球电气连接、电子接口技术和自动化领域的市场领袖。

日本企业长期以来形成的独特企业组织文化和制度在近几年遇到了巨大的挑战——日本的老龄化和制造业年轻一代大量短缺的问题，因此缺少人去传承制造业。日本也意识到了自己在数据和信息系统方面的缺失，开始在这些方面发力。这一点在日本的工业价值链（industrial value chain initiative，IVI）产业联盟的构架和目标上能够清晰地看到。该联盟提出的19条工作项目中有7条与大数据直接相关，19条工作项目分别是：①远程工厂的操作监控和管理；②设备生命周期管理；③生产线实时数据的动态管理；④设备集成的实时维护；⑤实时数据分析和预测维护；⑥云共享和维护数据的策划-实施-检查-改进（plan-do-check action cycle）；⑦通过制造执行系统（MES）将自动化生产线、运输和人工检测进行集成；⑧自主的制造执行系统在公司外工作；⑨能处理意外情况的制造执行系统；⑩能从实时数据获取制造知识；⑪以智能数据作为质量保证（故障的早期发现和阻止）；⑫中小型企业制造系统使用机器人；⑬制造技术与管理的无缝集成；⑭设计和制造的物料清单与可追溯管理的集成；⑮人与机器合作的工作方式的工厂的标准化；⑯连接中小企业；⑰信息物理生产和物理一体化；⑱远程站点的B2B收货服务；⑲面向用户的大规模定制。可以说日本的转型战略是应对其人口结构问题和社会矛盾的无奈之举，核心是要解决替代人的知识获取和传承方式。日本在转型过程中同样面临着许多挑战，首先是数据积累的缺失，使知识和经验从人转移到信息化体系和制造系统的过程中缺少了依据和判断标准。其次是日本工业企业保守的文化造成软件和IT技术人才的缺失，正如日本经产省公布的《2015年制造白皮书》中所表达的忧虑："相对于在德国和美国正在加快的制造业变革，现在还没有（日本）企业表现出重视软件的姿态。"

与日本和德国相比，美国在解决问题的方式中最注重数据的作用，无论是客户的需求分析、客户关系管理、生产过程中的质量管理、设备的健康管理、供应链管理、产品的服役期管理和服务等方面都大量依靠数据进行。这也造成了20世纪90年代后美国与日本选择了两种不同的制造系统改善方式，美国企业普遍选择了非常依赖数据的六西格玛（6-sigma）体系，而日本选择了非常依赖人和制度的精益管理体系。中国的制造企业在2000年以后的质量和管理改革大多选择了精益管理体系这条道路，一方面因为中国与日本文化的相似性，更多的还是因为中国企业特别是中小企业普遍缺乏数据的积累和信息化基础，这个问题目前已经得到了逐步的重视和解决。除从生产系统中获取数据以外，美国还在21世纪初提出了"产品全生命周期管理（PLM）"的概念，核心是对所有与产品相关的数据在整个生命周期内进行管理，管理的对象即为产品的数据，目的是实现全生命周期的增值服务和到设计端的数据闭环（closed-loop design）。

数据是美国获取知识的最重要途径，不仅是对数据积累的重视，更重要的是对数据分析的重视，以及企业决策从数据所反映出来的事实出发的管理文化。从数据中挖掘出的不同因素之间的关联性、事物之间的因果关系，对一个现象定性和定量的描述和某一个问题发生的过程等，都可以通过分析数据后建立模型来描述，这也是知识形成和传承的过程。除利用知识去解决问题以外，美国也非常擅长利用知识进行颠覆式创新，从而对问题进行重新定义。例如美国的航空发动机制造业，降低发动机的油耗是需要解决的重要问题。大多数企业会从设计、材料、工艺、控制优化等角度去解决这个问题，然而通用电气公司（GE）发现飞机的油耗与飞行员的驾驶习惯以及发动机的保养情况密切相关，于是就从制造端跳出来转向运维端去解决这个问题，收到的效果比从制造端的改善还要明显。这就是 GE 在推广工业互联网时所提出的"1%的力量（Power of 1%）"的依据和信心来源，其实与制造并没有太大的关系。所以美国在智能制造革命中的关键词依然是"颠覆"，这一点从其新的战略布局中可以清楚地看到，利用工业互联网颠覆制造业的价值体系，利用数字化、新材料和新的生产方式（3D 打印等）去颠覆制造业的生产方式。

中国目前正处于从自动化向数字化智能化转型的关键时期，90%制造业企业部署了自动化生产线，但仅 40%实现数字化管理，5%打通了工厂数据，1%使用智能化技术。此外，各细分行业智能制造现状差别较大，电子电器、工业装备、航空航天、汽车等行业的智能制造普及程度较高。上述产业的产品附加值高，企业有资本和实力推动智能化转型。中国智能制造的整体市场规模已达千亿，贯穿设计、生产、仓储、物流、销售、服务整个产业链。工业机器人、工业软件、工业互联及大数据是智能制造的关键要素。国内智能制造的发展瓶颈在于关键技术的自主开发能力较弱，如智能装备中的部分关键零部件（减速机等）、工业软件（CAD/CAE/MES/ERP 等）被国外厂商垄断。此外，网络化技术的普及、数据的采集和整合都需要较长时间积累。中国现有数百万家工业企业，分布在工业转型的自动化、数字化、网络化和智能化各阶段。未来 5～10 年，5G 将成为工业企业智能化升级的催化剂，推动制造企业迈向"万物互联、万物可控"。

近年来，全球各主要经济体都在大力推进制造业的复兴。在工业 4.0、工业互联网、物联网、云计算等热潮下，全球众多优秀制造企业都开展了智能工厂建设实践。

例如，西门子安贝格电子工厂实现了多品种工控机的混线生产；FANUC 公司实现了机器人和伺服电机生产过程的高度自动化和智能化，并利用自动化立体仓库在车间内的各个智能制造单元之间传递物料，实现了最长 720 小时无人值守；施耐德电气公司实现了电气开关制造和包装过程的全自动化；哈雷戴维森公司广泛利用以加工中心和机器人构成的智能制造单元，实现大批量定制；三菱电机名古屋制作所采用人机结合的新型机器人装配产线，实现从自动化到智能化的转变，显著提高了单位生产面积的产量；全球重卡巨头 MAN 公司搭建了完备的厂内物流体系，利用 AGV 装载进行装配的部件和整车，便于灵活调整装配线，并建立了物料超市，取得了明显成效。

在博世公司的"未来工厂"战略中，制造过程现场的"人员、机器和数据"是成功的关键。为了充分激发传统岗位员工参与到智能化转型，利用和挖掘来自车间和设备的数据，博世公司在制造现场融入物联网中的"边缘智能"技术，将智能化和 AI 技术在制造车间和现场落地。该技术应用于博世各种预防性维护、过程参数优化、异常模式识别、图像分析等场景。作为国内智能制造的先锋实践者，博世华域上海公司在业内率先将工业边缘智能平台应用在齿条的数控加工（CNC）过程分析。齿条加工是"A"特性加工工艺，但加工过程中丝锥的微崩刃和崩刃问题一直对生产的质量和效率造成影响。该 CNC 工艺已经通过自动化和 MES 等信息系统打好了数字化基础，通过工艺与设备专家识别问题，锁定数字化系统中可以洞察崩刃现象早期征兆的数据，并将这部分数据集成到边缘平台中，通过快速的数据预处理、分析以及在线的机器学习建模训练和部署，赋予了车间 IPC 能够实时进行刀具崩刃的智能诊断和预警的能力，每年可以节省丝锥刀具成本约 10 万元，同时显著降低了因为崩刃造成的质量损失和效率损失。相较于云或大数据平台分析方式，工业边缘智能具有节约带宽、极低的延迟等特征，满足工业实时性分析和控制以及数据安全的要求。该技术可以更好地赋能车间专家，借助传统工业自控体系，融合领域知识与 AI 服务于智能制造。

北京 ABB 低压电器有限公司成立于 1994 年，主要生产终端配电保护产品和建筑电器附件产品，是 ABB 全球重要的低压产品制造基地之一，被评选为 2018 年北京市智能制造标杆企业。目前，该工厂从订单到交付的整个价值链的不同环节，均实现了高度自动化和数字化运营。①在制造环节，工厂采用先进的制造执行管理系统，对客户订单进行实时响应，基于客户的需求自动配置生产设备和加工参数，在自动化装配线上通过 28 台 ABB 机器人与生产人员协同作业，实现了客户需求和生产制造的无缝连接。②在外观检测环节，工厂引入了计算机视觉技术和深度学习等人工智能技术，打造了敏捷、高效的缺陷检测能力；同时，工厂还实时监控产品外观质量信息，运用云端大数据分析来精准反馈前端设备的生产状态。③在物流环节，工厂使用无线移动终端技术及物流信息管理系统对所有货物移动进行高效管理，提高物料周转效率和库存精确度，实现智慧物流。数字化和智能化技术为该工厂创造了巨大效益，平均生产效率提升超过 6%、交付可靠性提升到 99.94%、平均交货周期缩短至 2 天，大幅提升了工厂的竞争实力。

2018 年，中国宝武钢铁集团有限公司与百度达成战略合作，双方融合百度在 ABC（人工智能、大数据、云）＋IoT 技术、社会化平台运营等方面的能力，以及中国宝武在钢铁领域的专业技术、大规模场景与产业链整合的能力，围绕钢铁制造与工业服务、供应链与生态圈、城市服务与创新创业等开展技术创新、模式创新。双方聚焦大数据平台建设以及机器视觉在产品质检、安全生产等领域的应用，推进机器学习在工艺过程优化、生产排程领域的应用与实践。此外，还开展基于 AI 技术的设备智能远程维修试点，依托工业数据与应用场景探索智能算法、视觉识别、深度学习等 AI 技术应用，形成系列设备智能远程运维解决方案，并开始跨行业应用推广。2017 年，百度智能云就与隶属于中国宝武的宝钢技术打造了智能钢包管理系统，平均降低出钢温度 10℃，节约能源成本 70 亿元；钢包烘烤能耗下降 50%，可省约 150 亿元。

当前，我国制造企业面临着巨大的转型压力。一方面，劳动力成本迅速攀升、产能过剩、竞争激烈、客户个性化需求日益增长等因素，迫使制造企业从低成本竞争策略转向建立差异化竞争优势。在工厂层面，制造企业面临着招工难，以及缺乏专业技师的巨大压力，必须实现减员增效，迫切需要推进智能工厂建设。另一方面，我国传统上以重工业为主的工业结构导致能源需求强劲，一些地方和企业单纯依靠大规模要素投入获取经济增长速度和经济效益，造成能源利用率偏低。得益于中国经济结构调整，更加注重经济发展的质量和效益，近年来，高能耗企业增加值明显回落，而高技术制造业增加值增速加快，耗能相对较少的服务业比重继续提升。物联网、协作机器人、增材制造、预测性维护、机器视觉等新兴技术迅速兴起，为制造企业推进智能工厂建设提供了良好的技术支撑。再加上国家和地方政府的大力扶持，使各行业越来越多的大中型企业开启了智能工厂建设的征程。

我国汽车、家电、轨道交通、食品饮料、制药、装备制造、家居等行业的企业对生产和装配线进行自动化、智能化改造，以及建立全新的智能工厂的需求十分旺盛，涌现出海尔、美的、东莞劲胜、尚品宅配等智能工厂建设的样板。

例如，海尔佛山滚筒洗衣机工厂可以实现按订单配置、生产和装配，采用高柔性的自动无人生产线，广泛应用精密装配机器人，采用 MES 全程订单执行管理系统，通过 RFID 进行全程追溯，实现了机-机互联、机-物互联和人-机互联。尚品宅配实现了从款式设计到构造尺寸的全方位个性定制，建立了高度智能化的生产加工控制系统，能够满足消费者个性化定制所产生的特殊尺寸与构造的板材的切削加工需求；东莞劲胜全面采用国产加工中心、国产数控系统和国产工业软件，实现了设备数据的自动采集和车间联网，建立了工厂的数字孪生（digital twin）模型，构建了手机壳加工的智能工厂。

但是，我们也应该清醒地看到我国制造企业在推进智能制造方面还依然存在许多困难和问题。

① 智能制造人才紧缺，需加快培养相关人才。我国智能制造面临人才缺口大、培养机制跟不上、现有制造业人员适应智能制造要求的转型难度较大等问题。一是整体人才缺口大。我国教育部、人力资源和社会保障部、工业和信息化部联合发布的《制造业人才发展规划指南》预测，到 2025 年，高档数控机床和机器人有关领域人才缺口将达 450 万，人才需求量也必定会在智能制造不断深化中变得更大。二是人员流动性大，且刘易斯拐点后人口红利在缩小。三是智能制造转型升级创造的新职位需要新型技术人才，但传统就业人员并不一定能在短期内转型并适应新职位需求。要胜任新职位，需要较高、较新的知识储备，原有传统制造业领域的工程技术人员要满足这些新岗位的技能需求，需要时间培养。

② 盲目购买自动化设备和自动化产线。一些制造企业仍然认为推进智能工厂就是自动化和机器人化，盲目追求"黑灯工厂"，推进单工位的机器人改造，推行机器换人，上马只能加工或装配单一产品的刚性自动化生产线。只注重购买高端数控设备，但却没有配备相应的软件系统。在工厂运营方面还缺乏信息系统支撑，车间仍然是一个黑箱，生产过程还难以实现全程追溯，与生产管理息息相关的制造 BOM 数据、工时数据也不准确。设备绩效不高。生产设备没有得到充分利用，设备的健康状态未进行有效管理，常常由于设备故障造成非计划性停机，影响生产。

③ 尚未实现设备数据的自动采集和车间联网。部分企业在购买设备时，没有要求开放数据接口，大部分设备还不能自动采集数据，没有实现车间联网。目前，各大自动化厂商都有自己的工业总线和通信协议，OPC UA 标准的应用还不普及。依然存在大量信息孤岛和自动化孤岛。智能工厂建设涉及智能装备、自动化控制、传感器、工业软件等领域的供应商，集成难度很大。很多企业不仅存在诸多信息孤岛，也存在很多自动化孤岛，自动化生产线没有进行统一规划，生产线之间还需要中转库转运。

④ 近年来，虽然我国科技创新取得了显著成就，但部分核心技术仍然受制于人，大量的关键零部件、系统软件和高端装备还部分依赖进口。与发达国家相比，我国制造企业开展技术创新的能力不足，尚未真正成为技术创新的主体，所以大多以资源密集型制造业或劳动密集型制造业参与国际分工，处于技术含量和附加值较低的"制造-加工-组装"环节。而在附加值较高的研发、设计、工程承包、营销、售后服务等环节相对缺乏竞争力。

究其原因，是智能制造和智能工厂涵盖领域很多，系统极其复杂，一些企业还缺乏深刻理解。在这种状况下，制造企业不能贸然推进，以免造成企业的投资打水漂。应当理性学习和参考发达国家的发展经验，通过建立智能制造思维体系、探索智能制造创新技术，并构建智能制造合作机制和打造智能制造示范工程，让更多的企业了解、学习并运用智能制造技术，结合企业内部的 IT、自动化和精益团队，高层积极参与，根据企业的产品和生产工艺，做好需求分析和整体规划，在此基础上稳妥推进，才能取得实效。

目前，智能制造体系正朝着柔性化、精益化、敏捷化和绿色化方向发展。

① 智能制造体系柔性化发展方向分析。

智能制造体系的柔性化方向是由柔性智能装配引发的，基本思路为柔性装配的研究层次从上到下分为柔性工装、柔性工艺规划和柔性车间调度。主要涉及的研究思路包含结构优化设计、工装驱动数据自动生成、装配顺序规划和分配方法研究以及智能调度技术。柔性化发展是基于智能装配生产线上可能出现的各种问题及产品所提出的新型发展方向。其中可变参数和柔性调度是最重要的研究领域。

② 智能制造体系精益化发展方向分析。

智能制造体系精益化的发展方向包括四个方面的内容：a. 智能制造环境中的自适应快速换模技术；b. 设备自诊断、自适应和自修复技术所组成的全员设备维护技术；c. 生产流程自动化的3P技术，该技术能够将生产过程中的资源浪费在设计和工艺研究等源头环节中进行降低；d. 均衡混流生产技术，该技术是基于对生产计划的合理规划以及现场动态调整和调配等智能制造方法进行的。

③ 智能制造体系敏捷化的发展方向分析。

智能制造体系敏捷化主要有以下两个研究方向：首先，对于客户订单变化的快速响应是智能制造的一大特点，通过前期对客户需求的调查，在大数据分析的基础上，使用神经网络等算法对客户的订单可能发生的情况进行预测，并拟合相应的响应曲线，得到响应基本函数，然后优化设计生产关键因素，最终大幅度减少客户需求响应的时间。其次是对于功能单元的设计和配制。在使用智能制造生产线的时候，需要对参与生产的各要素（包括软件设计、硬件要求和工艺流程设计等）归类的功能模块进行划分。在功能划分之后组建各自成体系的模块单元，并配置相应的算法，以达到提升智能制造体系柔性化和可重构性的目的。

④ 智能制造体系绿色化的发展方向分析。

近年来，由于信息化技术（信息化、数字化）和工业制造运营（自动化、电气化）等技术的融合发展，尤其是5G、人工智能、大数据、物联网技术体系以前所未有的速度大规模进入制造业，并改变工业制造的既有流程、模式和市场格局，因此，智能制造、绿色制造等概念已经在全球范围内引起政产学研等各层参与者的高度重视，并投入了相当的资金对上述概念进行探索和实践。同时，新技术在制造业转型升级中的应用规模不断扩张，加之制造业创新的需求不断增加，这些概念持续深化，绿色制造和智能制造之间的再融合已成为常态。在政府牵头即政策扶持的利好背景下，传统工业企业以及新入局者（互联网企业）共同加入智能制造和绿色制造大潮中，推动两大概念成为新动力和增长点。其背后的逻辑在于，工业自动化和电气化正在数字化、信息化的推动下，迎来新一轮升级革命，尤其对能源行业产生了极其深远的影响。通过物联网感知、数字孪生、敏捷通信和大数据分析等方法，可大幅优化制造流程中对能耗的管理，将能源相关的精细化运营提高到前所未有的水平。智能制造与绿色制造相互融合，催生出新一轮的能源转型与工业变革。

1.9 本书内容的组织及立论

本书在对智能制造基本概念和发展背景情况进行介绍的基础上，从智能制造系统成熟度等级水平模型的角度，分析了新型智能制造人才的培养需求，构建了智能制造教学工厂的概念模型、面向服务的组成域模型及全生命周期数字化资源模型，并基于模型设计构建了面向智能制造教学工厂的工厂教学资源库。

浙江大学智能制造教学工厂是一个迷你的乐高玩具汽车组装流水线生产车间，配备了工业机器人、机器视觉、智能备料、智能组装、智能加工、智能包装及立体仓储等系列智能设备，通过乐高小车柔性装配、激光雕刻、包装贴标及智能仓储生产过程，展示了 Profinet 技术、RFID 技术、传感器技术、图像识别技术以及数字化协同制造等工业 4.0 关键技术，实现了机器人与 PLC 通信、加工设备与 PLC 通信以及机器人、机器视觉及上料机的智能协同，为学生提供了一个体现高度灵活性及个性化特点的智能制造实验教学环境。

本书后续章节分为两个部分：第一部分介绍了教学工厂流水线实验平台的总体设计模型，并对组成智能流水线的各模块系统，如智能设备、传感器、控制器、执行器、无线网络及生产管控等分别进行了简要介绍。然后，基于智能工厂参考模型及 CPS 进行了系统可扩展性及可重构性的讨论，建立了基于多智能体的智能工厂可重构实验系统，为开展创新性的复杂优化算法实验提供了实验环境。第二部分由浅入深地设计了多层次的实验内容，包括单元桌面型基础实验装置以及基于智能制造应用场景的研究型创新实验项目。创新性实验项目通过引导学生依据智能制造成熟度模型，针对现有流水线实验平台进行智能性评估，研究现有流水线中智能化技术的应用等级，进而对其进行持续性的智能化提升研究，并提出智能化提升的创新性解决方案，直接对接了智能制造工业变革对高层次智能自动化人才的培养需求。

实践表明，依托智能制造教学工厂可以从知识、工具、素养和行业最佳实践等方面提供创新人才培养计划，培养造就掌握现代数学建模与分析技能，具有制造系统实际操作经验，能够设计和开发先进 IT 系统的复合型高级工程人才。通过此类创新研究实验，不仅可以培养学生的专业能力，包括工程技术能力（通信、仿真、软件）和行业知识（机器人、机器视觉、智能汽车等），还可以在软实力层面培养复合型人才，包括快速学习能力、团队合作能力、领导力、需求适应能力和创新能力。

❓ 思 考 题

1. 精益制造的核心思想包含什么？
2. CPS 是什么英文词语的缩写？其基本内涵是什么？
3. 简述人工智能技术的起源和发展历程。
4. 简述数字孪生技术的起源，并列举 2～3 个典型应用场景的例子。
5. 智能制造和传统制造模式的主要不同点是什么？
6. 简述智能工厂的设计流程。

第2章　智能制造背景下的新工程教育

当前，以智能化为核心的新一轮智能制造科技产业变革兴起，人工智能技术与社会各领域不断深度融合已是大势所趋，正逐步改变现有产业形态、商业模式和生活方式，并成为助推制造业智能化转型升级的关键驱动力。麦肯锡的报告指出，人工智能可以使德国工业部门的生产率每年提高 $0.8\%\sim1.4\%$。埃森哲则比较了人工智能对我国各个行业增加值增速的影响，预计到 2035 年，制造业因人工智能的应用其增加值增速可以提高 2.0% 左右，是所有行业中提高幅度最大的。

国外主要发达国家高度重视智能制造，积极出台相关战略政策，提升制造业智能化水平成为全球共识与趋势。工业发达国家（如美国、日本、德国）和欧盟分别发布《国家人工智能研究和发展战略规划》《新机器人战略》《国家工业战略 2030》《欧盟人工智能》等一系列战略，重点提及产品全生命周期优化、先进机器人、自动驾驶、大数据挖掘等在工业制造领域的应用。在 2016 年全球制造业竞争力指数（Global Manufacturing Competitiveness Index）报告中对制造业竞争力影响的最重要的因素进行了分析，结果表明人才是所有 CEO 最关注的竞争力资源，人才成了智能制造竞争力的第一要素。在此背景下，培养具有智能制造创新能力的新型工程技术人才，成为新工程教育的重要目标。

与此同时，我国也积极抢抓制造业产业智能化转型的机遇，在 2014 年推出了《中国制造 2025》，明确指出要加快推动新一代信息技术与制造技术融合发展，把智能制造作为两化深度融合的主攻方向。与传统的制造过程相比，智能制造更加注重网络化、智能化生产，协同式供应链无缝对接，需求端泛在连接实现全流程用户参与以及融合型服务使企业价值延伸。可见，智能制造不仅是制造技术与信息技术的融合创新，更将从产品形态、制造模式、经营理念、市场形态和行业管理等多维度重塑制造业，由此引发制造业对人才的需求发生深刻改变。

2.1　智能制造需求下人工智能技术加速渗透

制造业智能化升级需求是工业智能发展的根本驱动。制造业升级的最终目的是从数字化、网络化转而最终实现智能化。当前制造业正处在由数字化、网络化向智能化发展的重要阶段，核心是要实现基于海量工业数据的全面感知，通过端到端的数据深度集成与建模分析，实现智能化决策与控制。工业智能通过固化熟练工人和专家的经验，模拟判断决策过程，解决过去工业领域中需要人工处理的点状问题；基于知识汇聚实现大规模推理，实现更广泛的流程、更可靠的管理与决策。构建算法模型，强化制造企业的数据洞察能力，解决工业中机理或经验复杂不明的问题，成为企业转型升级的有效方法，也是打通智能制造最后一公里的关键环节。人工智能技术体系逐步完善，推动工业智能快速发展。一方面是技术实现纵向升级，为工业智能的落地应用奠定基础。算法、算力和数据的爆发推动人工智能技术不断深化，使采用多种路径解决复杂工业问题成为可能。传感技术的发展、传感器产品的规模化应用及采集过程自动化水平的不断提升，推动海量工业数据快速积累。工业网络技术发展保证了数据传输的高效性、实时性与高可靠性。云服务为数据管理和计算能力外包提供了途径。另一方面是技术实现横向融合。人工智能具有显著的溢出效应，泛在化人工智能产业体系正在快速成型，工业是其涵盖的重点领域之一。

目前，工业智能应用主流问题包括：①库存管理、生产成本管理等问题。由于其流程或机理清晰明确且计算复杂度较低，因此可以将此类任务的执行过程固化并通过专家系统解决。②设备运行优化、制造工艺优化、质量检测等问题。这些问题往往机理相对复杂，但并不需要大量的数据和复杂的计算，因此通常是机器学习作用的领域。③需求分析、风险预测等环节。由于这些环节需要依靠大量数据的推理作为决策支持，因此其计算复杂度相较于前两类问题更高，但是其问题机理或是不同对象间的关系相对清晰，因此可利用知识图谱技术来解决问题。④前沿机器学习作为近年来人工智能发展的核心技术体系，其主要目的就是解决问题机理不明、无法使用经验判断理解、计算极为复杂的问题，如不规则物体分类、故障预测等。而对于产品智能研发、无人操作设备等更为复杂的问题，通常需要多种方法组合来解决。

2.1.1　专家系统

专家系统是一种模拟人类专家解决领域问题的计算机程序系统，是具有大量的专门知识与经验的程序系统。它应用人工智能技术和计算机技术，根据某领域一个或多个专家提供的知识和经验，进行推理和判断，主要用来解决特定场景或领域内机理清晰、专家经验丰富、计算相对简单的工业问题。目前已实现较为成熟的工业应用，尤其是在钢铁行业中应用最为普遍，主要应用在车间调度管理、故障诊断、生产过程控制与参数优化等环节。其中，在调度与生产管理场景中，美国卡内基梅隆大学曾研发专门用于车间调度的 ISIS 专家系统，该系统采用约束指导的搜索方法产生调度指令，动态情况则由重调度组件进行处理，当冲突发生时，它通过有选择地放松某些约束来重新调度那些受影响的订单；美国设备公司 Digital 研制的 IMACS 专家系统可用于制造环境的容量计划、清单管理及其他与制造过程有关的管理工作。在故障诊断与参数优化场景中，美国 Corus 公司采用专家系统诊断结晶器液面自动控制系统是否出现故障；瑞典钢铁公司研发专家系统，用于给出高炉参数调整操作的专家建议。在异常预测与过程控制场景中，芬兰 Rautaruukki 钢铁公司研发的 GO/STOP 专家系统具有 600 多条规则，对炉热和异常炉况等实行全面监控；澳大利亚 BHP（必和必拓）公司则基于热平衡模型和专家知识研发了用于炉热平衡控制的高炉工长指导系统。经过多年积累与研究，专家系统已经获得了迭代升级，具备了并行与分布处理、多专家系统协同工作的能力。此外，得益于人工智能的发展，专家系统具有了自学习功能，部分系统还引入了新的推理机制，具备了自纠错和自完善能力。更有一些应用前沿技术的专家系统，拥有先进的智能人机接口，能够更好地协助操作人员完成工作。

2.1.2　机器学习

机器学习是人工智能的核心技术之一，专门研究计算机怎样模拟或实现人类的学习行为。传统机器学习方法以统计学为基础，从一些观测（训练）样本出发，发现不能通过原理分析获得的规律，实现对未来数据行为或趋势的准确预测，广泛应用在工业现场层，产品生产、管理与服务环节，是当前工业智能应用最为广泛的技术，主要涵盖产品质量检测、设备精准控制与预测性维护、生产工艺优化等场景。

在设备自执行场景中，通过机器学习方法对人类行为及语音的复杂分析，能够增强机器人的学习、感知能力，提升生产效率。西班牙 P4Q 公司应用 Sawyer 机器人组装电路板，解决了传统的笼式机器人存在的成本高昂和威胁员工安全的问题，采用的自动化解决方案能够确保一致性和可预测性，并实现了生产量提高 25% 的目标。在设备/系统预测性维护场景中，机器学习方法拟合设备运行的复杂非线性关系，能够提升预测准确率，减少成本与故障率，是工业智能应用最为广泛的场景之一。德国 KONUX 结合智能传感器及机器学习方法，利用除传感器以外的数据源（如传感数据、天气数据和维护日志等）构建设备运行模型，使机器维护成本平均降低 30%，实际故障率降低 70%，模型还能不断自我学习进化，并为优化维护计划和延长资产生命周期提供建议。帕绍大学使用机器学习技术来准确预测机床的磨损状态，通过传感器和功耗数据预测锤子何时停止正常工作，以确定更换关键组件的最佳时间，避免原始零件加工中的意外停机。能源供应商 Hansewerk AG 基于机器学习，利用来自电缆的硬件信息、实时性能测量（负载行为等）、天气数据，检测以及预测电网中断和停电，主动识别电网缺陷的可能性增加了 2～3 倍。纽约创业公司 Datadog 推出了基于 AI 的控制和管理平台，其机器学习模块能提前几天、几周甚至几个月预测网络系统的问题和漏洞。

2.1.3　深度学习和知识图谱

深度学习是一种以人工神经网络为架构，建立深层结构模型对数据进行表征学习的算法。通过对以图像、视频类为主的数据的深度分析挖掘，解决工业领域的"疑难杂症"，逐步成为当前应用的探索热点，目前在工业领域广泛应用在复杂产品质量检测、设备复杂控制、生产安全等环节。复杂质量（缺陷）检测场景中，利用基于深度学习的解决方案代替人工特征提取，能够在环境频繁变化的条件下检测出更微小、更复杂的产品缺陷，提升检测效率，是解决此类问题的主要方法。美国机器视觉公司康耐视（COGNEX）开发了基于深度学习进行工业图像分析的软件，利用较小的样本图像集合就能够在数分钟内完成深度学习模型训练，能以毫秒为单位识别缺陷，支持高速应用并提高吞吐量，解决传统方法无法解决的复杂缺陷检测、定位等问题，检测效率提升 30% 以上。富士康、奥迪等制造企业利用深度学习，实现了电路板复杂缺陷检测、汽车钣金零件微小裂缝检测、手机盖板玻璃检测、酒精质量检测等高质量检测。

此外，基于深度学习的技术协作有望解决更复杂的问题。美国工业智能企业将深度学习与 3D 显微镜相结合，将缺陷检测降低到纳米级；荷兰初创公司 Scyfer 使用深度学习与半监督学习相结合的方法对钢表面进行检测，实现了对罕见未知缺陷的检测。不规则物体分拣场景中，通过深度学习构建复杂对象的特征模型，实现自主学习，能够大幅提高分拣效率。德国公司 Robominds 开发了 Robobrain-Vision 系统，其基于深度学习与 3D

视觉相机帮助机器人自动识别各种材料、形状甚至重叠的物体，并确定最佳抓取点，无需任何编程。同时，其还具有直观的用户界面，用户可通过大型操作面板或直接在 Web 浏览器中轻松完成配置。爱普生、埃尔森、梅卡曼德等公司纷纷推出基于 3D 视觉与深度学习的复杂堆叠物体、不规则物品的识别和分拣机器人。发那科公司利用深度强化学习使机器人具备自主及协同学习技能，能够将零部件从一堆杂物中挑选出来，并达到 90%准确率，极大地提升了工程师的编程效率。

在设备及制造工艺优化场景中，采用深度学习方法对设备运行、工艺参数等数据进行综合分析并找出最优参数，能够大幅提升运行效率与制造品质。西门子公司利用深度学习使用天气和部件振动数据来不断微调风机，使转子叶片等设备能根据天气调整到最佳位置，以提高效率、增加发电量。攀钢、东华水泥等企业借助阿里云工业大脑的深度学习技术识别生产制造过程中的关键因子，找出最优参数组合，提升生产效率，降低能耗。

知识图谱基于全新的知识组织方式以实现更全面可靠的管理与决策。在知识图谱中，每个节点表示现实世界中存在的"实体"，每条边为实体与实体之间的"关系"。知识图谱是关系的最有效的表示方式，能够将多种工业知识整理成图表，明确各影响因素之间的相互关系，实现更便捷的检索、更全面可靠的管理与决策，用于供应链风险管理和融资风险管控等场景。在供应链风险管理场景中，华为通过汇集学术论文、在线百科、开源知识库、气象信息、媒体信息、产品知识、物流知识、采购知识、制造知识、交通信息、贸易信息等信息资源，构建了华为供应链知识图谱，通过企业语义网（关系网）实现供应链风险管理与零部件选型。

2.2 智能制造背景下对人才需求的分析

智能制造涉及知识面广，实际应用中需要多人团队协作。目前我国智能制造面临自动化、信息化、智能化改造同步进行，要求从业人员必须具备一定的研究能力，协调三者同步稳进。因此，为满足智能制造需求，必须培养具备创新能力、合作能力、实践能力、创业能力的人才。

2.2.1 人机协同方式的变化

伴随着智能制造技术的飞速发展，生产制造系统具备了信息物理融合系统的特征，人、机及信息高度融合。在未来的智能工厂中，人的角色相比传统工厂发生了巨大的变化，如图 2-1 所示。传统工程师是具备某一技术专长的技术人员，由他们来制定生产任务并进行生产决策，操作工执行生产指令，进行具体的生产操作。而在未来的工厂中，由于机器具有记忆力强、无生理限制、精度高、强度大等特点，繁重的体力劳动逐步被机器取代。并且由于智能系统具有一定的智能活动能力，可以延伸和部分地取代传统技术专家在制造过程中的脑力劳动，使人可以从枯燥的体力劳动及初级脑力劳动中解放出来，在智能机器配合下更好地发挥人类所具备的创造力、灵活性、适应性及协作能力，去承担机器无法独立完成的智能设计、运营、维护等任务。机器是否必须换人，还必须看实际情况，不同行业的选择是不同的。在实际操作过程中，需要充分考虑机器和人的关系。不同的行业，其生产力构成也是不一样的，例如在汽车制造业，采用大量的机器人代替人，支撑了整个生产线，支撑了制造流。企业产品的不同，也会有不同的选择，例如饮料生产企业，机器人不多，但生产自动化程度很高。在智能制造时代，我们应该更多地思考人机如何配合，什么样的工作由人来完成，什么样的工作由机器来完成，实现人尽其才、物尽其用。智能制造系统不仅是人工智能系统，而且是人机一体化智能系统，机器智能和人的智能集成在一起，协同工作。所以合格的制造业人才是成功实施工业 4.0 的关键。

图 2-1　不同工业化阶段中人的角色变化

2.2.2　智能制造成熟度与企业人才需求

我国《智能制造能力成熟度模型白皮书》将企业智能制造成熟度分为"智能＋制造"两个核心维度，制造维度体现面向产品的全生命周期或全过程的智能化提升，包括设计、生产、物流、销售和服务 5 类，涵盖了从接收客户需求到提供产品及服务的整个过程。

与传统的制造过程相比，智能制造的过程更加侧重于各业务环节的智能化应用和智能水平的提升。智能维度是智能技术、智能化基础建设、智能化结果的综合体现，是对信息物理融合的诠释，完成了感知、通信、执行、决策的全过程，包括了资源要素、互联互通、系统集成、信息融合和新兴业态 5 大类，引导企业利用数字化、网络化、智能化技术向模式创新发展。成熟度水平定义为已规划级、规范级、集成级、优化级和引领级 5 个级别，定义了智能制造的阶段水平，描述了一个组织逐步向智能制造最终愿景迈进的路径。根据此模型可以映射得到不同成熟度发展水平的企业对应人才需求的模型，如图 2-2 所示。人才技能要求与企业成熟度水平直接相关，普通人才只需掌握基础的信息化技能，而高级人才则既要具备系统集成专家的足够的知识广度，又要具备项目开发者的足够的知识深度，包括过硬的技术能力和深厚的行业知识，兼具行业专家、生产决策者及协调人的角色。多维度的人才需求对现有工程教育模式及教学工厂的建设提出了新的挑战。

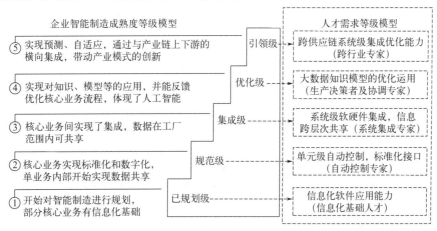

图 2-2　智能制造人才需求等级模型

2.2.3 自动化专业实验教学新挑战

由于自动化专业宽口径、多学科交叉的特点，教学内容涉及电工技术、电子技术、控制理论、自动检测与仪表、信息处理、系统工程、计算机技术与应用和网络技术等诸多领域，几乎覆盖了智能制造成熟度模型的所有要素域，所以新型自动化人才的培养必须向宽口径系统化复合型人才培养方向发展。复合型人才是指具有多个专业或学科领域的基础知识和基本能力的人才，通常具有以下能力。

① 创新能力。各个领域的传统模式因为工业4.0、智能制造被打破，各个领域的变化越来越大。只有具有创新精神和创新能力的人，才能不断为社会提供新思想、新理论、新方法和新发明。

② 发现问题、分析问题和解决实际问题的能力。由于很多学生都是被动学习，不习惯思考，被动接受老师知识的灌输，学生的创新意识相当薄弱，缺乏发现问题的能力，对很多问题会习以为常，缺少发现问题的"眼睛"。在智能制造的背景下，重点突破的领域中，如信息技术、装备制造、新材料等领域，科技含量高，且是新兴产业，可以复制的技术少。这就更加要求人才具有创新能力，具有发现问题、分析问题的能力，并最终将能力应用到解决实际问题中。只有具备这些能力，才能细化问题、分解问题，逐步解决问题。

③ 需要扎实的跨专业基础知识。在工业4.0、智能制造时代，机器功能的复合，控制智能化，加工过程自适应控制，加工参数智能化优化和选择，智能故障自诊断与修复技术，智能故障回放和故障仿真技术，智能化交流伺服驱动装置，智能数控系统等技术都是机械、电气、计算机等学科融合交汇的产物。这些技术的开发和应用都需要扎实的跨学科知识。

④ 需要团队合作精神。团结协作是一切事业成功的基础，不论是个人还是集体，只有依靠团结的力量才能成功。我们需要把个人的愿望和团队的目标结合起来，超越个体的局限，并发挥集体的协作。一个缺乏合作精神的人，不仅在事业上难有发展，而且很难适应当今时代的发展，也很难在激烈的竞争中胜出，且很难立于不败之地。越是现代社会，越需要团结协作，形成合力；单枪匹马、孤军奋战很难取得成功。工业4.0时期更加需要团队合作。

通过以上分析可见，面向智能制造的自动化工程师必须具备以下技能。

① 深刻理解智能制造生态环境。作为自动化专家和咨询师，应了解企业的供应链定位及竞争力优劣势，诊断评估企业成熟度水平，提出、领会、贯彻智能制造成熟度提升举措。

② 主导自动化系统软硬件设计、选购、配置工具及集成构架。了解设计原则和方法，从应用实践角度评判工具的特点，参与或主导智能制造系统的设计、建设、升级与应用。

③ 具备生产管控工具的应用、维护和基本研发技能。在特定工作岗位，如调度指挥岗，熟练掌握调度排产软件、生产指挥信息平台、DCS生产监控系统的应用、维护或研发技能。

④ 活用新技术，善于人机协同和团队协作。知人善用，知"机"善用，利用数据分析等新技术提升整体效益。

⑤ 具备终身学习能力。在科学技术日新月异的背景下，单靠大学期间学到的专业知识是远远不够的，必须具备终身学习的能力，才能跟上技术发展的步伐。

智能制造发展的趋势要求工程人才既要具备系统集成专家的足够的知识广度，又要具备技术项目开发者的足够的知识深度，包括过硬的技术能力（通信、仿真、软件）和深厚的行业知识（从钢铁、造船等传统重工业过渡到新能源、新材料、电动汽车等），兼具行业专家、生产决策者及协调人的角色。伴随着企业智能制造成熟度水平的提升，对人才的能力要求也随之相应地提升，更加要求工程人员必须具有终身学习能力。

这些能力的培养与工程专业的实验/实践环节密不可分。长期以来国内高校工程专业实验教学存在以下问题：①与传统制造专业人才相比，智能制造人才所学的专业高度交叉融合。传统教学的知识结构和实践体系相对比较陈旧，知识碎片化，与技术发展和产业需求相对脱节，没有实现知识点的融会贯通，从而导致部分学生学习热情不高。②长期以来，高校人才培养的主体单一，教学、科研和产业互相割裂，没有形成育人合力。另外，由于投入资金大、技术门槛高、系统复杂等原因，校内实验教学平台和教学资源相对匮乏，与工业生产和理论教学脱节，难以支撑开展灵活多样的高水平实验教学。学生融入科研实践的深度和广度不够，造成人才培养过程中实践育人效果不理想。③即便近年来有部分高校增加投入，花重金从教仪公司购买了成套的实验装置，但由于缺乏相关实验设备生产标准，其普遍存在设备集成度差、重硬轻软、人机界面不友好、互操作性差等问题，加上实验的师资能力、激励机制等原因，导致实验教学效果不理想。这些问题导致了学生实践能力与社会期望存在较大差距，长期未能得到有效解决，成为当前制约新工科人才培养的瓶颈问题。为此，国内高校针对教学体系、教学模式、教学设备等方面开展了面向智能制造新工程人才的教学改革。

2.3　教学模式改革

在新工程教育理念下，工程人才的培养应更多地尊重学生的个体需求与对职业的兴趣，通过工程教育赋予工程人才更多更灵活的职业选择。所谓更多更灵活的职业选择，是指涵盖从工程制造者到工程发现者的广阔工程职业生涯领域。制造者是指从事工程实践工作、在工程实践中不断创新的工程师，承担的职责包含构想、设计、实施、操作等内容。制造者是以实践为取向的。发现者是指从事工程科学研究的工程研究人员，承担的职责包含探究工程活动规律、拓展工程科学知识等。发现者是以认知为取向的。

由于工程实践活动与工程科学知识之间是相互联系、相互作用、相互促进而不是二元分割的关系，所以制造者与发现者只是代表着工程职业的两个维度，制造者与发现者可以相互交往、相互促进，也可以在一定条件下相互转换。为了实现学生成为制造者或发现者的人才培养目标，在工程教育时应以学生为本，教给学生基础性的工程科学知识，如工程科学基础知识、工程实践基本范式等。学生可以在掌握工程基础性要素的基础上，根据职业兴趣制定职业发展规划，选择不同的工程内容学习，按照制造者或发现者的职业路径做准备。在开展教学活动时，通过充分考量学生个体的认知风格、学习方式等的差异，选择最适合学生个体发展的学习方式，引导学生积极参与，激发学生的主动探究与自学的能力，采取项目学习、小组学习、团队合作、信息化教学、智慧学习等手段，为学生成为引领未来工程发展的领导者奠定基础。

未来产业界将会更加注重工程人才在学习能力和思维等方面的表现，原来的以知识学习与认知能力训练为重心的工程教育将会受到挑战。因此，新工科应更注重对学生思维的培养，使学生在工程实践中面临各种未知与复杂问题时能够运用恰当的思维方式思考解决。基于此，新工科人才应具备11种思维：制造、发现、人际交往技能、个体技能与态度、创造性思维、系统性思维、批判与元认知、分析性思维、计算性思维、实验性思维及人本主义思维。

由于传统工程教育强调学生对工程学科知识的习得，受学科逻辑规制，使在这一范式支配下的工程人才培养呈现出学科专业本位的现象。学科专业本位现象的出现与工程知识复杂性程度日益提升有关。工程学科知识不断膨胀使工程知识日益复杂化，需要对学科知识进行细化，以专业的形式整合知识体系，由此导致专业与专业之间的隔离进一步加深。由于不同学科遵循不同的学科行动逻辑，所以，在没有制度规约的前提下，学科之间是相互隔离的，秉持的是划界而治理念，各学科均以各自的利益诉求作为价值判断的标准。而新工科改革尝试打破这种学科隔离、划界而治的局面，实现跨学科培养工程人才。明确新工科以工程人才培养为本位，而非以学科为本位。传统工程教育人才培养范式是专业本位的，强调的是学科知识的传递，是围绕学科知识这一主体开展的教学活动。这种范式关照的不是工程人才的培养，而是学科知识是否得以系统完善的传递。这种知识传递观容易导致工程教育活动均以学科利益为本位。通过确立工程人才培养本位观，使工程人才培养复归工程教育的中心，以人才培养逻辑和人的发展逻辑取代学科本位逻辑，打破各专业、各学院之间的隔离。

2.3.1 基于能力培养的教学模式

以能力为基础的教学（competency based education，CBE）产生于第二次世界大战后，现在广泛应用于美国、加拿大等北美职业教育中，也是当今一种较为先进的工程教育理念。其理论支柱可以归纳为三点：一是系统论和行为科学，研究认为，人的需要、动机、信念、态度与期望，对人的行为起着至关重要的作用；二是美国教育学家布鲁姆（Benjamin Bloom）提出的"有效的教学始于准确希望达到的目标"；三是教育目标分类学认为"只要在提供恰当材料和进行教学的同时，给以适当的帮助和充分的时间，90%的学生都能掌握规定的目标"。

CBE教学方法认为整个教学目标的基点是如何使受教育者具备从事某一特定的职业所必需的全部能力。这种能力不是狭义的操作能力或动手能力，而是一种综合的职业能力，通常包括四个方面：一是知识，即与本职业、本岗位密切相关的、必不可少的知识领域；二是技能、技巧，即解决实际问题的能力；三是态度，指动机、动力、经验、历练，是情感领域、活动领域；四是反馈，即如何对学员是否学会了知识进行评价、评估的量化指标领域。

CBE的实施通常包括职业分析、工作分析、综合能力分析、专项能力分析、教学分析、完善教学条件、实施教学等步骤。CBE模式注重各种职业发展方向，重视"宽专多能型"学生的职业能力的培养，以使其适应多种职业。在实施中，首先由学校聘请行业中一批具有代表性的专家组成专业委员会，按照岗位的需要，层层分解，确定从事某一职业所应具备的能力，明确培养目标。然后由学校组织相关教学人员，按照教学规律，将相同、相近的各项能力进行总结、归纳，构成教学模块，制定教学大纲，依此施教。其科学性体现在它打破了以传统的公共课、基础课为主导的教学模式，强化了职业能力和实践能力的培养。

2.3.2 基于项目学习的教学模式

基于项目的学习（project based learning，PBL）中的"项目"是管理学科中的"项目"在教学领域的延伸、发展和具体运用。因此，基于项目的学习是以学科的概念和原理为中心，以制作作品并将作品推销给客户为目的，在真实世界中借助多种资源开展探究活动，并在一定时间内解决一系列相互关联的问题的一种新型的探究性学习模式。

基于项目的学习的理论及应用都开始于美国。目前,基于项目的学习在国外有很多应用,是一种很受推崇的教学模式。在美国,基于项目的学习是开展研究性学习的主要学习模式之一。从其研究发展看,最初关注的是项目学习本身及应用;然后关注项目学习中的信息技术的应用。

基于项目的学习模式的理论基础主要有建构主义学习理论、杜威的实用主义教育理论和布鲁纳的发现学习理论。建构主义认为,知识不是通过教师传授得到的,而是学习者在一定的情境(即社会文化背景)下,借助其他人(包括教师和学习伙伴)的帮助,利用必要的学习资料,通过意义建构的方式获得。基于项目的学习,实质上就是一种基于建构主义学习理论的探究性学习模式。这种学习模式强调小组合作学习,学习者在学习过程中需不停地与同伴进行交流。同时它又是一种立足于现实生活,对现实生活中的问题进行解决的学习模式。杜威的实用主义主张教育应该提倡"三中心论",即"以经验为中心、以儿童为中心、以活动为中心",认为学校主要是一种社会组织,应该让学生从实践活动中求学问,即"做中学"。美国著名教育家布鲁纳提出了发现学习理论。他认为学生的认识过程与人类的认识过程有共同之处,教学过程就是教师引导学生发现的过程。基于项目的学习不是采用接受式的学习,而是采用发现式的学习。在学习的开端,学生就问题解决形成假设,提出解决该问题的方案,然后通过各种探究活动以及收集来的资料对所提出的假设进行验证,最后形成自己的解决问题的结论。

与 PBL 相似的教学理念还有基于问题的学习(question based learning,QBL)、任务驱动学习(task-driven teaching,TDT)等。相似之处是具有相同的理念和方向,从本质上是一致的,它们之间也没有明显的界线,甚至经常是结合在一起实施的。项目活动设计通常也需要围绕某个问题的解决,或某个任务的完成而展开;许多课题研究本身就是以某种项目活动的形式实施。因此,完全可以把它们统一在一个共同的模式下,称为"基于任务的研究性学习"。所不同的是各种教学模式强调的产出目标侧重点略有不同,PBL 更强调以最终作品为目标,这个最终作品包含了问题解决的答案,并且要推销这个作品。而 QBL 和 TDT 通常以要解决的问题为中心,围绕任务展开,并不要求制作最终产品,更不要求实现一定的经济和社会效益。

从学生的角度来说,任务驱动是一种有效的学习方法。它从浅显的实例入手,带动理论的学习和应用软件的操作,大幅提高了学生的学习效率和兴趣,培养他们独立探索、勇于开拓进取的自学能力。一个任务完成了,学生就会获得满足感、成就感,从而激发了他们的求知欲,逐步形成一个感知心智活动的良性循环。伴随着一个又一个的成就感,减少了学生以往由于忽略信息技术课程的"系统性"而导致的"只见树木,不见森林"的教学法带来的茫然。

从教师的角度说,任务驱动是建构主义教学理论基础上的教学方法,将以往以传授知识为主的传统教学理念,转变为以解决问题、完成任务为主的多维互动式的教学理念;将再现式教学转变为探究式学习,使学生处于积极的学习状态,每一位学生都能根据自己对当前任务的理解,运用共有的知识和自己特有的经验提出方案、解决问题,为每一位学生的思考、探索、发现和创新提供了开放的空间,使课堂教学过程充满了民主、个性、人性,课堂氛围真正活跃起来。

PBL 是一种新型教学模式,是一种革新传统教学的新理念,这种学习以学生为中心,强调小组合作学习，要求学生对现实生活中的真实性问题进行探究。通常其操作程序分为项选定目、计划制定、活动探究、作品制作、成果交流和活动评价六个步骤。在此过程中，学生真正成为学习的主体，教师除具有辅导者、引导者的身份外，不具备其他权威，从而使因材施教真正落到实处，让每个学习者都将学习当作一种享受。近年来，在实施PBL的过程中，还将创新创业作为重要教学内容嵌入专业课程，将行业、企业的技术问题转化为学生创新训练项目，从而培养学生全方位的创新能力。

2.3.3 "教学做一体"CDIO工程教学模式

CDIO代表构思（conceive）、设计（design）、实现（implement）和运作（operate），它以产品研发到产品运行的生命周期为载体，让学生以主动的、实践的、课程之间有机联系的方式学习工程。CDIO工程教育模式是近年来国际工程教育改革的最新成果。从2000年起，麻省理工学院和瑞典皇家理工学院等四所大学组成的跨国研究团队获得Knut and Alice Wallenberg基金会近2000万美元巨额资助，经过四年的探索研究，创立了CDIO工程教育理念，并成立了以CDIO命名的国际合作组织。我国教育部高教司理工处也于2008年成立了《中国CDIO工程教育模式研究与实践》课题组，开展此方面的教学研究。目前许多大学都已经开展了这方面的研究和教学设计工作。

CDIO工程教学模式包括构思、设计、实现和运作等产品研发全生命周期的所有阶段。在第一个阶段，学生需要了解产品开发的背景，包括投资情况，定义客户需求，考虑技术、企业战略和法规，以及制定概念、技术和商业计划。第二个阶段是设计，重点是创建设计，即描述将要实现的产品、流程或系统的计划、图纸和算法。实现阶段是指将设计转化为产品，包括硬件制造、软件编码、测试和验证。最后一个阶段是运作，使用已实施的产品、流程或系统来交付预期价值，包括维护、发展、回收和停用系统。之所以选择这四个术语以及四个阶段的活动和成果，是因为它们适用于广泛的工程设计原则。在智能制造背景下，相比于传统制造模式，在产品开发的螺旋式开发模型中，阶段之间存在大量的互相迭代过程。

CDIO作为产品、流程或系统的全生命周期模型如表2-1所示。现代工程师参与产品、过程或系统生命周期的所有阶段，从简单到极其复杂，但都有一个共同的特征——它们满足了社会成员的需求。优秀的工程师会仔细观察和倾听，以确定社会成员的需求，从而为他们带来利益。同时应用最先进的技术，推动新的科技前沿发展，创造新的能力。这就是创业和突破性创新。与此同时，现代工程师在构思、设计和实现产品、流程或系统时，都是团队合作的。团队通常分布在不同的地理位置，而且是国际化的。工程师在工作现场和世界各地的人交流想法、数据、图纸、元素和设备。他们捕捉设计和实施的隐性知识，以便在未来对其进行修改和升级。优秀的工程师团队沟通有效，同时始终发挥个人创造力和责任感。所以，CDIO培养大纲将工程毕业生的能力分为工程基础知识、个人能力、人际团队能力和工程系统能力四个层面。大纲要求以综合的培养方式使学生在这四个层面达到预定目标，即教育学生能够在现代团队环境中构思设计、实现、运作复杂的、增值的工程产品、流程或系统。大纲反映的是CDIO工程教育的理念，或者说是工程师培养理念的四个层次：学习如何学（learn to know）；学习如何为人（learn to be）；学习如何在团队中工作（learn to work together）；学习掌握跨学科系统思考能力（learn to possess multi-disciplinary system perspective）。要达到以下三个目标：①掌握更深入的技术基础知识；②领导新产品、流程或系统的创建和运营；③了解研究和技术发展对社会的重要性和战略影响。

表 2-1　CDIO 作为产品、流程或系统的全生命周期模型

构思		设计		实现		运作	
任务	概念设计	初步设计	详细设计	模块实现	系统集成和测试	生命周期支持	进化
商业策略 技术路线 客户需求 目标 竞品 阶段计划 商业计划	需求 功能 概念 技术 框架 平台计划 市场定位 规则 供应链计划 承诺	需求定位 模型开发 系统分析 系统分解 界面设计	单元设计 需求确认 失败及偶发事件的分析 经验证的设计	硬件制作 软件编程 采购 单元测试 单元改进	系统集成 系统测试 改进 性能改进 交付	销售和分销 运行 物流 客户支持 维护维修 循环利用 系统升级	系统提升 产品家族扩张 退役

　　CDIO 方法的基本特征是使用现代教学方法、创新教学方法和新的实践学习环境来提供真实的学习体验，从而促进对技术基础和实践技能的深入学习和双重体验。CDIO 项目的物理学习环境包括传统学习空间，如教室、演讲厅和研讨会室，以及工程工作空间。CDIO 工作区是学生可以相互学习并与小组互动的环境。能够使用现代工程工具、软件和实验室的学生有机会发展知识、技能和态度，以支持产品、流程或系统构建竞争。同时这些具体的学习经历为学习与技术基础相关的抽象概念创造了认知框架，并提供了具体应用的机会，有助于理解和记忆。这种构思、设计、实现和运作的学习环境是非常重要的，因为它既是工程师的专业角色，也是教授工程技能和态度的自然环境。此外，还传授了人际交往技能以及产品、流程或系统构建的技能。

　　在 CDIO 项目中，构思、设计、实现和运作方面的经验被融入课程，尤其是在入门和结业项目课程中。最后的项目课程可以重新定义为与一个或多个学科密切相关的课程，并让学生参与产品、流程或系统的设计、实现和运作。将理论发展与实际实现相结合，让学生有机会学习理论的适用性和局限性，通过真实操作的模拟以及与真实操作环境的电子链接可以补充学生的直接体验。教育研究证实，主动学习技术能显著提高学生的学习能力。当学生更多地参与操作、应用和评估想法时，就会激发主动学习。基于体系结构的课程中的主动学习可以包括暂停反思、小组讨论，以及学生对所学内容的实时反馈。当学生扮演后期专业工程实践的角色，即设计、实施项目、模拟和案例研究时，主动学习就变成了体验式学习。综合学习指的是能够同时获得学科知识、人际交往技能以及产品、流程或系统构建技能的学习体验。例如，解决问题是一项基本技能，这需要整合学习者的多种技能。CDIO 方法旨在培养问题制定、评估、建模和解决的技能。一种改进的基于问题的学习模式，非常强调基础知识，支持这种类型的综合学习。然而，也有许多其他机会来整合学习，例如，将沟通或团队合作与任务结合起来；鼓励学生深入研究某个主题，并使用特定的研究和调查方法；同时讨论技术问题的伦理方面和技术方面。

　　学习评估用于衡量每个学生取得特定学习成果的程度。学习评估方法包括笔试和口试、口头陈述和其他过程的观察和评分、同伴评估、自我评估。在 CDIO 项目中，评估是以学习者为中心的，它与教学和学习成果相一致，使用多种方法收集成绩证据，并在支持性协作环境中促进学习。评估的重点是收集证据，证明学生已熟练掌握学科知识、人际交往技能，以

及产品、流程或系统构建技能。

CDIO 教学模式需要为学生提供实践工作空间。这样的工作空间可以是新建空间，也可以是实验室和其他现有用途的房间。工作空间是多模式学习环境，支持个人和团队项目的简单和复杂问题的构思、设计、实现和运作过程。这与传统的学生实验室不同，传统的学生实验室通常以学科为中心，并且/或者期望学生扮演更被动的角色。传统的学生实验室往往偏重于演示，倾向于不支持构思、设计或社区建设。CDIO 项目通常需要新类型的工作空间，允许学生在整个产品、流程或系统生命周期中工作。在这种情况下，工作空间涵盖了大范围的设施，从传统的学生工作区到基于团队的项目区，到并行工程计算机驱动的设计室，再到为课外工程活动设计的教学实习工厂等设施。

CDIO 的理念不仅继承和发展了欧美 20 多年来工程教育改革的理念，更重要的是系统地提出了具有可操作性的能力培养、全面实施以及检验测评的 12 条标准。瑞典国家高教署（Swedish National Agency for Higher Educa tion）2005 年采用这 12 条标准对本国 100 个工程学位计划进行评估，结果表明，新标准比原标准适应面更宽，更利于提高质量，尤为重要的是新标准为工程教育的系统化发展提供了基础。截至 2013 年，已有几十所世界著名大学加入了 CDIO 组织，其机械系和航空航天系全面采用 CDIO 工程教育理念和教学大纲，取得了良好效果，按 CDIO 模式培养的学生深受社会与企业欢迎。

2.4　教学工厂实践培养模式

新一轮工业革命及产业转型发展需要大量具有创新精神和实践能力的复合型工程技术人才，但现实中人才脱节问题日益突出。自动化专业属于电子技术、控制理论和信息技术的复合型工程专业，其专业知识与智能制造密切相关，是支撑智能制造的关键专业之一。适应智能制造需求的创新型自动化人才的培养成了当务之急。

为此，强调工程实践能力培养及理论与实践深度结合的智能制造实验室及教学工厂得到了业界的高度重视。从国际范围来看，以德国智能工厂技术创新协会、亚琛大学等为代表的科研机构及高校，纷纷推出"工业 4.0"概念教学工厂，突出了服务的多样性及复杂性需求，通过设计多种混杂生产场景来满足教学及科研多维度的服务需求。但随着智能制造的快速发展，由于缺少智能制造实验室的建设标准，因而建设水平参差不齐，设备更新与服务需求更新的压力日益突显。

教学工厂（learning factory）的概念起源于 20 世纪 90 年代的美国宾夕法尼亚大学及华盛顿大学的教学实习工厂，其在工程教育方面的独特作用已被许多实例证明。Abele 等定义了教学工厂的描述模型，从狭义的角度，教学工厂是为教学或科研目的而建设的真实生产过程，具备生产车间、产品、技术及组织架构，通过教学、培训及研究等方式培养工程人；从广义的角度，还包括虚拟生产过程、服务类产品及远程网络学习等概念。Tischa 等给出了教学工厂的需求定位、建设目标及功能定义，并从技术经济角度就设施配置等问题展开了讨论，提出了教学工厂优化投资策略。Judith 等提出了一种教学工厂评估模型，可对其开展成熟度评价。以上研究在模型、设计及实施等方面给教学工厂建设打下了理论基础。

近年来，随着智能制造技术的发展，"工业 4.0"智能制造教学工厂建设得到了业界重视。Detlef 等设计了名为"SmartFactoryKL"的教学智能工厂，引入了相关工业界及学术界的最新技术，覆盖自动化金字塔的所有层级，在展示智能工厂最新技术的同时，还用于智能产品测试以及接口规范研究；德国波鸿大学"工业4.0"教学工厂通过集成商用软硬件系统构成了多层次工厂结构，包括SAP、MES、SCADA、能源监控、PLC、HMI等；亚琛大学基于Abele的概念模型，拓宽了教学工厂的应用范式，突出了服务的多样性及复杂性需求。

在国内，智能制造相关研究方兴未艾。浙江大学与菲尼克斯电气公司联合建立了一条智能制造示范产线，用于开展符合"工业4.0"特点的实验教学与科学研究。它深度整合了计算、通信和控制能力，通过CPS技术实现了信息世界和物理世界的充分融合，能够展示智能制造中产品个性化定制、万物互联互通、自动加工制造等特性。该生产线为企业级管控优化、云制造、边缘计算等"工业4.0"核心技术创造了研究基础。此外，同济大学、海尔研究院等与德方合作，也共建了"工业4.0"实训工厂，配备机器人、智能生产线等系统，为教学、培训及科研提供智能加工生产环境。

作为"工业4.0"智能工厂的实验室版，以上教学工厂大多构建了仿工厂多层级架构，配置智能工厂软硬件和工业设备，以及网络互联环境，可以就产品设计、生产场景设计、教学模式、传统生产线智能化改造、科研成果转移等问题开展场景式实验讨论，满足实践教学及科研需求。但随着智能制造技术的快速发展，由于缺少智能制造教学工厂的建设标准，各高校建设水平参差不齐，设备技术更新与服务需求更新的压力日益突显。所以，智能制造教学工厂的建设必须做到既能充分体现智能制造技术发展特点，又能形成教学资源自身良性发展的机制，使智能制造与教学环境形成有机融合。

2.4.1　智能制造教学工厂的特征

智能制造教学工厂的特征如下。

① 设备互联。能够实现设备与设备互联（M2M），通过与设备控制系统集成，以及外接传感器等方式，由SCADA（数据采集与监控）系统实时采集设备的状态、生产进度信息、质量信息，并通过应用RFID（无线射频技术）、条形码（一维和二维）等技术，实现生产过程的可追溯。

② 广泛应用工业软件。广泛应用MES（制造执行系统）、APS（先进生产排程）、能源管理、质量管理等工业软件，实现生产现场的可视化和透明化。在新建工厂时，可以通过数字化工厂仿真软件进行设备和产线布局、工厂物流、人机工程等仿真，确保工厂结构合理。在推进数字化转型的过程中，必须确保工厂的数据安全以及设备和自动化系统的安全。在通过专业检测设备检出次品时，不仅要能够自动与合格品分流，而且能够通过SPC（统计过程控制）等软件分析出现质量问题的原因。

③ 充分结合精益生产理念。充分体现工业工程和精益生产的理念，能够实现按订单驱动，拉动式生产，尽量减少在制品库存，消除浪费。推进智能工厂建设要充分结合企业产品和工艺特点。在研发阶段也需要大力推进标准化、模块化和系列化，奠定推进精益生产的基础。

④ 实现柔性自动化。结合企业的产品和生产特点，持续提升生产、检测和工厂物流的自动化程度。产品品种少、生产批量大的企业可以实现高度自动化，乃至建立黑灯工厂；小批量、多品种的企业则应当注重少人化、人机结合，不要盲目推进自动化，应当特别注重建立智能制造单元。工厂的自动化生产线和装配线应当适当考虑冗余，避免由于关键设备故障而停线；同时，应当充分考虑如何快速换模，能够适应多品种的混线生产。物流自动化对于

实现智能工厂至关重要，企业可以通过 AGV、行架式机械手、悬挂式输送链等物流设备实现工序之间的物料传递，并配置物料超市，尽量将物料配送到线边。质量检测的自动化也非常重要，机器视觉在智能工厂的应用将会越来越广泛。此外，还需要仔细考虑如何使用助力设备，以减轻人员劳动强度。

⑤ 注重环境友好，实现绿色制造。能够及时采集设备和产线的能源消耗信息，实现能源高效利用；在危险和存在污染的环节，优先用机器人替代人工；能够实现废料的回收和再利用。

⑥ 可以实现实时洞察。从生产排产指令的下达到完工信息的反馈，实现闭环。通过建立生产指挥系统，实时洞察工厂的生产、质量、能耗和设备状态信息，避免非计划性停机。通过建立工厂的 digital twin（数字映射），方便地洞察生产现场的状态，辅助各级管理人员做出正确决策。

仅有自动化生产线和工业机器人的工厂还不能称为智能工厂。智能工厂不仅生产过程实现自动化、透明化、可视化、精益化，而且在产品检测、质量检验和分析、生产物流等环节应当与生产过程实现闭环集成。一座工厂的多个车间之间也要实现信息共享、准时配送和协同作业。

智能工厂的建设充分融合了信息技术、先进制造技术、自动化技术、通信技术和人工智能技术。每个企业在建设智能工厂时，都应该考虑如何有效融合这五大领域的新兴技术，并与企业的产品特点和制造工艺紧密结合，从而确定自身的智能工厂推进方案。

2.4.2 基于教学工厂的 CDIO 工程教学探索

20 世纪 70 年代，香港工业化飞速发展，急需大量动手能力比较强的人才投入工业。香港理工大学为了让学生在校期间就有机会与工业实际接触，积累实践经验，创造了"一个接近真实工作环境"的模拟工厂，即工业中心。该中心在工业环境、设备的配置与布置、管理方式等方面模拟典型产品的生产环境，在执行实践操作技术标准和安全法规等方面基本接近现实工厂环境，不同于普通的实验室和仅进行工业技能训练的实习场所。该中心还根据院系的不同要求和科学发展情况，认真编写了一套每个课程都有一个对应编号的实践训练的课程，还附带介绍内容和时间（周数）的大纲。

该工业中心的教学过程分为两个阶段：第一阶段为基本训练阶段，以学生学习基础技术为主，使学生学会正确使用和爱护机器设备、制作工作程序等；第二阶段为专题培训阶段，学生自由组合，自由选择专题并合作完成，专题主要来源于工业界委托给学校的项目、工业中心和学生自发提出的开发项目。每个人在模拟的公司中担任不同的角色，在合作完成专题任务后，小组成员各自完成一篇专题报告，并当众演讲和答辩，这种专题训练通过团队成员之间的相互合作完成真实情景中的工业项目，可以提高学生解决实际问题的能力，培养他们的团队精神及组织协调能力等。工业训练是一个模拟真实场景的实践训练，不是某个课程的实践性环节，不仅是为了让学生学会一些工业操作，更是为了提高学生的实践动手能力、分析问题、解决问题的能力及组织协调能力等。

国内部分高校也已在本科阶段引入智能生产、机器人、机器视觉、数据分析等教学内容。浙江大学多年前就以某石化厂为原型构建了智能炼油厂仿真系统，基于工厂数据的多方案、变负荷的生产模型展现了炼油厂全流程生产过程，并采用基于项目的学习方法，引导学生开展智能工厂相关技术的研究实验，同时还开设了机器人系列本科生课程，指导学生参加国内外各类机器人竞赛。同济大学"工业4.0"智能工厂流水线配备了机器人、数控加工中心、立体仓库、AGV等智能硬件设备及支撑软件，向学生演示了"工业4.0"概念下的流水线生产加工过程。天津大学构建了汽车智能制造系统虚拟仿真平台，可开展生产线布局规划及工艺设计等实训项目。这些教学实践引领了国内智能制造工程教学的发展方向。

教学工厂CDIO教学模式突破了传统自动化实验教学在深度及广度上的局限，建立了全方位、多层次的实践模块和实验课程。围绕智能制造的关键核心问题，从"纵向集成、横向集成、数字孪生交融"三个维度对智能制造教学知识点进行重新梳理，形成了贯穿智能工厂全生命周期，以企业资源规划（ERP）→生产执行管控（MES）→设备自动化控制（PCS）为主线，以"智能设备控制""工业机器人""计划调度优化""生产安全应急""机器视觉""深度学习"等新颖的实践模块为特色的创新实验模块群。有效支撑了通识教育、理论课堂、实验课堂专题研讨、实习实践、毕业设计、创新创业教育等系列教学环节。从教学体系、课程设置、教学资源库、教学模式以及行业最佳实践等方面提供智能制造创新人才培养计划，培养造就掌握现代智能制造数学建模与分析技能，具有制造系统实际操作经验，能够设计和开发先进智能系统的复合型人才。

教学工厂CDIO工作区中的教学和学习模式分为三大类：产品、流程和系统设计及实施、学科知识的强化和知识发现。此外，工作空间在学生社区建设中发挥着重要作用。对于每个类别，都可以描述一些更详细的教学和学习模式。这些模式几乎是详尽无遗的，可能是重叠的。它们旨在指导人们思考特定大学的工作空间设计要求。

基础设计实施项目是由给定课程的学生团队在一个学期内完成的基于课程的设计项目。设计工作包括计算机模拟和可视化。这项工作的结果是一个"纸"设计和一个简单的原型。通常，这项工作由3～8名学生组成小组进行。对该模式的支持包括设计工具、管理工具、可视化工具和基本原型设施。

高级设计实施项目是设计密集型项目，需要团队协作，需要一年到若干年不等的时间，需要专门的空间。高级设计实施项目涉及多个学科，产生了由不同数量的硬件和软件组成的产品或原型。这些项目通常发生在课程的第四年，由10～20名学生组成团队进行。

协同设计项目是与政府、大学或行业合作进行的项目。项目可以是对合作者需求的响应，也可以是团队成员在同一系统的不同部分工作的合作关系。这种模式需要大量通信，需要实时数据。

课外设计项目通常旨在建造一些可供竞争的东西，如协同机器人、智能上料系统或智能AGV等。团队来自多个工程专业，这些为期一年到多年的项目通常涉及5～10人的团队，并产生可实施的操作原型。这些项目可以在一个项目中连接多个课程。例如，智能AGV项目可能需要使用金属加工机器、用于机械布局的计算机辅助设计软件、用于软件生成的计算机工具和硬件测试的机械原型。项目连接不同的课程，不同专业的学生团队可以一起工作，并贡献各自学科的专业知识。

教学工厂CDIO工作区旨在为学生直接参与思考问题和解决问题活动的动手积极学习策略提供支持，从而增强学生的学科知识。在这些工作空间中，有许多教学和学习模式可以强化学科知识。

本科学生的科研训练SRTP项目是侧重于三年级和四年级学生的研究项目，涉及学生在导师的指导下进行设计、构建、操作和报告。这种模式通常在几个学期内进行，第一学期专门进行背景研究，第二学期专门搭建仪器，运行实验，并在正式的演示和文件中报告结果。科研实践项目旨在支持需要在一段时间内建立实验装置的高年级本科生。时间尺度从一个学期到几年不等，要求空间专门用于这段时间。在这个过程中，学生们会发现设计实践体验既有趣又有激励作用，可以培养学生的创新能力，增强他们的自信心。基于此模式实现了自动化专业人才培养体系中"基础技能→专业技能→创新能力"三层培养目标的全链条连贯。

2.5 智能制造背景下复合型人才的培养

2.5.1 智能制造复合型人才的需求

当前制造业企业需要对传统产线赋予柔性自动化的功能，以应对小批量、多品种、个性化消费市场新需求。这是跨学科技术的集合，数字孪生、建模仿真、深度学习、机器视觉、边缘计算等技术，需要集合在一个产线平台。制造业企业数字化转型朝高端方向发展，不仅需要技术、设备、管理体系先进，而且需要教育体系先进以为产业的发展提供支撑。一切跨学科技术的应用，还是要由人来完成。跨学科技术应用，决定了智能制造人才需要具有跨学科的知识面和创新实践能力。一直以来，复合型创新人才的培养是传统教育的难点和薄弱点。大部分院校的教学体系仍是十年前，甚至更久远的体系。教学体系中缺乏实际案例，工程教育、实验教学与企业用人需求差距较大，学生对市场技术迭代的认知不足。从企业培育人才角度看，培养出合格的自动化工程师，需要5～10年的工作实践。另外，许多毕业生缺乏专业知识以外的综合实践能力，例如问题表达不清楚、技术文档撰写不规范等。企业真正的用人需求：①需要工程师有规范的行为；②要有创新的思维；③要有工程思维，首先是发散性，即在横向知识中寻找解决问题的可能性，其次是收敛性，即方案收敛至最经济的方式。因此，优秀的智能制造复合型人才应该是能面向智能制造多维价值链（产品生命周期、生产系统生命周期、业务环、供应链），具有全局视野、扎实理论、动手能力、创新能力、人机协同能力、团队协作能力的新型人才。

2.5.2 "STEM＋基于项目学习"培养复合型创新人才

STEM 是科学（science）、技术（technology）、工程（engineering）、数学（mathematics）四门学科英文首字母的缩写。其中，科学在于认识世界、解释自然界的客观规律；技术和工程则是在尊重自然规律的基础上改造世界，实现与自然界的和谐共处，解决社会发展过程中遇到的难题；数学则作为技术与工程学科的基础工具。

STEM 教育理念起源于美国。为确保在国际竞争中的优势地位，美国于 2006 年在其国情咨文中公布了一项重要计划《美国竞争力计划》（American Competitiveness Initiative，ACI），首次正式提出知识经济时代教育目标之一是培养具有 STEM 素养的人才，并称其为全球竞争力的关键。为此，美国在 STEM 教育方面不断加大投入，鼓励学生主修科学、技术、工程和数学，培养其科技理工素养；根据市场对未来 STEM 人才的知识、能力需求，制定相应的本科 STEM 人才培养模式。

面对智能制造人工智能等技术的快速迭代变化的不确定性，人才培养模式也处于剧烈的变化之中。现代教育越来越推崇主题式、项目式的课程，这类课程包含更多适应未来社会的要素，能让学生更积极地学习，使其综合素养得到更大的提升。STEM 强调对大学生实践技能与素养的各方面的提升，倡导增强学生在 STEM 领域解决实际问题、进行项目设计与执行、完成团队协作等多种能力。在教学方法上，注重实践的重要性，提供大量在实践中教与学的机会。STEM 人才能够综合运用科学、技术、工程及数学等方面的知识，整体性地有效解决复杂问题，这深刻地体现了 STEM 教育理念，也是 STEM 教育自身的价值追求。STEM 教育通过跨学科知识融合，形成共通的知识体系，注重培养人才的计算思维与解决问题的应用能力，重视人才在创新与合作方面的基本素养。STEM 教育具有跨学科、融合和创生等突出特征，能突破学科、专业、环境等的边界，反映当前人才培养的新理念与新模式，体现了对高技能人才素质的本质要求，符合时代发展的要求与未来教育发展的趋势。

传统专业教学大多采取单科培养模式，学生缺乏跨学科学习的经历，更没有"STEM＋"学习经验；很少打破学科边界进行跨学科互动交流，很难实现不同科目的融合教育。为此，我们通过基于教学工厂的学习环境，打破理论学习和实践教学的壁垒，加强跨专业、跨学科，以及校企社会资源的融合，合力推进"STEM＋基于项目学习"的教育模式。通过教学工厂构建了知识与场景的"无缝对接"，让学生置身于真实的工厂生产环境，运用所学的专业知识去发现问题和解决问题。在此过程中自然打通了学科边界。例如，"智能玩具装配线智能上料控制"项目，集 FlexiJet 柔性上料机、PLC 控制系统、机器视觉、机器人、数据库技术、网络技术和运动控制等于一体，学生通过该控制系统的设计需要实现远程选料、柔性上料、视觉辅助、喷气调节位姿、机器人取放等控制功能，几乎涵盖了智能工厂中所有的相关技术，很好地实现了以实际工程应用为导向的复合创新人才培养的目标。

另外，通过邀请企业技术专家来校担任企业导师，学生有机会与技术专家零距离接触；用学术讲座、企业参观、校企科研合作等多种形式培养和提升学生的科研兴趣、科研能力，同时也提升教师对科学前沿知识、技术的理解掌握能力和对学生研究项目的指导能力。近年来，通过校企合作的不断加深，校企联合实验室数量连年增加，让学生在了解市场的基础上，应用理论知识开拓创新，跟上制造业变革潮流。以浙江大学控制学院为例，通过校企合作进行智能制造人才创新培养模式的探索，在建设智能制造教学实验室时，提出"灵活应对生产过程中的可变性（variability）、不确定性（uncertainty）、随机性（randomness），人与机紧密交互与协同"的培养目标。采取基于项目实践的教学方式，具体环节包括方案设计、价值沟通、方向沟通、实验指导、技术开发等。除此之外，每年提炼一批富有挑战性的课题放在项目库中，让学生用头脑风暴的方式进行竞赛。其目的在于让学生在理论课程的基础上，通过实践平台锻炼实践创新能力以及多学科集成应用能力，更好地缩小理论与实践的差距，以及专业学习和企业实际需求之间的差距，并在注重基础理论知识、实践能力培养的同时，潜移默化地改变学生的思维认知，培养他们脚踏实地，以及以解决问题为导向的工程思维、创新能力、问题解决能力、团队意识、领导力和沟通能力。

自推广"STEM＋基于项目学习"的智能制造教育实践以来，学院积极拓展校内外教学资源，依托学院双创中心开展学生创新教育，推动创新创业、以赛促学，在国际、国内多项学科竞赛中获得奖项。积极推动"国家级工程实践教育中心""智能制造与工业机器人科教协同基地""自动化实践实习基地""机器人科教实践基地""物联网开放实验室"等校内外实践基地面向全校学生开放。以学生科创社团为载体，面向全校学生组织参与国内外各类大学生学科竞赛，在国际机器人大赛、国际无人飞行器竞赛、挑战杯、全国高校物联网应用创新大赛、日内瓦发明展、电子设计竞赛、智能制造大奖赛等重要比赛中硕果累累。学生的科研意识和创新能力全面提升，学生综合素养显著提升。近年来斩获各类国际大奖 30 余个，国内省级及以上奖项 80 余个，为智能制造复合型创新人才培养创造了优质条件。

2.5.3　企业数字化人才培养变革

从企业的角度来看，为适应时代趋势，企业需要进行基于商业模式、组织模式等领域的深层次变革转型。变革转型的核心是构建企业级的数据治理体系，形成服务业务价值的数据分析能力。在这种背景下，数字化人才市场需求呈现出了旺盛的态势。越来越多的企业开始意识到，只有拥有足够的数字化人才，才能适应数字化转型带来的变革。然而，数字化人才供应却远远不足，这造成了数字化人才短缺的现象。

数字化人才供应短缺的问题主要是由于数字化人才培养体系不完善所致。当前，数字化人才培养还存在着一系列问题。例如，教育机构数字化课程设置不够科学、数字化培训教材缺乏更新、数字化人才能力评估机制不健全等。这些问题影响了数字化人才培养的质量，同时也导致了数字化人才供应不足的状况。

为了改变这一现状，企业需要结合自身实际情况，制定具体的数字化人才培养计划，包括所需数字化人才的类型、数量和培养目标，以此为基础，建立数字化人才培养体系。通过针对性的培训、实践和激励机制，让数字化人才在工作中不断成长和提高。

首先，从人才架构和企业文化的角度塑造有利于数字化人才培养的组织机制。人力资源部门必须帮助组织提高数字化和数据分析能力，重新塑造工作岗位，重新构想组织结构，并帮助组织构建数据驱动业务的企业文化。高效的数字化创新模式，不仅需要将企业的一线员工和一线管理者的积极性、主动性调动起来，而且需要转变人才的能力结构。信息化时代到数字化时代，企业岗位出现明显的变化，数字化技术正在模糊过去泾渭分明的业务岗与技术岗的边界。在管理岗位上也出现同样的趋势，即技术管理岗与业务管理岗的边界的消失。伴随着数字技术不断地渗透到企业的运营、销售和市场活动中，企业需要在市场营销和运营等业务部门中增强数字化能力，给岗位打上技术标签就显得很有必要了，以鼓励业务属性员工有目的地主动学习，培养相关的数字化技能。

数字化技能课程是一种常见的数字化人才培养方式。企业可以邀请专业的数字化技能培训机构为企业员工提供数字化技能培训，让员工了解数字化技术的最新发展趋势和应用，提高数字化技能水平。数字化技能课程可以涵盖多个领域，例如人工智能、大数据、云计算等，让员工掌握多种数字化技能。

数字化实践项目的开展是另一种有效的数字化人才培养方式。企业可以通过开展数字化实践项目，让员工在实践中掌握数字化技术，提升数字化实践能力。数字化实践项目可以与企业业务紧密结合，让员工在实践中了解企业业务需求，更好地应用数字化技术，实现商业增长。数字化实践项目的开展可以培养数字化人才的实践经验和能力，提升数字化能力和水平。同时，为了更好地创造和使用数字资产，企业需要提升全员解决方案的创造性能力、动手能力、组织能力、团队合作和共创能力，培养员工的数据思维、算法思维、计算思维、批判性思维、创业意识和学习能力。建立学习型组织成为许多企业的当务之急。打造终身学习的企业文化，渲染主动学、干中学的自我学习精神。只有员工能够在数字化环境中认识自己，了解自己的潜力，通过不断的学习来保持动态的稳定性，企业才能适应和立足于加速变化的数字化大环境。

另外，数字化人才培养还需要跨越不同领域和专业的合作和共赢。企业可以与数字化人才学院、数字化技术供应商、数字化媒体等各种资源进行合作，共同推进数字化人才的培养。同时，企业可以通过与同行业的数字化企业进行合作，分享数字化人才培养经验和成功案例，提高数字化人才培养的效果和水平。

　　未来的数字化人才培养需要更多地注重数字化人才的素质和能力的培养，例如数字化领导力、数字化创新能力等。数字化人才需要具备创新意识和创新能力，能够快速适应数字化技术的发展和变化，为企业的数字化转型提供支持和帮助。数字化技术不断更新换代，数字化人才需要不断更新自己的知识和技能，才能更好地适应数字化时代的发展。只有通过持续不断的数字化人才培养，企业才能保持自己在数字化时代的竞争优势，为自己的发展提供持久的动力和支持。

？思　考　题

1. 智能制造创新人才需要具备哪些方面的知识和能力？
2. 简述基于项目学习的教学方法的主要流程和思想。
3. 简述智能制造教学工厂的基本构成和作用。
4. 简述 CDIO 教学模式的主要特点。
5. 企业数字化人才培养的途径有哪些？
6. 为何智能制造生产模式需要复合型创新人才？

3.1 智能制造教学工厂的概念和组成域模型

3.1.1 智能工厂的架构模型

IEC/ISO 62264 是关于企业控制系统集成（Enterprise-Control System Integration，ECSI）的国际标准，这一标准的前身是国际自动化协会（The International Society of Automation，ISA）发布的 ANSI/ISA—95 标准。

IEC/ISO 62264 规范了 ECSI 的术语，提供了一致的信息模型与事务模型。在该标准中，《第一部分：模型和术语》描述了制造企业的功能层次模型，并介绍了模型第 3 层内部、第 3 层与第 4 层之间的接口内容和相关事务，如图 3-1 所示。图 3-1 中虚线框表示模型的不同层级，粗实线代表此标准所关注的层级边界，带箭头的实线代表层级间的接口。著名业务流程管理专家 August-Wilhelm Scheer 教授提出的智能工厂框架强调了 MES 在智能工厂建设中的枢纽作用。智能工厂可以分为基础设施层、智能装备层、智能产线层、智能车间层和工厂管控层五个层级。

（1）基础设施层

企业首先应当建立有线或无线的工厂网络，实现生产指令的自动下达和设备与产线信息的自动采集；形成集成化的车间联网环境，解决不同通信协议的设备之间，以及 PLC、CNC、机器人、仪表/传感器和工控/IT 系统之间的联网问题；利用视频监控系统对车间的环境、人员行为进行监控、识别与报警；此外，工厂应当在温度、湿度、洁净度的控制和工业安全（包括工业自动化系统的安全、生产环境的安全和人员安全）等方面达到智能化水平。

（2）智能装备层

智能装备是智能工厂运作的重要条件和工具。智能装备主要包含智能生产设备、智能检测设备和智能物流设备。制造装备在经历了机械装备到数控装备后，目前正在逐步向智能装备发展。智能化的加工中心具有误差补偿、温度补偿等功能，能够实现边检测、边加工。工业机器人通过集成的视觉、力觉等传感器，能够准确识别工件，自主进行装配，自动避让人，实现人机协作。金属增材制造设备可以直接制造零件，DMG MORI 已开发出能够同时实现增材制造和切削加工的混合制造加工中心。智能物流设备包括自动化立体仓库、智能夹

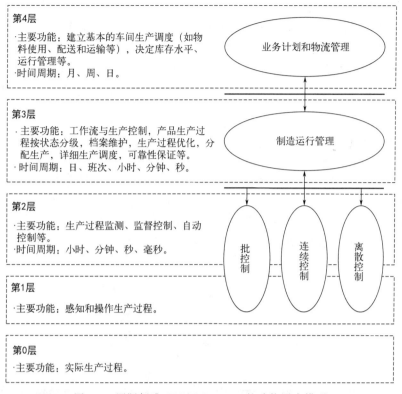

第4层
- 主要功能：建立基本的车间生产调度（如物料使用、配送和运输等），决定库存水平、运行管理等。
- 时间周期：月、周、日。

业务计划和物流管理

第3层
- 主要功能：工作流与生产控制，产品生产过程按状态分级，档案维护，生产过程优化，分配生产，详细生产调度，可靠性保证等。
- 时间周期：日、班次、小时、分钟、秒。

制造运行管理

第2层
- 主要功能：生产过程监测、监督控制、自动控制等。
- 时间周期：小时、分钟、秒、毫秒。

批控制　连续控制　离散控制

第1层
- 主要功能：感知和操作生产过程。

第0层
- 主要功能：实际生产过程。

图 3-1　国际标准 IEC/ISO 62264 的功能层次模型

具、AGV、桁架式机械手、悬挂式输送链等。例如，FANUC 工厂就应用了自动化立体仓库作为智能加工单元之间的物料传递工具。

（3）智能产线层

智能产线的特点：在生产和装配的过程中，能够通过传感器、数控系统或 RFID 自动进行生产、质量、能耗、设备绩效（OEE）等数据采集，并通过电子看板显示实时的生产状态；通过安灯系统实现工序之间的协作；生产线能够实现快速换模，实现柔性自动化；能够支持多种相似产品的混线生产和装配，灵活调整工艺，适应小批量、多品种的生产模式；具有一定冗余，如果生产线上的设备出现故障，能够调整生产到其他设备；针对人工操作的工位，能够给予智能的提示。

（4）智能车间层

为实现对生产过程的有效管控，需要在设备联网的基础上，利用制造执行系统（manufacturing execution system，MES）、先进生产排产（APS）、劳动力管理等软件进行高效的生产排产和合理的人员排班，提高设备利用率（OEE），实现生产过程的追溯，减少在制品库存，应用人机界面（HMI）以及工业平板等移动终端，实现生产过程的无纸化。另外，还可以利用 digital twin（数字孪生）技术将 MES 采集到的数据在虚拟的三维车间模型中实时地展现出来，不仅提供车间的 VR（虚拟现实）环境，而且还可以显示设备的实际状态，实现虚实融合。车间物流的智能化对于实现智能工厂至关重要。企业需要充分利用智能物流装备实现生产过程中所需物料的及时配送。企业可以用 DPS（digital picking system）实现物料拣选的自动化。

（5）工厂管控层

工厂管控层主要是实现对生产过程的监控，通过生产指挥系统实时洞察工厂的运营，实现多个车间之间的协作和资源的调度。流程制造企业已广泛应用 DCS 或 PLC 控制系统进行生产管控。近年来，离散制造企业也开始建立中央控制室，实时显示工厂的运营数据和图表，展示设备的运行状态，并可以通过图像识别技术对视频监控中发现的问题进行自动报警。

3.1.2 智能制造教学工厂的概念模型

工业 4.0 的本质是将物联网和服务应用于制造行业，其实施将重点聚焦在三个方面：一是通过价值网络实现的横向集成，即在供应链/价值链传递过程中的 B2B 或 B2C 集成；二是贯穿整个价值链的端到端工程数字化集成，即产品的全生命周期数据集成；三是垂直集成和网络化制造系统，即企业内部由决策层到生产过程控制层的管理集成，如图 3-2 所示。

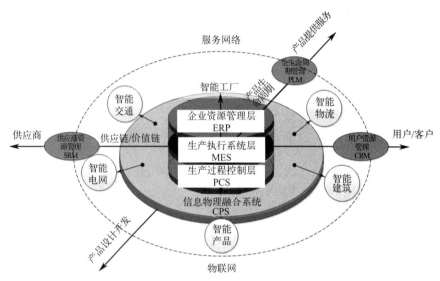

图 3-2　工业 4.0 实施重点在三维生产价值网络中的示意图

作为工业 4.0 智能工厂的原型及教学系统，教学工厂的设计需要做到既能体现智能制造技术发展特点，又能形成教学资源自身良性发展的机制，使智能制造技术与教学环境形成有机融合。教学工厂的设计目标是构建既能体现 RAMI4.0 智能工厂参考架构模型及工业 4.0 价值网络模型等概念，又能满足多维度等级人才培养需求的智能制造工程教学环境。由此可得智能制造教学工厂概念模型，如图 3-3 所示。

教学工厂建设全生命周期集成如图 3-3 中横轴所表示，模型驱动贯穿于设计规划、生产运维（教学服务）等各个阶段，以实现虚拟数字世界与现实生产世界的准确映射。纵向集成包括 ERP、MES、PCS 功能层的信息集成，完成多层次智能生产管控。

3.1.3 智能制造教学工厂的组成域模型

根据文献中关于智慧工厂组成域模型的定义，教学工厂资源也可分为虚拟资源和实体资源。虚拟资源包括知识、功能、信息等，实体资源包括机器、物料等，统一定义为"资源域"；教学工厂资源的集成、交互由相关架构和规范所决定，将其定义为"组织域"；教学工

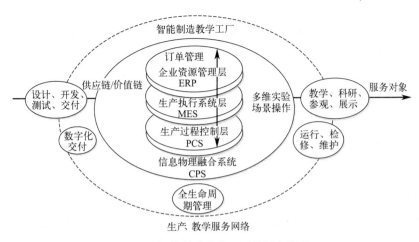

图 3-3 智能制造教学工厂的概念模型

厂面向教学和科研的服务角色以及服务内容，将其定义为"服务域"。由此得到智能制造教学工厂的组成域模型如图 3-4 所示。

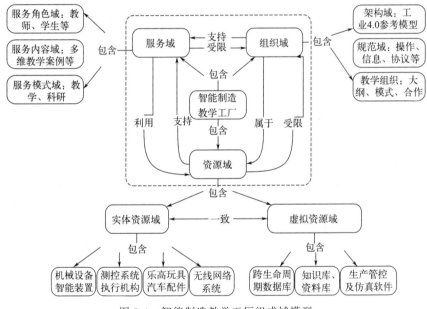

图 3-4 智能制造教学工厂组成域模型

智能工厂的设计包括生产产品、智能装备、智能产线及智能生产模式等方面。其中，生产产品、智能装备和智能产线是教学工厂实验平台的实体资源主要建设内容。而智能生产模式作为智能产线的生产管控（MES 及 ERP 层面）的主要内容，由于建设成本等方面的原因，相比实际工厂，在教学工厂智能产线的设计中做了适当的功能简化。

3.2 教学工厂智能产线主要设备

3.2.1 生产流水线

生产流水线是在一定的线路上连续输送货物的搬运机械，又称输送线或输送机，大体可以分为皮带流水线、板链线、倍数链线、插件线、网带线、悬挂线及滚筒流水线七类流水线。一般包括牵引件、承载构件、驱动装置、张紧装置、改向装置和支承件等。流水线输送能力大、运距长，可在输送过程中同时完成若干工艺操作，所以应用十分广泛。

生产流水线的基本原理是把一个生产重复的过程分解为若干个子过程，前一个子过程为下一个子过程创造执行条件，每一个过程可以与其他子过程同时进行。简而言之，就是"功能分解，空间上顺序依次进行，时间上重叠并行"。

常用的生产流水线可分为以下几种。

① 板链式装配流水线。可承载的产品比较重，和生产线同步运行，可以实现产品的爬坡；生产的节拍不是很快；以链板面作为承载面，可以实现产品的平稳输送。

② 滚筒式流水线。可承载的产品类型广泛，所受限制少；与阻挡器配合使用，可以实现产品的连续、节拍运行以及积放的功能；采用顶升平移装置，可以实现产品的离线返修或检测而不影响整个流水线的运行。

③ 皮带式流水线。可承载的产品比较轻，形状限制少；和生产线同步运行，可以实现产品的爬坡转向；以皮带作为载体和进行输送，可以实现产品的平稳输送，噪声小；可以实现轻型物料或产品较长距离的输送。

④ 差速输送流水线。采用倍速链牵引，工装板可以自由传送，采用阻挡器定位使工件自由运动或停止，工件在两端可以自动顶升，横移过渡。可以在线设置旋转、专机、检测等设备及机械手。

3.2.2 物流运输设备

在生产线周围运输原材料、零件或产品有不同的方法。这些方法包括人工运输，使用各种输送机、滑槽和滑梯、叉车等工厂车辆，以及自动引导车（AGV）或机器人，旨在自动存储和检索制成品。合适的运输系统的选择在很大程度上取决于实际的应用。需要考虑的因素包括成本效益、可用工作空间、待运输材料的尺寸和重量、所用方法的安全性以及系统发生变化时的可重用性。总之，制造商必须使用最适合的运输系统。

① 输送机。物料输送机有各种形状和尺寸，用于在工厂内快速、高效、轻松地将材料从一个地点运输到另一个地点。输送机通常由机械结构、液压或电气驱动的输送带、链条和电缆组成。

② 容器（托盘）。除输送机运输材料外，进料器提供材料（零件）以及用于运输材料的容器（托盘）。进料器通常位于输送机的起点，用于向托盘和初始零件送料，也可位于完成产品所需的零件的装配单元附近。与进料器相反，分拣和定位装置用于物料通过输送机时，确保物料正确定位，以便从输送机上分拣。此类装置包括导流板、推送分流器、耙拉器、活动缝翼、倾斜托盘和交叉皮带等。

③ 自动引导车（AGV）。AGV 是一种移动车辆或机器人，它利用传感器自主地在设施中行进，完成特定任务。工业 AGV 包括：自动导向小车（AGC），类似于输送机，用于在工厂地面上移动材料；自动存储和检索车辆（AS/RV），可定义为"自动叉车"，用于在一段时间内自动存储材料，并检索材料以供发送。

3.2.3 工业机器人

工业机器人是广泛用于工业领域的多关节机械手或多自由度的机器装置，具有一定的自动性，可依靠自身的动力和控制能力实现各种加工制造功能，其外形如图 3-5 所示。不同类型的工业机器人是由不同数量和方向的轴构成的，这些轴通过刚性关节、反关节或棱柱关节连接在一起。工业机器人按其机械结构分为铰接式、笛卡儿（也称龙门或 XYZ 机器人）、SCARA、圆柱形、平行、球形或极性等机器人。尽管各种类型的工业机器人具有不同的机械结构，但它们的基本部分相同，包括机械结构系统、驱动系统、感知系统、机器人-环境交互系统、人机交互系统和控制系统等。

工业机器人广泛应用于电子、物流、化工等工业领域中，替代人类完成脏污、乏味、危险或困难的工作，包括拾取和放置、切割、喷涂、钻孔、焊接、装配、质量检查和重型起重。此外，工业机器人的选择在很大程度上取决于它所处的环境、所需速度下的有效载荷、工作包络线和运动的精确重复性。此外，根据应用位置的不同，工业机器人可以安装在地板、墙壁、架子、屋顶或机架上。

图 3-5　工业机器人外形

① 机械结构系统。从机械结构来看，工业机器人可分为串联机器人和并联机器人。串联机器人的特点是一个轴的运动会改变另一个轴的坐标原点，而并联机器人一个轴的运动不会改变另一个轴的坐标原点。

② 驱动系统。驱动系统是向机械结构系统提供动力的装置。根据动力源不同，驱动系统的传动方式分为液压式、气压式、电气式和机械式 4 种。早期的工业机器人采用液压驱动。由于液压系统存在易泄漏、噪声大和低速不稳定等问题，并且功率单元笨重和昂贵，目前只在大型重载机器人、并联加工机器人和一些特殊应用场合使用。气压驱动具有速度快、系统结构简单、维修方便、价格低等优点。但是气压装置的工作压强低，不易精确定位，一般仅用于工业机器人末端执行器的驱动。气动手爪、旋转气缸和气动吸盘作为末端执行器可用于中、小负荷的工件抓取和装配。电力驱动是目前使用最多的一种驱动方式，其特点是电源取用方便，响应快，驱动力大，信号检测、传递、处理方便，并可以采用多种灵活的控制方式，驱动电动机一般采用步进电动机或伺服电动机，目前也有采用直接驱动电动机的，但是造价较高，控制也较为复杂。和电动机相配的减速器一般采用谐波减速器、摆线针轮减速器或行星齿轮减速器。由于并联机器人中有大量的直线驱动需求，直线电动机在并联机器人领域得到了广泛应用。

③ 感知系统。感知传感器用于向机器人控制器传输有关各轴位置、物体方向、末端执行器状态和周围环境的反馈信号或数据。除了需要感知与自身工作状态相关的机械量，如位移、速度和力等，视觉感知也是工业机器人感知的一个重要方面。视觉系统将视觉信息作为反馈信号，用于控制调整机器人的位置和姿态。机器视觉系统还在质量检测、识别工件、食品分拣、包装等方面得到了广泛应用。感知系统由内部传感器模块和外部传感器模块组成，智能传感器的使用提高了机器人的机动性、适应性和智能化水平。

④ 机器人-环境交互系统。机器人-环境交互系统是实现机器人与外部环境中的设备相互联系和协调的系统。机器人与外部设备集成为一个功能单元，如加工制造单元、焊接单元、装配单元等。当然也可以是多台机器人集成为一个能执行复杂任务的功能单元。

⑤ 人机交互系统。人机交互系统是人与机器人进行联系和参与机器人控制的装置。例如计算机的标准终端、指令控制台、信息显示板、危险信号报警器等。现阶段第四代人机交

互是一种以多模信息交互为输入/输出，以 Agent 为交互通信界面，具有基于知识对话的网络信息交互和检索能力，并具有二维和三维虚拟交互环境可视化显示的人机交互技术。多模态输入/输出是第四代人机交互与通信的主要标志之一。多模态输入包括键盘、鼠标、语音、手势、表情等多种输入方式；多模态输出包括文字、图形、语音、手势、表情等多种交互信息。

⑥ 控制系统。控制系统的任务是根据机器人的作业指令以及从传感器反馈回来的信号，支配机器人的执行机构去完成规定的运动和功能。首先，控制器连同示教器连接到机器人手臂，使操作员能够控制、连接、编程或配置机器人。此外，控制器运行需要控制程序，以指示机器人执行一系列动作，并规定这些动作必须服从的速度和加速度。如果机器人不具备信息反馈特征，则为开环控制系统；具备信息反馈特征，则为闭环控制系统。控制系统根据控制原理可分为程序控制系统、适应性控制系统和人工智能控制系统，根据控制运动的形式可分为点位控制系统和连续轨迹控制系统。

3.2.4　执行器

在控制系统中，执行器是能将控制信号转换推动被控系统的动力的装置，在不同的控制系统中有不同的执行器。例如在电气系统中，有交直流电动机、步进电动机、开关等。在气压系统中，有气压缸及气压马达。在液压系统中，有液压缸及液压马达。而在机电混合系统中，则有电磁阀等。执行器的运动可分为直线运动及旋转运动两大类，交直流电动机、步进电动机及气/液压马达可以执行旋转运动；气/液压缸、直线电动机等可以执行直线运动。

（1）电动执行器

执行器与电动机配对产生线性或旋转运动，可成为输送机的理想选择。与液压和气动相比，电动往往更准确、可靠和可重复，产生的摩擦也更少，减少了维护频率。电动推杆有助于实现更安静的操作，对于试图降低噪声的设施尤其有用。

从感应电动机到可逆电动机，再到无刷电动机和齿轮电动机，电动机可以设计为与工业环境中的执行器一起工作或独立于执行器工作。可以将电动机归类为执行器，因为它们将电能转换为机械能，用于移动或控制某种机制。电动机通常为工业设备提供动力，包括风扇、压缩机、物料搬运设备、鼓风机、泵等。

（2）气动执行器

气动执行器的功能不如液压执行器强大，应用气动执行器的常见行业包括食品、饮料和包装。气动执行器的主要优势包括高的安全性、可靠性和耐用性。与其他类型的执行器相比，气动执行器的构成更简单，更具成本效益。

（3）液压执行器

液压系统通过液压泵输送流体，产生执行器所需的压力，执行相应的功能。液压执行器的一个主要优势是传输大动力，它是工业重型设备的理想选择。

（4）工业机械臂末端执行器

工业机械臂末端执行器包括机械手爪、吸盘式机械手和仿生多指灵巧手等。

机械手爪通常采用气动、液压、电动和电磁来驱动手指的开合。其中气动手爪应用广泛，其结构简单，成本低，容易维修，开合迅速，重量轻。

吸盘式机械手善于抓取表面平整规则的物品，所以被用于物流、生产分拣、食品行业、汽车生产、玻璃搬运、钣金件搬运等领域。吸盘式机械手的数量和种类是抓取机械手中最多的。吸盘分为磁力吸盘及真空吸盘等。磁力吸盘的特点是体积小，自重轻，吸持力强，可在水里使用。磁力吸盘广泛应用于钢铁生产、机械加工、模具制造、仓库搬运的吊装过程中对块状、圆柱形导磁性钢铁材料工件的搬运。真空吸盘是真空设备执行器之一，吸盘材料采用丁腈橡胶制造，具有较大的扯断力，并且价格低廉，因而广泛应用于各种轻薄物品的抓取，如在建筑、造纸及印刷、玻璃等行业，实现对玻璃、纸张等轻薄物品的吸持与搬运。

简单的夹钳式取料手不能适应物体外形的变化，不能使物体表面承受比较均匀的夹持力，因此，无法满足对复杂形状、不同材质的物体的夹持和操作。为了提高机器人手爪和手腕的操作能力、灵活性和快速反应能力，使其能像人手一样进行各种复杂的作业，如装配作业、维修作业、设备操作以及机器人模特的礼仪手势等，就需要有一只运动灵活、动作多样的灵巧手。多关节柔性手能针对不同外形的物体实施抓取，并使物体表面受力均匀，每根手指由多个关节串接而成，适用于抓取轻型、圆形物体，如玻璃器皿等。

3.2.5　传感器

传感器是检测装置，能感受被测量的信息，并将这些信息按一定规律变换成电信号或其他形式的信号，满足信息的传输、处理、存储、显示、记录和控制等要求。监控和接收传感器反馈是装配系统功能的重要组成部分。生产线上常用以下传感器。

① 位置类传感器。常用的位置类传感器有电阻传感器、限位传感器、接近传感器等。限位传感器用于限定机械设备的运动极限位置，又称行程开关，可以安装在相对静止的物体（如固定架、门框等，简称静物）上或运动的物体（如车、门等，简称动物）上。当有物体接近静物时，开关的连杆驱动开关的接点，引起闭合的接点分断或断开的接点闭合。接近传感器又称无触点接近开关，它在一定的范围内，在一个确定的位置上可感知物体的存在。工业应用中的接近传感器有多种类型，包括电容式传感器、磁性传感器、红外传感器等。

② 光电类传感器（光电开关）。利用被检测物对光束的遮挡或反射，由同步回路接通电路，从而检测物体的有无。物体不限于金属，所有能反射光线（或对光线有遮挡作用）的物体均可被检测。光电开关将输入电流在发射器上转换为光信号射出，接收器根据接收的光线的强弱或有无对目标物体进行探测。另外，还有光纤传感器、激光传感器等，可实现无接触远距离测量，特点是速度快，精度高，量程大，抗光、电干扰能力强等。

③ 视觉类传感器。视觉类传感器具有从一整幅图像捕获数以千计像素的能力，图像的清晰和细腻程度通常用分辨率来衡量，以像素数量表示。机器视觉或计算机视觉通常用于制造系统，检查产品的质量、位置、方向和完成情况。

④ 自动识别和跟踪类传感器。随着装配系统和装配过程日益复杂，需要在整个制造阶段识别和跟踪零件或产品，从而实现可追溯性。可追溯性提供了在制造周期内识别和跟踪产品、识别产品规格、通过消除人为错误确保零件质量以及收集历史数据（批号）的能力。常用的获取和支持产品可追溯性的典型应用示例包括条形码及二维码。条形码是一维、光学、机器可读的标签，通过平行线表示数据，平行线的宽度和之间间距不同。此外，条形码阅读器或扫描仪可用于从条形码中检索数据，只要确保阅读器的视线。二维码的数据由微小的正方形而非平行线表示。数据矩阵被预先安排成"查找模式"和"定时模式"。取景器图案通常为 L 形，用于查找和定位符号。定时模式通常与查找器模式相对，提供有关符号中存在的行数和列数的信息。这些边框内的方块包含与产品标签相关的数据。

自动识别和跟踪类传感器还包括射频识别（RFID）传感器。它由包含电子存储信息的标签和读卡器组成，读卡器根据查询读卡器的请求，使用射频将识别数据从标签无线传输到读卡器。RFID 标签分为两种类型，即主动（有源）标签和被动（无源）标签。有源标签具有内置电池，用于需要额外测量距离的设备中。无源标签则没有内置电池，利用从读卡器接收到的电磁场产生能量，并将数据发送回读卡器进行响应。与条形码相反，RFID 不需要与读卡器保持一定视线，只需要在指定范围内即可。

⑤ 机器人传感器。机器人是由计算机控制的复杂机器，它具有类似于人的肢体及感官功能，动作程序灵活，有一定程度的智能，在工作时可以不依赖人的操纵。机器人传感器在机器人的控制中起了非常重要的作用，正因为有了传感器，机器人才具备了类似人类的知觉能力和反应能力。为了检测作业对象及环境与机器人之间的关系，在机器人上安装了触觉传感器、视觉传感器、力觉传感器、接近觉传感器、超声波传感器和听觉传感器等，大幅改善了机器人的工作状况，使其能够充分地完成复杂的工作。

机器人传感器根据检测对象的不同可分为内部传感器和外部传感器。内部传感器用来检测机器人本身状态（如手臂间角度），多为检测位置和角度。外部传感器用来检测机器人所处环境（如是什么物体，离物体的距离有多远等）及状况（如抓取的物体是否滑落），具体有物体识别传感器、物体探伤传感器、接近觉传感器、距离传感器、力觉传感器、听觉传感器等。由于外部传感器为集多学科于一身的产品，有些方面还在探索之中，随着外部传感器的进一步完善，机器人的功能越来越强大，将在许多领域为人类做出更大贡献。

3.2.6　控制器

① 可编程控制器（programmable logic controller，PLC）。PLC 是一种由数字运算操作的电子系统。它采用存储器来执行存储逻辑运算、顺序控制、定时、计数和算术运算等操作指令，并通过数字或模拟的输入（I）和输出（O）接口控制各种类型的机械设备或生产过程。可编程控制器是在电器控制技术和计算机技术的基础上开发出来的，并逐渐发展成为以微处理器为核心，将自动化技术、计算机技术、通信技术融为一体的工业控制装置。PLC 已被广泛应用于各种生产机械和生产过程的自动控制中，被公认为现代工业自动化的三大支柱（PLC、机器人、CAD/CAM）之一。

一套典型的 PLC 控制系统通常由电源、中央处理单元、存储器及输入输出等模块构成。电源部分为整个 PLC 提供工作电源；中央处理单元是整个 PLC 的核心部分，所有逻辑运算均由中央处理单元完成；存储器主要用于存放系统程序及用户程序；输入输出部分则是 PLC 与外部设备的接口，PLC 通过该接口从外部设备采集信号或对外部设备进行控制。

PLC 具有以下特点：a. 高可靠性与抗干扰能力。PLC 内部采用先进的抗干扰技术以及严格的制造、测试工艺，使其具有相当高的可靠性。b. 可扩展性强。PLC 可根据不同的工业需求，选择合适的 CPU 模块并添加 I/O、通信以及定位等外围模块，功能十分全面。c. 易于设计与维护。PLC 的使用可以大幅减少外部电路的接线，大部分电路及逻辑控制都由 PLC 编程实现，而 PLC 的图形化的编程界面使程序的编写与调试更为直观。因此，在工程项目设计及维护时，使用 PLC 将会大幅降低项目实施的难度。现在 PLC 已成为工业控制领域不可或缺的重要组成部分。

PLC 根据规模一般分为小型、中型及大型。PLC 的品牌较为繁杂，主流品牌有三菱、欧姆龙、西门子、罗克韦尔、施耐德、台达等。PLC 的未来发展不仅取决于产品本身，还取决于 PLC 与其他控制系统和工厂管理设备的集成情况。PLC 通过网络被集成到计算机集成制造（CIM）系统中，其功能和资源将与数控技术、机器人技术、CAD/CAM 技术、计算机系统、管理信息系统以及分层软件系统结合起来。新的 PLC 技术包括更好的操作界面、图形用户界面（GUI）、人机界面，也包括更先进的设备、硬件和软件的接口，并支持人工智能（如逻辑 I/O 系统）等。软件方面将采用广泛使用的通信标准来提供不同设备的连接，新的 PLC 指令将立足于增加 PLC 的智能性，基于知识的学习型的指令也将逐步被引入，增加系统的能力。在未来的工厂自动化中，PLC 将占据重要的地位，控制策略将被智能地分布开来，而不是集中，超级 PLC 将在需要复杂运算、网络通信和对小型 PLC 和机器控制器的监控的应用中获得使用。

② 单板计算机。"单板计算机"或称"单板电脑"（single board computer，SBC），将计算机的各个部分都组装在一块印制电路板上，包括微处理器、存储器、输入输出接口，还有简单的七段发光二极管显示器、小键盘、插座等外部设备。单板计算机的功能比单片机强，适用于进行生产过程的控制。单板计算机可以直接在实验板上操作，适用于教学及初学者进行低成本、小系统的开发。市面上有大量单板计算机可供选择，包括超紧凑型便携式开发板（ultra-compact portable developer board）和基本可以看作是有各种接口的微型计算机的强大系统，目前比较常用的有 Arduino 和树莓派。

Arduino 是一款便捷灵活、方便上手的开源电子原型平台，由一个欧洲开发团队于 2005 年开发。它构建于开放原始码 Simple I/O 接口板，并且可以使用类似 Java、C 语言的 Processing/Wiring 开发环境。主要包含两个部分：硬件部分，可以用作电路连接的 Arduino 开发板；软件部分，采用 Arduino IDE，它是计算机中的程序开发环境。只要在 IDE 中编写程序代码，将程序上传到 Arduino 开发板，程序便会告诉 Arduino 开发板要做什么了。

Arduino 能通过各种传感器来感知环境，并控制灯光、电动机和其他装置来反馈、影响环境。用 Arduino 的编程语言编写程序，然后编译成二进制文件，烧录进微控制器即可实现控制。Arduino 的编程内容包括 Arduino 编程语言（基于 Wiring）和 Arduino 开发环境（基于 Processing）。基于 Arduino 的项目，可以只包含 Arduino，也可以包含 Arduino 和其他在 PC 上运行的软件（如 Flash、Processing、MaxMSP）。

Arduino 不仅是一系列开发板，也是一个开放的硬件平台。基于 Arduino 的单板计算机，可以使用多种硬件，也有大量现成的软件项目、应用程序和廉价的 Arduino 复制品可用。每块 Arduino 开发板的核心都是一个基于 Atmel-AVR 的微控制器，其功能与计算器一般强大。根据不同的品牌和型号，可以有许多端口来连接外部传感器和执行器。Arduino 系列开发板适用于各种复杂层级的项目。

树莓派（Raspberry Pi）开源单板计算机由注册于英国的"Raspberry Pi 慈善基金会"开发，埃本·阿普顿（Eben Upton）为项目带头人。2012 年 3 月，英国剑桥大学的埃本·阿普顿正式发售世界上最小的台式机，又称卡片式电脑，外形只有信用卡大小，却具有计算机的所有基本功能，这就是 Raspberry Pi 电脑板，中文译名"树莓派"。Raspberry Pi 慈善基金会以提升学校计算机科学及相关学科的教育，让计算机变得有趣为宗旨。基金会期望这款卡片式电脑无论是在发展中国家还是在发达国家，会有更多的应用不断被开发出来，并应用到更多领域。树莓派早期概念是基于 Atmel 的 ATmega644 单片机，首批上市的 10000 "台"树莓派的"板子"，由中国台湾和大陆厂家制造。

Raspberry Pi 是一款基于 ARM 的微型电脑主板，以 SD/MicroSD 卡为内存，卡片主板周围有 1/2/4 个 USB 接口和一个 10/100M 以太网接口（A 型没有网口），可连接键盘、鼠标和网线，同时拥有视频模拟信号的电视输出接口和 HDMI 高清视频输出接口。以上部件全部整合在一张仅比信用卡稍大的主板上，具备所有 PC 的基本功能，只需接通电视机和键盘，就能执行如处理电子表格、文字，玩游戏，播放高清视频等诸多功能。Raspberry Pi B 型只提供电脑板，无内存、电源、键盘、机箱或连线。

3.2.7 伺服系统

伺服系统用来控制被控对象的某种状态，使其能自动、精确、连续地复现输入信号的变化规律，也称随动系统。伺服系统是自动控制系统的一个分支，伴随着自动控制理论、微电子技术、电力电子技术和计算机技术的飞速发展，伺服技术得以迅速发展，涉及众多领域。例如：军事领域雷达天线的自动瞄准跟踪控制，防空导弹的制导控制；运输业中的电气机车的自动调速，船舶的自动操舵等。伺服系统要求精确跟踪控制指令，实现理想运动控制，在理想的情况下，伺服系统的被控量和给定值应该相等，不存在误差，也不受干扰的影响。但在实际系统中，是不可能达到理想状况的，由于电路中的电感和电容、机械部件的惯量等因素，运动部件的加速度不会很大，速度和位移也不会瞬间变化，总是要经历一段时间。系统受到外加信号作用后，被控量随时间变化的过程称为系统的动态过程。动态过程可以充分反映系统控制性能的优劣。另外，控制精度也是衡量系统控制水平的重要尺度。伺服系统按照不同的标准可以划分为多个种类。按执行元件，可将伺服系统分为步进伺服系统、直流伺服系统和交流伺服系统。

① 步进伺服系统。步进伺服系统也称开环位置伺服系统，其驱动元件为步进电动机。步进电动机的结构简单、控制容易，采用全数字化的控制方式，输入的指令脉冲信号对应相应的位置输出，其转子的转角与输入的脉冲量成正比，运动速度与脉冲频率成正比，运动方向由步进电动机的通电顺序决定。

② 直流伺服系统。直流伺服系统常用的伺服电动机有小惯量直流伺服电动机和永磁直流电动机。小惯量直流伺服电动机最大限度地减少了电枢的转动惯量，能获得较好的快速性，早期在数控机床上应用较多，小惯量直流伺服电动机具有较高的额定转速，应用时要经过如减速器之类的中间机械传动部件方能与丝杠连接。永磁直流电动机因为有电刷，限制了转速，结构复杂，价格较贵。

③ 交流伺服系统。交流伺服系统一般使用交流异步伺服电动机和永磁同步伺服电动机。交流异步伺服电动机不存在诸如电刷之类的固有缺点，且转子惯量与直流电动机相比也小很多，具有很好的动态响应性能。这种电动机有信号时就动作，没信号时立即停止，电动机无自转现象。另外，还有机械特性和调节特性曲线的线性度好、响应速度快等特点。

另外，按照控制方式，可将伺服系统分为开环伺服系统、半闭环伺服系统和闭环伺服系统。开环伺服系统主要由数控装置、驱动电路、执行部件和机械部件组成。常用的执行部件为步进电动机，在需要大功率的场所，电液脉冲电动机也是常用的执行部件。开环伺服系统没有检测装置，因此系统没有反馈信号，控制器获取不到执行部件的实际运行情况，系统信息流是单向的。开环伺服系统的结构简单，易于控制，但是存在稳定性低、精度不高的问题。半闭环伺服系统的检测元件用于测量丝杠或电动机轴的转角，并不直接测量工作台的直线位移，检测元件一般安装在进给丝杠或电动机轴端，这种控制方式未将丝杠螺母、齿轮传动副等传动装置包含在闭环反馈系统中。半闭环伺服系统不能补偿位置闭环系统外的传动装置的误差，但是可以获得稳定控制特性。闭环伺服系统的检测装置直接对工作台的位移量进行检测，反馈给控制器实现闭环控制。与半闭环伺服系统相比，其环内各元件的误差以及运动中造成的误差都可以得到补偿，从而可以很好地提高跟随精度和定位精度。

3.2.8 气动系统

气动技术是以压缩气体为工作介质，靠气体的压力传递动力或信息的流体传动技术。其将压缩空气经由管道和控制阀输送给气动执行元件，将压缩气体的压力能转化为机械能。它包含气压传动和气动控制两方面的内容。气压传动技术是机械设备中发展速度最快的技术之一，特别是随着机电一体化技术的发展，通过与微电子技术和计算机技术相结合，气压传动进入一个新的发展时期。其将各种元件组成不同功能的基本回路，再由若干基本回路有机组合成具有一定控制功能的传动系统，是运动控制系统一个重要组成部分。典型的气压传动由四个部分组成，分别为气源装置、控制元件、执行元件和辅助元件。气源装置的主要任务是给系统提供干净、干燥的压缩空气，其主要部分是空气压缩机，它将原动机提供的机械能转变为气体的压力能。控制元件的主要任务是调节和控制压缩空气的压力、流量和气体的流动方向，使执行元件按要求的程序和性能完成一定的运动工作。执行元件将压缩空气的压力能转换为工作装置的机械能，包含气缸和气（压）马达两类，主要用以实现机构的直线往复运动、摆动或旋转运动。辅助元件主要是解决元件内部润滑、排气噪声、检测等问题所需要的各种元件。

气动技术具有如下特点。

① 气动装置结构简单，安装及维护工作简单易行。压力等级低，没有产生电火花的危险，安全系数较高。

② 采用空气作为工作介质，系统的经济性较高。排气处理简单，不污染环境。

③ 输出力及工作速度调节容易，气缸的工作速度一般为 $50\sim500\text{mm/s}$。

④ 利用空气的压缩性，可将能量进行存储；可短时间内释放能量，获得间歇运动中的高速响应；可实现缓冲，对冲击负载和过负载有较强的适应能力。

⑤ 系统具有防潮、防火、防爆的特性，适用于高温场合（通常在 160℃）。

3.3 流水线自动控制系统的设计

3.3.1 流水线自动控制系统的设计内容

自动化流水线是在传统流水线的基础上逐渐发展起来的。它不仅要求线上各种机械加工装置能自动地完成预定的工序及工艺过程，使产品成为合格品，而且要求装卸工件、定位加工、工件在工序间的输送、切屑（加工废料）的排除甚至包装等都能自动地完成。为了达到这一要求，人们通过自动输送及其他辅助装置按工序顺序将各种机械加工装置连成一体，并通过液压系统、气动系统和电气控制系统将各个部分的动作联系起来，按照规定的程序自动进行工作。这种自动工作的机械装置系统称为自动化流水线。自动化流水线的自动控制系统主要用于保证线上的机床、工件传送系统以及辅助设备按照规定的工作循环和联锁要求正常工作，并设有故障巡检装置和信号装置。为适应自动化流水线的调试和正常运行的要求，控制系统有三种工作状态：调整、半自动和自动等。

为提高自动化流水线的生产率，必须保证自动化流水线的工作可靠性。影响自动化流水线工作可靠性的主要因素是工作质量的稳定性和设备工作的可靠性。自动化流水线的发展方向主要是提高生产率、增大多用性和灵活性。为适应多品种生产的需要，将发展能快速调整的柔性自动化生产线。

(1) 流水线自动控制系统主要功能

① 数据采集功能。为实现流水线的自动运行和自动化控制，首先要获取流水线及必要的机电装备的工作参数、状态参数等数据信息，这由传感器实现。

② 数据管理功能。由传感器采集数据信息，通过网络传输到上位机中，在上位机中应用专用数据管理程序，对数据信息进行编辑和再加工，通过友好的人机交互界面将数据信息显示出来，以供用户获取相关信息。

③ 自动生产功能。在不需要人工干预的前提下，PLC 程序能够实现流水线系统机电装备的自动运行。

④ 远程控制功能。上位机通过计算机发出相关控制指令，能够实现对流水线系统的相关装备的远程控制，从而实现流水线自动控制系统的远程化、智能化。

基于 PLC 技术的流水线自动控制系统，其整体结构主要分为上位机与下位机两个层次。上位机是指基于 PC 或工控机的数据管理终端，实现对数据的管理和远程控制功能。通常可以借助于组态软件进行人机交互程序的开发，组态软件最大的优势在于所见即所得，能够再现真实的生产状态与被控对象的状态和动作。下位机主要是以传感器、PLC 为核心的底层数据采集、获取设备，以及必要的数据传输网络设备，如交换机、路由器等。传感器负责采集流水线自动控制系统的状态信息、位置信息、生产信息、工位信息等必要的数据信息，经过 PLC 内部程序的处理，转换为需要的物理量数据，并由网络传输设备进行传输，最终将数据信息传送到上位机中，实现数据统一管理和远程控制功能。

PLC 技术目前已经占据了工业自动控制系统的半壁江山，这得益于 PLC 控制系统具有控制简单、组网成本低、控制可靠及后期维护简单方便等优点。将 PLC 技术与上位机结合起来，借助于上位机强大的数据处理和图像表达能力，能够更加直观地对工业控制系统进行无人值守式的远程控制。

(2) 生产线 PLC 自动化控制系统的主要设计内容

① 需求分析及总体方案设计。系统规划是设计的第一步，包括确定控制系统方案与总体设计两个部分。确定控制系统方案时，应该首先根据工艺流程分析控制要求，明确控制对象所需要实现的控制任务，拟定控制系统设计的技术条件。然后详细分析被控对象的工艺过程及工作特点，了解被控对象机、电之间的配合，提出被控对象对 PLC 控制系统的控制要求，确定控制方案。分析人员应将从客户那里获得的所有信息进行整理，以区分业务需求及规范、功能需求、质量目标、解决方法和其他信息。通过这些分析，客户就能得到一份"需求分析报告"，此报告使开发人员和客户之间针对要开发的系统达成协议。报告通常包括现场需求分析、成熟可行的自控方案及软硬件成本预算等内容，应以一种客户认为易于翻阅和理解的方式组织编写。客户要评审此报告，确保报告内容准确、完整地表达了其需求。一份高质量的"需求分析报告"有助于开发人员开发出真正需要的产品。

② 系统硬件设计。根据系统的控制要求，确定系统所需的全部输入设备（如按钮、位置开关、转换开关及各种传感器等）和输出设备（如接触器、电磁阀、信号指示灯及其他执

行器等），从而确定与 PLC 有关的输入/输出设备，确定 PLC 的 I/O 点数，进行 I/O 分配，画出 PLC 的 I/O 点与输入/输出设备的连接图或对应关系表。根据要求进行配置，选择 PLC 型号、规格，确定 I/O 模块的数量和规格，确定是否选择特殊功能模块，是否选择人机界面、伺服系统、变频器等。根据总体方案完成电气控制原理图，并画出系统其他部分的电气线路图，包括主电路和可编程控制器的控制电路等。PLC 的 I/O 连接图和 PLC 外围电气线路图组成系统的电气原理图。根据被控对象的范围及复杂程度，控制系统还可以进行 I/O 机架的扩展。

下位机 PLC 控制系统主要包括 I/O 机架、I/O 连接电缆及 CPU 基本单元等部分。主站 PLC 主要功能是对各个子站 PLC 之间的协作和配合、报警输出、限位开关检验、元件执行以及传感器进行有效的控制，最终实现对控制系统整个流程的有效控制；而子站 PLC 主要是为了实现对各个工位具体工作的有效控制。

上位机监控系统可以分为现场触摸屏控制系统和计算机控制系统两个组成部分。对于触摸屏控制系统而言，触摸屏界面主要设置手动操作和自动操作两个界面。其中，自动操作界面充分地利用自动工作参数设置，实现了生产线的自动化工作；生产线的各个模块的单工位以及单工序的正常运行主要是通过手动操作界面实现的。同时，现场触摸屏还具有故障隐患预警和故障报警等功能。对于控制系统而言，主要是将工控机、多串口卡及 17in 彩色显示器配置在一起。将组态软件装在工控机（IPC）上，其是一种工业通用组态控制软件，可以与下位机 PLC 进行通信。

最后，还需要完成控制柜设计和现场施工。在进行控制程序设计的同时，可进行硬件配备工作，主要包括强电设备的安装、控制柜的设计与制作、可编程控制器的安装、输入输出的连接等。

③ 程序设计。程序设计时，根据确定的总体方案以及完成的电气原理图，按照分配好的 I/O 地址，编写实现控制要求与功能的 PLC 用户程序，注意采用合适的设计方法来设计 PLC 程序。要以满足系统控制要求为主线，逐一编写实现各控制功能或子任务的程序，完善系统指定的功能。除此之外，程序通常包括以下内容。

a. 初始化程序。在 PLC 上电后，一般要进行初始化，为启动做必要的准备，避免系统发生误动作。初始化程序的主要内容有对某些数据区、计数器等进行清零，对某些数据区所需数据进行恢复，对某些继电器进行置位或复位，对某些初始状态进行显示等。

b. 检测、故障诊断和显示等程序。这些程序相对独立，一般在程序设计基本完成时再添加。

c. 保护和联锁程序。保护和联锁是程序中不可缺少的部分，必须认真考虑。它可以避免由于非法操作引起的控制逻辑混乱。

d. 计算机监控组件程序。计算机的监控组件和逻辑程序属于两个独立的控制单元，如果在两者之间使用总线网络和 SIMATIC 的通信协议，就可以将这两个单元整合成一个整体。

④ 系统调试和现场调试。

a. 系统调试。PLC 的系统调试是检查、优化 PLC 控制系统硬件、软件设计，提高控制系统安全可靠性的重要步骤。在程序设计完成之后，一般应通过 PLC 编程软件的自诊断功能对 PLC 程序进行基本的检查，排除程序中的错误。在有条件的情况下，应该通过必要的模拟仿真对程序进行模拟与仿真实验。对于初次使用的伺服驱动器、变频器等设备，可以通过检查运行的方法，实现离线调整和测试，缩短现场调试的时间。

b. 现场调试。现场调试应该在控制系统的安装、连接、用户程序编制完成后，按照调试前的检查、硬件测试、软件测试、空运行试验、可靠性试验、实际运行试验等规定的步骤进行。调试过程应从 PLC 只连接输入设备，再连接输出设备，再接上实际负载等逐步进行。如不符合要求，则对硬件和程序做调整。全部调试完毕，交付试运行。经过一段时间运行，如果工作正常、程序不需要修改，应将程序固化到 EPROM 中，以防程序丢失。

分析 PLC 控制系统后，可对生产线自动化控制系统进行模块化设计，加强各个模块的程序的控制和协调，最终实现多台自动化设备的连续和协调作业。PLC 的控制能力比较强，具有高精度、高可靠性、复杂的逻辑能力和运算能力等显著特征。基于 PLC 的控制系统，最终实现了生产线自动化控制系统的设计目的，极大地提高了实际生产率和产品质量，有效地改善了工人的工作条件，具有高稳定性、可操作性、易维护等优点，取得了较好的经济效益。

⑤ 整理和编写技术文件。在设备安全、可靠运行得到确认之后，设计人员开始着手进行技术文件的编制工作。例如：修改电气原理图、连接图；编写设备操作、使用说明书；备份 PLC 用户程序；记录调整、设定的参数等。注意电气原理图、用户程序、设定的参数必须是调试完成后的最终版本。

3.3.2 自动化生产线中人机集成的安全问题

装配系统可以由机器人或人组成，也可以由两者组合而成。机器人和人的集成必须以系统安全高效运行为前提。然而，这可能会增加人的感官需求，使系统更加复杂，并可能增加系统故障。在下列情况中，机器人优于人类。①在困难、危险和重复的场合；②重物；③以极高的精度、重复性和速度执行操作；④节省劳动力成本；⑤从不表现出疲劳或犯与疲劳相关的错误；⑥产品对人体有害（放射性物质），以及存在人体可能污染产品（药品）的情况。下列场合需要人工：①对机器人来说过于复杂且变化太多的过程；②一些应用程序需要人工解释，有时人工具有更好的速度和质量；③在使用机器人无利可图的情况下；④ 机器人系统过于复杂，无法维护，而且缺乏熟练的程序员。虽然拥有一个完全自动化的装配系统是很理想的，但某些应用有特定的需求，这时利用机器人和人组合是有益的。

生产线人机集成交互是指在生产过程中人与计算机或机器人之间的互动方式，可分为三类：人机共存、人机合作和人机协作，其中人机协作可分为物理协作和非接触式协作。人机共存是指人和机器人在同一工作空间内共同工作，但彼此之间并不存在直接合作的关系。这种形式的优点是可以提高生产效率和质量，缺点是机器人可能会对人造成安全隐患。常见的应用场景包括汽车的制造、电子相关类制造等。人机合作是指人和机器人在同一工作空间内直接合作完成任务，这种方式可以提高生产效率和质量，但需要进行复杂的编程和控制。在物流、仓储等领域中常用到此类技术。相较于人机共存，人机合作生产效率更高、灵活性更强、具有更高的可编程性。人机合作需要进行复杂的编程和控制，这对于机器人行为控制、生产效率和质量的提高都十分重要。人机协作是指人和机器人在同一工作空间内协同完成任务，彼此之间相互支持和协作。这种形式的优点是可以提高生产效率和质量，同时保证了人员的安全。缺点是需要进行复杂的协调和控制。常见应用场景包括拆解领域工业、医疗等。相比于前两种交互形式，人机协作具有更高的安全性、生产效率和灵活性。机器人和人之间相互支持和协作，避免了机器人对人造成的安全隐患。此外机器人和人之间可以进行灵活的协调和控制，以满足不同的任务需求，更好地利用各自的优势，完成任务。

在工业环境下的人机协作中，机器人可能会对人造成安全隐患。如对人的位置或动作发生误判，导致人受到严重攻击。此外，不加限制的速度和力量也可能会对人造成伤害。目前主要通过安全标准、控制策略和人机通信技术这三个方面保障安全性。安全是工业界最应重视的问题。除保证人身安全外，还必须采取防止系统组件之间发生碰撞，以及系统组件自身造成损坏的防护措施。在危险环境和不安全的工作条件下使用机器人，可以提高对人的安全性，但可能污染环境。因此，机器人制造商必须采取适当的保障措施，消除潜在危险，确保人身安全。

紧急停机（E-stop）是最重要的安全预防措施，该措施在工业装配系统中普遍使用。在紧急情况下，紧急停机用于尽可能快速、安全地停止系统。急停装置必须易于接近、可识别，安全可靠地工作，并且总是作为最后的手段。它可能永远不是按钮或控制逻辑（PLC程序）的一部分，它可以是抓线、手持式压力开关、未闭合的脚踏板或上述设备的组合，位置必须明显，可以靠近机器、工作单元或主管岗位。此外，紧急停止按钮应为红色蘑菇状。机械锁定开关，最好为黄色或橙色背景。启动开关时，应断开触点（开路），断开最终电源继电器的电源，使用基于硬件的部件启动动力制动系统，并迫使系统进入安全状态。重置E-stop时，系统必须保持在安全空闲状态，防止机器重新启动，直到系统恢复到安全工作状态。

如果工作人员必须在工作单元的边界内或机器人的工作外壳附近工作，则必须强调可靠的人类接近感。这种传感功能是防止机器伤害附近工作的人员。安全垫或压力感应垫放置在靠近机器的安全区域，确保编程和校准机器时的安全。此外，还可以通过发射分散的红外光，利用反射来感知预先配置的安全区内的人或不想要的物体的侵入。总之，制造商有必要安装安全设备，确保人员的安全，防止工厂设备受损。

3.4 智能产线生产执行系统

3.4.1 MES的定义

工厂制造执行系统是近年来在国际上迅速发展、面向车间层的生产管理技术与实时信息系统。国际制造执行系统协会对MES的定义是"通过信息的传递，对从订单下达开始到产品完成的整个产品生产过程进行优化的管理，对工厂发生的实时事件，及时作出相应的反应和报告，并用当前准确的数据对其进行相应的指导和处理"。

从定义中可以看出，MES具有如下特征：①MES在整个企业信息集成系统中起承上启下作用，是生产活动与管理活动信息沟通的桥梁。MES对企业生产计划进行"再计划"，"指令"生产设备"协同"或"同步"动作，对产品生产过程进行及时的响应，使用当前确定的数据对生产过程进行及时调整、更改或干预等处理。②MES采用双向信息传达，在整个企业的产品供需链中，既向生产过程人员传达企业的期望（计划），又向有关的部门提供产品制造过程状态的信息反馈。MES采集从接受订货到制成最终产品全过程的各种数据和状态信息，目的在于优化管理活动。它强调的是当前视角，即精确的实时数据。③MES是围绕企业生产这一为企业直接带来效益的价值增值过程运行的，强调控制和协调。

MES是计划层和现场自动化系统之间的执行层，主要负责车间生产管理和调度。一个设计良好的 MES 可以在统一平台上集成如生产调度、产品跟踪、质量控制、设备故障分析、网络报表等管理功能，使用统一的数据库，通过网络连接可以同时为生产部门、质检部门、工艺部门、物流部门等提供车间管理信息服务。系统通过强调制造过程的整体优化来帮助企业实施完整的闭环生产，协助企业建立一体化和实时化的信息体系。因此，它是实施企业敏捷制造战略和实现车间生产敏捷化的基本技术手段。MES 可以为用户提供一个快速反应、有弹性、精细化的制造业环境，帮助企业降低成本、按期交货、提高产品和服务质量。同时，MES 是数字化车间的核心。MES 通过对数字化生产过程的控制，借助自动化和智能化技术手段，实现车间制造控制智能化、生产过程透明化、制造装备数控化和生产信息集成化。车间 MES 主要包括车间管理系统、质量管理系统、资源管理系统及数据采集和分析系统等，由技术平台层、网络层及设备层实现。

3.4.2　MES 的功能模块

MES 从底层数据采集开始，到过程监测和在线管理，再到与成本相关数据管理，构成了完整的生产信息化体系。系统各功能模块提供了由底层接近于自动化系统的监控过程逐渐过渡到成本管理的经营层，可以满足企业在信息化生产管理领域不同规划阶段的要求。其主要功能如下。

① 车间资源管理。车间资源是车间制造生产的基础，也是 MES 运行的基础。车间资源管理主要对车间人员、设备、工装、物料和工时等进行管理，保证生产正常进行，并提供资源使用情况的历史记录和实时状态信息。

② 库存管理。库存管理是对车间内的所有库存物资进行的管理。车间内物资有自制件、外协件、外购件、刀具、工装和周转原材料等。库存管理的功能包括：通过库存管理实现库房存储物资检索，查询当前库存情况及历史记录；提供库存盘点与库房调拨功能，在原材料、刀具和工装等库存量不足时，给出报警；提供库房零部件的出入库操作，包括刀具/工装的借入、归还、报修和报废等操作。

③ 生产过程管理。生产过程管理实现生产过程的闭环可视化控制，减少等待时间、库存和过量生产等浪费。生产过程中采用条形码、触摸屏和机床数据采集等多种方式实时跟踪生产进度。生产过程管理旨在控制生产，实施并执行生产调度，追踪车间里工作和工件的状态，对于当前没有能力加工的工序可以外协处理，实现工序派工、工序外协和齐套等管理功能，可通过看板实时显示车间现场信息和任务进展信息等。

④ 生产任务管理。生产任务管理包括生产任务接收与管理、任务进度展示和任务查询等功能，提供所有项目信息，查询指定项目，并展示项目的全部生产周期及完成情况。提供生产进度展示，以日、周和月等展示本日、本周和本月的任务，并以颜色区分任务所处阶段，对项目实施跟踪。

⑤ 车间计划与排产管理。生产计划是车间生产管理的重点和难点。提高计划员排产效率和生产计划准确性是优化生产流程以及改进生产管理水平的重要手段。车间接收主生产计划，根据当前的生产状况（能力、生产准备和在制任务等）、生产准备条件（图纸、工装和材料等），以及项目的优先级别及计划完成时间等，合理制定生产加工计划，监督生产进度和执行状态。高级排产工具（APS）结合车间资源实时负荷情况和现有计划执行进度，经能力平衡后形成优化的详细排产计划。充分考虑每台设备的加工能力，并根据现场实际情况随时调整。在完成自动排产后，进行计划评估与人工调整。在小批量、多品种和多工序的生产

环境中，利用高级排产工具可以迅速应对紧急插单的复杂情况。

⑥ 物料跟踪管理。通过条形码技术对生产过程中的物流进行管理和追踪。物料在生产过程中，通过条形码扫描跟踪物料在线状态，监控物料流转过程，保证物料在车间生产过程中快速高效流转，并可随时查询。

⑦ 质量过程管理。生产制造过程的工序检验与产品质量管理，能够实现对工序的检验与对产品质量的过程追溯，对不合格品和整改过程进行严格控制。其功能包括：实现生产过程关键要素的全面记录和完备的质量追溯，准确统计产品的合格率，为质量改进提供量化指标。根据产品质量分析结果，对出厂产品进行预防性维护。

⑧ 生产监控管理。生产监控可以从生产计划进度和设备运转情况等多维度对生产过程进行监控，实现对车间报警信息的管理，包括设备故障、人员缺勤、质量及其他原因的报警信息，及时发现问题、汇报问题并处理问题，保证生产过程顺利进行并可控。结合分布式数字控制 DNC 系统、MDC 系统进行设备联网和数据采集。实现设备监控，提高瓶颈设备利用率。

⑨ 统计分析。能够对生产过程中产生的数据进行统计查询，分析后形成报表，为后续工作提供参考数据与决策支持。生产过程中的数据丰富，系统根据需要，定制不同的统计查询功能，包括产品加工进度查询、车间在制品查询、车间和工位任务查询、产品配套齐套查询、质量统计分析、车间产能（人力和设备）利用率分析、废品率/次品率统计分析等。

3.4.3　MES 在智能制造中的作用

作为智能生产车间生产管控的载体，工厂制造执行系统（MES）在帮助制造企业实现生产的数字化、智能化和网络化等方面发挥着巨大作用。重点体现在提升智能工厂车间的以下四个方面的能力。

① 网络化能力。从本质上讲，MES 是通过应用工业互联网技术帮助企业实现智能工厂车间网络化能力的提升。在信息化时代，制造环境的变化需要建立一种面向市场需求，具有快速响应机制的网络化制造模式。MES 集成车间设备，实现车间生产设备的集中控制管理，以及生产设备与计算机之间的信息交换，彻底改变以前数控设备的单机通信方式。MES 帮助企业智能工厂进行设备资源优化配置和重组，大幅提高设备的利用率。

② 透明化能力。MES 可以提高智能工厂车间透明化。对于已经具备 ERP、MES 等管理系统的企业来说，需要实时了解车间底层详细的设备状态信息，而打通企业上下游和车间底层是绝佳的选择。MES 通过实时监控车间设备和生产状况，用标准 ISO 报告和图表直观反映当前或过去某段时间的加工状态，使企业对智能工厂车间设备状况和加工信息一目了然，及时将管控指令下发车间，实时反馈执行状态，提高车间的透明化。

③ 无纸化能力。MES 采用 PDM、PLM、三维 CAPP 等技术提升了数字化车间无纸化能力。当 MES 与 PDM、PLM、三维 CAPP 等系统有机结合时，就能通过计算机网络和数据库技术，把智能工厂车间生产过程中所有与生产相关的信息和过程集成起来统一管理，为工程技术人员提供一个协同工作的环境，实现作业指导的创建、维护和无纸化浏览，将生产数据文档电子化管理，避免或减少基于纸质文档的人工传递及流转，保障工艺文档的准确性和安全性，快速指导生产，达到标准化作业。

④ 精细化管控能力。包括全面精准化的生产能力分析、高效的生产计划管理、便捷的任务派工管理、完善的产品质量管理及最优的车间库存管理。MES 有效地改善了企业车间

生产管理流程，实现了车间生产管理一体化的新模式，成为支撑制造企业高速发展的核心动力，以降本、提质、增效为目标，真正实现数据驱动制造。精细化管控和数字化工厂是构建智能工厂的基础，使 MES 成为智能工厂建设的重点。

综上所述，MES 能够助力企业实现精细化管理、敏捷化生产，满足市场个性化的需求。随着企业数字化转型的不断深入，MES 的应用成为很多制造企业推进智能制造迈向"中国制造 2025"的重要信息化方法之一。但是，MES 市场和传统 ERP 市场存在很多本质的差别、生态的不健全、市场的不成熟等因素都让热潮下的 MES 选型面临新的挑战。

3.5　柔性自动装配系统

3.5.1　柔性自动装配系统的工艺规划

柔性自动装配系统的功能就是把零件和材料处理成产品，其目的在于提高产品的装配生产率，获得较高的装配速度和装配精度，降低装配成本，稳定与改善产品质量，减轻劳动强度，取代特殊条件下的人工装配劳动。由于柔性自动装配系统具有柔性，所以能在装配系统允许的功能、功率和许可的几何形状范围内处理任何产品。柔性自动装配系统的优点还在于可以根据需要和变化做出迅捷反应，如加入或去掉一些具体装配环节。在柔性自动装配系统中，装配工作站的灵活性可以使多种装配操作在一个装配工作站上进行，因此在典型的柔性自动装配系统中，串联的装配工作站的数量远远小于传统的装配系统。为了使产品的装配效率高，各种零件和部件必须能在正确的位置、正确的时刻，按正确的空间姿态和正确的取向送到装配工位上。柔性自动装配系统的特点是有一个灵活的物料搬运系统，装配件能自由地选择路线，由一个装配站送至另一个装配站。待装配的零件由柔性制造系统（FMS）加工后，依次由传送带传送到装配站装配。传送带是断续传送零件的，当某个零件被传送带传送到装配站时，传送带暂停，此时装配站的装配机器人对零件进行识别，并取走待装配零件。装配作业是在两个具有视觉识别系统的装配机器人的配合下完成的。装配工艺规划决定装配机器人的操作动作和步骤：一是将取下的零件与已在装配站的零件立即进行装配；二是将取下的零件暂放在缓冲区内，待下一个零件送到后再装配或从缓冲区中选取零件来装配。

3.5.2　柔性装配产品的设计准则

为提高装配生产率、降低装配成本、实现自动化和智能化柔性装配，必须在产品设计阶段充分考虑产品的装配要求，因此提出了便于装配的设计准则（design for assembly）。柔性装配产品的设计准则包含两个重要内容：一是尽可能减少产品中单个零件的数量；二是改善产品零件的装配工艺性。因此，在柔性自动装配系统中装配的产品，除应满足每个零件便于制造外，还必须考虑其装配工艺性。装配工艺性就是装配时易于保证装配精度和装配生产率，使装配简单、可行，适于装配机器人的自动操作。为此，设计适于柔性自动装配系统的产品时应该遵守以下基本设计原则：①使产品的零件数最少。在装配精度相同的情况下，组成产品的零件数越少，对零件的加工精度要求越低，工艺性就越好。②在保证一定的装配精度条件下，零件的互换性好，装配工作可大为简化。因此在设计时应尽可能按完全互换的原则规定有关零件的尺寸和公差。③要有正确的装配基准。力求使装配基准能够采用零件加工时的定位基准，基准重合能达到更高的装配精度。④尽可能将产品设计成能一层一层装配，这样便于装配和拆卸。⑤零件的结构应具有一定的柔顺性和对称性，使其易于定位和导向（如采用倒角、锥度等），使装配简单易行。⑥在装配时尽可能不要旋转或抬起部件（或组件）。抬起或旋转部件会使夹具和装配机器人的手爪复杂，机器人的自由度多，装配周期加长。⑦紧固件尽可能统一，避免采用大小和类型不同的紧固件。

采用柔性自动装配系统带来的效益是巨大的。国外某公司为生产小型复印机设计的高速柔性自动装配线建成后已取得如下效益：①减少原料库存量60%；②由于能及时地将零部件送到装配站，所以制品库存量减少了40%；③物料搬运的劳动力减少40%；④今后更新产品时不需新的搬运系统，因而设备投资可节约80%。柔性自动装配技术已成为机械制造业中的一项重要技术，其巨大应用潜力而受到越来越多厂家的重视。

在国内，近年来随着产品更新速度加快及人们对产品多样化的需求增加，使制造业向多品种、小批量生产方式发展。为适应这种情况的变化，制造业开始向柔性制造系统转型来应对多品种、中小批量的生产。以国内某导航装备公司精益柔性装配车间建设案例为例，该公司致力于导航与控制技术研发与核心系统生产，其装配车间关键产品存在混线生产特点，产线各工序间生产节拍不平衡，且分布在不同地点，人工转运距离2500m，在制品在各个工位之间无法有序流转，员工等待和搬运浪费严重；同时，产线信息化程度低，不具备生产信息采集、生产流程控制、过程监控等功能，使用纸质单据记录过程数据，信息容易丢失，产品质量数据难以追溯。为解决这些问题，提高产能，通过打造精益柔性的智能车间，针对产品的装配和测试工艺，通过产线、车间整体布局设计，实现了4种产品的智能装配测试工作，实现了技术创新与精益管理同步发展。项目实施后，生产线产能提高67%，达到10000套/年。产线布局符合精益柔性的要求，实现在制品的有序流转，生产线平衡率提高50%以上。使用智能物流系统进行在制品转运，人工最远转运距离由2500m缩短至120m，距离缩短95%以上。建设MES，高效管控生产过程，实现生产流程无纸化、可视化，使用SPC模块对产品质量数据进行分析、追溯，通过产线电子看板呈现生产的过程数据，并提供产线智能交互系统，极大提高了产线管理水平。

3.5.3 智能装配机器人

为了适应产品多样化和小批量的特点，近年来对具有柔性的自动化装配系统的需求日益增多。为满足多品种的快捷生产需要，增强企业的市场竞争能力，装配机器人技术得到了迅速发展。在国外，一些企业的装配作业已大量采用装配机器人来操作。根据日本产业机器人协会的统计，到1993年年底，全世界已投入运行的工业机器人有61万台，当年日本机器人拥有量占全世界的60%，而日本机器人总拥有量的96%用于制造业，其中用于装配作业的机器人占30%，主要用于汽车等行业。为扩大装配机器人的适用范围，装配机器人正向着智能化方向发展。智能装配机器人是指人给出某种具体的装配作业指令后，装配机器人能认识装配工作环境、装配对象及状态，能根据自行理解和判断决策出装配方法，制定出装配顺序，实施装配作业。在装配过程中，其还具有随装配对象变化而适应其工作环境的功能。智能装配机器人的突出特点是具有识别、定位、检测、决策、规划、补偿等多种功能，能适应高速和高精度装配，这对提高产品质量、缩短新产品的开发和生产周期起到了十分明显的作用。智能装配机器人同人一样具有视觉、触觉、听觉、嗅觉等多种感觉系统，通过各种感觉系统感知装配对象和装配环境，然后决策出最佳装配顺序，实施装配操作，使所需的被装配零（部）件按正确的顺序装在正确的位置上，最终装配成功。智能装配机器人系统主要具有感觉反馈系统、信息处理系统及决策规划能力，能实时检测，具有故障自动诊断能力。在智能装配机器人的感觉系统中，视觉是最有力的获取装配信息的感觉系统，它使装配机器人能识别装配对象和装配环境（如能识别零件的形状，随意放置的零件的空间姿态和位置等），确保零件的正确空间位置和取向。视觉也是综合性最强的感觉系统，它在单位时间内获得的信息最多，能实时反映装配作业过程，也能检测装配作业结果，能检查任务是否完成、有无错误，并能检查出潜在的问题。因此视觉是实现装配机器人智能化的最重要的感觉系统之一。触觉也是智能装配机器人用以感知装配过程和装配状态的感觉系统，可分为接近觉、接触觉、压觉、力觉和滑觉。装有触觉系统的装配机器人能通过触觉感知物体接近、接触、跟踪、握持、移送、插入或组装等动作状态，也可感知装配预紧力大小、装配松紧程度等，使装配过程得以正确实施。

3.5.4　虚拟装配

在激烈的市场竞争中，产品的开发、制造既要保证质量，又要快捷。在这种态势下，并行工程概念被引到产品生产中来。并行工程是一种系统的集成方法，它用并行方法对产品及其相关过程（制造过程和支持过程）进行设计，产品开发人员从产品设计阶段就需要考虑其制造和装配。并行工程的思想就是指产品设计必须是面向制造的设计和面向装配的设计，设计出的产品不仅要易于加工，而且能够容易、经济地进行装配，用以提高装配效率，减少装配时间和装配成本。

对智能制造工厂来说，其明显的特征就是高度柔性化、集成化和智能化，追求的目标都是提高产品的质量及生产效率，缩短设计、制造及装配周期，降低生产成本，最大限度地提高制造业对市场的应变能力，满足用户需求。面向装配的设计，一方面是以装配集成信息模型为基础，将 CAD/CAPP/CAAPP（computer-aided assembly process planning）集成起来，使其不但具有加工工艺规程设计的能力，而且具有装配操作工艺规程设计的能力，更有适合于装配机器人自动装配的装配方式的工艺规程设计的能力。另一方面是要在产品设计阶段实现零部件的虚拟装配。

虚拟装配是装配过程的虚拟实现，就是在人工智能和装配工艺知识库的支持下，对所设计的零件进行全过程的装配模拟仿真，从而对该装配件的可装配性作出评价。虚拟装配技术是由多学科知识形成的综合装配系统技术。其本质是以计算机支持的仿真技术为前提，在产品的设计阶段，实时、并行地对产品的装配生产全过程进行模拟，预测产品性能、产品的可制造性以及产品的可装配性，从而更有效地、更经济地、柔性灵活地组织生产，使工厂和车间的设计与布局更合理、更有效，以达到产品的开发周期和成本的最小化，产品设计质量的最优化，生产效率的最高化。虚拟装配是装配作业在虚拟环境中的映射，是装配作业的模型化、形式化和计算机化的抽象描述和表示，它不消耗现实资源和能量，所装配的产品是可视的虚拟产品，具有真实产品所必须具有的特征。

虚拟装配能实现零部件在计算机屏幕上的点到点的装配仿真操作，即零部件直接到位的装配操作，并进行干涉检查，如发现被装配零部件与其他零部件或装配环境有干涉现象，或零部件在送往装配位置的过程中有干涉现象，则返回重新修改零部件的设计。同时，能实现装配工艺的智能设计和决策，能对智能装配机器人进行模拟仿真，使设计者能够在设计阶段了解其所设计的产品的装配工艺过程，通过装配机器人的模拟装配过程显示，了解该产品的可装配性，检验装配过程的可靠性以及装配误差，并以此为依据，改进产品的设计，使设计在满足性能要求的前提下，减少装配成本。

？思　考　题

1. 简述智能工厂概念模型的基本内容。
2. 智能制造教学工厂和实际工厂有何不同？
3. 一般来说智能工厂设备层由哪些设备组成，各自的作用是什么？
4. 常用的智能产线控制系统有哪些？
5. 简述智能产线 MES 的作用。
6. 什么是柔性生产系统？其主要特点是什么？

第4章 智能玩具生产线教学工厂的设计

本章智能玩具生产线教学工厂由浙江大学与菲尼克斯电气中国公司合作建设，目的是为工程专业学生开展实验实践教学构建智能制造生产教学环境。根据第 3 章智能制造教学工厂概念模型，双方共同参与规划设计，并由企业方承担工程实施任务，共同完成生产线系统的设计、加工和安装，以及控制系统、生产管控系统软件的定制开发，软硬件系统的整体调试和运行等工作，并按验收标准完成整体的数字化交付。

浙江大学-菲尼克斯电气智能制造教学工厂生产线以典型离散制造业汽车组装生产线为工业应用背景，通过集成工业机器人、机器视觉、智能控制、生产执行管理等软硬件技术，呈现了一个玩具汽车组装生产线的全自动生产过程。该生产线研制过程中遵照了智能制造国际标准，确保其技术先进性和开放性，既能满足当前智能制造教学与研究的需要，还为将来的持续提升打下坚实的基础。教学工厂生产线于 2017 年建成并投入使用，2018 年被工信部评为"中德合作智能制造人才培养示范项目"。

教学工厂玩具生产线车间实景如图 4-1 所示。乐高玩具组装生产过程包括智能组装、个性化定制（激光雕刻）、包装贴标及立体仓储四道工序。产品为乐高玩具汽车，提供了 36 种不同颜色、形状的车底盘、车头、车身等汽车组装配件。智能组装单元由柔性上料区、组装区及质量检测区组成。

图 4-1　智能制造教学工厂生产线实景

上料区包括多通道自动料轨、柔性上料机及上料机器视觉系统等设备。组装区由组装机器人、组装机器视觉系统及多工位组装工作台组成。组装机器人根据生产订单，从上料区抓取合适的配件（符合订单需求的种类及颜色），在组装工作台上进行自动组装。组装完毕后在传送区通过质检机器视觉系统进行轮廓外形检测，不合格品被剔出流水线，合格品被传送至个性化定制单元。激光雕刻机根据用户订单预设图案对玩具汽车进行个性化图案雕刻。然后包装机器人将其送入包装贴标单元进行自动包装、贴标等工序。最后，仓储机器人将包装好的成品放入立体仓库中。

生产线上每个生产单元均采用模块化结构设计建造，生产单元之间在物流与信息等方面互联互通，各个单元既可以独立运转，又可以协同合作。研究人员能够在此平台上实时地获取工业大数据，并利用这些数据开展多种问题探索。

本章以智能组装单元为例详细介绍其单元功能、控制系统的设计和实现。

4.1 智能组装单元工艺分析

如图 4-2 所示，由柔性上料区、组装区及质量检测区组成。柔性上料区由多通道自动料轨、AnyFeeder 柔性上料机及上料机器视觉系统组成。组装区由 KUKA 机器人、组装机器视觉系统及多工位组装工作台组成。质量检测区由质量检测机器视觉系统组成。智能组装单元用于实现小批量、多品种乐高玩具小车的柔性组装过程，可以根据订单需求生产出不同种类、不同颜色的乐高玩具小车。

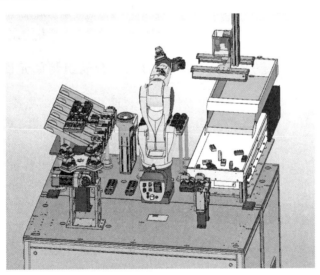

图 4-2 智能组装单元三维示意图

4.1.1 智能组装工艺流程

乐高玩具小车由车头、车身、车顶、车底盘 4 个部件组成，本教学工厂可提供 36 种不同颜色和形状的汽车组件，经过组合可以生产 384 种乐高玩具小车的车型。在智能组装单元中，乐高玩具小车按照车底盘、车头、车身、车顶的顺序组装。乐高玩具小车组装工艺流程如图 4-3 所示。

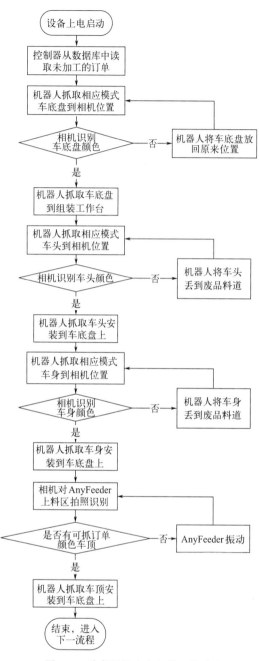

图 4-3 乐高玩具小车组装工艺流程

控制器从数据库中读取未加工的订单后，KUKA 机器人根据生产订单到相应位置抓取相应模式的车底盘到相机下识别颜色。如果颜色正确，则机器人将车底盘抓取到组装工作台；否则，机器人将车底盘放回原来位置并重新抓取。机器人到车头零件料道中抓取车头到相机下识别颜色。如果颜色正确，则机器人将车头抓取到组装工作台并安装到车底盘上；否则，机器人将车头丢到废品料道并重新抓取。机器人到车身零件料道中抓取车身到相机下识别颜色。如果颜色正确，则机器人将车身抓取到组装工作台并安装到车底盘上；否则，机器人将车身丢到废品料道并重新抓取。相机识别 AnyFeeder 柔性上料机上料区中是否有可抓取的订单颜色车顶零件。如果有可抓取的零件，则机器人抓取车顶到组装工作台，并安装到车底盘上；否则，AnyFeeder 柔性上料机振动上料和翻料。最后，乐高玩具小车组装完毕，在传送区通过质量检测机器视觉系统进行轮廓外形检测。如果不合格，则被剔出流水线；合格则被传送至激光打码单元进行个性化定制。

4.1.2 智能组装单元设备构成

智能组装单元设备包括组装机器人、AnyFeeder 柔性上料机、CCD 相机、RFID 读写头和传送带。

本单元使用的组装机器人选用德国 KU-KA 公司生产的 KR6R700 机器人，其功能为抓取零件到组装工作台并按组装工艺流程进行乐高玩具小车的组装。KUKA 机器人的控制是由 PLC 将操作指令传送给 KUKA 机器人的内嵌控制器，并用内嵌控制器按照规划路径控制机器人完成。KUKA 机器人的中央控制系统是一台独立于机器人之外的 PC，它采用 Profibus 及 Ethernet 与机器人进行通信，通过 Profibus 进行信号交换，通过 Ethernet 传送数据。本 KUKA 机器人采用的是 KUKA KR C4 控制系统，KR C4 在软件架构中集成了机器人控制、PLC 控制、运动控制与安全控制，所有控制系统共享一个数据库和基础设施，使自动化变得更方便和高效。

柔性上料机适用于许多需要精确移动和定位零件的以自动化为重点的应用，因为其可以设置或编程为以特定间隔启动和停止，达到与机器人或其他过程同步。本单元采用美国 Adept 公司生产的 AnyFeeder 柔性上料机，包括储料机构和上料机构，储料机构通过抖动将料斗中的零件抖到下方的上料机构中，上料机构通过不同模式的振动实现上料和翻料，外部连接的机器视觉系统通过拍摄上料区上方的图片，判断是否有满足机器人夹取要求的零件，然后通过与机器人通信来完成最终的抓取过程。

本单元使用康耐视公司生产的 CCD 相机，其功能为与机器视觉系统相结合拍照识别零件颜色和位置姿态。RFID 读写头由图尔克公司生产，其功能为在乐高玩具小车底部输入订单信息。在本单元中传送带的作用为带动托盘运动。

智能组装单元控制系统组成框图如图 4-4 所示。

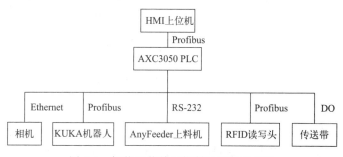

图 4-4 智能组装单元控制系统组成框图

4.2 智能组装单元控制系统设计

4.2.1 智能组装单元硬件设计

智能组装单元硬件组成如图 4-5 所示。硬件包括机械组装平台、机械臂等智能设备、PLC 控制系统、多种传感执行机构、数据库服务器、工控机服务平台等。智能组装单元系统构成如图 4-6 所示。其中，智能设备通过对接口的定义与 PLC 进行信息传递，完成信息感知和设备控制。

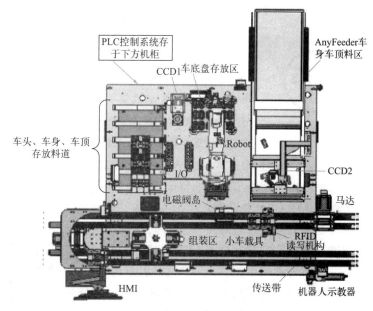

图 4-5 智能组装单元硬件组成

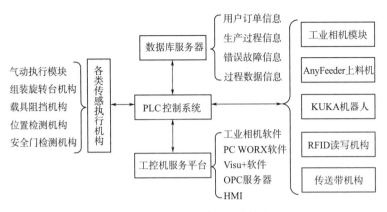

图 4-6　智能组装单元系统构成

(1) PLC 控制系统

AXC3050 是菲尼克斯电气公司生产的一款用于 Axioline F I/O 的高性能控制系统，支持 Profinet、Modbus TCP/UDP 控制器或设备，拥有三个有独立 MAC 地址的以太网口，可以实现不同网络拓扑结构的搭建，Profinet 控制器或 Profinet 设备可以选择任意一个以太网口接入。其程序存储器为 4MB、数据存储器为 8MB、保持数据存储器为 128KB NVRAM。按 IEC 61131 标准运行时系统最短周期时间为 1ms，控制系统任务数为 16 个，满足智能工厂控制器选用标准，如图 4-7 所示。在 Axioline 本地总线上面集成了 AXLFRSUNI1H，可用于串行数据传输，该模块主要用于 AnyFeeder 的运行控制。

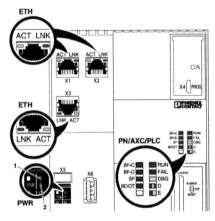

图 4-7　AXC3050 PLC 示例

① 工业相机模块。工业相机主要提供图像采集的硬件平台，搭配工控机上运行的相关软件，实现对图形图像的采集和处理。

② AnyFeeder 上料机。AnyFeeder 上料机主要提供对小车特定组件的选择。该设备可以前后振动进行上料，上下振动进行翻转选料，通过调节其参数，可以控制前后、上下振动频率、振动回合数以及幅度。PLC 控制器通过串口发送数据，控制其启停，结合工业相机选取物料。

③ KUKA 机器人。KUKA 机器人作为组装的主要执行机构，配合为小车物料不同形状抓取定制的夹爪完成小车的选料、组装和抓取等动作。PLC 控制系统借助 Profinet 工业以太网实现与 KUKA 机器人的实时通信，通过相关接口，按照相关工艺逻辑发送不同的控制命令，实现小车组装的整个流程。

④ RFID 读写机构。RFID（射频识别）作为一种无线通信技术，能够通过无线电信号识别特定的物体并读取其中的信息，从而实现自动识别并追踪的功能。在该系统中，RFID 读写机构主要配合智能标签使用，实现生产信息的读出和写入。当新订单产生，PLC 控制系统读入订单信息，并将需要在流水线各个环节之间共享的信息一次性写入装有智能标签的小车载具上，当载具随流水线传送带进入下一环节时，下一环节的 PLC 控制系统首先读出智能标签的存储信息，从而提取该环节的需求信息进行生产控制，以此类推。

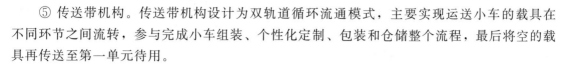

⑤ 传送带机构。传送带机构设计为双轨道循环流通模式，主要实现运送小车的载具在不同环节之间流转，参与完成小车组装、个性化定制、包装和仓储整个流程，最后将空的载具再传送至第一单元待用。

（2）工控机服务平台

工控机服务平台主要支撑以下智能工厂智能组装单元运行的辅助软件和处理软件。

① 工业相机软件。工业相机软件包括工业相机驱动软件和图形图像处理软件。工业相机驱动软件主要提供对工业相机的参数配置，例如配置 IP 地址、配置网络数据包、相机初始化等。图形图像处理软件主要包含针对处理的小车组件颜色、形状和特征点识别定位设计开发的相关算法、人机界面以及与 PLC 控制系统通信的相关接口。

② PC WORX 软件。PC WORX 软件由 Phoenix Contact GmbH & Co. KG 开发，集成了符合 IEC 61131 标准的编程、现场总线组态和诊断的自动化软件，主要提供控制系统下位机的编程、组态和在线调试监控等功能。

③ Visu+ 软件。Visu+ 软件主要用于开发人性化的上位机交互界面和监控界面。

④ OPC 服务器。通过 OPC 服务器，提供 PLC 控制系统与上位机交互的数据平台，更加简单、高效和灵活地获取控制过程中的各类数据、事件和报警等数据并给予快速、准确的响应处理。

⑤ HMI。通过 HMI 显示上位机开发界面，主要由生产数据实时显示界面、订单管理界面、报警产生与提示界面、若干控制界面等组成，用户可以轻松操作监控整个生产过程。

（3）数据库服务器

数据库服务器主要作为数据源，为整个系统的正常运行提供数据支撑。主要包含用户订单信息、生产过程信息、错误故障信息和必要的过程数据信息等。其中，PLC 控制系统会按照一定规则读取订单系统进行生产，在生产过程中出现的错误和提示信息、生产过程信息和必要的过程数据信息会按照流程约定写入数据库进行存储。

（4）各类传感执行机构

整个系统能够安全、稳定和准确地运行，得益于安装在各个环节和部位的传感器，传感器类似于人的感官，将生产的过程数据准确地提供给 PLC 控制系统，供 PLC 控制系统进行逻辑判断。智能组装环节的主要传感执行机构如下。

① 气动执行模块。智能工厂气源设备为整个系统提供动力源，利用气动执行机构能够通过气压力驱动特定的执行装置的启闭，例如机械夹爪可以通过气动执行机构控制抓取和释放物品等。通过 PLC 控制系统按照控制策略向气动执行机构发送启闭信号，实现对整个生产环节的组装、移动、包装等的协调控制。

② 组装旋转台机构。组装旋转台是组装小车的区域，通过机器人将订单中需要的各个部件抓取到该区域进行组装。在组装之前，PLC 控制系统通过位置传感器确认该工位没有小车部件后启动组装流程，组装好之后，PLC 控制系统发送旋转指令，驱动旋转台旋转，并将组装好的小车转到成品运送区域，等待 PLC 控制系统发送指令使机器人将组装好的小车抓取并放置到载具上。

③ 载具阻挡机构。载具阻挡机构主要针对流水线上载具的顶升、阻挡和定位功能而设计，主要由顶升气缸、载具阻挡机构和定位机构等部件组成。当 PLC 通过位置传感器检测到流水线上载具到达阻挡机构时，发出气缸顶升信号，顶升气缸会将载具顶起，同时配合载

具定位机构将载具固定在特定位置，等待机器人将组装好的小车放到载具上面，当 PLC 控制系统检测到组装完毕的小车放置到位后，发出气缸下移指令，此时载具重新回到流水线上，随流水线进入下一加工环节。

④ 位置检测机构。检测位置的传感器主要有光电传感器、接近开关和霍尔传感器等，主要分布在组装单元的物料存储区、旋转台控制区和载具阻挡机构检测区等，配合 PLC 控制系统的控制流程，完成各种逻辑判断，从而保证整个组装环节的顺利进行。

⑤ 安全门检测机构。安全监测是生产环节中的重要举措，在智能工厂无人化生产过程中，安全系统的设计显得尤为重要。该智能工厂采用安全门防护机制，有效地对类似机器人、气缸和机械夹爪等容易引起安全事件的环节进行隔离。PLC 控制系统在开启生产流程之前会检测安全门机构，若发现安全门未关等异常情况，会停止工作并给出安全警告，直到排除安全隐患之后开启生产流程。在安全门上分别安装急停、解锁和复位等按钮，方便出现紧急情况时能够采取紧急措施。

4.2.2　智能组装单元软件设计

智能组装单元软件主要分为上位机软件和下位机软件，本单元的上位机为一台工控机，下位机为菲尼克斯公司生产的 AXC3050 型 PLC。

上位机软件主要的功能有单元状态显示、单元控制、订单生成、订单状态显示、模式切换、机器人坐标显示和过程数据采集等，其功能框图如图 4-8 所示。

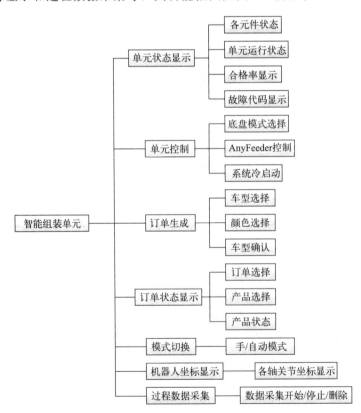

图 4-8　智能组装单元上位机软件功能框图

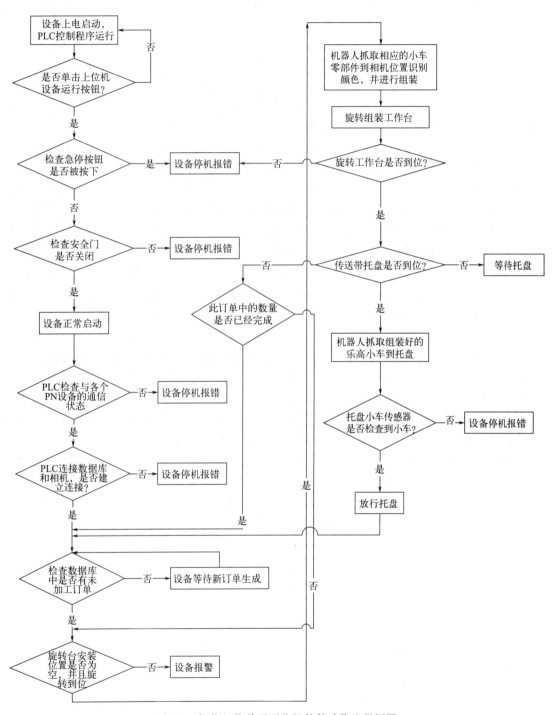

图 4-9 智能组装单元下位机软件功能流程框图

上位机需要显示智能组装单元的运行状态、各元件（如传送带、机器人、AnyFeeder等）的状态、PLC与各元件之间的通信状态、组装乐高玩具小车的合格率和单元故障代码，方便操作员及时掌握本单元的工作状态。上位机还需要实现对智能组装单元的控制，例如选择车底盘模式、控制 AnyFeeder（如修改送料速度、送料次数等）、控制单元启停等。在进行智能组装操作之前，需要先完成下单操作，所以上位机要有订单生成功能，在上位机中选择想要的车型以及车底盘、车头、车身和车顶的颜色，并确认生成订单。此外，上位机还需要显示正在执行的订单的状态，例如显示乐高玩具小车产品现在的状态等。智能组装单元有手动和自动两种模式，所以上位机需要有手/自动模式切换功能。另外，上位机需要显示机器人 6 个轴的关节坐标，还要实现过程数据采集功能。

下位机软件要实现的功能是使乐高玩具小车按照车底盘、车头、车身、车顶的顺序进行组装。智能组装单元下位机软件的功能流程框图如图 4-9 所示。

设备上电启动后，首先，PLC 需要检查各个设备的启动状态并与各个设备建立起连接。PLC 从数据库中读取未加工的订单后，PLC 根据订单信息控制机器人从相应位置抓取相应模式的车底盘送至相机处识别颜色。如果颜色正确，则 PLC 控制机器人将车底盘抓取到组装工作台；否则，PLC 控制机器人将车底盘放回原来位置并重新抓取。其次，PLC 根据订单信息控制机器人到相应车头零件料道中抓取车头到相机下识别颜色。如果颜色正确，则 PLC 控制机器人将车头抓取到组装工作台并安装到车底盘上；否则，PLC 控制机器人将车头丢到废品料道并重新抓取。PLC 根据订单信息控制机器人到相应车身零件料道中抓取车身到相机下识别颜色。如果颜色正确，则 PLC 控制机器人将车身抓取到组装工作台并安装到车底盘上；否则，PLC 控制机器人将车身丢到废品料道并重新抓取。PLC 控制相机拍照识别 AnyFeeder 柔性上料机上料区中是否有可抓取的订单颜色车顶零件。如果有可抓取的零件，则 PLC 控制机器人抓取车顶到组装工作台并安装到车底盘上；否则，PLC 控制 Any-Feeder 柔性上料机振动上料和翻料，并控制相机继续拍照识别，直到上料区内有符合要求的车顶零件为止，PLC 控制机器人抓取并完成组装操作。乐高玩具小车组装完毕后，PLC 控制机器人将组装好的乐高玩具小车抓取到传送带托盘上，之后 PLC 控制传送带运动将乐高玩具小车送入激光打码单元。

在软硬件组态完成、过程数据分配完毕后，利用菲尼克斯电气有限公司研发的 PC WORX 开发环境进行软件编程，系统的软件编程遵循组装过程的工艺流程，如图 4-10 所示。为了方便 PLC 编程以及通信过程中信息传送清晰简明，PLC 控制算法基本采用 ST（Structured Text）语言编写，并封装为功能块图（function block diagram），其中的复杂数据采用结构体的数据结构定义，例如数据库信息、RFID 信息和机器人数据等。以工业相机的数据结构定义为例编程如下。

```
TYPE
    CameraIf_Data:
    STRUCT
        xReady:BOOL;
        xCheckColor:BOOL;
        iPortNo:INT;
        iColorNo:INT;
        iNumOfPart:INT;
        xRequestPosition:BOOL;
```

xDataValid:BOOL;

iResultOfColor:INT;

dwResultOfX:DWORD;

dwResultOfY:DWORD;

dwResultOfA:DWORD;

rResultOfX:REAL;

rResultOfY:REAL;

rResultOfA:REAL;

END _ STRUCT;

END _ TYPE

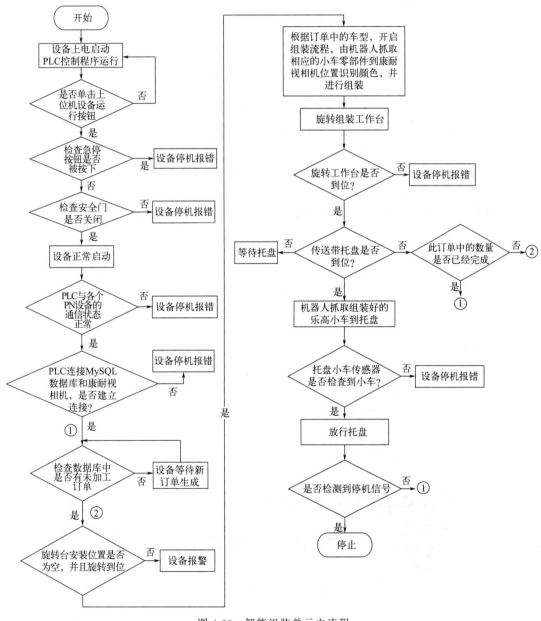

图 4-10　智能组装单元主流程

过程数据分配完毕、导入相关库文件、定义好数据结构后，可按照既定的工艺流程编写程序。设备设有自动和手动两种模式。自动模式下运行时，必须保证安全门处于关闭锁紧状态，其他安全信号就绪，否则会引起设备急停。系统在自动模式下按照预期的工艺程序不间断循环工作。手动模式下，安全门可以打开，此时，设备可以手动触发进行单步运行。

每个智能设备分模块编写程序，定义好通用接口与 PLC 控制系统进行数据交互、分析处理以及反馈，同时，利用 Visu＋软件进行上位机监控显示界面开发。编程调试界面及上位机界面如图 4-11 和图 4-12 所示。

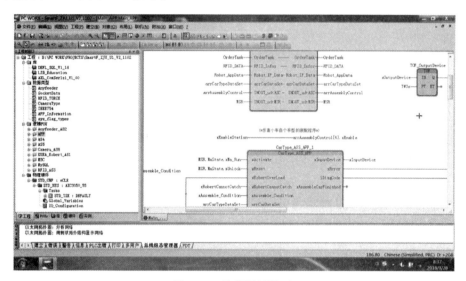

图 4-11　编程调试界面

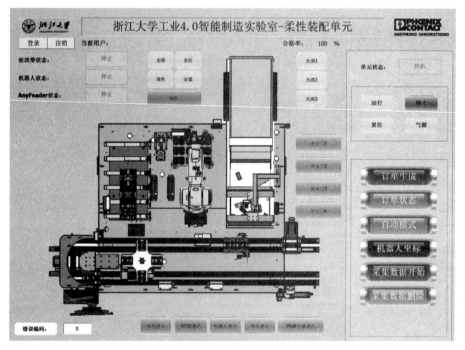

图 4-12　上位机主界面

4.2.3　智能组装单元控制系统网络组态

在硬件设备按照设计要求完成组态之后，利用菲尼克斯电气有限公司研发的 PC WORX 软件进行软件组态，将支持 Profinet 协议的设备融合为一体，在组态软件中读取各个设备的 GSDML（generic station description）文件，该文件由 XML 编辑器创建、定义内容和格式，能够提供插入模块（数量、接口、类型）、模块组态数据、参数和诊断信息等设备描述。智能组装单元的网络架构如图 4-13 所示。

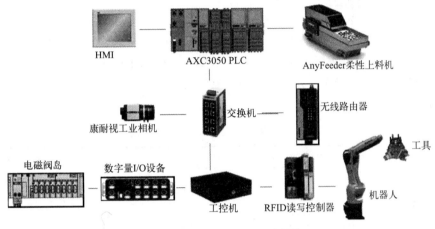

图 4-13　智能组装单元网络架构

4.3　智能组装单元数据管理

(1) PLC 与数据库数据交互

PLC 会按照生产流程与数据库进行数据交互（例如增、删、改、查），其中主要的列表有订单列表、过程数据列表、仓储位置信息列表和故障信息列表等，分别对各环节的数据进行细分定义，如表 4-1 所示。

表 4-1　数据库生产订单列表

表格内容	数据类型	数据说明
NumOrder	INT(32)	订单号
Mark	INT(11)	订单完成度
Quantity	INT(11)	订单生产数量
xLablePrint	INT(11)	是否激光打印 （1 是，0 否）
UserName	VARCHAR(45)	用户名
UserPhone	VARCHAR(45)	用户电话
UserMail	VARCHAR(45)	用户地址
OrderDate	DATETIME	订单日期
CarType	INT(11)	小车车型

表格内容	数据类型	数据说明
ColorOfChasis	INT(11)	小车底盘类型
ColorOfHeader	INT(11)	小车车头类型
ColorOfBody	INT(11)	小车车身类型
ColorOfTop	INT(11)	小车车顶类型

（2）PLC 与工业相机模块数据交互

PLC 与工业相机（CCD）交互，主要配合机器人及工具完成对产品颜色、形状和位置等的识别和引导任务。其中，CCD 充当服务器角色，PLC 充当客户端角色，两者通过特定的流程，配合完成拍照、识别、定位和引导的功能。智能组装单元共设计 2 台 CCD 相机，CCD1 主要完成物料颜色识别，CCD2 主要完成颜色识别、抓取位置获取等，其功能列表如表 4-2 所示。

表 4-2　PLC 与 CCD 信息交互列表

相机	CCD1	PLC	CCD2	PLC
角色	Sever	Client	Sever	Client
内容	CCD 编号、拍照状态 物料编号、物料颜色		CCD 编号、拍照状态 物料编号、物料颜色、坐标信息	
CCD 编号	1	1	2	2
拍照状态	0（拍照完成）	1（拍照触发）	0（拍照完成）	1（拍照触发）
物料编号	1、2、3、4、5、6、7		1、2、3、4、5、6、7	

数据格式（以 CCD2 为例）如下。

PLC 发送数据：0x02010701。其中，02 表示 CCD2；01 表示触发拍照；07 表示物料编号（长方形）；01 表示颜色编号（青色）。

CCD2 返回数据：0x0201 43505A1D 430A526F 42A66B85。其中，02 表示 CCD2；01 表示视野中的物料个数 1；43505A1D 表示 X 坐标（43505A1D 转换为浮点数为 280.352mm）；430A526F 表示 Y 坐标（430A526F 转换为浮点数为 138.322mm）；42A66B85 表示 A 旋转角度（42A66B85 转换为浮点数为 83.21°）。

（3）PLC 与 KUKA 机器人信息交互

PLC 与机器人交互，首先确认外部自动信号是否就绪，例如机器人是否在 HOME 位置、是否处于 Ready 状态、通信是否正常等。其次 PLC 发送需要抓取零件轨迹程序号或坐标信息，同时，采集机器人运行过程中的数据信息。PLC 与 KUKA 机器人信息交互部分 I/O 定义如表 4-3 所示。

表 4-3　PLC 与 KUKA 机器人信息交互部分 I/O 定义

PLC（I/O）	KUKA 机器人（I/O）	功能描述
arrKUKA_Robot_OUT［0：1］（O）	201～216（I）	外部自动控制信号
arrKUKA_Robot_OUT［3］.x6（O）	231（I）	颜色检查结果
arrKUKA_Robot_OUT［3］.x7（O）	232（I）	颜色检查确认

PLC(I/O)	KUKA 机器人(I/O)	功能描述
arrKUKA_Robot_OUT[4].x0~x7(O)	233~240(I)	车底盘位置信息
arrKUKA_Robot_OUT[5].x0~x7(O)	241~248(I)	零件组装位置编号
arrKUKA_Robot_OUT[6].x0~x7(O)	249~256(I)	零部件缓冲区编号
arrKUKA_Robot_OUT[20:23](O)	361~392(I)	X(坐标)
arrKUKA_Robot_OUT[24:27](O)	393~424(I)	Y(坐标)
arrKUKA_Robot_OUT[28:31](O)	425~456(I)	A(旋转角度)
arrKUKA_Robot_IN[0:2](I)	201~224(O)	机器人状态监测信号
arrKUKA_Robot_IN[6:9](I)	249~280(O)	机器人 A1 轴坐标
arrKUKA_Robot_IN[10:13](I)	281~312(O)	机器人 A2 轴坐标
arrKUKA_Robot_IN[14:17](I)	313~344(O)	机器人 A3 轴坐标

注：arrKUKA_Robot_IN/OUT 为 PLC 编程定义的 32 字节数组，arrKUKA_Robot_OUT[3].x6 为取第 4 字节的第 7 位，机器人均以位定义。

4.4 基于 Profinet 的工业以太网的应用

(1) Profinet 设备类型

Profinet 是一种基于工业以太网技术的新一代自动化总线标准，由以太网、实时通信、网络安全、安装集成等技术配合相关通信协议（Profinet I/O、Profinet CBA 和行规）共同构成，主要完成控制器和现场设备之间安全、灵活和高效的通信。Profinet 设备的选取需要考虑设备类型、实时要求、防护等级以及一致性类别等方面的因素。Profinet 设备类型分为 Profinet I/O 控制器、Profinet I/O 设备和 Profinet I/O 监视器三种，如图 4-14 所示。

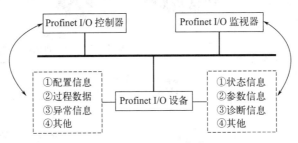

图 4-14　Profinet 设备类型

① Profinet I/O 控制器。由 PLC 控制器硬件平台和相应软件等构成。在智能工厂中，PLC 控制系统（Profinet I/O 控制系统）的主要任务是周期性感知现场设备层的传感信号，经过控制器控制流程的相关程序处理后，再将控制信息传送给现场的设备层，执行相应操作。另外，PLC 控制系统负责与其他 Profinet 设备进行数据交互，获取过程数据信息和发送相应控制信息。

② Profinet I/O 设备。随着自动化技术的日新月异，Profinet I/O 设备变得越来越智能化。智能工厂在构建过程中，采用了若干 Profinet I/O 设备，这使分散的现场装置能够直接接入工业以太网，进行数据传输，例如机器人、气动执行机构和菲尼克斯公司生产的 PN 设备等。

③ Profinet I/O 监视器。I/O 监视器是运行组态和诊断功能的编程设备、HMI 或工业 PC 等。智能工厂中采用 Profinet I/O 监视器，主要用于对现场设备的参数信息修改、状态信息监控和诊断信息获取等。

（2）智能组装单元网络拓扑结构

本教学工厂流水线由智能组装、个性化定制、智能包装和智能仓储四个工艺单元构成，各个单元之间通过互联互通的信号进行流程、同步和次序等协同控制。Profinet 组件模型为单元与单元之间以及各个单元内部现场设备的配置与互联提供了 IT 技术机制，通过定义不同设备的技术组件接口，实现分布式设备以及系统与其他组件的通信和数据交互，实现了"一网到底"。教学工厂生产流水线网络拓扑结构如图 4-15 所示。

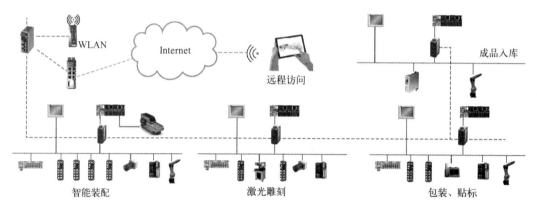

图 4-15　教学工厂生产流水线网络拓扑结构

智能组装单元网络拓扑结构如图 4-16 所示。

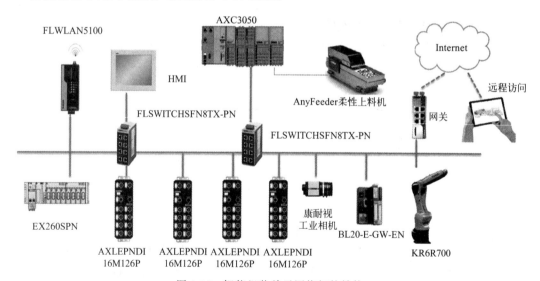

图 4-16　智能组装单元网络拓扑结构

① AXC3050。它是菲尼克斯电气公司生产的一款支持 Profinet、Modbus TCP/IP 的控制器，拥有三个有独立 MAC 地址的以太网口，Profinet 控制器或 Profinet 设备可以选择任意一个以太网口进行接入，满足智能工厂控制器选用标准。

② AXLEPNDI16M126P。它是菲尼克斯电气公司生产的一体化数字量 I/O 设备，可用于采集和输出多个数字量信号，该设备可用于现场安装（IP67），通过 M12 连接器进行无缝

连接，具有诊断和状态显示、高负载能力和短路过载保护等特点，同时支持 Profinet 现场总线系统，传输速率为 100Mbps（自适应模式）。

③ FLWLAN5100。它是菲尼克斯电气公司生产的一款无线以太网 WLAN 模块，其将 WLAN 802.1n 引入工业应用，最高实现 300Mbps 的传输速率，可将多个无线终端接入工业以太网系统。

④ FLSWITCHSFN8TX-PN。它是菲尼克斯电气公司生产的一款 8 端口工业以太网交换机，符合 IEEE 802.3 存储和转发交换模式，主要为智能工厂实验教学装置各个工业以太网设备提供存储和转发数据的功能。

⑤ BL20-E-GW-EN。BL20-E-GW-EN 是图尔克（TURCK）生产的适用以太网的多协议接口，利用 Profinet 工业以太网，连接 PLC 控制系统与现场设备层的 RFID 读写头，完成对电子标签（TAG）的信息读出和写入，可实现智能工厂不同单元之间的信息流传递。一个典型的基于 RFID 的读写系统在 Profinet 工业以太网中的应用示例如图 4-17 所示。

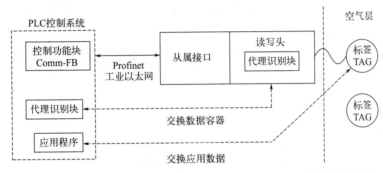

图 4-17 基于 RFID 的读写系统在 Profinet 工业以太网中的应用示例

⑥ EX260SPN。气动技术主要通过压缩空气介质来控制和驱动机械设备，具有成本低、安全可靠、无污染和操作简单等优点，在生产自动化以及各类流水线等工业领域应用广泛。EX260SPN 是 SMC 公司生产的阀岛控制组，支持通过 Profinet 工业以太网直接与 PLC 控制系统进行数据交互，智能工厂采用该设备配合气源动力设备控制现场层的气动执行机构，例如机器人夹爪开闭、夹爪吸盘吸吹和气缸伸缩等。

⑦ KR6R700。KUKA KR6R700 是一款 6 轴工业机器人，广泛用于工业现场搬运、组装和喷涂等环节，其最大运动半径为 706.7mm，额定负载为 6kg，重复精度达到正负 0.03mm，满足智能工厂组装环节的要求。为了符合生产环节抓取的物料形状和属性要求，在机器人的 6 轴法兰处安装特定的机械工具，用于小车组装环节的抓拿、安放和搬运。

⑧ 康耐视工业相机。机器视觉是利用机器（通常为相机）替代人的眼睛，感知外界各种变化，采用成像技术获取目标图形图像，配合相应的图像处理与识别算法，从而得到目标图像的尺寸、位置、结构或缺陷等，配合控制系统（可视为大脑），执行对目标对象的识别、分类、质检判断等。机器视觉涉及光学、机械、电子、计算机、人工智能等多个领域，是一门综合性的学科，在实际应用中广泛应用于汽车、半导体、物流等多个领域。智能工厂组装环节将工业相机接入工业以太网，主要配合机器人及工具，完成对产品颜色、形状和位置等的识别和引导等任务。

⑨ HMI。智能工厂将 HMI 接入工业以太网系统，配合工控机完成系统与用户的信息交互，通过组态软件定制与用户交互的界面，可实现生产信息、控制信息以及报警信息等的交互。

⑩ 网关。通过相应网关或云耦合器，可安全透明地访问远程网络中的资源，也可以将本地 Profinet 网络连接到 Proficloud 云端，形成云实验教学平台，扩展智能工厂的教学域。

(3) 基于 Profinet 以太网设备集成的步骤

在硬件设备完成组态之后，利用菲尼克斯电气有限公司研发的 PC WORX 软件进行软件组态，将整个 Profinet 设备互联为一个整体。在组态软件中通过读取基于 XML 的各个设备的 GSDML（generic station description）文件，（该文件由 XML 编辑器创建，用标准的 XML 方法定义内容和格式），能够提供插入模块（数量、接口、类型）、模块组态数据、参数和诊断信息等设备描述。

智能工厂实验教学装置基于 Profinet 以太网设备集成主要步骤如下。

① 在 PC WORX 软件的网络视图界面中可以创建自动化系统的拓扑结构，并从总线配置器中加载各类设备组件的详细功能以及描述，同时对各个设备进行分单元、分区域命名和 IP 地址分配，设置从属关系等，如图 4-18 所示。

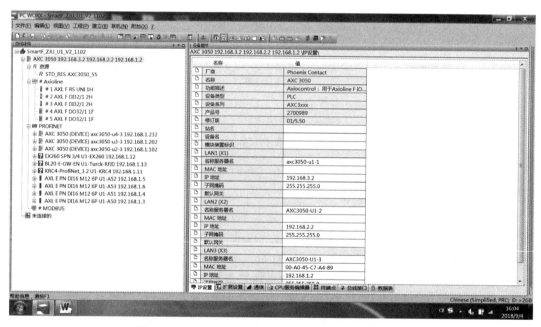

图 4-18　PC WORX 总线配置器中加载各类设备组件

② 建立好网络拓扑结构和组件连接完成后，将组件的组态数据、连接信息和代码下载到各个工业以太网设备中，使各个设备明确各自通信伙伴、通信关系和需要交换的数据信息等；当系统上电启动后，PLC 控制系统将 AR 的通用通信参数、I/O 通信关系（CR）、设备建模和报警 CR 以及参数的建立等数据帧传送给各个 Profinet I/O 设备，各个设备验证收到数据帧后，做出相应响应，启动数据交互。若在该过程中出现错误，则将错误发送给 PLC 控制系统。

③ 完成现场总线配置和集成之后，将程序部分相关变量和各个单元设备硬件相连接，完成过程数据分配，如图 4-19 所示。

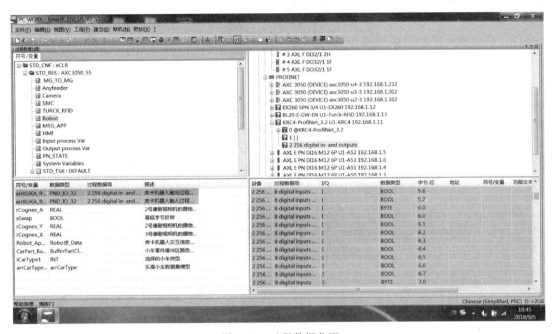

图 4-19　过程数据分配

④ 完成过程数据分配后，可在编程界面按照工艺流程设计进行标准化编程，设计 PLC 控制系统与各类 Profinet I/O 设备提供的接口的数据交互，完成对现场设备的传感数据采集、逻辑判断和流程控制等，如图 4-20 所示。

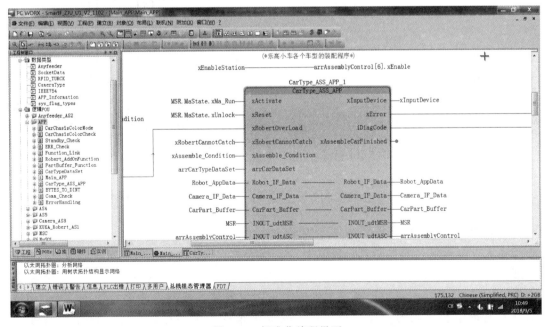

图 4-20　标准化编程界面

4.5 执行器中的气动执行机构

执行器按照提供动力源形式不同可分为气动、液压和电动三大类，根据不同的工作环境、工艺要求和安全等级等因素选用不同的类型。气动执行机构又称气动执行器，可分为活塞式、齿轮式、薄膜式和拨叉式，一般配合相应的调节机构使用。活塞式气动执行机构能够提供较大的推力，适用于行程较长的场合；薄膜式气动执行机构一般配合阀杆使用，提供的行程有限；拨叉式气动执行机构常应用于转矩较大的阀门上，用于提供较大转矩；齿轮式气动执行机构常用于石化、能源和电厂等高安全等级场合，具有结构简单、安全性高和运行稳定等优点。当然，如果在定制的系统中需要特定功能的气动执行机构，也可根据其原理自行定制适合工业现场设备的气动执行机构。

阀岛（valve terminal）是由多个电控阀构成的控制元器件，它集成了信号输入/输出及信号的控制。电磁阀岛为新一代气电一体化控制部件，从最初带多针接口逐步发展到带现场总线，并逐步出现可编程以及模块化阀岛。阀岛技术与现场总线技术相结合，在很大程度上优化了工业现场布线格局，同时也降低了复杂系统的调试、检修和维护的成本。典型的气动装置一般包含电磁阀岛、气缸、活塞、气动元件、限位开关、信号反馈等部件，配合 PLC 控制系统，可组成一套完整的气动控制装置，如图 4-21 所示。

智能工厂实验教学装置四个单元均采用 EX260SPN 电磁阀岛对现场设备层的气动执行器进行控制，其中大部分气动执行器均为定制设计，例如机器人配套机械夹爪、载具阻挡定位机构、激光雕刻传送、成品包装贴标等环节的执行机构。

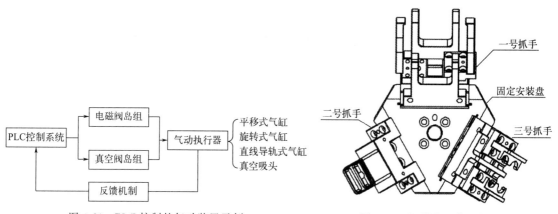

图 4-21 PLC 控制的气动装置示例 　　　　　图 4-22 机器人配套机械夹爪

(1) 机器人配套机械夹爪

机器人配套机械夹爪主要由一号抓手、二号抓手、三号抓手和固定安装盘组成，如图 4-22 所示。

① 固定安装盘。主要用于将三个机械夹爪固定安装在机器人的第六轴法兰处，作为智能工厂智能组装单元的主要执行机构，完成小车的零部件抓取、组装和转运等动作。在设计三个机械抓手时，既要充分考虑定制产品（乐高玩具小车）的产品特性和组件特性，也要兼顾各个抓手的安全机制和信号反馈机制，才能充分发挥机械、电气和控制相

结合的优势。

② 一号抓手。一号抓手主要由平移气缸、反馈磁环、固定抓手和双向活动抓手组成，如图 4-23（a）所示，主要完成乐高玩具小车底盘的抓取和将组装好的小车转运到载具托盘等任务。平移气缸接两路气源，可单独控制通断，气缸底部装有双向活动抓手，可以实现对目标的抓取和放置。固定抓手则是在双向活动抓手抓取过程中将目标固定在特定位置，方便活动抓手准确抓取目标。抓手上的反馈磁环主要提供气缸的位置信号，继而可由 PLC 控制系统判断双向活动抓手是否到达指定位置，从而完成接下来的控制流程。

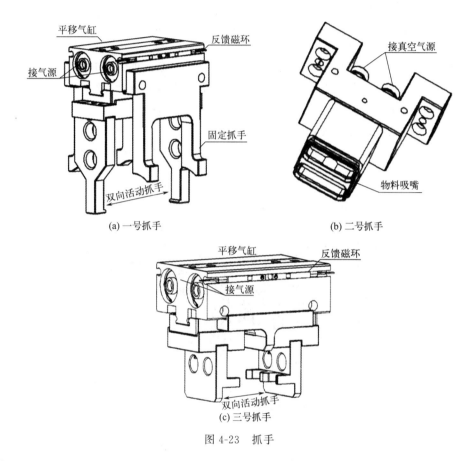

(a) 一号抓手 (b) 二号抓手

(c) 三号抓手

图 4-23 抓手

③ 二号抓手。二号抓手主要为物料吸嘴［图 4-23（b）］，物料吸嘴接真空气源，主要用于抓取特定小车组件。例如，配合机器人、机器视觉和 AnyFeeder 柔性上料机，可以对 AnyFeeder 中的长方形物料进行吸取。二号抓手的主要工作机制如下。

Step1：工业相机（机器视觉）扫描视野范围内存在的订单目标物料，若无，则通知 PLC 控制系统，控制系统会驱动 AnyFeeder 振动上料，之后再通知工业相机扫描视野中的目标物料，直至找到。

Step2：视觉系统将目标物料的坐标发送给 PLC 控制系统，PLC 控制系统判断为可抓取后，将坐标发送给机器人，机器人按照指定的坐标系指定坐标移动至目标点。

Step3：PLC 控制系统判断机器人就位后，发送真空吸断指令，控制真空电磁阀开闭，从而控制真空吸嘴对物料进行抓取。

为防止机器人移动位置偏移带来的损坏,该抓手在真空吸嘴后面装有位移传感器反馈保护模块,即当抓取时下移位置过长,PLC控制系统检测到非法信号时,会急停报警。

④ 三号抓手。三号抓手主要由平移气缸、反馈磁环和双向活动抓手组成[图4-23 (c)],原理同一号抓手,主要用于特定小车组件的抓取。

(2)其他单元气动执行机构

智能工厂实验教学装置在智能组装、激光雕刻、智能包装贴标和智能仓储等单元均有若干个气动执行机构配合完成相应操作,在此以激光雕刻单元气动执行机构为例做一说明,如图4-24所示,该执行机构主要由固定板、若干平移气缸、旋转气缸、导轨、定制夹爪和反馈机制构成。激光雕刻单元气动执行机构主要完成以下操作:

① 利用夹爪气缸将从智能组装单元运送过来的载具托盘上的成品抓住;

② 上下平移气缸由最低端升至最高端,此时成品小车随夹爪气缸升起;

③ 水平平移气缸由小车托盘端移至激光雕刻机端,准备进行激光雕刻;

④ 旋转气缸旋转一定角度,将小车车头调整到激光雕刻机雕刻区域,进行激光雕刻;

⑤ 完成激光雕刻后,旋转气缸、水平平移气缸、上下平移气缸和夹爪气缸依次按照设定逻辑回到特定位置,将小车重新放置在载具托盘上面,进入下一加工流程。

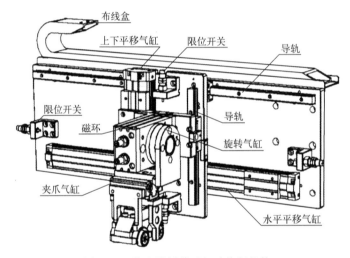

图 4-24　激光雕刻单元气动执行机构

4.6　教学工厂资源

4.6.1　实体资源

教学工厂的实体资源包括以下几种。

① 流水线机械设备及智能生产装置。生产装置包括智能组装、个性化定制、包装贴标、立体仓储四道工序上的柔性上料机、机器人、机器视觉设备、激光雕刻机、包装设备、立体仓库等,承担各个工段具体的生产操作任务。各个生产单元采用模块化结构,可以独立工作,通过标准数据接口及无线网络进行电气及信息互联。

② 控制系统。包括传感器系统、控制器系统、执行机构及无线网络设备等。传感器系

统包括各类位置传感器、机器视觉传感器、RFID读写器、运动传感器等，完成对系统动态信息的实时监测。控制器系统包括各工段的PLC控制器、气动控制器、工控触摸屏、机器人嵌入式控制模块、机器视觉控制模块等，完成对生产设备的自动控制。执行机构包括机器人、气动阀组、流水线链带等，完成动作操作，并向控制器反馈信息。

③ 无线网络系统。通过无线网设备将生产线设备、机器人、自动控制系统、智能仪表系统及生产管理系统软件进行集成，实现了人、加工件与机器人的智能通信与协同工作，并利用Profinet技术、RFID技术、传感器技术、图像识别技术、数字化协同制造技术，实现了从传感器（包括RFID）、执行器到PLC到MES直至ERP层的纵向信息与数据集成。

④ 乐高玩具汽车产品。汽车产品由车头、车身、车顶、车底盘四个部分组装而成，提供了36种不同颜色、形状的汽车组件，经过排列组合可以生产384种车型。乐高玩具汽车原配件如图4-25所示，乐高玩具汽车原配件清单如表4-4所示。

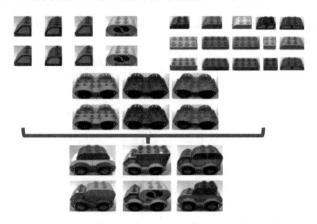

图 4-25　教学工厂产品——乐高玩具汽车原配件

表 4-4　乐高玩具汽车原配件清单

部件	形状	颜色	种类
车头	2	4	8
车身	3	4	12
车顶	3	4	12
车底盘	1	4	4

4.6.2　虚拟资源

教学工厂的虚拟资源如下。

① 过程控制软件。包括PLC上/下位机软件及智能设备嵌入式控制模块软件、功能框图、流程图、逻辑算法及控制规则等。通过控制回路组态实现流水线及各生产设备的自动控制、生产监控和协同运行。

② 生产管理软件。包括生产调度、订单管理、设备管理等软件，功能框图，流程图，优化算法及管理规则等。通过对订单的管理和分配，将生产指令下达到生产线上

安排生产，使客户管理、订单跟踪、生产调度、仓储管理等有机地结合，满足智能制造的需求。

③ 系统仿真软件。对生产过程进行仿真建模，模拟整个生产过程的工艺流程及管控过程。将物理系统映射到仿真系统信息空间，形成虚拟模型与物理设备之间的交互与联动。

④ 全生命周期数据库。通过教学工厂建设全生命周期各阶段的数字化集成，形成包括规划设计、建设交付及生产运维（教学服务）三个生命阶段的数据集合。

⑤ 教学接口及资料库。专门为实验教学开发的软硬件接口及标准定义、实验知识库、教学文档、指导书、视频、PPT 等教学资料。

4.6.3 面向服务的数字化资源的构建

对应教学工厂组成数字化资源参考模型，数字化资源包括数字化的实体资源及虚拟资源。具体到本节教学工厂，包括产品数据、订单数据、生产环境数据、教学环境数据、生产设备数据及测控系统数据等，模型如图 4-26 所示。

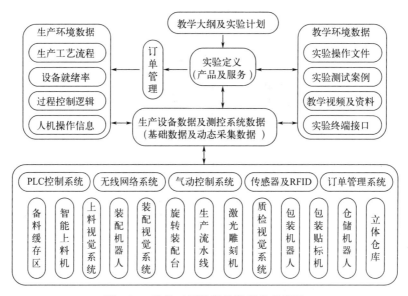

图 4-26　教学工厂数字化资源参考模型

教学工厂交付阶段，施工方基于数字化模型向校方进行数字化交付。基于模型的数字化交付内容包括规划设计阶段的静态数据、施工测试阶段得到的动态数据及部分文档资料，如测试案例、维修手册、使用说明等。其他教学资料，如教学大纲、实验指导书等文档则需要后续教育专家参与制定。由于施工方企业智能制造成熟度等级水平的不同，其数字化交付的水平也不同，如图 4-27 所示。经过成熟度模型的评估，本节教学工厂的交付成熟度为 4 级。

4.6.4 全生命周期数字化资源的构建

在教学工厂建设的全生命周期阶段中，规划设计阶段根据用户的建模目标完成系统软硬

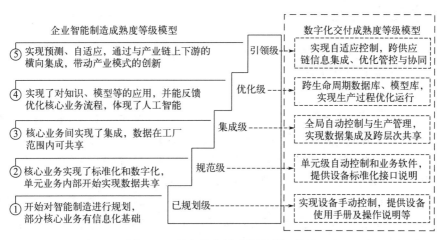

图 4-27 数字化交付成熟度等级模型

件设计，利用 SolidWorks 工具软件对流水线整体进行机械设计，得到 3D 模型及各单元组件的机械组装信息，同时完成系统管控软件的功能设计。建设施工阶段根据设计图进行机械加工及组装，并完成对软件系统的定制开发。施工结束后，根据测试计划分别进行单元测试及整体测试，形成测试案例数据。通过测试后，在交付阶段，施工单位将设计数据、实施数据及测试案例数据向用户进行数字化交付。后续服务运行阶段，利用创新的研究和实验方法对交付的案例及数据进行评估、验证及提升，并将其不断充实到教学资源库，从而形成了基于全生命周期的教学资源数字化集成及迭代进化，如图 4-28 所示。

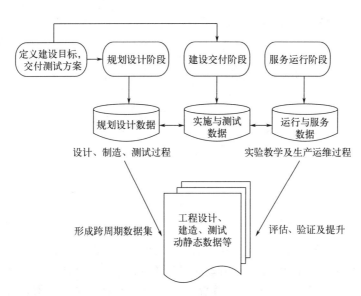

图 4-28 教学工厂全生命周期数字化资源

由图 4-27 数字化交付成熟度模型可见，数字化资源的成熟度等级水平与交付水平直接相关。通过全生命周期数字化集成及迭代进化，可以提升数字化资源的成熟度等级水平，从而构建不同层次的多维度教学资源库及实验案例，满足不同层次人才培养的需求。

4.7 教学工厂的运行

智能制造生产线的各个生产单元通过协作配合完成整个生产流程。生产线的完整生产运行过程以及各个生产单元的角色与功能如下。

① 客户利用个性化产品定制单元开展玩具汽车的产品设计。玩具汽车由车头、车体、车顶、车底盘四种组件拼装而成，车身上印有 Logo 图案。客户可以根据喜好选择每种组件的样式，并可自行绘制 Logo 图案。个性化产品定制单元提供 36 种不同颜色、形状的汽车组件供客户选择，这些组件互相组合可生产 384 种不同的玩具汽车。

② 智能生产组装单元根据客户定制订单组装玩具汽车。智能组装单元由柔性上料区、智能组装区及质量检测区三部分构成。柔性上料区包含多通道自动料轨、柔性上料机及上料视觉系统等；智能组装区包含组装机器人、组装视觉系统及多工位组装工作台等；质量检测区包含质检机器视觉系统等。订单到达后，组装机器人自动根据生产订单，从柔性上料区抓取符合订单需求的配件，放置在组装工作台上进行组装。组装完毕后，组装机器人将玩具汽车送至质量检测区进行轮廓外形检测，其中不合格品被传送至废品仓库，合格品被传送至个性化激光雕刻单元。浙江大学-菲尼克斯电气智能制造生产线组装机器人的工作流程如图 4-29 所示。

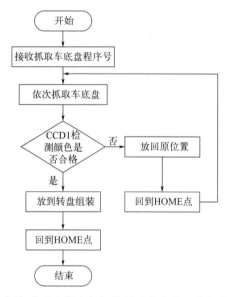

图 4-29 浙江大学-菲尼克斯电气智能制造生产线组装机器人的工作流程

③ 个性化激光雕刻单元将客户定制的 Logo 图案打印在车身上。个性化激光雕刻单元的核心装置为激光雕刻机，该机器能够自动从传送滑块上取得玩具汽车，进行 Logo 图案打印，并将成品放回传送滑块上。这一工序完成后，定制玩具车被传送滑块送往自动包装贴标单元。

④ 自动包装贴标单元将定制玩具车打包并贴标。这一单元中，包装机器人会自动抓取定制玩具车并放入包装盒中，之后将包装盒送入贴标机内。贴标机将包装盒上贴标封口后，由包装机器人取回并放置在传送滑块上，送往智能立体仓储单元。浙江大学-菲尼克斯电气智能制造生产线包装机器人的工作流程如图 4-30 所示。

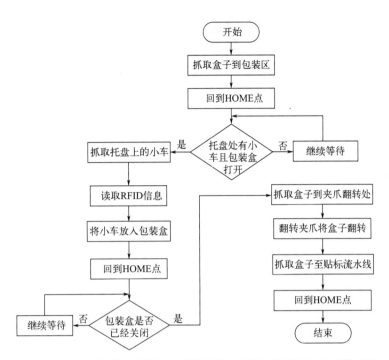

图 4-30　浙江大学-菲尼克斯电气智能制造生产线包装机器人的工作流程

⑤ 智能立体仓储单元将包装产品有序码放存储。智能立体仓储单元由仓储机器人与立体仓库构成。仓储机器人从传送滑块上取得包装产品后，将其有序放入立体仓库货架上。浙江大学-菲尼克斯电气智能制造生产线仓储机器人的工作流程如图 4-31 所示。

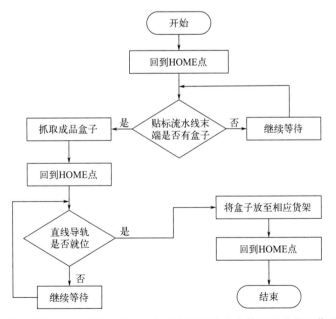

图 4-31　浙江大学-菲尼克斯电气智能制造生产线仓储机器人的工作流程

？思 考 题

1. 通常情况下装配流水线的工艺流程包含哪些基本环节？

2. 智能产线装配单元通常由哪些设备组成？

3. 简述工业以太网的基本概念。

4. 阀岛的工作原理是什么？

5. 智能产线上的气动执行机构通常有哪些？分别有什么应用特点？

6. 产品的全生命周期是指什么？

第5章 智能产线传感与检测桌面型实验装置

智能产线传感与检测桌面型实验装置以实际工业生产线为典型应用背景，模拟生产线上不同特征工件参数的检测和入库各环节。实验装置上配置了多种实际生产线上常用的传感器，让生产线具有自动感知能力，体现了先进制造技术、智能感知技术和信息技术的深度融合。通过实验可以加深对智能生产线传感与检测工作原理的认识，掌握典型开关型传感器、视觉传感器、RFID 传感器、力觉传感器等的结构及工作原理。进一步地拓展实验，可以以智能生产流水线、智能小车等多传感器智能系统为案例，了解传感器检测系统性能指标及功能构架、传感器的选取原则、应用系统设计方法，以及新型智能传感器的发展特点和方向。

5.1 实验装置硬件设计

5.1.1 硬件架构设计

为了使实验具有多样性，参考各个相关课程中涉及的传感器和目前主流行业中常见的检测参数，设计了如图 5-1 所示的实验装置硬件架构。系统选用西门子 S7-200 SMART ST40 PLC 为总控制器，处理逻辑流程、运动控制、通信。该款 PLC 配有 1 个以太网接口、1 个

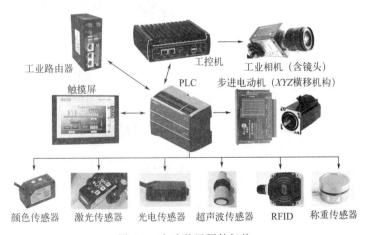

工业路由器　工控机　工业相机（含镜头）

触摸屏　PLC　步进电动机（*XYZ* 横移机构）

颜色传感器　激光传感器　光电传感器　超声波传感器　RFID　称重传感器

图 5-1　实验装置硬件架构

RS-485 通信接口，且自带数字量 I/O 模块，结合外置的模拟量处理模块和工业交换机，能够完成数字量信号采集、模拟量信号采集、三轴运动控制（高速脉冲）、控制 RFID 读写（RS-485）以及与工控机安装的视觉软件（TCP/IP）进行交互控制。工控机与工业相机采用 USB 方式连接，且安装了用于支持系统运行的软件，包括 LabVIEW 图像处理开发平台、PLC 和触摸屏开发软件等。触摸屏采用西门子精彩面板系列，与 PLC 通过以太网进行通信，便于整个系统简约集成。为实现远程监控功能，PLC 还通过网线与工业级路由器相连，其采集的数据可通过路由器上传至工业云平台，实现远程监控。

5.1.2 传感器和外设位置规划与功能区设计

实验装置结构设计如图 5-2 所示。该装置模拟一条小型智能产线，各检测单元传感器安装于装置主体的指定位置，结合设计的控制系统及检测算法，完成模拟工件在小型产线上的距离（宽度）、高度、颜色、重量以及自带字符等特征信息的检测并将处理结果显示到触摸屏。主要包括超声波检测单元、RFID 检测单元、激光检测单元、机器视觉检测单元、颜色检测单元、重量检测单元、仓储单元、模拟工件、配套的控制算法。同时，该装置可以进行手动实验和自动实验，能够灵活开展手动单项实验、自动全流程检测实验及多单元综合提高实验等。装置前端有以太网及 HDMI 接口，分别供工业路由器连接 PLC 及显示器接入工控机。

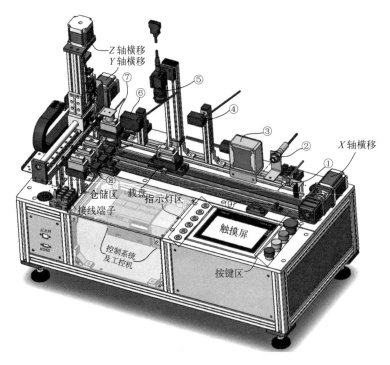

图 5-2　实验装置结构设计

①—接触传感器；②—超声波传感器；③—RFID 读写器；④—激光传感器；⑤—工业相机+配套镜头；
⑥—颜色传感器；⑦—称重传感器；⑧—光电传感器；⑨—限位开关

设备电控 I/O 表如表 5-1 所示。

表 5-1　设备电控 I/O 表

PLC S7-200 SMART 主模块							
IN				OUT			
I0.0	X 轴正极限	I1.5	影像到位光纤	Q0.0	X 轴脉冲	Q1.4	光电感应器 3 指示灯
I0.1	X 轴负极限	I1.6	颜色感应器	Q0.1	Y 轴脉冲	Q1.5	相机连接 指示灯
I0.2	X 轴原点	I2.0	急停	Q0.2	X 轴方向	Q1.6	光纤感应器 指示灯
I0.3	Y 轴正极限	I2.1	启动	Q0.3	Z 轴脉冲	Q1.7	接近感应器 指示灯
I0.4	Y 轴负极限	I2.2	复位	Q0.4	Z 轴刹车		
I0.5	Y 轴原点	I2.3	停止	Q0.7	Y 轴方向		
I0.6	Z 轴正极限	I2.5	收料 1 有料	Q1.0	Z 轴方向		
I0.7	Z 轴负极限	I2.6	收料 2 有料	Q1.1	电磁铁 (继电器)		
I1.0	Z 轴原点	I2.7	收料 3 有料	Q1.2	光电感应器 1 指示灯		
I1.4	上料接近 感应			Q1.3	光电感应器 2 指示灯		
模拟量扩展模块							
IN				OUT			
AI16	超声波	AI20	称重传感器				
AI18	激光位移						

PLC、工控机、HMI 触摸屏、工业路由器网关地址配置如表 5-2 所示，其需在同一网段下。

表 5-2　固件网关地址配置

固件	网关地址	固件	网关地址
PLC	192.168.1.10	工控机	192.168.1.12
HMI 触摸屏	192.168.1.11	工业路由器	192.168.1.2

装置具体功能模块如下。

(1) 常见开关型传感器的信息采集

开关型传感器，例如接近传感器、光电传感器、限位开关等，被广泛用于检测的各个环节。该部分主要选用多类别典型开关型传感器，根据需要设计了不同场景中各类传感器的应用。例如，仓储工件有无确认、在运动横移机构上的多处限位开关及零点参考等。该类传感器在硬件上直接接入 PLC，其反馈信号在算法设计中起到条件判断、零点参考和安全限位的作用。开关型传感器在指示灯区配有对应的指示灯，当 PLC 扫描到传感器有信号时，会点亮对应的指示灯。以装置上按钮、开关型传感器、指示灯等为基本对象，学生可以完成一些经典的实验案例，掌握编程软件的基本指令和使用方法。光电传感器被安装在 A、B、C 三个仓储单元前，比载盘高度稍高且水平照射，通过反射光波判断前方障碍。其主要用于检测仓储单元是否已经有相应工件，返回的判断逻辑用于控制执行器将流水线上工件放置对应仓储单元还是备用仓储载盘上。限位开关多处使用，在设定的零点位置及三轴运动限位处均有安装，用以反馈工件及运动结构运行位置，为电动机的运转提供判断逻辑与限位保护。接近传感器可看作一个独立的检测单元，电动机运转带动工件运动到该单元时，接近传感器通过交变磁场无接触感知工件，用以定位前方的工件。光纤传感器感知被测对象并将其转变为可测的光信号，解调后获得被测电信号，其被安装于影像检测单元正下方，用于判断影像检测环节中载盘上是否存在工件。

（2）典型传感器的模拟量采集

装置中，超声波传感器、激光传感器和称重传感器的读取测量数据环节，均需要采集模拟量数据，与 PLC、触摸屏可构成相关模拟量参数测量系统。EM AE04 为 4 路模拟量采集模块，可采样的信号为 0～20mA 电流或−10～10V 电压。在此过程中，学生可通过设计好的接线端子，自行将各类模拟量传感器接入模拟量采集模块，利用 PLC 提供的模拟量处理功能块，结合触摸屏，完成测量值显示和输出控制等操作。

以激光传感器为例，其在装置中从工件正上方测量距工件上表面高度，依据高度范围判断工件类型（A、B、C 工件高度各不相同）。激光高度信号采集及模拟量转换梯形图如图 5-3 所示。

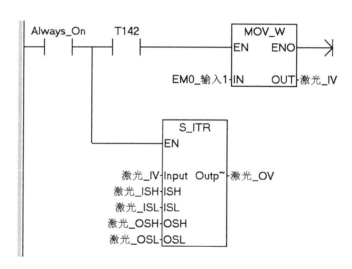

图 5-3 激光高度信号采集及模拟量转换梯形图

触点 T142 为输入信号，激光 _ IV 存储下有效值，S _ ITR 模块完成电信号的转换，输出的激光 _ OV 信号即为高度信息。转换的公式如下：

$$Output=(OSH-OSL)/(ISH-ISL)\times(Input-ISL)+OSL \tag{5-1}$$

式中，Input 为输入信号，这里为输入电信号激光 _ IV；ISH、ISL、OSH、OSL 分别为输入输出上下限，其中输入根据用户设定可选 4～20mA 电流或 0～5V 电压，且均为数字量化后形式，输出 Output 为激光测量的量程范围。

超声波传感器与称重传感器的转换过程类似。超声波传感器水平发射信号，用于测量工件侧表面与产线边缘的距离，其中，工件 A 一侧表面挖出了内陷的空槽，因此能对其进行区分。同时，还可用卷尺进行实际测距，据此可测算出传感器误差。

称重传感器将力的量值转换为相关电信号。实验时分别读取未放置物块时载盘自重及放置标准砝码后总重量，由此测量砝码重量，并与实际标称值进行对比，计算误差。

（3）三轴运动控制

该环节的控制对象为 X、Y 和 Z 轴横移，由 PLC 的 Q0.0、Q0.1、Q0.3 控制其运动脉冲，Q0.2、Q0.7、Q1.0 控制其运动方向，结合西门子公司的运动组态软件，完成对三轴的运动控制和调试。结合触摸屏，完成 X 轴横移的检测位置控制，Y 和 Z 轴横移的取拿移动并入库的控制、位置监控等。其中，在手动模式下，可自由操控三轴横移运动，控制速度、方向、点动，取拿位置示教等；自动模式下，可完成全流程自动检测位置移动、取拿入库等操作。

（4）RFID 读写控制

RFID（radio-frequency identification，射频识别）是一种非接触式的自动识别技术，常用于门禁管制、智能产线和物料管理等环节。装置中选用的 RFID 读写器为 HR302，电子标签为 915M 无源 ABS/PCB 耐高温远距离射频标签，电子标签镶嵌于模拟工件侧面凹槽内，PLC 控制系统通过 Modbus RTU RS-485 通信接口与 RFID 读写器交互信息，写入信息和读取显示均通过触摸屏完成。该环节将模拟生产信息写入模拟工件侧面的电子标签，使其为带有生产信息的工件。该过程的优势在于生产流水线实际应用的 RFID 系统，能够与 PLC 通过 RS-485 接口直接相连，无需各种协议转换，通过 PLC 内部通信处理功能模块直接向读写器输入区写入数据和操作指令，读写器执行读写指令后，把执行指令的结果存储到读写器输出区，通过实操可以强化学生对通信协议的认知。

（5）工件特征信息识别与缺陷检测

工件特征信息识别与缺陷检测主要采用机器视觉相关技术，利用图像处理相关算法，完成模拟工件特征信息提取和缺陷分类与检测。该环节选用海康威视公司生产的工业相机 MV-CE060-10UC，配合 12mm 焦距的工业相机镜头，用于拍摄模拟工件顶部的特征字符以及接线端子簧片与黄铜导电条一侧，且与安装有 LabVIEW 机器视觉开发平台的工控机通过 USB 连接，能够支持基于经典算法的图像处理实验和基于神经网络的机器视觉检测实验。PLC 与工控机通过以太网连接，完成控制信息的传递和处理结果的反馈，该环节的信息可通过触摸屏或工控机上的检测程序完成。

（6）工业云平台与大屏监控

工业云平台依托互联网云计算的建设架构，综合其计算、存储和部署能力，贯通工业制造和应用，采集、存储并分析工业现场信号，为制造管理过程提供数据反馈支撑。

为使 PLC 采集的本地数据接入云端，选用创恒 P452 高速智能网关作为路由器。其可通过 PLC 端子统一供电，配备 RS-232 和 RS-485/RS-422 自由组合 2 路隔离串口，搭载 1 个 WAN 口和 4 个 LAN 口，支持无线 Wi-Fi、4G、有线等多种方式上网，模块内置包括西门子产品在内的各类 PLC 协议驱动，支持接入阿里云、华为云物联网平台及用户自建的 MQTT 服务器。

首先通过 PC 有线连接智能网关，配置 PC 与网关 LAN 网口 IP，保证与 PLC 在同一网段中，再通过网线连接网关与 PLC，在云平台上绑定 PLC 设备，依据设备电控 I/O 表配置点位，实现数据远程读取。可将数据导出处理，通过大屏可视化编辑器实现如图 5-4 所示的流程监控、生产统计及远程预警等功能。

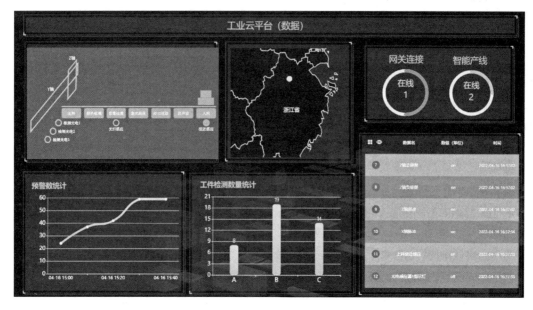

图 5-4　工业云平台大屏可视化界面

5.1.3　检测工件设计

　　为了使实验具有多样性和趣味性，根据相关传感器和目前主流行业中常见的检测参数，设计了如图 5-5 所示的模拟工件（以"A"类为例），外观为包含上凸台的长方体金属块，整体呈"凸"字形。①工件种类分为 A、B、C，其字符特征分别雕刻于工件的上表面；②工件的高度、宽度、重量特征各不相同；③工件有凸台设计，方便各类传感器采集特征信息；④RFID 标签嵌入工件中，可在 RFID 识别区域进行读写。

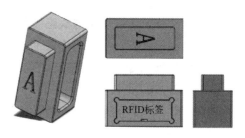

图 5-5　模拟工件示意图
（以模拟工件"A"为例）

5.2　实验装置的系统设计与通信

　　参照智能工厂中常用的系统架构，以 PLC 作为中央控制器，编写相关算法，设计了手动和自动两种实验模式。其中，手动实验模式下，Y、Z 轴横移不动作，可通过触摸屏操控 X 轴横移到达每个检测单元，可测试每个传感器的功能并进行相关实验；自动实验模式下，系统启动后，模拟工件从物料放置区开始，从右向左，依次在传送带上经过，到位后自动检测各个环节信息并显示到触摸屏，直至完成模拟入库环节，入库策略为自右向左，空位优先。自动模式逻辑流程如图 5-6 所示。

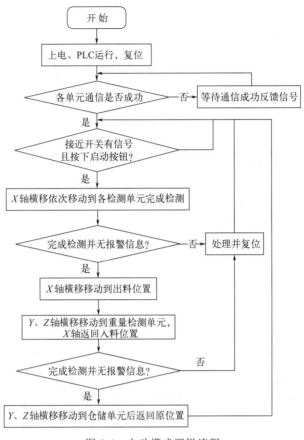

图 5-6 自动模式逻辑流程

5.2.1 触摸屏人机界面设计

为了便于实验操作，开发了如图 5-7 所示的触摸屏人机界面，用户单击左上角的实验模式按键，可进行实验模式切换。为了方便手动实验模式下独立实验，分别开发了对应的实验界面，如超声波采集实验示例、RFID 读写实验界面和机器视觉通信界面等。通过 X 轴横移位置控制界面，可操纵载盘移动到相应的实验工位。自动实验模式下，装置自动按照流程完成所有参数的检测，并将数据显示到自动实验模式界面。

5.2.2 检测对象图像特征检测界面

在图像采集之前，调整工业相机的安装高度、光圈和对焦圈，使采集的图像满足图像识别的要求。图像识别软件采用 NI LabVIEW 2019 以及配套的视觉处理算法，部署在工控机上。以模拟工件特征检测为例，为了方便调试和演示，开发了图像处理显示过程（图 5-8），机器视觉检测的界面如图 5-9 所示，其中的视觉算法既可以采用传统的模板匹配，也可以基于机器视觉和神经网络经典算法实现，为学生提供了多种可选思路。最后，采用 LabVIEW 框架下的基于 TCP/IP 的通信完成与 PLC 的信息交互，收发控制指令和反馈特征信息。

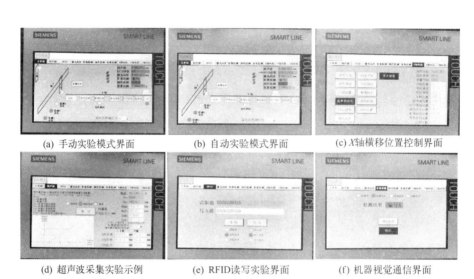

<table>
<tr><td>(a) 手动实验模式界面</td><td>(b) 自动实验模式界面</td><td>(c) X轴横移位置控制界面</td></tr>
<tr><td>(d) 超声波采集实验示例</td><td>(e) RFID读写实验界面</td><td>(f) 机器视觉通信界面</td></tr>
</table>

图 5-7　触摸屏人机界面

图 5-8　图像处理显示过程示例

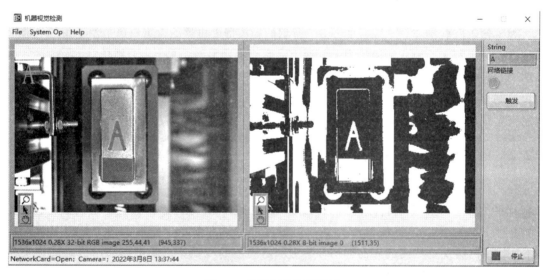

图 5-9　机器视觉检测界面

5.3　实验内容设计与应用

　　浙江大学 2021 年冬学期自动化专业和机器人工程专业约 200 名 2019 级本科生在"传感与检测"课程实验教学中使用了该装置，实物如图 5-10 所示。主要围绕运动控制检测、智能产线检测和机器人领域检测三方面展开，拓展以往的实验体系和内容，取得了良好的实验效果。另外，该装置不仅可以用于以传感器为主线的传感与检测实验教学，还可以用于以 PLC 为主线的控制系统实验和以系统设计为主线的综合创新实验等，具体的实验内容框架如图 5-11 所示。

图 5-10　传感与检测实验装置实物

　　下面以基础实验为例，对其自动模式下开展实验内容及流程进行简要阐述。①启动装置开关总电源及工控机开关，等待约 30s 直至工控机开机并运行视觉检测软件；②长按复位按钮 3s，等待系统初始化，其初始化主要根据限位开关校零；③系统此时处于手动状态，在载盘上放上工件，按下触摸屏上"手动模式"按钮切换成自动模式，电动机自动运行至每一单元并开始检测；④工件经过接近传感器单元并停下，通过开关量判断工件是否存在；⑤工件经过超声波传感器单元，从内侧方进行水平测距，通过距离判断工件种类；⑥工件经过 RFID 单元，自动读取工件内嵌 RFID 标签信息，显示在触摸屏上，若是手动模式，还可写入自拟内容；⑦工件经过激光传感器单元，从正上方测量距离工件上表面高度，根据相应范围判断工件类别；⑧经过视觉检测模块，由相机采集图像，当工控机软件程序打开时，接收图像后自动处理，并在软件上完成结果图像显示，同时传回工件类别至 PLC，在触摸屏上显示分类结果；⑨经过颜色传感器，若工件上张贴有彩带，可读取其颜色并返回结果；⑩Y、Z 轴电动机启动，通过光电传感器判断三个仓储单元是否已有工件储存，将工件放置在空置的载盘上，结束实验。

　　可以看出，与传统测控实践教学环节相比，所设计的实验装置更轻便，集成度更高，同时可开展的实验也更丰富、连贯，可从多方面对一实际对象进行检测识别，实验的可扩展性与趣味性得以兼具，从基础的单一传感器基本检测功能的实验到多传感器融合、系统综合检测的实验，层级丰富多样，适合多种教学需求。

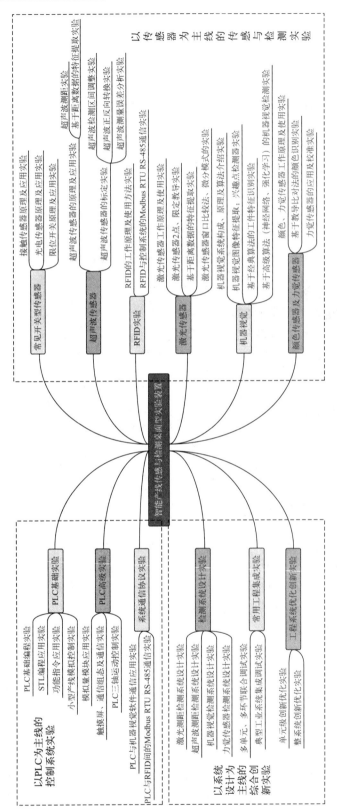

图 5-11 实验内容框架

5.4 案例一：基于机器视觉的流水线模拟工件特征检测实验

本节针对视觉检测环节，从系统搭建、检测对象设计与性能要求、模块通信、特征检测算法设计等方面展开说明，构建一个相对完善的视觉检测实验模块。

5.4.1 检测对象各性能指标要求

如前节所述，工件凸台顶端印刷有 A、B、C 三个字母中的一个，相机需拍摄工件俯视视角影像，并对其进行正确分类。为模拟实际生产环节，系统需对相关指标有所要求，具体如下。

① 识别功能性要求。针对三种类别工件，系统需快速、准确地对其进行识别分类，误检率应当低于 2%。启动设备后，当指定其进行视觉检测实验时，搭载工件的载盘先运动到待定位置，之后保持不动，待图片拍摄、字符检测、结果显示流程结束后，再进入下一环节，因此其检测实时性要求在 1.0s 内。

② 识别稳定性要求。不同设备、不同时段相机所拍摄的影像必然存在差异，因此，希望系统能对影像差异有所冗余。同时，为测试系统抗干扰能力，可在工件表面贴上彩色胶带，遮挡工件上表面乃至部分字符。为此，检测算法必须具备一定的鲁棒性。检测算法部署在工控机上，而 PLC 可发送检测指令、接收检测结果，两者都需进行通信，短时间内多次按下检测按钮，为保证系统稳定，通信实时性需满足要求。

③ 识别拓展性要求。为保证后续的扩展性，如增加特征字符种类，选用其他字母或数字乃至更多图案等，算法必须具有较轻便的迁移能力，以节省后续开发成本。

5.4.2 静态成像系统硬件设计

图像采集采用静态模式，即当进行视觉检测实验时，运行 X 轴（流水线方向）电动机，使载盘和工件滑动到指定检测位置，停稳后再采集图像。其硬件组成如下：①影像模块，包括相机与配套镜头；②图像处理模块，主要指工控机，其内置在整套设备中，通过 USB 与相机相连，通过网线与 PLC 通信；③影像到位光纤。需要说明的是，由于电动机运行稳定，因此运动控制采用开环形式，仅在原点和左右极限处装有限位开关，工件到各环节的移动是通过相对距离确定的。因此，影像到位光纤被用作辅助判断，在电动机运行到位后再检测，而非闭环实时判断。静态成像采集系统的整体框架如图 5-12 所示。

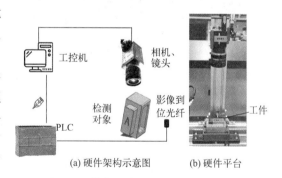

(a) 硬件架构示意图　(b) 硬件平台

图 5-12　静态成像采集系统的整体框架

按下触摸屏上影像检测按钮后，PLC 控制电动机运行至指定位置，工控机接收影像到位信号后，触发相机开始拍摄图片。相机拍摄的图片传回工控机，并经过视觉检测模块对其进行分类识别，最后在工控机的程序端显示结果，并将结果同步传回 PLC，以在 PLC 触摸屏端也能显示分类结果。在图像采集硬件组成中，主要包含相机、镜头、光源三部分，依据实验室实际环境考虑各个环节硬件的选型。

(1) 相机选型

相机选型主要考虑分辨率与传输接口两方面的参数。

① 相机分辨率指标要求。图像清晰度很大程度上取决于相机芯片上像素点量级，像素点排列越紧密，成像分辨率越高，其所包含的图像细节越丰富，但同时也造成所需的数据的存储、处理消耗资源越多，处理实时性变弱。因此，需要合理选择相机分辨率。

本节所设计的对象均放置在载盘上，拍摄时相机与平台相对位置固定，载盘外轮廓测度为 70mm×40mm。考虑后续线束段子放置其上时可能存在翻转超限，因此保留一定余量，视野（field of view，FOV）长宽至少为载盘原长宽的 1.5 倍。同时，选定其成像精度 P 需满足 0.5mm。为防止噪声干扰，应当用多个像素点表示 1 个检测精度，这里规定 6 个像素来显示 1 个成像精度，即像素精度 $R/P = 6\ \text{pixel}/0.5\ \text{mm}$。相机长、宽方向分辨率公式如下：

$$R_{\text{L}} = \frac{\text{FOV}_{\text{L}}}{P} \times R \tag{5-2}$$

$$R_{\text{W}} = \frac{\text{FOV}_{\text{W}}}{P} \times R \tag{5-3}$$

其中，$\text{FOV}_{\text{L}} = 70 \times 1.5 = 105(\text{mm})$，$\text{FOV}_{\text{W}} = 40 \times 1.5 = 60(\text{mm})$。

由上式可得，$R_{\text{L}} = 1260\text{pixel}$，$R_{\text{W}} = 720\text{pixel}$。相机长宽方向分辨率需满足这一条件。

② 相机传输接口选择。采集图片信息完成后，相机需将数据流传回上位机，图像传输速率对系统整体响应速度有很大影响。相机的传输接口主要有五种：Camera Link、GigE 千兆以太网、IEEE 1394、CoaXPress、USB2.0/USB3.0 接口。其中，USB3.0 接口无需专用的标准协议，易用且速度快，适合用于模拟流水线工业现场。

图 5-13　海康威视 MV-CE060-10UC 工业面阵相机

综合上述几点，本节选择了海康威视（HIKROBOT）MV-CE060-10UC 工业面阵相机。相机实物如图 5-13 所示。

相机使用 Sony 的 IMX178 卷帘快门芯片，通过 USB3.0 接口实时传输非压缩图像，最高帧率可达 42.7 帧。其具体参数如表 5-3 所示。

表 5-3　海康威视 MV-CE060-10UC 工业面阵相机参数

参数	数值	参数	数值
传感器类型	CMOS, 卷帘快门	分辨率/pixel	3072×2048
传感器型号	Sony IMX178	最大帧率	42.7fps@3072×2048
像元尺寸	2.4μm×2.4μm	数据接口	USB3.0, 兼容 USB2.0

(2) 镜头选型

相机套装中含有配套镜头，即海康威视 MVL-HF0828M-6MPE 工业镜头，其具有固定焦距、手动光圈、600 万像素、含 FA 镜头，参数如表 5-4 所示。

表 5-4 海康威视 MVL-HF0828M-6MPE 工业镜头参数

参数	数值	参数	数值
焦距	8mm	最近摄距	0.1m
F 数	F2.8~F16	光圈控制	手动
像面尺寸	ϕ9mm(1/1.8″)	聚焦控制	手动
畸变	0.049%		

5.4.3 基于 LabVIEW 的工件特征检测流程设计

LabVIEW（laboratory virtual instrument engineering workbench）全称实验室虚拟仪器集成环境，又称 G 语言。相比于传统的编程语言，LabVIEW 采用图形化编程模式，由基本的 vi（子程序）通过连线组成代码段。因此，LabVIEW 简单易学，适合工程人员对项目进行快速开发。

同时，LabVIEW 还有强大的拓展性，其面向工业需求配备了相应功能。安装了分布式控制系统（distributed control system，DCS）模块，可实现上位机与可编程逻辑控制器（PLC）之间的通信协作。

本节选用 LabVIEW 2019 作为上位机通信与图像处理程序的开发平台。上位机图像处理程序的整体架构如图 5-14 所示。其中核心代码为 Interface. vi（主要框架、UI 显示界面）、Image Processing V0.0. vi（图像处理及上位机软件端结果显示）、心跳. vi［PC（上位机）向 PLC 输出脉冲信号，在两者间建立通信以将结果传至 PLC］。

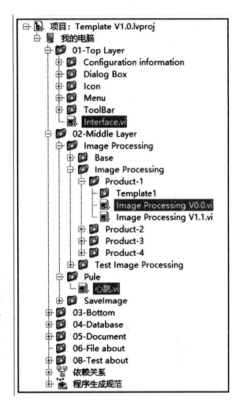

图 5-14 上位机图像检测程序的整体架构

(1) 程序主框架与上位机软件 UI 界面

程序启动流程如图 5-15 所示。图 5-15 中依次创建了三个线程：前端界面线程（UI）、图像处理线程（MV-1）、通信线程（HW）。UI 主要用于控制程序前端界面中控件动作的执行，其主要内容有：①核（core）处理，包括初始化核数据、错误处理、退出程序；②数据，包括数据初始化、清除数据；③文件操作，包括保存数据、保存图片；④用户界面，包括 UI 初始化显示；⑤菜单栏操作，包括光标设置、前面板状态、绘制、帮助信息；⑥宏操作，包括初始化、打开、运行、停止、关闭、退出等。各子模块综合，能够显示 UI 界面，并完成与用户的交互。其中，UI 界面前面板如图 5-16 所示，此时已触发检测按钮，因而系统显示了采集的影像和处理结果。左

图 5-15 程序启动流程

侧为采集的原始图像，右侧二值化图像和左侧绿色蒙版、绿色字符均为图像处理线程反馈后在前端的显示。

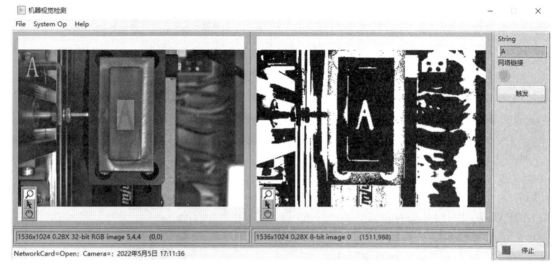

图 5-16　特征检测 UI 界面及运行结果示意图

（2）图像处理算法

程序的核心是图像处理，本节结合工业视觉图像处理技术的发展，采用了三种不同梯度的算法：模板匹配、K 近邻分类算法、ResNet50 深度学习算法。

① 模板匹配。模板匹配（template matching）是利用给定模板对图像进行搜索匹配的视觉算法。通过滑窗法在待搜索图像上依次检索图窗，根据窗口对模板进行变换映射，对比模板与图像的相似程度，并据此判断匹配结果。根据匹配方式又有以下几种分类：a. 基于灰度的模板匹配方法。对比待检图像与模板中的灰度值信息，计算复杂性略高且存在大量冗余，受成像环境干扰较大，因此对外界环境的要求较高。b. 基于几何特性的模板匹配方法。利用角点、边缘点、特征点进行匹配，又分为刚性和可变性的几何模板匹配。模板匹配有以下四个关键元素：特征空间、相似性度量、搜索空间、搜索策略。可定义为如下的最优化问题：

$$T_m = \arg \max_{T \in U_T} S(T(A), B'), B' = \{b(u_i, v_i) \in B \mid T(x_i, y_i) = (u_i, v_i)\} \tag{5-4}$$

式中，A 为模板图像，$A = \{a(x_1, y_1), a(x_2, y_2), \cdots, a(x_m, y_m)\}$；$B$ 为待检图像，$B = \{b(u_1, v_1), b(u_2, v_2), \cdots, b(u_n, v_n)\}$；$B'$ 为待检图像 B 每一步提取的滑窗；T 为图像进行的变换映射；S 用于计算模板 A 和待检图像上当前窗口 B' 之间的相似性（similarity）；U_T 为变换空间。

在 LabVIEW 中，提供了极为便利的工具以生成模板匹配程序。利用软件自带的 Vision Assistant 软件可生成模板信息文件。在软件中导入模板图片，选择"OCR/OCV"功能，创建新的字符集文件，框选字符所在位置作为 ROI（region of interest），输入标签（A、B、C），完成后导出为字符模板文件，如图 5-17 所示。

导出后的模板文件（Char.abc）可直接作为模板在 LabVIEW 中应用。基于几何特征的模板匹配程序段如图 5-18 所示。

图片经过 ROI 框选裁剪、色道提取、二值化、标准化等预处理后传入模板匹配子程序，

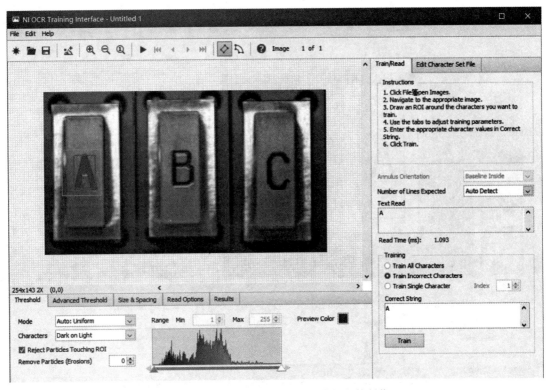

图 5-17　模板匹配标签设置与模板文件制作

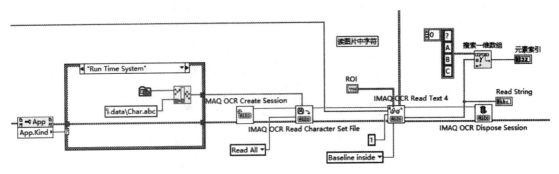

图 5-18　LabVIEW 的模板匹配程序段

通过图像与模板文件信息的比对后输出字符判断结果（A、B、C 或空），完成识别。通过测试，算法平均匹配精度可达 0.992，平均检测时间为 1.1ms。

②K 近邻分类算法。K 近邻（K nearest neighbor，KNN）分类算法是指给定一个检测点，通过在多维空间样本点集合内搜索与检测点最为邻近的 K 个样本点代表，这 K 个样本点进行投票，包含它们数量最多的分类类别即可被认为是待检测点的类别。同样，可以利用 Vision Assistant 对数据集打标签并保存成模型文件。如图 5-19 所示，选取 A、B、C 三类图片各 100 张，创建分类并手动框选 ROI（感兴趣区域）加入样本。

需要注意的是，由于训练集图像采集是在过往历次实验中获取的，其光照环境存在一些差异。因此，若直接使用原图像，则可能出现如图 5-20 所示情况，对于不同灰度分布的图片，同一阈值分割标准不能分割出正确的字符和底色。因此预处理时，还需进行直方图均衡，这样统一的灰度值分割标准才有意义。

109

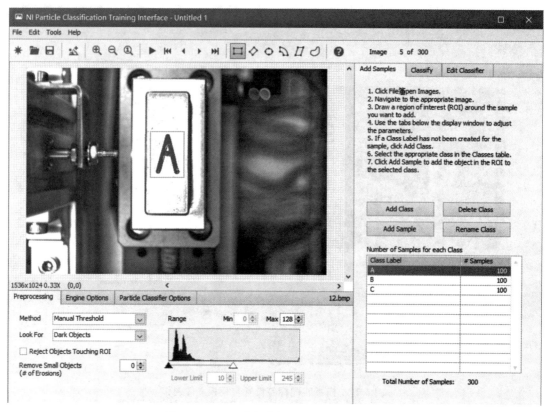

图 5-19 KNN 数据集标签设置与模型创建

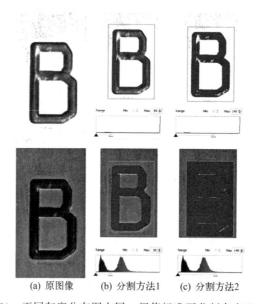

(a) 原图像　(b) 分割方法1　(c) 分割方法2

图 5-20 不同灰度分布图在同一阈值标准下分割存在不同结果

　　由上述过程可得到 KNN 分类模型（Char_KNN.clf 文件）。在 LabVIEW 中搭建检测算法，如图 5-21 所示。其基本结构与模板匹配类似，预处理后，图片经分类器与模板进行比对，以便于对其进行分类，输出同样字符判断结果。

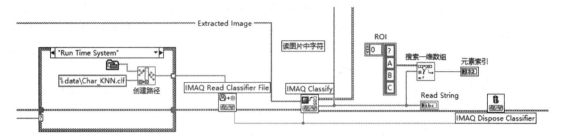

图 5-21　LabVIEW 的 KNN 程序段

KNN 方法中，K 的取值对结果的影响比较大。当选取的 K 值过大，较远的样本点也被包含，成为"近邻"，使偏差增大；而当选取的 K 值过小时，由于噪点和错误数据干扰，算法的鲁棒性就会大幅降低，检测量置信区间增大，存在过拟合风险。在 Vision Assistant 中可选择 K 的取值，本节测试了 K 从 1 到 25 的取值，并在测试集上进行验证，结果如图 5-22 所示。

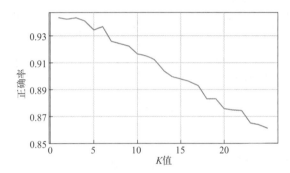

图 5-22　KNN 分类中不同 K 值对准确率的影响

需要说明的是，KNN 中评价准确率的指标有两个：分类置信度（Classification Confidence）与识别置信度（Identification Confidence）。分类置信度评估了分类情况及检测数据属于各类可能性的排序情况，而当无法对目标进行分类时，单独用识别置信度进行评估。这里选择的分类准确率实际上是识别置信度（需对其归一化），其计算公式如下：

$$\text{Identification Confidence} = (1-d) \times 1000 \tag{5-5}$$

式中，d 为输入向量与赋值类之间的归一化距离，即 $d=$ 输入样本与其被分配的类之间的距离/归一化因子。结合图 5-22 中测试数据及尽量避免过拟合的考虑，最终选择 $K=3$，准确率可达 0.94。

③ ResNet50 深度学习算法。表征学习是指通过馈送机器原始数据并使其自动发现待识别特征或分类特征的一系列方法集。而深度学习方法则是指具有多层表征性状的表征学习方法，通过简单非线性单元的大量组合，每个单元都将浅层表征转换成一个抽象程度更高的表征。当有足够多的这样的变换后，一些非常复杂的函数映射关系就能被学习。

作为深度学习的代表，卷积神经网络（convolutional neural networks，CNN）旨在处理多个以数组形式存储的数据。CNN 有四个关键：局部连接、权值共享、池化和多层网络应用。卷积神经网络近年来得到蓬勃发展的一大原因在于网络结构设计的重大突破。各种网络结构如 AlexNet、OverFeat、GoogLeNet、VGG、ResNet 等的创新，使 CNN 网络被广泛研究并在性能上得到提高。

111

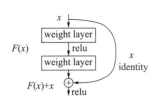

$F(x)$

x
identity

$F(x)+x$

图 5-23　残差学习单元结构

本节采用的网络结构是 ResNet50。相比以往的卷积神经网络，ResNet 除了在层数上大幅增加，其一大进步是残差学习单元的设计。事实上，残差学习单元的提出正是为了解决层数加深后训练退化的问题。图 5-23 所示为残差学习单元结构。

ResNet 并不直接求取原本期望的经过若干堆叠层后的底层映射，而是希望其学习到残差。简单而言，将期望的底层映射记为 $H(x)$，将堆叠的非线性层的映射转化成残差 $F(x)=H(x)-x$，那么原底层映射可记为 $F(x)+x$。这里假设了相比原映射，残差映射的计算更为容易。事实上，当考虑极端情况，残差逼近于 0，系统仅进行了恒等映射（identity mapping），至少和浅层网络的性能是一致的，也就可以避免深层网络退化问题。残差学习结构类似于电路中的"短路"概念，因此又称短路连接（shortcut connection）。ResNet50 整体网络结构如图 5-24 所示，其基本结构来源于 VGG19，并在此基础上引入短路机制，加入残差单元。

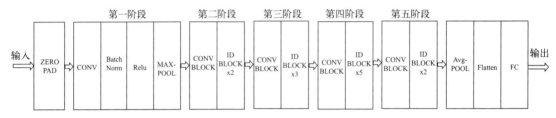

图 5-24　ResNet50 整体网络结构

其中，CONV 为卷积操作；Batch Norm 为批标准化处理；Relu 为激活函数；MAX-POOL、AvgPOOL 分别为两种池化操作；第二至五阶段分别为残差单元运算。

实验中，我们拍摄了 A、B、C 三类图片各 200 张，为丰富数据集，对其进行翻转（水平、垂直方向）、加噪（椒盐、高斯噪声）等预处理，最终每类图片各有 1000 张。数据集按照 6∶2∶2 的比例划分成了训练集、验证集和测试集，并将图像按照固定 ROI 区域裁剪成 224×224 像素大小。

针对输出，softmax 分类器将输入图像进行多分类，它直接接收全连接层输入而输出概率值。不同类别对应概率值 $P(y_i=j\,|\,x_i)$ 的计算公式如下：

$$f_\theta(x_i)=\begin{bmatrix}P(y_i=1\mid x_i;\theta)\\P(y_i=2\mid x_i;\theta)\\\vdots\\P(y_i=k\mid x_i;\theta)\end{bmatrix}=\frac{1}{\sum_{j=1}^{k}e^{\theta_j^{\mathrm{T}}x_i}}\begin{bmatrix}e^{\theta_1^{\mathrm{T}}x_i}\\e^{\theta_2^{\mathrm{T}}x_i}\\\vdots\\e^{\theta_k^{\mathrm{T}}x_i}\end{bmatrix} \tag{5-6}$$

式中，$k=3$。

softmax 分类器的损失函数采用交叉熵损失，其形式如下：

$$J(x,y,\theta)=-\frac{1}{N}\left[\sum_{i=1}^{N}\sum_{j=1}^{k}1\{y_i=j\}\log_2\left(\frac{e_j^{\theta_j^{\mathrm{T}}x_i}}{\sum_{j=1}^{k}e^{\theta_j^{\mathrm{T}}x_i}}\right)\right] \tag{5-7}$$

式中，$1\{y_i=j\}$ 为指示性函数，其返回结果为括号内逻辑运算的真值结果。

先在 ImageNet 数据集上训练，预训练得到了初步的模型参数，作为本数据集上的初始化参数，其中 softmax 分类器采用前述结构不变。在字符数据集基础上设置合适学习率（取0.0001），批次大小（batch size）为 32，优化器选择 Adam，继续微调。记录迭代过程中正确率变化并实时输出，以方便调试与判断收敛情况。最终结果如图 5-25 所示（图中正确率为三类图片综合正确率，由于数据点过于稠密，作图时取 20 轮为 1 个间隔来描点作图）。可以看到，当迭代达到 3500 轮时，基本可认为收敛，迭代到 5000 轮时，正确率稳定在 0.965左右。

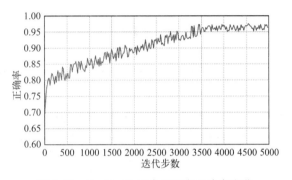

图 5-25　ResNet50 迭代过程中正确率变化

至此，我们得到了优化后的模型，以上操作均在 Python＋OpenCV 环境下完成，为在LabVIEW 中运行，还需对模型进行冻结操作。冻结之后，我们得到了模型文件（Char.pb），且该模型文件能在不同平台上调用。利用 NI 视觉开发模块（vision development module，VDM），能够搭建深度学习的运行程序段，如图 5-26 所示。

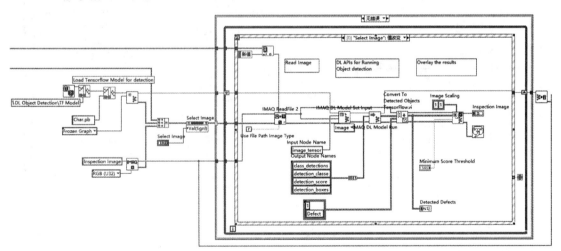

图 5-26　LabVIEW 的神经网络调用程序段

（3）LabVIEW 图像特征识别整体结构

至此我们完成了识别算法的开发，还需为检测进程设计完整的程序流。图像特征识别整体结构主要包含四个部分，除上述字符识别主体流程外，还包括预处理、蒙版、图片保存三个环节。图像预处理如图 5-27 所示。此步从原图像中提取绿色单色通道，对其二值化，并滤波、还原回 0～255 灰度级的标准黑白图像。最终得到的黑白图像会显示在 UI 面板的右侧。

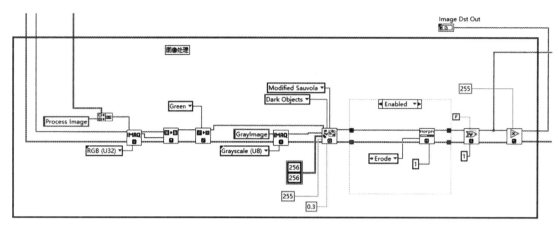

图 5-27　图像预处理

图像蒙版如图 5-28 所示。此步创建原图像备份，读取识别算法反馈结果，若检测到图像为 A、B、C 三类中一类，则在图像左上角加字母，并在固定 ROI 上附上绿色矩形蒙版；当未检测到字符时，则不做处理。

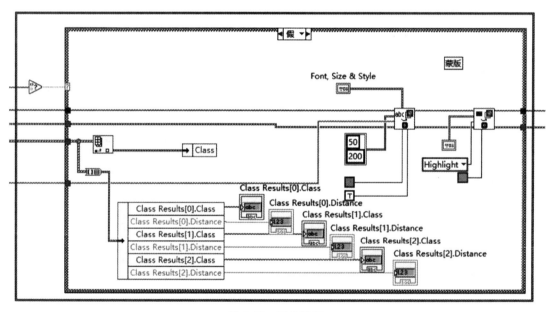

图 5-28　图像蒙版

原始图像保存如图 5-29 所示。每次拍摄的原始图像都会自动保存至本地。最终可将这四部分封装为子程序，如图 5-30 所示。

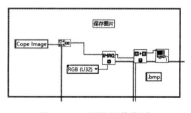

图 5-29　原始图像保存

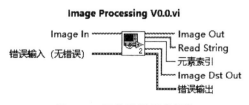

图 5-30　图像识别程序封装

从上述内容可知，我们采用了三种不同梯度难度的图像处理算法，旨在从工程需求出发，使学生具有构建相对完整的工业图像处理方案的应用能力。前两种代表了传统工业视觉与虚拟仪器平台的常见应用开发，第三种则与近年来逐渐发展的工业视觉深度学习大方向相契合。前两者训练与调用都较为便捷，而 ResNet 网络训练则需要一定的调参基础，并需要消耗较多资源。此外，在 LabVIEW 上部署深度学习模型需要借助冻结的模型，这也能使学生对工业软件开发过程中不同平台接口等概念有一定了解。

从本节内容可以看出，对于实际的工业应用需求，不是越烦琐、越高级的算法就能胜任得越好，工业开发的方案选择，最终还是要回到项目本身特点及需求上来。

（4）工控机与 PLC 通信

工控机与 PLC 之间的通信如图 5-31 所示。

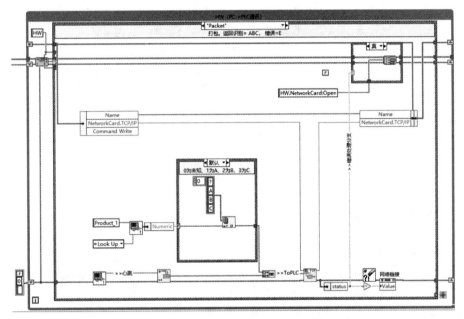

图 5-31　工控机与 PLC 之间的通信

此部分主要用到以下界面和操作：①控制，包括开启、初始化、数据复位、运行、停止、结束、退出、错误处理、退出通信；②UI，包括刷新显示、状态栏设置；③网卡操作，包括初始化、开启、读/写、关闭网卡；④信号处理，包括映射表、读缓冲区、打包返回识别结果、状态显示、延时。其中，打包返回识别结果的过程中用到了心跳.vi 子程序，其结构如图 5-32 所示，它从 PC 向 PLC 发送脉冲信号。

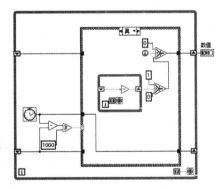

图 5-32　心跳.vi 子程序

5.5　案例二：流水线上直插式接线端子缺陷检测实验

工业中，缺陷检测也是机器视觉的常见应用。本节将选用一款工业用接线端子，模拟实际非接触测量生产环节，对其缺陷进行定义，并依照其类别及特性，选择对应的检测算法识别。接线端子缺陷检测技术路线如图 5-33 所示。

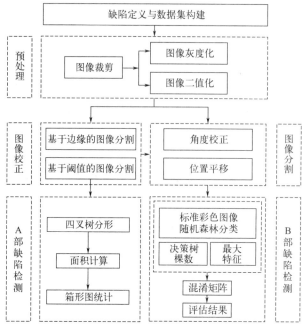

图 5-33 接线端子缺陷检测技术路线

5.5.1 工件描述及缺陷定义

待检工件及缺陷所在处如图 5-34 所示，选取菲尼克斯生产的 PT2.5 直通式快速接线端子作为待检工件。连接端子插拔式的设计能快速地连接导线，无需借助其他辅助工具。其紧密小巧的结构使狭小空间的接线任务便于完成。在生产过程中，完成塑料外壳制造后，需压入黄铜导电条 A 及高强度弹簧 B_1、B_2。检测这三个零件是否正确压接，传统方法主要是采用人工观察和试接导线看电路是否导通。

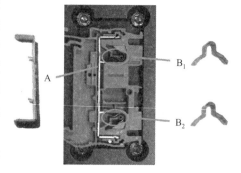

图 5-34 待检工件及缺陷所在处

为提高检测效率，希望采用非接触测量的方式对上述零件缺失与否的情况自动检测。实验采用的数据集如表 5-5 所示。

表 5-5 数据集分布

项目	(E_{B1}, E_{B2})	(E_{B1}, N_{B2})	(N_{B1}, E_{B2})	(N_{B1}, N_{B2})
E_A	200	200	200	200
N_A	200	200	200	200

表 5-5 中，E_A 表示 A 部导电条完好，N_A 表示 A 部导电条缺失，对 B_1、B_2 的表示类似。每单元格表示的类别中，原始的实际拍摄图像为 50 张，对其分别加入椒盐、高斯、乘

性噪声,以扩大数据集,并检测后续算法鲁棒性。原始图像与加入噪声后图像示例如图 5-35 所示。

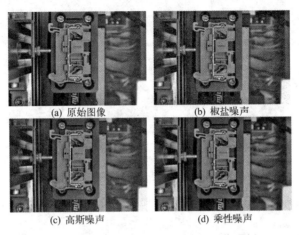

(a) 原始图像   (b) 椒盐噪声

(c) 高斯噪声   (d) 乘性噪声

图 5-35 原始图像与加入噪声后图像示例

5.5.2 图像预处理

(1) 图像裁剪

除载盘区域外,原始图像还包括很大一部分冗余区域,这些区域实际上不包含任何工件缺陷信息,因此考虑对图像进行统一裁切。由于工件在载盘上并不是严格被限位的,存在一定角度的倾斜,因此,选择裁切区域时,必须包含三个缺陷部位。

(2) 图像灰度化与二值化

原始图像为 RGB 格式,数据更高维。实际上对于检测来说,并不需要完整的彩色图像,同时为减少数据量,提高检测速度,对图像进行灰度化及二值化操作。

首先,对裁切后的图像进行灰度化处理。灰度图像中每个像素值为 $0\sim255$,可用 8bit 存储,$0\sim255$ 表示颜色从黑变成白。其转换公式如下:

$$L = R \times 299/1000 + G \times 587/1000 + B \times 114/1000 \tag{5-8}$$

式中,L 为转换后灰度色阶;R、G、B 分别为原图像中红、绿、蓝三通道取值。

其次,在灰度图基础上进一步处理,对图像进行二值化。尝试不同的阈值分割手段,根据图像特性选取最优阈值。

最后规定 $0\sim80$ 灰度值像素点为黑色,其余为白色,需注意为保证图像处理统一性,图像取值应为 0 或 255。图像灰度化及二值化效果如图 5-36 所示。

5.5.3 图像校正与分割

(1) 图像分割

由于图像中接线端子形状的不规则,其与载盘并不完全贴合,因此在运行过程中可能会出现滑动而造成一定范围内的倾斜,如图 5-37 所示,因此,需先对其进行位姿校正。

为将接线端子位置摆正并仿射变换到固定位置,需对图像中初始位置进行分割提取。图像分割是指从图像中提取感兴趣区域的过程。依据图像复杂度及固有特点,可使用基于边缘、区域、聚类、图论和特定理论等分割算法。这些传统方法的结果大多轻便简洁,作为图

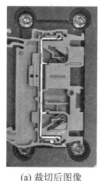
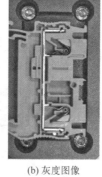

（a）裁切后图像　　　　（b）灰度图像　　　　（c）二值图像

图 5-36　图像灰度化及二值化效果

（a）　　　　　　　　（b）　　　　　　　　（c）

图 5-37　图像小范围倾斜、滑动

像预处理方法，对增强图像信息、抑制干扰有很大帮助。

①　基于阈值的分割算法。基于阈值的图像分割方法往往针对的是比较简单，特征与背景差别比较大的图像。对于接线端子，可以尝试采用固定阈值的分割算法。首先查看灰度图的直方图分布，如图 5-38 所示，然后结合灰度图本身的信息，可知导电条部分比较明亮，对应了图中灰度值较大端一侧的波峰。因此，提取这一灰度范围内像素点置为白色，而其余点归为黑色（新阈值下二值化），结果如图 5-39 所示。

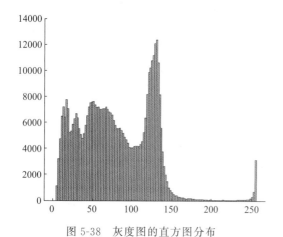

图 5-38　灰度图的直方图分布

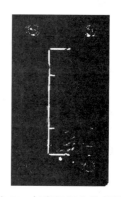

图 5-39　提取 200 灰度级以上的范围内的像素点

可以看出，固定阈值分割算法能很好地提取导电条形状，可为后续导电条的检测提供很大的帮助。

② 基于边缘检测的图像分割方法。对于要仿射变换的目标，由于整体的检测信息维度太高，可以选取其中特征较突出的点、线等要素作为变换基准。当目标与背景差异比较明显时，在其边缘侧会存在灰度值的突变，因此，从各个方向对图像求偏导，就可得到相应的边缘轮廓信息。常见的边缘检测算子有基于一阶微分的 Robert 算子、Sobel 算子、Prewitt 算子，基于二阶微分的 Laplacian 算子、Canny 算子、Log 算子等。

本节采用 Canny 算子对图像进行边缘检测分割。Canny 算法主要有以下步骤：a. 对原图像进行高斯去噪平滑；b. 对平滑后的图像求偏导；c. 对非极大值抑制来初步得到边缘点；d. 用双阈值检测和边缘连接来得到图像边缘。滤波后的求导采用 Sobel 算子来计算梯度方向和梯度幅值。Sobel 检测中 (x,y) 两个方向的导数计算如下：

$$\nabla_x f = \begin{bmatrix} -1 & 0 & 1 \\ -2 & 0 & 2 \\ -1 & 0 & 1 \end{bmatrix} \times I \tag{5-9}$$

$$\nabla_y f = \begin{bmatrix} -1 & -2 & 1 \\ 0 & 0 & 0 \\ 1 & 2 & 1 \end{bmatrix} \times I \tag{5-10}$$

式中，I 为灰度图；f 为图像中某点的像素取值。

利用上述结果继续求解梯度幅值和梯度方向，如下式所示：

$$|\nabla f(x,y)| = \sqrt{\nabla_x^2 f + \nabla_y^2 f} \tag{5-11}$$

$$\Theta(x,y) = \arctan \frac{\nabla_y f}{\nabla_x f} \tag{5-12}$$

利用 Canny 算子提取的边缘如图 5-40 所示。提高检测阈值参数，可以将载盘的边线影响完全消除，而将接线端子左侧端的直线段轮廓完全保留，因此，可以利用其左端直线检测倾斜角度，将其翻转回正。

图 5-40　Canny 算法边缘检测结果

（2）图像校正

通过 Canny 边缘检测提取了轮廓线条，冗余信息减少且图像特征更为突出，可以从这些轮廓图样中进一步提取供图像修正的信息。观察图像，端子左侧线条明显，可作为旋转角度的判断标准，右侧中部有一小圆，其活动范围相对固定，可考虑检测其圆心位置作为另一定位基准。图像校正流程如图 5-41 所示。

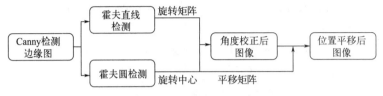

图 5-41　图像校正流程

其中，直线和圆的检测均采用霍夫检测。霍夫检测算法可通过投票机制来确定具有特定形状的图形。其过程是：在一定的参量空间域内累加统计局部最值，由此确定某一形状的参量，并据此判断图形面积与空间分布，将该结果作为霍夫变换的输出。在平面空间中，两个参量即可完全描述任一直线，霍夫直线检测将原笛卡儿坐标系投影到参量笛卡儿坐标系中，通过统计参量坐标中局部峰值可确定直线所在位置。霍夫圆检测类似，也是通过参量坐标统计方法判断圆心与半径。

通过霍夫直线检测得到了旋转矩阵，通过霍夫圆检测得到了圆心，将其作为旋转中心，对图像倾斜角度进行修正，之后根据圆心期望位置对图像进行平移，即可使每幅图像中接线端子位置、倾斜角度统一。其中，平移和旋转矩阵及相关变换操作如下：

$$\begin{bmatrix} \tilde{x} \\ \tilde{y} \\ 1 \end{bmatrix} = \begin{bmatrix} 1 & 0 & t_x \\ 0 & 1 & t_y \\ 0 & 0 & 1 \end{bmatrix} \begin{bmatrix} x \\ y \\ 1 \end{bmatrix} \tag{5-13}$$

$$\begin{bmatrix} \tilde{x} \\ \tilde{y} \\ 1 \end{bmatrix} = \begin{bmatrix} 1 & 0 & x_0 \\ 0 & 1 & y_0 \\ 0 & 0 & 1 \end{bmatrix} \begin{bmatrix} s_x & 0 & 0 \\ 0 & s_y & 0 \\ 0 & 0 & 1 \end{bmatrix} \begin{bmatrix} 1 & 0 & -x_0 \\ 0 & 1 & -y_0 \\ 0 & 0 & 1 \end{bmatrix} \begin{bmatrix} x \\ y \\ 1 \end{bmatrix} \tag{5-14}$$

式中，(x, y) 为变换前坐标；$(\tilde{x}, \tilde{y})$ 为期望坐标；(x_0, y_0) 为旋转中心；(t_x, t_y)、(s_x, s_y) 分别为平移和旋转变换量。

经过上述变换后，接线端子的位置和形状如图 5-42 所示。对之前获取的原始图像、灰度图、二值化图均同步进行变换。

5.5.4　A 部缺陷检测

经过预处理，接线端子的形状基本已经固定，针对待检缺陷，无需先对其进行定位，就可直接进行识别。针对 A 部缺陷，可依据前述固定阈值分割操作，对图像提取灰度值在 200～255 灰度级之间的像素。由于经过了校正，因此可直接设定 ROI 区域，对其中的像素点进行统计。

当图片数据量增加时，逐位统计的方法效率大幅下降。本节采用四叉树矩形图像分割方法，这是一种较为简单且高效的面积统计方法。实际上，对于处理

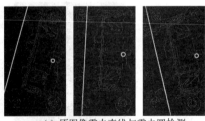

(a) 原图像霍夫直线与霍夫圆检测

(b) 旋转、平移后图像

图 5-42　霍夫检测及仿射变换修正

后的导电条部分，最终需要判断其缺失与否，因此无需太高精度，这就大幅提高了检测效率。

四叉树图形分割的基本思想是：每次将图片四等分，对应四棵子树，若某一子块内部误差小于给定阈值，可认为该子块无需再分割，否则就将其再四等分，直至最终所有最小子块都为叶子节点。分割过程如图 5-43 所示。

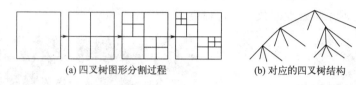

(a) 四叉树图形分割过程   (b) 对应的四叉树结构

图 5-43　四叉树图形分割

最终得到的分割结果如图 5-44 所示，A 部完整时能较快速准确地分割出导电条，A 部缺失时，绝大多数都为全黑图像，无需分割，少部分如图 5-44(b) 所示，分割出了其中的噪点，分割速度也能满足需求。

分割的同时对其亮区区域面积进行统计和匹配，区域面积统计公式如下：

$$S = m_0 \times S_0 + m_1 \times S_1 + \cdots + m_i \times S_i \tag{5-15}$$

式中，S_i 为第 i 层分割后叶子节点对应面积，如 S_0 为第 0 次，即初始图形面积，S_1 为第一次分割后子块面积，为初始面积的 1/4，可知 $S_i = S_0/4^i$；m_i 用于计数，统计对应的无需再分的第 i 层亮区数量。当第 i 次分割后无需再分，即计入结果，m_i 增加 1，统计结束。

按照 4:1 划分数据集，依照前述步骤对训练集面积结果进行统计，如图 5-45 的箱形统计图所示。其中，训练集的作用在于找出一个较为合适的阈值，而无需从其中进行学习。A 部完整时，面积统计值大部分落在 2000~3200 像素，中位数为 2450 像素。A 部缺失时，绝大部分图像全黑，少部分图像存在微弱噪声干扰。两种情况存在相当大的真空分布带，因此很容易区分。以 800 像素为阈值进行划分，测试集准确率达到 100%。

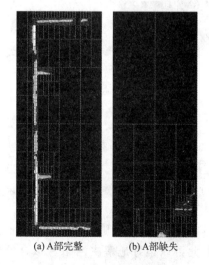

(a) A部完整   (b) A部缺失

图 5-44　四叉树图形分割结果

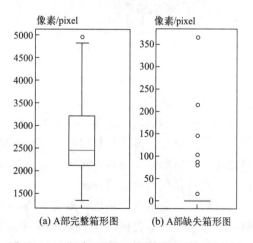

(a) A部完整箱形图   (b) A部缺失箱形图

图 5-45　A 部完整与缺失对应面积箱形统计图

5.5.5 B 部缺陷检测

(1) B 部缺陷描述

B 部缺陷包括 B_1、B_2 两部分弹簧件处的缺失。B 部完整时图像如图 5-46 所示。

经过仿射变换，B 部缺陷位置也是相对固定的，因此，直接对相关部位进行裁切，如图 5-47 所示。根据之前采集处理的数据，每种类型图像各有 800 张。

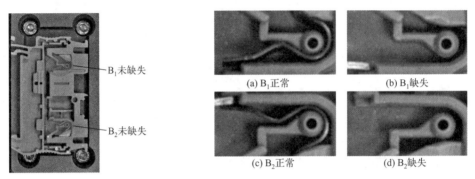

图 5-46 B 部弹簧件缺陷所在位置（图中未缺失）

(a) B_1 正常   (b) B_1 缺失

(c) B_2 正常   (d) B_2 缺失

图 5-47 裁切后 B 部缺陷分类

以 B_1 为例，分别对弹簧件安装正常和缺失的情况做直方图分析，如图 5-48 所示。从图 5-48 中可以发现，相比弹簧件的存在情况，成像环境本身对直方图的干扰更加明显。

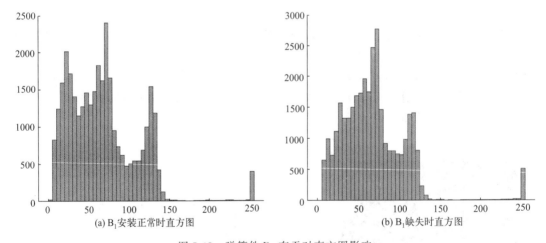

(a) B_1 安装正常时直方图   (b) B_1 缺失时直方图

图 5-48 弹簧件 B_1 有无对直方图影响

(2) 随机森林分类

显然，弹簧的缺陷不能用导电条类似的方法判断。为此，本节采用随机森林分类方法对图像进行学习分类。随机森林（RF）是一种统计学习理论，它是利用 bootstrap 重抽样方法从原始样本中抽取多个样本，对每个 bootstrap 样本进行决策树建模，然后组合多棵决策树的预测，通过投票得出最终预测结果。

传统的单棵决策树总是选择最优策略，而随机森林则构建了一系列随机的森林网络，其中每棵决策树总是从数据集中随机采样并进行轮换，由此可以很好地解决网络过拟合的问题，大量随机采样相互制约减小了过度决策的可能性。

本节中，弹簧较为细小，且受光线及自身光泽等影响，其特征较为抽象。随机森林分类不用对其进行降维及最优特征的选择，为分类提供了可能。

具体而言，保留原图像色道使特征更多维，利用 RGB 彩色图像直方图作为特征训练分类器。3 个通道均分为 8 组后计算直方图，再将 $8\times8\times8$ 的数组展开。

随机森林训练分类器的主要参数如下：①决策树棵数，即对数据集随机有放回抽样生成的子集个数，其随着抽样数量增大而趋于收敛，达到一定值后再增大模型，则效能提升有限而资源消耗大增；②衡量树某次分裂好坏的指标，包括基尼系数（Gini index）、信息熵（information entropy）等，单棵树的决策中，CART 决策树采用基尼系数作为最优化分指标，ID3 决策树采用信息熵，两者都是用来度量样本集合纯度的；③是否采用放回抽样形式；④是否采用袋外样本评估；⑤建模时所允许的最大特征构建量，样本量记为 N，一般有 N^2、$\log_2 N$、$\sqrt{N}$ 等形式；⑥决策树最大深度；⑦叶子节点含有的最少样本，少于该值进行剪枝；⑧最大叶子节点数。

（3）随机森林实现及参数调优

先对模型手动赋初值，其中决策树棵数采用默认值 10，准确率为 0.7931，如图 5-49 所示。参数调优过程中，最先调整的应当是外层 bagging 框架下的主要参数，即决策树数目。设置棵数从 10 棵开始增长，直至 200 棵，准确率提升如图 5-49 所示（作图时每 5 棵树采样描点）。可以发现，当树数目达到 80 棵左右时，已经开始收敛。这一步准确率基本可达 98%。之后，对单棵决策树内参数进行调优，固定树棵数为 80，寻找最优分裂时最大特征（max features），从 1 到 11，步

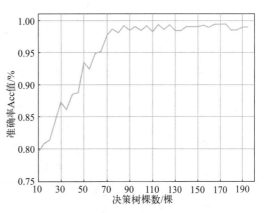

图 5-49　随机森林决策树棵数对准确率影响

增 1，采用十折交叉验证选择最优 max features，发现当其取值为 5 时结果最优，最优准确率为 0.9838。

可以发现，决定决策树分类准确率的关键因素还是 bagging 框架层的参数，即决策树棵数。选用以上参数，计算混淆矩阵（以 B_1 处为例），如表 5-6 所示。

表 5-6　决策树棵数为 80、最大特征为 5 时混淆矩阵

项目	$\widetilde{E}_{B1}$	$\widetilde{N}_{B1}$
E_{B1}	789	11
N_{B1}	15	785

其中，第一列 E_{B1}、N_{B1} 表示真实情况的正反例，即实际存在和缺失弹簧的情况，第一行表示算法识别成的正例和反例。混淆矩阵的完整定义如表 5-7 所示，其中 TP 表示真正例，即样本真实为零件未缺失，模型算法识别也是未缺失的数量；FN 表示假反例，即样本真实为零件未缺失，模型算法识别为缺失的数量；FP 表示假正例，即样本真实为零件缺失，模型算法识别为未缺失的数量；TN 表示真反例，即样本真实为零件缺失，模型算法识别为缺失的数量。

表 5-7　分类结果混淆矩阵

真实情况	分类情况	
	正例	反例
正例	TP(真正例)	FN(假反例)
反例	FP(假正例)	TN(真反例)

根据混淆矩阵，可计算相应的参数指标：准确率（Accuracy）、灵敏度（Sensitivity）、准确度（Precision）、特异度（Specificity）和 F_1。各自定义如下：

$$Accuracy = \frac{TP+TN}{TP+FP+TN+FN} \tag{5-16}$$

$$Sensitivity = \frac{TP}{TP+FN} \tag{5-17}$$

$$Precision = \frac{TP}{TP+FP} \tag{5-18}$$

$$Specificity = \frac{TN}{FP+TN} \tag{5-19}$$

$$F_1 = 2 \times \frac{Precision \times Sensitivity}{Precision + Sensitivity} \tag{5-20}$$

根据以上定义，计算相关性能指标，如表 5-8 所示。

表 5-8　随机森林性能指标

准确率	灵敏度	准确度	特异度	F_1
98.38%	98.63%	98.13%	98.13%	98.38%

可以看出，随机森林分类算法性能优秀，对于未经加噪处理的数据接近 100% 识别，且针对含噪声数据也具有一定的鲁棒性，可以很好地对 B 部缺陷进行检测。

5.5.6　整体流程及结果

系统整体运行逻辑与案例一类似，这里再做简略描述。

在训练环节，数据采用离线获取方式。前期通过相机拍摄图像并保存至工控机本地，以构建离线数据集。模型训练采用 Python＋OpenCV 的环境，IDE 为 Visual Studio 2019。这一步的处理全程在 PC 端完成。

在线测量从相机采集到图像开始。系统启动后，等待检测信号传入。当用户在 PLC 触摸屏上按下检测命令时，电动机启动，载盘依据设定的相对位移量移动到流水线上视觉检测环节。待载盘停稳后，影像到位光纤检测是否有载盘和物体，再做下一步确认，以保证后续流程正常。之后，相机进行拍照并通过 USB3.0 传回工控机，在工控机上调用模型，判断缺陷类别，在 PC 端输出结果，并将结果反馈回 PLC，并在触摸屏上同步显示相应结果，最终的测试结果显

(a) 原图像　　　(b) 检测结果

图 5-50　A、B 缺陷检测结果

示如图 5-50 所示,其中绿色蒙版表示检测到相应零件,紫色蒙版表示相应零件缺失。程序对原始图像进行切割、校正,对端子的 A、B 部分缺失情况能够正确判别与显示,且平均检测速度能达到 2s 以内,包括系统通信、算法处理、结果显示等完整流程。

❓ 思 考 题

1. 智能生产线常用的传感器有哪些?
2. 举例说明光电传感器的工作原理。
3. 机器视觉检测系统的硬件构成是怎样的?
4. 常用的图像处理算法有哪些?
5. 简述机器视觉检测图像处理的过程。

第6章 桌面型柔性上料实验装置

传统产品手工装配方式普遍存在装配精度差、生产效率低等问题，目前已经逐步被自动化装配所替代。通常由自动控制系统控制工业机器人来完成装配任务，每次机械臂的移动路径基本一致，极大地保证了零件装配精度的重复性。同时，由于机械臂由计算机控制，各步骤之间衔接快，装配节奏整体优于人工，且可以连续工作，显著提升了生产效率。在一些有毒有害的特殊作业环境，其优势更为明显。

上料机在装配系统中主要被用于提供料件。常见的上料系统有振动式、旋转式、平台式等多种。通过上料机把需要进行装配的料件以指定的姿态、固定的间隔以及确切的时间输送到装配平台，由执行机构对料件进行后续的装配作业。供料系统的稳定性和可靠性是自动装配作业的重要影响因素。

为了配合机器人在柔性装配生产线上的应用，要求上料机构也要具备一定的柔性，可以适应多种不同的料件及生产线。柔性上料装置在智能制造领域、自动化生产线上具有广泛的应用，采用抖动或旋转的方式上料，运用振动的方式调整位姿，配合外部的机器视觉系统和机器人进行物料识别、定位和姿态调整，最终完成物料抓取环节。振动型上料机的工作方式是将物料引至平台上，然后采用电动机或电磁铁驱动平台振动，通过精心设计的不同的振动模式使平台上的物料移动和进行姿态调整，具有结构简单、速度快等优势。但振动型上料机的振动效应对生产线的精密装配、视觉成像都会造成影响，还会产生较大的噪声。

本章基于智能生产线背景，为学生进行生产线单元级智能控制动手实验设计了一种桌面型智能上料实验装置。这款实验装置名为"FlexiJet桌面型柔性上料实验装置"，包括柔性上料机构、PLC控制系统（上下位机）、机器视觉、机器人、数据库技术、网络技术和运动控制等功能模块。

FlexiJet桌面型柔性上料实验装置实物如图6-1所示。FlexiJet柔性上料实验装置由 XY 轴导轨、喷头、两个电磁阀、传送带、挡板、相机和机械臂组成。针对本实验装置料件（乐高玩具块）比较轻的特点，创新性地自主设计了一种基于喷气的柔性上料机构，可实现远程选料、柔性上料、视觉辅助、喷气调节位姿、机器人取放等功能。喷头安装在 XY 轴导轨 Y 方向末端，由电磁阀控制是否喷气。传送带上均匀分布着小孔，小孔直径和间距由零件大小决定。本装置要抓取的零件（种类及颜色）由用户通过订单下单指定，机器人自动抓取正面向上的指定零件放到指定区域。在抓取过程中，当图像识别出该种零件没有正面向上，就需要对其进行正反面翻转。此时，启动相机拍照以确定零件的位置，然后选取一个离零件中心点最近的小孔，由导轨带动喷头运动到小孔下方，之后喷出压缩空气来使零件自动翻转。该技术已经获得国家专利局的发明专利授权，适用于各种轻小零件的上料分拣，充分降低了部署门槛，为智能工厂的上料分拣环节提供了新的解决方案。

图 6-1　FlexiJet 桌面型柔性上料实验装置

6.1　FlexiJet 柔性上料实验装置系统架构

实验装置采用菲尼克斯 PLCnext 为总控制器，处理主逻辑流程。该款 PLC 自带 2 个以太网接口，并配有 I/O 模块、RS-232 通信模块和工业交换机，保证了与机器人（Ethernet 连接）、工控机（Ethernet 连接）、FlexiJet 柔性上料机（RS-232 通信）和部分 I/O 控制器的可靠通信，工业相机与工控机采用 USB 方式连接，其中工控机平台上安装了支持系统运行的软件，例如视觉处理软件 OpenCV、视觉框架的 C♯ 开发平台、PLC 上下位机开发软件和机器人程序开发调试软件等。图 6-2 所示为实验装置的总体架构及硬件组成。

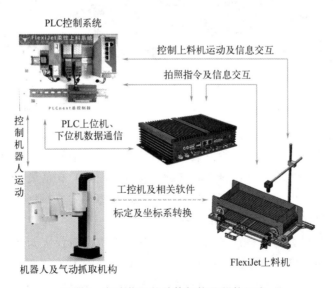

图 6-2　实验装置的总体架构及硬件组成

机器人采用越疆公司生产的 Dobot M1，额定负载为 1.5kg，重复定位精度为 0.02mm，运动臂长均满足要求，结合定制的气动抓手，利用其通信接口进行二次开发，使其受控于 PLC 控制系统并完成指定位置物料的抓取。

6.1.1 FlexiJet 喷气式柔性上料机

柔性上料机机械结构如图 6-3 所示。FlexiJet 柔性上料机（喷气式柔性上料机）包括基座及安装在基座上的传动系统、视觉系统、喷气系统，能够接入并受控于外部控制系统（例如 PLC）。传动系统包括步进电动机、双侧滚轮和均匀开设喷气通孔的柔性传送带（正面 520mm×300mm），用于承载和传送物料；视觉系统位于柔性传送带上方，识别柔性传送带上各零件的类型、位置和姿态；喷气系统由主控制器（Arduino）、XY 轴导轨（含步进电动机及传动皮带）和喷气气嘴等组成，喷气气嘴固定在 XY 轴导轨一轴末端，位于柔性传送带内侧并可移动位置，用于向选定的喷气通孔喷气以调整物料姿态，为保证安全，每条导轨两侧均配有限位开关。外部控制系统可根据物料的姿态选定需要翻转的物料，控制喷气系统将喷气气嘴移动到选定物料下方的选定喷气通孔进行喷气，使选定物料翻转。

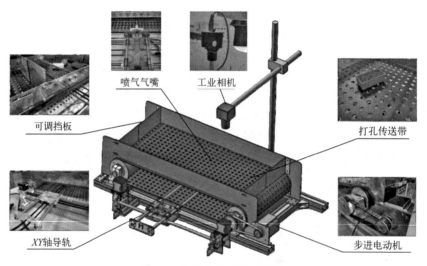

图 6-3　柔性上料机机械结构

确定当前需要翻转的物料的策略：第一，优先翻转装配订单中即将用到的物料；第二，优先翻转周围障碍物少的物料。确定喷气最佳位置的策略：选择需要翻转的物料的无障碍物一侧边缘为支轴，在物料水平投影所覆盖的所有传送带喷气通孔中，选取动力臂（喷气通孔与翻转支轴的距离）与阻力臂（物料重心与翻转支轴的距离）比值最大的喷气通孔。上料机能够灵活部署，采用喷气方式来矫正目标物料姿态，与振动式上料机相比，噪声更小，并消除了振动，对高精度装配生产线造成的干扰更小。

因上料机的参数设置与物料直接相关，实验物料选取场景设定如下：规定下游工位需要特定颜色（根据订单 3 选 1）的且必须正面向上的长方体物料，由机器人抓取到指定工位。为了方便实验，选取红、蓝、绿 3 种颜色的乐高长方体积木（63 mm×32 mm×23 mm）为测试物料，见表 6-1。

表 6-1 测试物料选取列表

朝向	红	蓝	绿
正面向上			
反面向上			

6.1.2 控制系统架构

本系统选择菲尼克斯 PLC 作为控制系统的核心，由 PLC 控制的现场设备有机器视觉系统、MySQL 订单数据库系统、运动控制系统、电磁阀和机械臂。PLC 与机器视觉系统、MySQL 订单数据库系统和机械臂之间采用 TCP 通信，PLC 用 DO 信号控制两个电磁阀，PLC 与运动控制系统之间采用 RS-232 串口通信。另外，PLC 与上位机（HMI）之间采用 TCP 通信。运动控制系统中的单片机只能接受 TTL 电平信号，无法直接与 PLC 之间使用 RS-232 串口通信，所以采用一个 RS-232 转 TTL 模块作为中继，使 PLC 可以发送信号控制导轨和传送带运动。PLC 控制系统架构框图如图 6-4 所示。

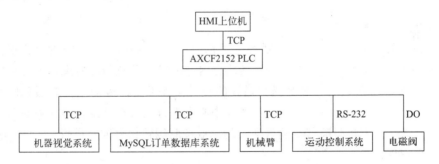

图 6-4 PLC 控制系统架构框图

本 PLC 控制系统中央处理器选用菲尼克斯 AXCF2152 型 CPU，该 CPU 采用 PLCnext 技术，性能卓越且便于操作。其具有以下优势：支持 Profinet 协议，可用于工业以太网；可连接至 Proficloud，个性化集成云服务和未来技术；支持多种协议，例如 HTTP、HTTPS、FTP、SNTP、SNMP、SMTP、SQL 协议、MySQL 协议、DCP 等；可并排安装多达 63 个 AXIO I/O 模块，扩展能力强；有 2 个以太网接口（集成开关），应用十分灵活；抗电磁干扰性能强，扩展温度范围为 −25～60℃，可用于恶劣的工业环境；基于 Linux 操作系统，支持高级语言编程，编程更灵活。

本系统有 2 个数字量输出信号，分别控制 2 个电磁阀，所以 I/O 模块选用菲尼克斯 AXL F DI8/1 DO8/1 1H 型数字量输入/输出模块，其具有 8 路数字量输入和 8 路数字量输出，冗余输入输出可以为日后功能扩展提供支持。

PLC 与运动控制系统之间采用 RS-232 串口通信，所以本系统的串口通信模块选用菲尼克斯 AXLFRSUNI1H 型串口通信模块，其支持 RS-232、RS-422 和 RS-485 三种协议的串口通信。PLC 与 HMI 上位机、机器视觉系统、MySQL 订单数据库系统和机械臂之间采用 TCP 通信，所以本系统的以太网交换机选用菲尼克斯 FLSWITCH2005 型以太网交换机，其具有 5 个以太网接口，适用于 Profinet 和 Ethernet/IP 网络。

软件系统包括 PLC 控制程序、HMI 上位机、图像处理软件、数据库软件、机械臂控制程序、单片机程序。PLC 控制程序的功能是实现对每个子系统的单独控制和协同控制，从而实现对整个 FlexiJet 柔性上料实验装置的控制来完成对零件的上料分拣。HMI 上位机的功能是使操作员可以通过 HMI 与 PLC 进行交互，完成控制操作并监控整个系统的运行情况。图像处理软件对相机拍摄到的图像进行处理。FlexiJet 柔性上料实验装置软件架构如图 6-5 所示。

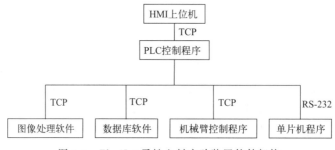

图 6-5　FlexiJet 柔性上料实验装置软件架构

6.1.3　系统通信

（1）PLC 与喷气系统通信

PLC 控制系统与喷气系统的主控制器建立 RS-232 串口通信，通过收发字符串指令控制 X、Y 轴机构的运动，在 X、Y 轴机构移动范围内，可以发送坐标使喷头移动到特定的通孔下面，最小步长为 1mm。为了使传送带通孔的相对位置不变，传动系统以通孔间距（转动方向 18mm）的整数倍移动。喷气喷头与通孔中心点进行点对点标定，确保喷头每次均能移动到选定通孔的正下方进行喷气，喷气通孔的选取按照翻转物料策略进行。

（2）图像识别定位

在图像识别之前，首先调整工业相机的高度，使视野范围大小合适且图像的畸变较小；其次调整环境光线（可配合外部光源）和相机光圈，使采集图像清晰；最后完成相机坐标系与机器人坐标系、气动夹爪旋转角度与物料旋转角度、像素坐标与传送带通孔中心坐标（映射喷气喷头坐标）的标定。

（3）PLC 与机器人通信

机器人配合定制的气动抓手，主要完成物料的抓取和放置的任务。PLC 与机器人采用以太网连接，采用 Python 编写 TCP/IP 的 Socket 通信及脚本程序，并脱机运行在机器人控制器中，能够通过十六进制数组接收 PLC 发送的指令和坐标，并按照既定的路径由 HOME 位置移动到指定位置，机器人末端安装有定制的气动抓手，PLC 通过控制电磁阀的通断来完成夹取和放置动作；完成操作后，机器人返回 HOME 位置并反馈完成信号。

6.2　控制系统软件设计

整个系统采用 PLC 处理主逻辑流程，其上位机和下位机采用菲尼克斯研发的 PLCnext Engineer 软件编写。为了能够实现单步运行和功能测试，在上位机中增加了手动模式。自动模式启动后，控制系统会按照如图 6-6 所示的流程运行，用户能够通过上位机界面（Web

端）选择需要的物料颜色并下单到 MySQL 数据库，并能通过上位机界面监控到订单的特定信息。

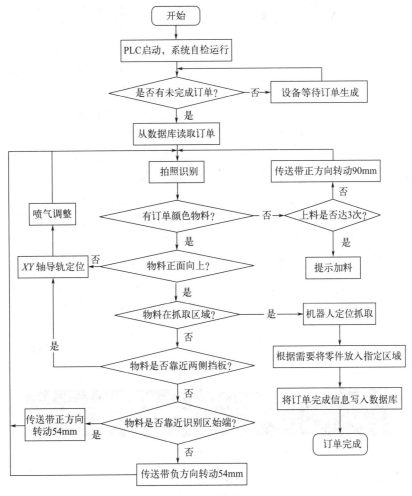

图 6-6　自动模式流程

6.2.1　PLC 控制系统软件设计

PLC 的编程语言包括以下五种：梯形图语言（LD）、指令表语言（IL）、功能模块图语言（FBD）、顺序功能流程图语言（SFC）及结构化文本语言（ST）。本系统采用梯形图语言编程，编程软件采用菲尼克斯研发的 PLCnext Engineer 软件。

在本系统中，MySQL 数据库主要用于存储订单信息，包括订单编号、订单颜色、下单时间、订单完成时间和订单完成情况。PLC 作为客户端，MySQL 数据库系统服务器作为服务端，PLC 与 MySQL 数据库系统服务器之间采用 TCP 连接，PLC 的 IP 地址为 192.168.1.10，MySQL 数据库系统服务器 IP 地址为 192.168.1.5，服务器端口号为 3306，数据库用户名为 FlexiJet，密码为 zjuflexijet，数据库名称为 flexijet，数据表名称为 orderdata，数据库每列名称及数据类型如图 6-7 所示。

这五列分别表示订单编号、订单颜色、下单时间、

Column	Type
◇ Number	int(11)
◇ Color	int(11)
◇ Ordertime	datetime
◇ Donetime	datetime
◇ Done	int(11)

图 6-7　数据库每列名称及数据类型

131

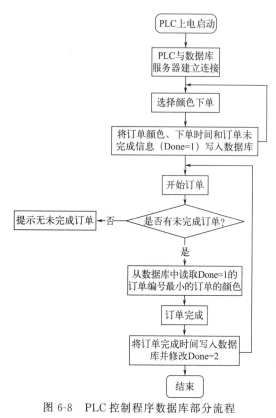

图 6-8 PLC 控制程序数据库部分流程

订单完成时间和订单完成情况，其中 Number 设置为自动增加。在本系统的应用场景中，一共有红色、蓝色、绿色三种订单颜色可供选择，所以在数据库中分别用数字 1、2、3 代表红色、蓝色、绿色。订单只有完成和未完成两种情况，所以在数据库中用数字 1 代表订单未完成，用数字 2 代表订单已完成。PLC 控制程序数据库部分流程如图 6-8 所示。

PLC 上电启动后，PLC 需要先与 MySQL 数据库系统服务器建立连接，这样才能通过 PLC 下单到数据库并从数据库中读取订单信息。PLC 与数据库系统服务器建立起连接后，选择红、蓝、绿三种颜色中的一种下单，订单颜色、下单时间和订单未完成的信息被写入数据库。以订单颜色为红色为例，写入数据库的代码为"insert into orderdata（color，done，ordertime）values（1，1，now（））;"，数据库写入订单信息结果如图 6-9 所示。

Number	Color	Ordertime	Donetime	Done
696	1	2019-05-16 22:17:22	NULL	1

图 6-9 数据库写入订单信息结果

订单开始执行后，需要从数据库中读取出第一条未完成的订单颜色信息，即订单编号最小的未完成订单的颜色信息，从数据库中读取信息的代码为"select Color from orderdata where Done＝1 order by Number asc limit 1;"。继续以订单颜色为红色为例，此时读取出的结果应为 1。

当订单完成之后，需要将订单完成时间写入数据库，并将此时的订单完成信息改为订单已完成，修改数据库中订单信息的代码为"update orderdata set Donetime＝now（），Done＝2 where Done＝1 order by Number asc limit 1;"，继续以订单颜色为红色为例，数据库中订单完成结果如图 6-10 所示。

Number	Color	Ordertime	Donetime	Done
696	1	2019-05-16 22:17:22	2019-05-16 22:42:28	2

图 6-10 数据库中订单完成结果

PLC 与数据库系统服务器建立起连接之后，可以一次下若干个订单，但是执行订单时，每次只会执行下单时间最早的一个未完成订单，确保了一次可无限下单、先下先完成的原则。只有当机械臂抓取正面向上的订单要求颜色的零件并将其放入对应的位置后订单才算完成，此时才会将订单完成信息写入数据库，表示此订单已完成。如果发生意外情况导致订单进行到中途停止，下次再执行订单时，仍会从数据库中读取出此订单的信息并执行此订单，直到此订单被完成后再执行订单时，才会执行下一个未完成订单，这样确保了不会有跳过的订单导致订单未完成的情况发生，保证每个订单都会被有序地执行。当订单数据库中不存在未完成订单时，系统提示无未完成订单，此时系统不会有任何操作。

6.2.2　机器视觉相关软件设计

在本系统中，针对零件的操作主要有喷气翻转和机械臂抓取两种，机器视觉系统主要用于拍照识别零件颜色、位置和姿态。如果要对零件进行喷气翻转操作，则需要知道离零件中心最近的小孔的坐标，以便让喷头定位到小孔进行喷气操作。如果要对零件进行机械臂抓取操作，则需要知道零件的中心点坐标和零件的角度，以便让机械臂定位抓取。

在本系统中，PLC 作为客户端，机器视觉系统服务器作为服务端，PLC 与机器视觉系统服务器之间采用 TCP 连接，机器视觉系统服务器的 IP 地址为 192.168.1.20，端口号为 8098，PLC 与机器视觉系统服务器之间采用十六进制的格式进行数据传输。

PLC 要发给机器视觉系统的信息是拍照命令和订单颜色信息，为此需要定义 PLC 发给机器视觉系统服务器的信息数据格式。PLC 发给机器视觉系统服务器一个字节的数据信息，一个字节包括 8 个比特，其中高三位比特为有效信息位。定义第 7 位比特为拍照信息位，1 表示拍照，0 表示不拍照；定义第 6、5 位比特为订单颜色信息位，01 表示红色，10 表示蓝色，11 表示绿色。PLC 发给机器视觉系统服务器信息的数据格式如图 6-11 所示。

图 6-11　PLC 发给机器视觉系统服务器信息的数据格式

由于 PLC 与机器视觉系统服务器之间采用十六进制的格式进行数据传输，则根据上述数据格式，PLC 发给机器视觉系统服务器拍照处理红色零件命令为 16♯A0，拍照处理蓝色零件命令为 16♯C0，拍照处理绿色零件命令为 16♯E0。另外，在手动模式下拍照命令为 16♯80，手动模式下收到拍照命令，机器视觉系统只会拍照，不会处理图像。

机器视觉系统服务器要发给 PLC 的信息为传送带识别区订单要求的颜色零件的状态、位置坐标和角度。其中传送带识别区中订单要求的颜色零件的状态有三种情况，分别为有正面向上的订单要求的颜色零件、只有反面向上的订单要求的颜色零件、无订单要求的颜色零件。在有正面向上的订单要求的颜色零件的情况下，机器视觉系统服务器要发给 PLC 目标零件的中心点坐标和中轴线角度；在只有反面向上的订单要求的颜色零件的情况下，机器视觉系统服务器要发给 PLC 离目标零件中心点最近的小孔的坐标；在无订单要求的颜色零件的情况下，机器视觉系统服务器需要告诉 PLC 传送带识别区中没有订单要求的颜色零件。其中坐标包括 X 轴坐标和 Y 轴坐标，坐标和角度信息用浮点数表示，每个浮点数占用四个字节。为此需要定义机器视觉系统服务器发给 PLC 信息的数据格式。机器视觉系统服务器发给 PLC 13 个字节的信息，其中第 1 个字节表示拍照处理的结果信息，第 1 个字节的第 7 位表示处理信息，1 表示开始处理，0 表示不处理，第 1 个字节的6、5 位表示零件状态，01 表示存在正面向上的订单颜色零件，10 表示只存在反面向上的订单颜色零件，11 表示不存在订单颜色零件。此外，第 2～5 个字节表示 X 轴坐标，第6～9 个字节表示 Y 轴坐标，第 10～13 个字节表示角度信息。机器视觉系统服务器发给PLC 信息的数据格式如图 6-12 所示。

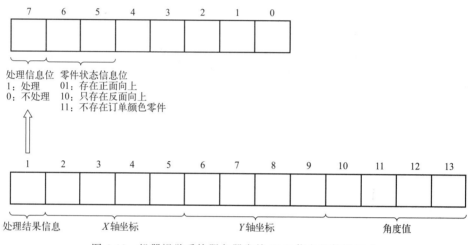

图 6-12　机器视觉系统服务器发给 PLC 信息的数据格式

根据本环节控制需求设计控制流程图，PLC 控制程序机器视觉系统部分流程如图 6-13所示。

PLC 上电启动后，PLC 先与机器视觉系统服务器建立起连接。在开始执行订单后，PLC 把拍照命令和从数据库中读取到的订单颜色信息发给机器视觉系统服务器，让机器视觉系统拍照并识别订单颜色零件。机器视觉系统拍照处理完毕后会给 PLC 返回 13 个字节的处理结果信息，PLC 此时开始处理收到的返回信息。如果 PLC 读到第 1 个字节的第 7 个比特为 1，则开始进行后续处理。之后 PLC 开始读取第 1 个字节的第 6、5 位比特，并根据读取到信息的不同有不同的处理方式。如果 PLC 读到第 1 个字节的第 6、5 位比特为 11，则表明传送带识别区中没有订单要求的颜色零件，此时 PLC 给运动控制系统发送传送带正方向转动 90mm 的指令，使传送带转动来让传送带加料区的零件进入识别区中，之后 PLC 继续把拍照命令和订单颜色信息发给机器视觉系统服务器。如果在 3 次拍照处理后，PLC 发现传送带识别区中仍没有订单要求的颜色零件，证明此时传送带上不存在订单要求的颜色零件，则此时传送带不转动，系统提示向加料区中加料。如果 PLC 读到第 1 个字节的第 6、5位比特为 10，则表明此时传送带上只存在反面向上的订单要求颜色零件。之后 PLC 开始读取第 2～9 个字节，即 X 轴坐标值和 Y 轴坐标值，此时这两个坐标表示的是距识别区中心最近的订单颜色零件下方的小孔坐标，选孔时采用离目标零件中心最近的小孔。PLC 需要将第 2～5 个字节和第 6～9 个字节的十六进制信息转换为浮点数，分别为 X 轴坐标值和 Y 轴坐标值，然后 PLC 将这两个坐标发给运动控制系统并发出导轨运动命令，使 XY 轴导轨带动喷头运动到目标小孔下方。根据系统实际情况，喷头 3s 之内就会到位，所以 PLC 在导轨

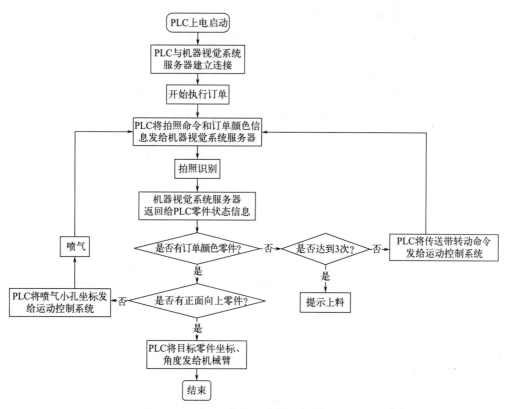

图 6-13 PLC 控制程序机器视觉系统部分流程

运动命令发出 3s 之后发出 DO 信号使电磁阀开启 0.2s，即喷气 0.2s。在喷气完成之后，PLC 继续把拍照命令和订单颜色信息发给机器视觉系统服务器。如果 PLC 读到第 1 个字节的第 6、5 位比特为 01，则表明此时传送带上存在正面向上的订单要求的颜色零件。之后PLC 开始读取第 2～13 个字节，即 X 轴坐标值、Y 轴坐标值和角度值，此时这些信息表示的是正面向上的订单颜色零件的中心点坐标和中轴线角度。PLC 需要将第 2～5 个字节、第6～9 个字节和第 10～13 个字节的十六进制信息转换为浮点数，分别为 X 轴坐标值、Y 轴坐标值和角度值，然后 PLC 将这些信息发给机械臂，让机械臂定位并抓取目标零件。

6.2.3 运动控制系统相关软件设计

在本系统中，运动控制系统主要用于控制 XY 轴导轨和传送带的运动。XY 轴导轨和传送带都由步进电动机控制器控制的步进电动机带动，而步进电动机控制器则由单片机来控制，所以，要使 XY 轴导轨和传送带运动，需要 PLC 给单片机发送信号。单片机内已经烧入控制步进电动机的程序，只需要向单片机发送特定信号，即可控制 XY 轴导轨和传送带运动。PLC 与单片机之间采用 RS-232 串口通信，由于单片机只能接收 TTL 电平信号，所以要经过一个 RS-232 转 TTL 模块的中转。

设 XY 轴导轨为 X 轴、Y 轴，传送带为 Z 轴，步进电动机单位为 1mm，控制 XY 轴导轨和传送带的命令主要有以下几种。

① 电动机解锁：$ X。

② 导轨归位：$ H。

③ 设定 X、Y、Z 轴零点：G10L20P0X0Y0Z0。

④ X、Y、Z 轴相对运动：G91X _ Y _ Z _ F _。其中，X、Y、Z 后面输入运动长度，单位为 mm；F 后面输入运动速度。

⑤ X、Y 轴绝对运动：G90G1X _ Y _ F _。其中，X、Y 后面输入运动长度，单位为 mm；F 后面输入运动速度。

根据本环节控制需求设计控制流程图，PLC 控制程序运动控制系统部分流程如图 6-14 所示。

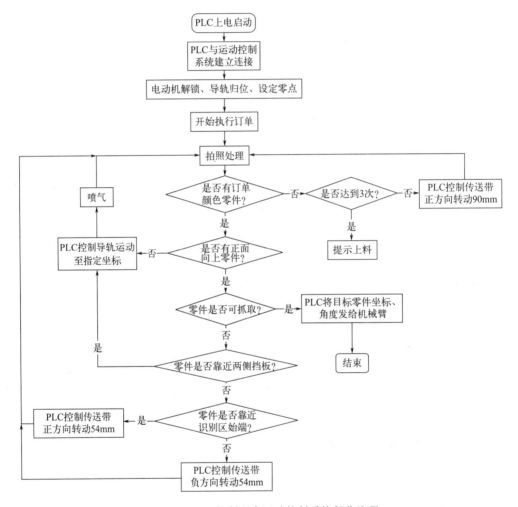

图 6-14　PLC 控制程序运动控制系统部分流程

PLC 上电启动后，PLC 先与运动控制系统建立起连接，PLC 向单片机发送的命令为字符串格式。在控制步进电动机转动之前，需要先对步进电动机进行解锁操作。由于在本系统中，喷头即 XY 轴导轨末端无法返回当前位置，所以只能靠步进电动机的转动步数间接获取喷头位置。所以在对步进电动机进行操作之前，需要先对 XY 轴导轨进行归位操作，并把归位之后喷头的位置定为坐标原点，这样坐标原点就固定了下来。所以，在 PLC 与运动控制系统建立连接之后，PLC 需要依次向单片机发送 ＄X、＄H、G10L20P0X0Y0Z0 三条命令。

在开始执行订单后，如果拍照处理后，发现识别区中没有订单颜色零件，PLC 需要控制传送带正方向转动 90mm，此时 PLC 发给单片机的命令为 G91Z90F20000。如果拍照处理后，发现识别区中只存在反面向上的订单颜色零件，PLC 需要控制 XY 轴导轨运动至指定坐标，此时 PLC 发给单片机的命令为 G90G1X ＿ Y ＿ F20000。

如果拍照处理后，发现识别区中存在正面向上的订单颜色零件，但存在限位的情况，此时有三种处理方式。当目标零件位于靠近传送带识别区末端挡板区域和机械臂无法到达区域时，传送带需要负方向转动一定距离使零件离开限位区，PLC 需要控制传送带负方向转动 54mm，此时 PLC 发给单片机的命令为 G91Z－54F20000；当目标零件位于靠近传送带识别区始端区域时，传送带需要正方向转动一定距离使零件离开限位区，PLC 需要控制传送带正方向转动 54mm，此时 PLC 发给单片机的命令为 G91Z54F20000；当目标零件位于靠近传送带两侧挡板区域时，喷头需要继续定位到目标零件下方，并通过喷气将零件喷移出限位区域，PLC 需要控制 XY 轴导轨运动至指定坐标，此时 PLC 发给单片机的命令为 G90G1X ＿ Y ＿ F20000。

另外，本系统还有手动模式可以控制 XY 轴导轨和传送带运动，此时 PLC 给单片机发送命令的格式仍与前述规则一致，在此不再赘述。

6.2.4　机械臂相关程序流程

在本系统中，机械臂主要用于定位抓取零件和按照订单颜色把零件放入指定位置。PLC 作为客户端，机械臂控制器作为服务端，PLC 与机械臂控制器之间采用 TCP 连接。为了使机械臂控制器成为服务端，需要将机械臂的控制脚本程序载入机械臂控制器并运行，并且机械臂必须脱机工作，此时机械臂控制器才能接收外部控制信号并对机械臂进行相应控制。机械臂夹爪的开启与闭合则由电磁阀的关闭与开启控制，电磁阀的开闭由 PLC 发送 DO 信号控制。

机械臂控制脚本程序采用 Python 编程，其中配置机械臂服务器 IP 地址为 192.168.1.100，端口号为 65000。机械臂控制脚本程序流程如图 6-15 所示。

机械臂脱机运行后，机械臂控制器一旦与 PLC 建立起连接，机械臂就将先到达初始位置（200，50，120，180），这四个数字分别表示 X 坐标值（mm）、Y 坐标值（mm）、Z 坐标值（mm）、末端执行器即夹爪角度值（°）。机械臂控制器与 PLC 之间采用十六进制的形式进行数据传递，PLC 需要向机械臂控制器发送 17 个字节的信息，包括订单颜色、目标零件中心点坐标和目标零件中轴线角度，坐标和角度值的数据类型为浮点数。第 1 个字节为订单颜色信息，规则与机器视觉系统部分相同，以 16 ＃ A0 代表订单颜色为红色，以 16 ＃ C0 代表

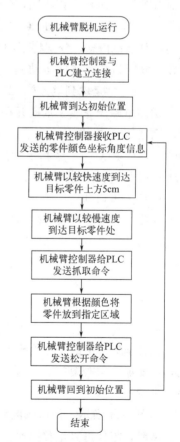

图 6-15　机械臂控制脚本程序流程

订单颜色为蓝色，以 16♯E0 代表订单颜色为绿色；第 2~5 个字节为 X 坐标值；第 6~9 个字节为 Y 坐标值；第 10~13 个字节为 Z 坐标值；第 14~17 个字节为角度值。机械臂控制器收到 17 个字节的信息后，需要分别取出第 1 个字节和后 16 个字节，先将后 16 个字节的十六进制数据按浮点数类型编译成 4 个浮点数存在一个元组中，然后从元组中取出 4 个浮点数分别赋给 XYZ 坐标值和角度值，将第 1 个字节的十六进制数据按照整型编译成 1 个整型存在一个元组中，再从元组中取出这个整型，即将红色 16♯A0 表示为整型 -96，蓝色 16♯C0 表示为整型 -64，绿色 16♯E0 表示为整型 -32。机械臂控制器需要向 PLC 发送 1 个字节的信息，通知 PLC 开启或关闭电磁阀来控制夹爪的闭合与开启。以整型 1 代表通知夹爪闭合信号，以整型 2 代表通知夹爪开启信号，由于要以十六进制的格式发送，所以将这一个字节的整型数编码为以十六进制表示的 ASCII 码之后再发送给 PLC，即机械臂控制器发送 16♯31 给 PLC，通知 PLC 开启电磁阀来控制夹爪闭合完成抓取零件操作，机械臂控制器发送 16♯32 给 PLC，通知 PLC 关闭电磁阀来控制夹爪松开完成放下零件操作。

在本系统中，机械臂控制器在收到 PLC 发送的零件颜色和方位信息后，先控制机械臂用一个较快的速度以门型运动方式运动到目标零件正上方 5cm 处，然后再用一个较慢的速度以直线运动方式运动到目标零件处，由于正面向上的零件都位于同一水平高度，机械臂每次抓取时的 Z 坐标应该相同，经实际测算此时机械臂的 Z 坐标为 152.56，此时机械臂控制器给 PLC 发送信号通知 PLC 开启电磁阀完成夹爪抓取操作。然后机械臂控制器再根据接收到的订单颜色信息，分别将不同颜色的零件用一个较快的速度以门型运动方式运动到不同的位置，分别为红色零件运动到（210，270，155，90），蓝色零件运动到（245，270，155，90），绿色零件运动到（280，270，155，90），此时机械臂控制器给 PLC 发送信号，通知 PLC 关闭电磁阀完成夹爪松开操作，这样就把不同颜色的零件按照颜色放入不同的指定位置，完成了分拣操作。之后，机械臂控制器控制机械臂返回初始位置（200，50，120，180），等待 PLC 下一条指令的到来。

根据本环节控制需求设计控制流程图，PLC 控制程序机械臂部分流程如图 6-16 所示。

PLC 上电启动后，PLC 先与机械臂控制器建立起连接。因为喷头坐标系与机械臂坐标系不一致，如果要抓取目标零件的话，就必须进行坐标系转换操作。根据机械臂的安装位置与实际场景，得出喷头坐标系与机械臂坐标系转换公式如下。

① $X = y + 60$。式中，X 为机械臂坐标系 X 坐标值；y 为喷头坐标系 Y 坐标值。

② $Y = -(x + 330)$。式中，Y 为机械臂坐标系 Y 坐标值；x 为喷头坐标系 X 坐标值。

③ $R = -(r - 90)$。式中，R 为机械臂坐标系角度值；r 为喷头坐标系角度值。

经过上述公式转换，喷头坐标系下的坐标转换为机械臂坐标系下的坐标，PLC 最后发送机械臂坐标系下的坐标给机械臂控制器来控制机械臂运动到目标零件处。为了系统的安全性，需要加入限位环节。根据应用场景实物测算，分析出可抓取区域和限位区域，如图 6-17 所示。

如图 6-17 所示，可抓取区域已在图中标出，当正面向上的订单颜色零件中心点处于抓取区域时，零件可以正常抓取。

图 6-17 中①区表示靠近识别区始端的区域，如零件处于①区，PLC 需要控制传送带正方向转动 54mm，然后 PLC 再发命令让机器视觉系统拍照识别。图 6-17 中②区表示靠近识

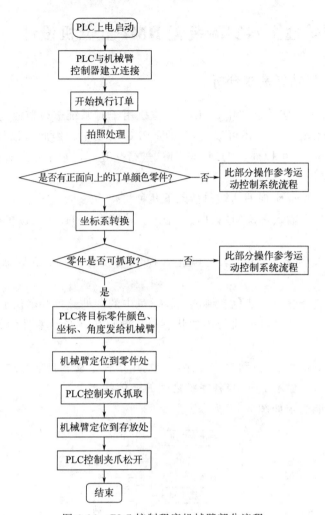

图 6-16　PLC 控制程序机械臂部分流程

别区末端挡板的区域，⑤区表示机械臂无法达到区域。如零件
处于②、⑤区，PLC 需要控制传送带反方向转动 54mm，然后
PLC 再发命令让机器视觉系统拍照识别。图 6-17 中③区和
④区表示靠近识别区两侧挡板的区域，如零件处于③、④区，
PLC 需要控制 XY 轴导轨带动喷头定位到零件下方小孔处并喷
气，然后 PLC 再发命令，让机器视觉系统拍照识别。

图 6-17　可抓取区域
和限位区域

　　在本系统中，①区范围为 $Y<-250$；②、⑤区范围为
$Y>-87$ 和 $100<X<115$，$-105<Y<-87$；③、④区范围
为 $X>278$，$-250<Y<-87$ 和 $X<100$，$-250<Y<-87$。

　　当零件处于可抓取区域时，PLC 需要将目标零件颜色、在机械臂坐标系下的坐标与角
度发给机械臂控制器，让机械臂运动到目标零件处，PLC 在接收到机械臂控制器发来的抓
取命令后，控制电磁阀开启，完成夹爪抓取操作，然后机械臂运动到对应订单颜色的存放
处，PLC 在接收到机械臂控制器发来的松开命令后，控制电磁阀关闭，完成夹爪松开操作，
此时一个订单才算完成。

6.3 FlexiJet 柔性上料实验装置 HMI 上位机设计

6.3.1 HMI 上位机功能需求分析

在 FlexiJet 柔性上料实验装置中，HMI 上位机用于对系统进行监测与控制。HMI 上位机不仅包含自己的 HMI 变量，还可以直接访问 PLC 的变量，因此可以作为操作员与 PLC 之间沟通的桥梁，操作员可以通过 HMI 与 PLC 进行交互，对整个系统进行控制操作，并监控整个系统的运行情况。

在本系统中，HMI 要实现的功能包括以下几种。

① 用户管理。只有输入正确的用户名与密码，才能登入 HMI 上位机操作系统，保证控制系统的安全性。

② 系统控制。控制系统的启动与停止，控制喷气、拍照、XY 轴导轨与传送带运动等。

③ 订单生成。选择红色、蓝色、绿色三种颜色中的一种颜色并确认下单。

④ 订单状态。显示订单目前执行中的状态、当前订单颜色、零件的方位信息、已完成的订单数量等。

⑤ 模式切换。主要为手/自动模式切换，分别用于在手动和自动模式下控制。

⑥ 通信状态显示。显示 PLC 与各系统之间的通信状态。

HMI 上位机功能需求如图 6-18 所示。

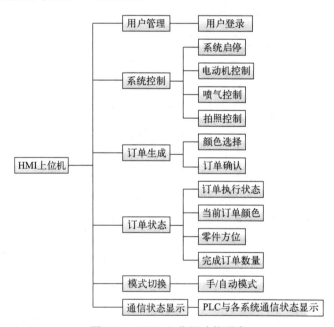

图 6-18　HMI 上位机功能需求

6.3.2 HMI 上位机设计

目前市面上 PLC 控制系统 HMI 上位机的开发大都采取两种方式：一是使用 SIMATIC

WinCC、组态王等软件开发上位机；二是使用 C、Java 等编程语言开发上位机。这两种方法都有一个缺点，就是必须安装相关软件才能使用 HMI 上位机，局限性较大。

本系统 HMI 上位机采用一个网页的形式来实现。HMI 选用网页有很多优势，这样可以实现远程多平台控制本系统，如使用计算机、手机、平板电脑等访问网页，即可远程控制本系统，真正做到了人机分离。HMI 上位机采用菲尼克斯公司研发的 PLC-next Engineer 软件进行设计。

HMI 的页面包括登录页面和控制页面，登录页面为访问 HMI 网址后的初始显示页面，只有在此页面输入正确的用户名和密码并登录后，才能进入控制页面，本系统用户名为 admin，密码为 32adae11。HMI 登录页面如图 6-19 所示。

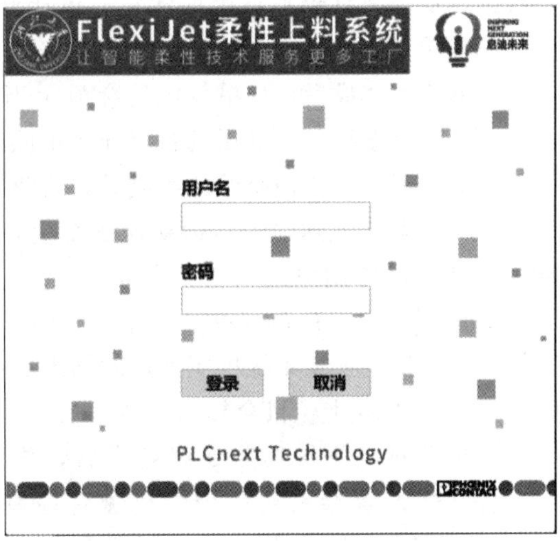

图 6-19　HMI 登录页面

在登录之后，HMI 显示控制页面，控制页面主要用于控制和监控本系统，是操作员操作的页面，包含系统控制、订单生成、订单状态、模式切换、通信状态显示等功能。HMI 控制页面如图 6-20 所示。

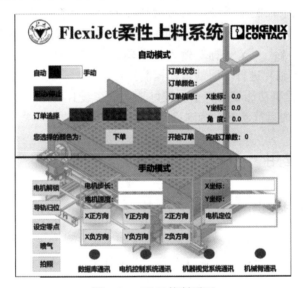

图 6-20　HMI 控制页面

如果想在自动模式下控制本系统，就将滑块滑到"自动"一侧，然后单击"启动/停止"按钮，系统开始初始化操作，包括与各个系统建立连接、解锁电动机、导轨归位、设定零点等操作，当页面显示系统初始化完成时，就可以进行后续操作，PLC 与各个系统之间的通信状态在页面下方显示。

此时可以在 HMI 控制页面上选择订单颜色，选择的颜色会显示在页面上，选好颜色后，单击"下单"按钮，如果提示下单成功，则表明已将订单信息写入数据库中，在此页面可以一次同时下很多个不同颜色的订单。

在下好订单之后，单击"开始订单"按钮，系统就会开始执行下单时间最早的一个未完成订单，订单状态、订单颜色、订单信息和完成订单数会显示在 HMI 控制界面上。其中，订单状态表示当前订单执行中的状态，包括订单读取中、拍照处理中、喷头定位中、喷气中、传送带转动中、提示上料、机械臂定位中、机械臂抓取中、订单完成、无未完成订单。

在订单读取完成后，订单颜色处会显示当前执行订单的颜色，PLC 把读取到的订单颜色发给机器视觉系统，机器视觉系统开始拍照处理。

如果机器视觉系统拍照处理完成后，告诉 PLC 此时识别区中只存在反面向上的订单颜色零件，PLC 就会发送命令给运动控制系统，使喷头定位到目标零件下方小孔处。当喷头到位后，PLC 会控制电磁阀开启使喷头喷气。如果机器视觉系统拍照处理完成后，告诉 PLC 此时识别区中不存在订单颜色零件，PLC 就会发送命令给运动控制系统，使传送带转动上料。如果机器视觉系统拍照处理的结果 3 次显示识别区中不存在订单颜色零件，订单执行就会中止，HMI 上位机会提示上料。

如果机器视觉系统拍照处理完成后，告诉 PLC 此时识别区中存在正面向上的订单颜色零件，PLC 就会发送命令给机械臂控制器让机械臂前来抓取目标零件。在机械臂定位到目标零件处后，机械臂控制器会给 PLC 发信息，通知 PLC 控制电磁阀开启来完成夹爪抓取零件操作。当机械臂将订单颜色零件抓取到对应的指定位置后，机械臂控制器会给 PLC 发信息，通知 PLC 控制电磁阀关闭来完成夹爪松开零件操作，这时订单才算完成。

如果想在手动模式下控制本系统，就将滑块滑到"手动"一侧，并依次单击"电机解锁""导轨归位""设定零点"按钮，之后即可控制 XY 轴导轨与传送带运动。在"电机步长""电机速度""X 坐标""Y 坐标"输入框中输入数字，然后单击相应按钮，可对导轨（XY 轴）和传送带（Z 轴）进行不同的运动控制操作。

本系统的 HMI 上位机功能较为齐全，较好地实现了设计需求，操作员可以很方便地控制本系统和监控本系统的运行状态，达到设计目的。

6.4　课程实验应用

6.4.1　实验课程应用案例

本实验装置经过喷气压力测试、光感环境预设、手眼标定和安全抓取区域限位后，开启控制系统稳定运行，通过上位机界面随机生成 100 个订单进行测试，实验测试过程示例如图 6-21 所示，测试结果如下。

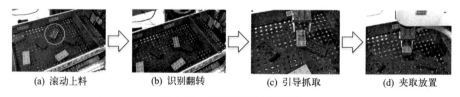

|(a) 滚动上料|(b) 识别翻转|(c) 引导抓取|(d) 夹取放置|

图 6-21　实验测试过程示例

① 系统能够正常送料，并实现物料正反面识别，准确率约为 98%。

② 若所需物料正好存在且正面向上，机器人能够顺利抓取放置，成功率约为 95%。

③ 若所需物料存在，但反面向上，FlexiJet 柔性上料机喷气调整后抓取，成功率约为 85%。

结合该实验平台，可灵活开设单项、多项和综合创新实验，形成可独立、可联动、可综合，由底层基础到顶层创新、功能改进的金字塔式教学体系，实验课程应用示例如表 6-2 所示。

表 6-2　实验课程应用示例

实验类型	实验名称	实验主要设备（含软件）	实验主要内容
单项实验	SolidWorks、V-rep 建模仿真	工作站、SolidWorks 等	机械建模、设计和仿真
	PLC 基础、提高实验	PLC 控制器、工控机	PLC 上下位机编程、模块使用等
	单片机基础、提高实验	Arduino、工控机	智能感知及控制、XY 轴机构运动控制
	机器视觉实验	工业相机、工控机	视觉算法研究、打光、手眼标定等
	机器人编程实验	Dobot M1、工控机	机器人示教、脚本控制、3D 打印等
多项实验	PLC 与 FlexiJet 通信实验	PLC、FlexiJet、工控机	PLC 与 FlexiJet 联合开发及应用
	PLC 与视觉通信实验	PLC、工业相机、工控机	PLC 与机器视觉联合开发及应用
	PLC 与机器人通信实验	PLC、机器人、工控机	PLC 与机器人联合开发及应用
综合实验	FlexiJet 柔性上料综合创新实验	PLC、Arduino、工业相机、Dobot M1、工控机、各类 I/O 设备等	以综合项目的形式出现，完成规定的功能并改进

6.4.2　柔性上料系统拓展性实验探索

拓展性实验探索将理论知识融于实验教学中，理论教学与实验验证反复交叉、融为一体，让学生在学习和实验（实践）过程中理解理论知识、掌握技能、增强学习的主动性、提高学习兴趣，在理论和实践连续交互螺旋上升过程中完成学习积累。这样就最大限度地契合了学习规律，突出学生的主体地位，激发学生探究式学习潜力，让学生在不断巩固知识、积累工程能力的过程中达到事半功倍的效果。

基于 FlexiJet 柔性上料实验装置引导学生进行了拓展性实验探索。通过对此实验系统的场景和知识点深度的拓展，挖掘实验设备潜力，通过学生自主拓展性实验设计（实施），从项目设计、工程应用两方面着手培养学生工程应用的基础能力，属于综合创新性设计实验。

通过对于工业应用场景中柔性上料系统需求的调研分析，针对一代 FlexiJet 柔性上料实验装置在场景泛化性、视觉检测实时性、物料单一等方面存在的问题，引导学生进行了拓展性实验设计。

例如，针对一代机缺少进料环节问题，提出完善进料流程，增加自动振动式进料料斗装置。针对一代机机器视觉算法实时性较差、分拣物料单一等问题，提出采用高效 Yolo 算法和 Faster-RCNN 完成料件识别，以提高物料识别的实时性。针对过曝场景下的视觉检测问题，采集了大量过曝条件下的数据集，提高了视觉系统的光照变化下的鲁棒性。此外，由于深度学习算法的泛化能力，在增加其他种类料件的情况下，经过训练的网络仍然可以对其他的料件进行识别，增加了系统的泛化性。针对一代机喷气翻转料件的应用局限性问题，拓展了无序物料抓取功能。采用 6 自由度机械臂进行抓取，并直接通过机械臂完成料件的姿态翻转，而无需喷气来调整料件的姿态，喷气环节可以仅用于调整重叠料件。由于对抓取环节提出了更高的要求，因此视觉部分也要进一步提高，需要获得点云的六自由度位姿，采用深度相机来完成。

在机械臂控制算法的改进方面，相机的外参标定可以有效地提高机械臂抓取的准确性。除此之外，对四自由度的机械臂进行了抓取算法的优化，从原来的传递绝对坐标改为传递差分的机械臂坐标，从而在实验中有效地提升了抓取的成功率和稳定性，提高了上料系统的工作效率，并且适用于多种料件的抓取。

6.4.3 拓展性实验案例一：视觉算法优化

在一代上料系统中，初步完成了物体的分类，并且达到符合生产要求的实时性。但是由于该方法使用的是手工设计和提取物体特征的传统算法，因而缺乏一定的泛用性，限制了上料机的实际应用场景，无法对更多种类的料件进行上料，并且原有的视觉算法对于一些异常情况（如光照变化、物体移动的条件下）缺乏鲁棒性。此外，该算法没有对物体姿态的特殊情况进行分析，如重叠和并列。

本实验主要探索解决在过曝条件下对传送带上的物体进行识别，目的是提高视觉系统在光照变化条件下进行物体检测的鲁棒性，同时优化系统的实时性。为此，本小组研究和实践了两种在实时性和分类准确性上各有特点的算法，并与原有算法进行对比，选择了识别最优的算法，并将该算法替换原有的算法，实现了第二代上料系统的视觉算法优化。

(1) 过曝数据集采集

本小组在数据采集方面采集了不同位姿的过曝图像和光线正常情况下的图像（图 6-22），并对采集到的图像打标签，标签数约为 1000 个，补充了之前没有的过曝条件下的数据集，并整合到原有的数据集中。经过整合的二代系统数据集包含了正常光照条件下的数据集、过曝条件下的数据集以及物块姿态异常条件下的数据集。

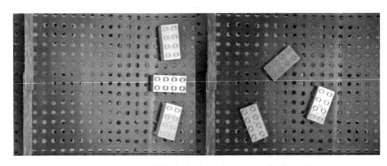

图 6-22　过曝数据集包含全部过曝和部分过曝

(2) 基于 Faster-RCNN 的料件识别

Faster-RCNN 的训练是在已经训练好的 model（VGG _ CNN _ M _ 1024、VGG、ZF 等）的基础上进行的训练。实际中训练过程分为 6 个步骤（图 6-23）。

① 在已经训练好的 model 上训练 RPN 网络。

② 利用步骤①中训练好的 RPN 网络，收集 proposals。

③ 第一次训练 Faster-RCNN 网络，对应 stage1 _ fast _ rcnn _ train. pt。

④ 第二次训练 RPN 网络。

⑤ 再次利用步骤④中训练好的 RPN 网络，收集 proposals。

⑥ 第二次训练 Faster-RCNN 网络。

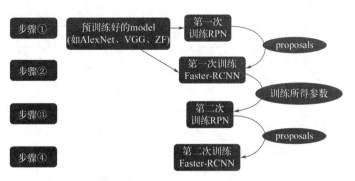

图 6-23　Faster-RCNN 训练流程

可以看到训练过程类似于一种"迭代"的过程，但是只循环了 2 次。其原因是循环更多次没有提升实际效果。

实验数据集主要是工业相机拍摄图像，实验时，一些包含严重问题的图像会被过滤清除，得到包含 271 张训练集图像和 90 张验证集图像的数据集。为了便于识别，图像统一处理为 $768 \times 768 \times 3$ 的数据格式，并通过 MATLAB 中的 Image Labeler 工具进行了物料六类标签的标注。

选择合适的参数搭建 Faster-RCNN 网络，初始化网络参数，代码实现如下。

```
% Load Label
load label _ ori


% Set training options
options = trainingOptions('sgdm',...
'MiniBatchSize',1,... % Faster-RCNN 中的 minibatch 只能设置成 1
'InitialLearnRate',1e-4,... %学习率,设置太大,虽然训练速度快,但是效果比较差,甚至会发散;设置太小,
训练速度会较慢
'LearnRateSchedule','piecewise',...
'LearnRateDropFactor',0.1,...
'LearnRateDropPeriod',100,...
'MaxEpochs',20,...
'CheckpointPath',tempdir,...
'Verbose',true);
```

进一步通过运行速度更快的 AlexNet 作为卷积网络，在此基础上完成训练。其中，通过实验对 InitialLearnRate、LearnRateDropFactor 和 MaxEpochs 参数进行对比，从而选取最优参数进行最终的网络训练，如表 6-3 所示。

表 6-3　模型参数

参数	数值	性能效果 Mini-batch RMSE
InitialLearnRate	0.0001	0.28
	0.0005	0.21
	0.001	0.16
	0.1	0.15

续表

参数	数值	性能效果 Mini-batch RMSE
LearnRateDropFactor	0.05	0.17
	0.15	0.16
	20	0.14
MaxEpochs	15	0.21
	10	0.31

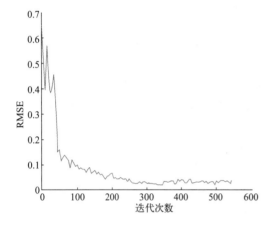

图 6-24　训练效果随迭代次数增加的变化状况

训练效果随迭代次数增加的变化状况如图 6-24 所示，随着迭代次数增加，RMSE 逐渐减小，并趋于较理想的值，但是到达一定次数后，性能不再得到改善。

最终的检测效果可以由图 6-25、图 6-26 代表，对正常情况下的物料，本模型具有较好的检测效果，但是，对于反光过亮的物料，Faster-RCNN 算法尚且不能很好地检测。

（3）基于 YOLOv2 的料件识别

YOLO 采用卷积网络来提取特征，然后使用全连接层来得到预测值。网络结构参考 GoogLeNet 模型，其中主要包含 24 个卷积层和 2 个全连接层，如图 6-27 所示。

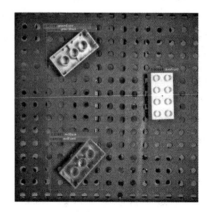

图 6-25　正常情况检测结果　　　　图 6-26　过亮反光状态检测结果

而 YOLOv2 为了提升在检测精度和检测速度上的性能，通过增加 BN 层、提高训练分辨率、采用先验框、通过 K-means 聚类寻找合适参数、以 Darknet-19 作为分类基础网络、运用更细粒度的特征图等方式对 YOLO 进行了一定程度的优化。

对 xml 格式存储的数据进行格式处理，可得到 MATLAB 适用的各类工件的标注数据。合理设置训练网络所需的参数，例如输入数据的形式（imputSize）、需要辨别的种类数量（numClasses）、先验框的数量及大小（anchorBoxes）、特征提取网络（featureExtractionNetwork）等。具体参数如下。

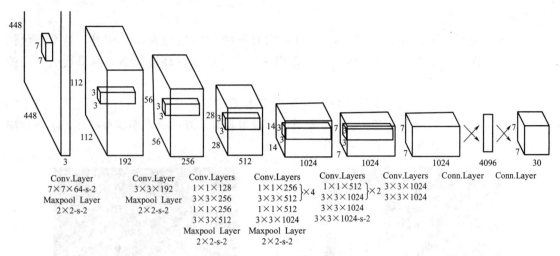

图 6-27　YOLO 网络框架

```
options = trainingOptions('sgdm',...
    'MiniBatchSize',16,...
    'InitialLearnRate',1e-3,...
    'LearnRateSchedule','piecewise',...
    'LearnRateDropFactor',0.1,...
    'LearnRateDropPeriod',100,...
    'MaxEpochs',20,...
    'CheckpointPath',tempdir,...
    'Verbose',true);
inputSize = [768 768 3];
numClasses = 6;
numAnchors = 7;
[anchorBoxes,meanIoU] = estimateAnchorBoxes(trainingData,numAnchors);
featureExtractionNetwork = resnet18;
featureLayer = 'res5b_relu';
lgraph
yolov2Layers(inputSize,numClasses,anchorBoxes,featureExtractionNetwork,featureLayer);
```

其中，通过聚类算法，确定应当选取 7 种先验框，并且确定了各自的大小。图 6-28 体现了先验框种类、数量对其覆盖精确度的影响，从而从系统复杂度和覆盖性能两方面考虑，决定选择 7 种先验框。

随后在 MATLAB 平台完成网络的训练，并能够通过训练得到的模型对测试图像完成检测。

在该神经网络的训练阶段，共使用了 271 个样本图像进行训练，其中每个样本图像中均包含一个及以上的检测对象。最终完成训练后，对 90 个测试集进行测试，统计得到该模型的准确

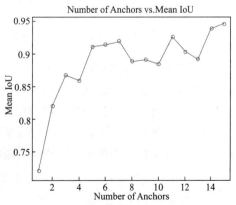

图 6-28　先验框种类、数量对
其覆盖精确度的影响

率达到 93.13%。

通过让模型连续检测测试集的运行时间，大致得到 FPS 值约为 36。但是，这个值仅供参考，一方面由于测试集数量太少，另一方面由于测试的硬件环境能够对结果造成巨大的影响。

图 6-29 显示了对过亮的反光工件、紧贴的多个工件等情况下进行检测的结果，图 6-30 显示了正常环境中的检测的结果。结果表明，该模型具有较好的准确率和鲁棒性，能够适应环境的各种非理想状况，检测效果优良。

图 6-29 反光过亮以及紧贴工件的检测

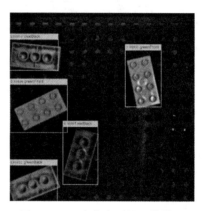
图 6-30 正常状态下的工件检测

（4）算法对比

将上述两种算法的结果进行对比，得到的结果如表 6-4 所示。

表 6-4 YOLOv2 和 Faster-RCNN 算法对比结果

方法	准确率	FPS	紧贴工件识别	过亮工件识别
Faster-RCNN	88.53%	28	√	×
YOLOv2	93.13%	36	Ā	Ā

可以看出，相对于 Faster-RCNN 算法，YOLOv2 算法在本场景的运用中更具优势，主要优势体现在其运算速度（具有更好的实时性）以及具有更高的准确率。其中准确率方面主要体现在其对过亮的工件能够正确地识别，具有更好的鲁棒性。

6.4.4 拓展性实验案例二：机械臂算法优化

在以前的机械臂抓取环节中，一直存在着标定之后仍会出现抓取偏差的问题。分析其原因可能是每次系统启动的时候，即使机械臂的位置已经固定了，但是由于相机每次都需要调整和连接，因此不能保证每次相机的位姿都是不变的。

在原始机械臂算法中，在图片坐标系下的坐标表示为 $[u, v]$，机械臂坐标系下的坐标为 $[x, y]$，原始算法未经过标定，经过直接的线性变换 $\boldsymbol{A}$ 得到。

$$\begin{bmatrix} u \\ v \end{bmatrix} = \boldsymbol{A} \begin{bmatrix} x \\ y \end{bmatrix} \tag{6-1}$$

在改进的机械臂算法中，首先是在图像处理的步骤增加了张正友标定法，矫正了相机的畸变，从而增加了定位的准确性，如图 6-31 所示。

由于机械臂进行抓取的时候，传递的不仅是简单的来自线性转换的图片坐标，而是对像素坐标和机械臂坐标进行了耦合，通过机械臂控制程序获得某一个和像素 $[u_0, v_0]$ 相对应的机械臂坐标为 $[x_0, y_0]$，对于目标点的图像坐标系下的坐标表示为 $[u, v]$，机械臂坐标系下的坐标为 $[x, y]$，分别计算其差分坐标为 $[u_d, v_d]$ 和 $[x_d, y_d]$。相机的内参矩阵为 $\boldsymbol{K}$，则经过标定和坐标的差分之后，得到新的坐标转换公式：

图 6-31　相机标定

$$\begin{bmatrix} u_d \\ v_d \\ 1 \end{bmatrix} = \boldsymbol{K} \begin{bmatrix} x_d \\ y_d \\ 1 \end{bmatrix} \tag{6-2}$$

通过上式计算出 $[x, y]$ 作为机械臂的终点坐标。实验证明，该方法有效地增加了抓取位置的准确性。机械臂定位结果如图 6-32 所示。

图 6-32　机械臂定位结果

6.4.5　拓展性实验案例三：立体视觉算法仿真和实践

在仿真环境中，采用生成的点云模型对系统进行了验证。首先进行了大量的文献调研，确定了技术路线，如图 6-33 所示。

为了先在仿真中进行算法验证，生成了稠密的点云。在仿真的实验结果中，红色是待匹配点云，蓝色为粗匹配点云，白色为精匹配后的点云，如图 6-34 所示。

图 6-33　技术路线

图 6-34　点云配准结果

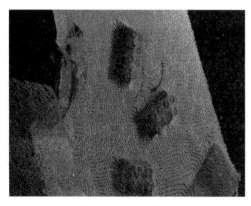

图 6-35　点云采集

在实际环境中，由于 RGBD 相机采集的点云本身具有稠密和噪声大的特点，所以采集到的数据的误差是比较大的，而且会出现纹波的现象。点云采集如图 6-35 所示。

因此，该算法虽然在仿真环境中的准确度较好，但在实际环境中缺乏准确性，未来要继续在点云识别的准确性方面做出改进，进而完善系统。

（1）机械臂建模及轨迹规划

经过查阅机械臂的开发手册，得到 UR 机械臂的参数，并且各关节均为旋转关节。建立其 SDH 参数表，如表 6-5 所示。

表 6-5　SDH 参数表

i	α_i	a_i	d_i	θ_i
1	90°	0	89.459	θ_1
2	0	−425	0	θ_2
3	0	−392.25	0	θ_3
4	90°	0	109.15	θ_4
5	−90°	0	94.65	θ_5
6	0	0	0	θ_6
7	0	0	100	0

用以上参数在 MATLAB 中建立机械臂模型，如图 6-36 所示。

该机械臂的特点是 2、3、4 关节相互平行，因此可以使用 Pieper 方法进行逆运动学的求解，简化了计算。最终得到机械臂逆运动学的解。

（2）机械臂轨迹规划

用 XYZ 固定角表示机械臂末端相对于基座坐标系的姿态。设步数为 nsteps，每步间的时间间隔为 dt，则总时间 $T = \text{nsteps} \times \text{dt}$，对于每个角度都进行三次多项式插值，最后其角度、角速度、角加速度分别表示如下。

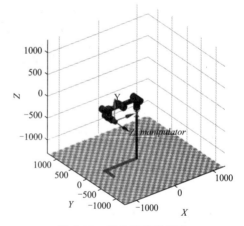

图 6-36　机械臂建模模型

$$\theta(t) = a_3 x^3 + a_2 x^2 + a_1 x + a_0 \tag{6-3}$$

$$\dot{\theta}(t) = 3a_3 x^2 + 2a_2 x + a_1 \tag{6-4}$$

$$\ddot{\theta}(t) = 6a_3 x + 2a_2 \tag{6-5}$$

对 α、β、γ 进行插值，并给定该点的位置，记为 $\boldsymbol{p}_0 = [x_0\, y_0\, z_0]^T$，可以得到 nsteps+1 组固定角，并计算每组固定角所对应的机械臂末端相对于基座的旋转矩阵：

$$_6^0\boldsymbol{R} = \begin{bmatrix} c\alpha c\beta & c\alpha s\beta s\gamma - s\alpha c\gamma & c\alpha s\beta c\gamma + s\alpha s\gamma \\ s\alpha c\beta & -s\alpha s\beta s\gamma + c\alpha c\gamma & -s\alpha s\beta c\gamma - c\alpha s\gamma \\ -s\beta & c\beta s\gamma & c\beta c\gamma \end{bmatrix} \tag{6-6}$$

由该旋转矩阵和位置向量组成的齐次变换矩阵为

$$
{}_{6}^{0}\boldsymbol{T}=\begin{bmatrix} {}_{6}^{0}\boldsymbol{R} & \boldsymbol{p}_0 \\ 0 \quad 0 \quad 0 & 1 \end{bmatrix}
\tag{6-7}
$$

由于该机械臂 2、3、4 关节相互平行，因此可以采用 Pieper 方法对参数进行求解。求解过程在机械臂建模环节完成。

每一个末端位姿对应 8 组逆运动学解，每组逆运动学解均以向量的形式表示，将 nsteps＋1 组路径点及各组逆运动学解等效成一张有向的拓扑地图，该地图的示意图如图 6-37 所示。

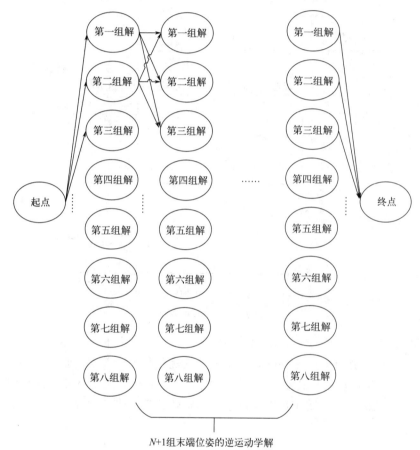

图 6-37　机械臂路径优化示意图

若以机械臂转动总角度最小为优化目标，则用 1 范数表示该拓扑图中两点之间的代价。若以机械臂转动角度平方最小为优化目标，则用 2 范数表示该拓扑图中两点之间的代价。用以上两种优化目标进行优化，采用 Dijsktra 方法选取一组代价最小的有向路径。

以初始 XYZ 固定角 $[0 \quad 0 \quad 90°]$、末尾 XYZ 固定角 $[90° \quad 0 \quad 0]$ 为例，分别对每个固定角的角度进行三次多项式轨迹规划，并得到在固定坐标系下 XYZ 轴的旋转角度、角速度和角加速度的变化结果，如图 6-38 所示。

在运动过程中，分为 100 步，包括初始状态和末尾状态共有 101 组状态，依次截取运动过程中的部分状态。

基于速度轨迹规划的定点转动方法，给定初末状态机械臂末端的固定角表示及其所在的空间位置，使用三次多项式插值的方法对各个固定角进行插值，并在每个路径点上求逆解。

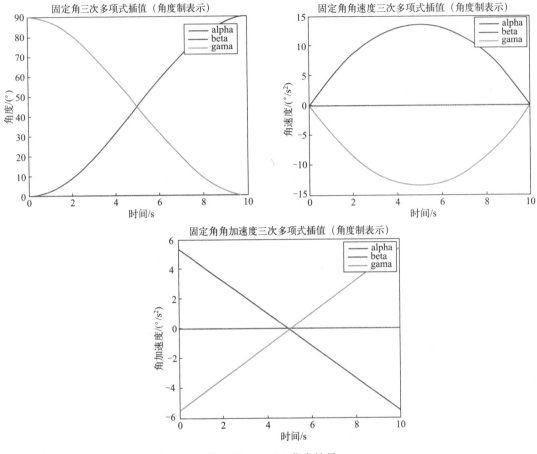

图 6-38　matlab 仿真结果

由于每个路径点上包含 8 组逆解，因此需要根据不同的优化目标对机械臂的路径进行优化。将各组逆解等效成一张有向的拓扑图，根据不同的优化目标计算各点之间的代价，根据 Dijsktra 方法选取一组代价最小的路径。该方法能够针对不同的优化目标对机械臂各个关节角的轨迹进行优化，但是只适用于可以求出逆运动学解的表达式的情况，如图 6-39 所示。

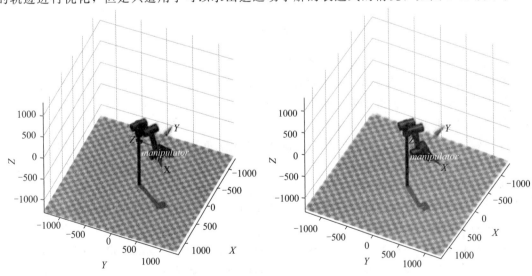

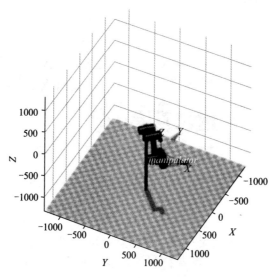

图 6-39 机械臂运动状态

？思 考 题

1. 柔性上料系统和传统的上料系统有何不同？
2. 简述柔性上料控制系统的工作原理。
3. 柔性上料系统上位机软件应该具备哪些功能？
4. 分析机械臂标定之后仍会出现抓取偏差的原因。
5. 简述机械臂轨迹规划的方法。

第7章

AGV与机器人协同搬运系统

AGV与机器人协同搬运系统是一种典型的复合型AGV系统，通常会融合传统AGV导航运动、机械臂取放、机器视觉及语音控制等功能，能够显著提升传统AGV的工作能力，扩展适用场景，在智能工厂、物流中心、室外巡检等多种应用场景发挥巨大的作用。本章设计的协同搬运系统主要包含AGV移动底盘、机械臂取放模块、机器视觉模块及语音识别模块，在此基础上进行相关的软硬件设计、集成开发和系统功能优化。其中，AGV移动底盘的导航运动模块结合改进的A*算法和DWA算法，能够完成全局路径规划及动态避障等功能；机械臂取放模块在AGV移动底盘到达预定位置之后，能够完成指定物品的取放；机器视觉模块主要实现AGV精准导航定位以及识别待抓取物品的颜色和定位，引导机械臂完成抓取任务；语音识别模块主要扩展了人机交互功能，实现了语音控制AGV启动、选择机械臂抓取物块的种类、播报提示音等功能。最后，在实验室环境下搭建了包括货仓、货架、交货区的模拟仓储环境并进行相关功能测试。结果显示，本节设计的AGV与机器人协同搬运系统可以较为出色地完成仓储物流环境中的导航、避障、定位、识别、抓取、搬运等任务，具有良好的人机交互性能和较高的应用价值。

7.1 协同搬运系统设计方案

7.1.1 硬件设计

为了实现复合型AGV建立环境地图、定位、导航、机械臂抓取、视觉识别、语音识别等功能，本节设计并搭建了复合AGV硬件系统，硬件设计如图7-1所示。

AGV底盘采用EAI公司生产的移动底盘B1。在硬件方面，B1配备了超声传感器、转速传感器、EAI激光雷达、IMU（包括MEMS陀螺仪和3轴加速度计）、红外模块等多种传感器，可以实现自主充电、建图、定位、避障、导航、防跌落的功能。B1底盘载重50kg，最大爬坡角度15°，越障高度10mm，最大运行速度1m/s，巡航时间6h。B1底盘还配置了Ehernet接口、多个USB接口、Wi-Fi模块和多种电源输出接口。Ehernet接口可以与Dobot机械臂通过以太网线连接，实现两者的通信。USB接口可以连接摄像头及语音识别模块，接收图像和语音信息。Wi-Fi模块可以和上机位进行连接，实现信息传递和通信。电源接口可以为Dobot机械臂供电。

机械臂采用越疆科技生产的Dobot Master 1代（简称M1）机械臂。M1机械臂额定负

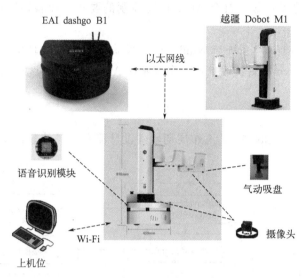

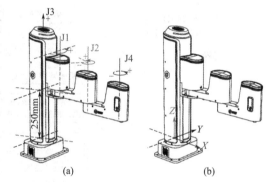

图 7-1 硬件设计

载为 1.5kg。7-2(a) 所示为机械臂的关节坐标系，机械臂有一个平动关节和三个转动关节。J1、J2、J3 转动关节轴线相互平行，逆时针方向为正方向。J4 平动关节垂直向上为正方向。平动关节最大移动速度为 1000mm/s，转动关节最大角速度为 180°/s。7-2(b) 所示为机械臂的笛卡儿坐标系，X 轴正方向垂直于机械臂底座向前，Y 轴正方向垂直于机械臂底座向左，Z 轴正方向垂直于机械臂底座向上。另外，M1 机械臂配置 RS-232C 接口，可以控制连接在机械臂末端的气动吸盘收紧

图 7-2 Dobot M1 机械臂关节

和放松，实现物块抓取和放置；机械臂可以和 B1 底盘通过以太网线连接，实现信息交互，完成协同作业。

摄像头模块如图 7-3 所示。摄像头采用杰锐微通公司生产的 500 万像素 HF-500 高动态摄像头，配制 120°广角无畸变镜头，可以满足 AR 码识别的需求。摄像头与 B1 底盘通过 USB 接口相连。

图 7-3 摄像头模块　　　　图 7-4 语音识别模块

语音识别模块如图 7-4 所示，采用 XNT-8738 模块，该模块识别距离达到 10m，识别率

155

达到 98% 以上，具备降噪功能，符合 AGV 语音控制的要求。语音识别模块与 B1 底盘通过 USB 接口相连。

上机位安装 Ubuntu 16.04 系统与 Windows 10 双系统，在 ROS 环境下与复合型 AGV 通过 Wi-Fi 进行通信并通过 Rviz 软件接收信息，实时显示 AGV 位姿信息和摄像头视觉信息。

7.1.2 软件设计

图 7-5 所示为一个简化的 AGV 工作周期软件设计流程，具体软件实现流程如下。

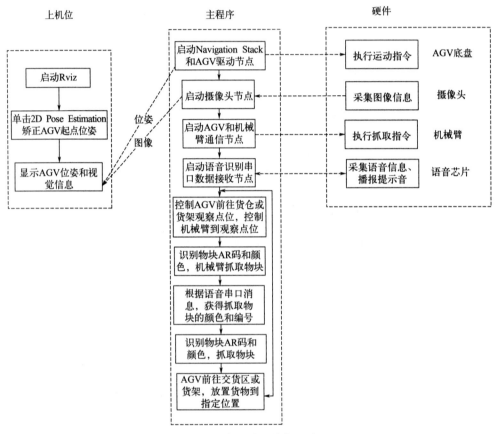

图 7-5　实验装置结构设计

① 通过 Wi-Fi 连接 AGV 和上机位。

② 启动 Gmapping、键盘控制 AGV 移动和 Rviz 节点，打开 SLAM 功能，通过键盘控制 AGV 在环境内移动，完成地图建立并保存。如果已经建立好地图，跳过此步骤。

③ 启动 Navigation Stack、Rviz 软件，在 Rviz 中单击 2D Pose Estimation 手动设置 AGV 起点，矫正 AGV 起点位姿。

④ 启动语音识别串口数据接收节点，接收、发布语音识别模块串口消息。启动 AGV 和机械臂通信节点。启动摄像头节点，发布图像信息话题。

⑤ 首先控制 AGV 前往货仓，到达观察点位后，识别垂直粘贴的 AR 码，调整 AGV 位姿，控制 AGV 停在货仓正前方。控制机械臂运动到观察点位，识别物块上 AR 码和货物颜色，控制机械臂抓取物块，接着收紧机械臂。控制 AGV 前往相应货架点位。到达货架后，识别垂直粘贴的 AR 码，控制 AGV 停在货架正前方。控制机械臂运行到观察点位，识别货

架上的 AR 码，控制机械臂放置物块到对应点位，接着收紧机械臂。等待语音控制信息，接收需要运送到交货区的货物的颜色和编码。控制 AGV 前往相应货架，识别 AR 码，调整 AGV 姿态，控制机械臂抓取对应货物后，收紧机械臂。控制 AGV 前往货仓位置，控制机械臂放置货物。最后控制 AGV 前往货仓开启下一个工作周期。

7.1.3　实验室仓储环境搭建

图 7-6 所示为仓储场景的俯视图。其中，A、B、C 为三个货架，分别放置黄色、红色、绿色的货物；E 区域为货仓，AGV 从此区域取货后运送到货架；D 区域为交货区，AGV 从货架取货后运送到此区域。

本节采用白色纸箱搭建货架。货架表面上粘贴的 AR 码对应货物上的 AR 码，代表货物应该放置的位置。货架上方垂直粘贴的 5 个 AR 码用于 AGV 姿态矫正。货架实拍图如图 7-7 所示。

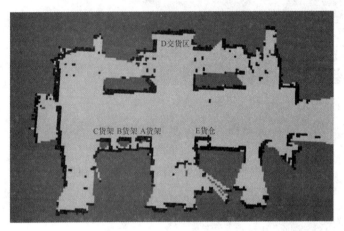

图 7-6　仓储环境地图

图 7-7　货架实物

7.2　导航运动模块设计与优化

7.2.1　环境地图建立

（1）Gmapping 算法简介

常用的 SLAM 算法包括 Gmapping、Karto、Cartographer 等算法。基于 AGV 实际硬件条件和工作环境，本节考虑使用基于激光雷达和里程计信息建立地图的 Gmapping 算法对环境地图所需信息进行扫描、构建，生成环境地图。Gmapping 算法是一种使用 RPBF 粒子滤波算法的二维栅格地图构建算法，稳定性较高，对雷达性能要求较低，适用于较小环境的高精度地图建立，符合本节的实际需求。

ROS 中的 slam＿gmapping 节点输入信息包含：scan，激光雷达数据；imu-data，IMU 数据；tf，坐标变换数据，包括 AGV 底盘和激光雷达的坐标变换、AGV 底盘和里程计原点的坐标变换。slam＿gmapping 节点的输出信息包含：tf，坐标变换数据，主要是 map＿frame 和 odom＿frame 之间的变换，即 AGV 在世界坐标系中的位置；map，环境地图栅格数据；map_metadata，环境地图相关信息；～entropy，AGV 姿态分布熵估计。

（2）使用 Gmapping 功能包构建环境地图

ROS 中的 Gmapping 功能包使用较为简便，只需根据实际情况修改 Gmapping 功能包中的参数，并传入符合数据类型要求的激光雷达、IMU、坐标变换数据，控制 AGV 扫描完整个实验室环境后即可生成地图。最后保存已经生成的地图，在未来的 AGV 导航中可以直接调用。图 7-8 所示为建图过程在 Rviz 中的显示效果。

图 7-8　使用 Gmapping 建立环境地图

建立好的实验室环境地图如图 7-9 所示。环境地图包括三种类型的区域：不可通行区域——使用黑色线条表示，代表墙壁、桌子等 AGV 无法穿越的边界或障碍物；可通行区域——使用白色区域表示，在此区域 AGV 可以自由通行；未知待探索区域——使用灰色区域表示，表示激光雷达无法扫描到的区域。

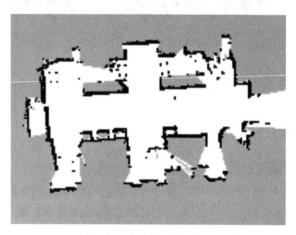

图 7-9　实验室环境地图

7.2.2　AGV 定位

AGV 在空间中运行时，需要时刻反馈自身在全局坐标下的位姿，因此需要调用 Navigation Stack 中的 amcl 功能包。AMCL（adaptive monte carlo localization）是一种自适应的蒙特卡洛定位方法，结合激光雷达扫描信息和已建立的全局环境地图，使用粒子滤波器实时追踪 AGV 位姿。由于 odom_frame（里程计坐标系）到 base_link（AGV 底盘坐标系）的坐标转换由里程计或 IMU 提供，但是随着 AGV 运动时间增长，里程计坐标系原点会发生偏移。AMCL 算法通过估计 odom_frame 到 map_frame（地图坐标系）的坐标变换矫正误差，从而得到机器人在 map_frame 中较为精确的位置。amcl 节点需要输入的信息包含：scan——激光雷达信息；initial pose——AGV 初始位姿；map——环境地图信息；tf——坐标转换信息。amcl 节点需要输出信息包含：amcl_pose——AGV 在地图坐标系中的位姿；particlecloud——由滤波器估计出的 AGV 姿态集合，如图 7-10 所示，绿色箭头越密集，AGV 处在该区域的可能性越大；tf——从 odom_frame 到 map_frame 的坐标变换。图 7-11 所示为 AGV 在运动时通过 AMCL 估计出的 odom_frame、map_frame 和 base_link 位置坐标图。

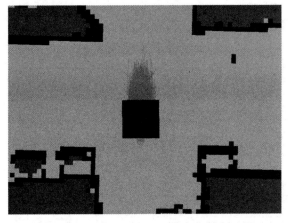

图 7-10 particlecloud 示意图

图 7-11 odom_frame、map_frame、base_link 位置坐标图

7.2.3 AGV 路径规划

在仓储环境中，AGV 的主要功能是将货物从起点位置转移到终点位置，因此路径规划的效果对 AGV 的工作效率有着非常重要的影响。考虑到实际仓储工作场景环境的复杂性，要保证 AGV 稳定、安全地工作，不仅需要点到点的全局路径规划算法，也需要能够实现动态避障的局部路径规划算法。因此，考虑使用全局路径规划算法、A* 结合局部路径规划算法、DWA 算法作为 AGV 的路径规划算法。ROS Navigation Stack 中的 move_base 包含 global_planner 和 local_planner，可以实现 AGV 点到点全局路径规划和局部躲避动态障碍物的功能。

本节重点研究了 move_base 中内置的 A* 算法和 DWA 算法，并对 A* 算法作出改进，在 MATLAB 2021b 环境中对算法改进效果进行仿真验证。

（1）A* 算法改进

① 传统 A* 算法。A* 算法是一种能够实现全局路径规划的启发式搜索算法，能够完成机器人从起始点到目标点的静态路径规划。总体工作原理：在栅格地图中，从起始点栅格出发，搜索四周的 8 个节点，并寻找路径估计代价最小的节点，将这个节点拓展为当前节点，并继续向周围 8 个节点搜索，不断重复这个流程，直到搜索到目标节点。A* 算法的评价函

数为

$$f(n)=g(n)+h(n) \tag{7-1}$$

式中，n 为当前节点；$g(n)$ 为起始节点到当前节点的实际代价；$h(n)$ 为启发函数，代表当前节点到目标节点的估计代价，常采用欧式距离、曼哈顿距离或切比雪夫距离等表现形式；$f(n)$ 为 $g(n)$ 和 $h(n)$ 的总和，代表从起始节点到目标节点的总代价估计。

② 改进 A^* 算法。传统 A^* 算法使用路径长度作为代价来评估路径的优劣，而忽略机器人频繁加减速以及转弯耗时较长的问题。本节考虑使用行驶时间代替路径长度作为代价，在评价函数计算过程中以时间较优作为代价指标，更加准确地对 $g(n)$ 和 $h(n)$ 进行评估，从而得到行驶时间更优的路径。为了较好地进行分析，列出本节中定义的变量，如表 7-1 所示。

表 7-1 变量定义

变量含义	变量名称	变量含义	变量名称
起始节点	n_s	角加速度	$\dot{\omega}_a$
目标节点	n_t	角减速度	$\dot{\omega}_b$
中间节点	n_m	栅格边长	l
当前节点	n	节点转弯角度	θ
节点 n 的父节点	n'	角速度由 0 加速到最大转过角度	θ_a
最大线速度	v_{max}	角速度由最大减速到 0 转过角度	θ_b
线加速度	$\dot{v}_a$	转弯时间	T_θ
线减速度	$\dot{v}_b$	经过节点 n 前的行驶方向角	θ_n
最大角速度	ω_{max}	相邻栅格之间的行驶距离	$L=l$ 或 $\sqrt{2}l$

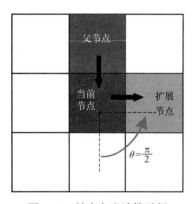

图 7-12　转弯角度计算示例

a. 全局寻路过程代价优化。假定寻路过程在直线运动或转弯运动时，均为匀加减速模型，在实际搜索时，遇到转弯的情况，需要完成直线加减速、角度加减速等耗时环节。为了便于理论分析和仿真，默认寻路过程每次加速均能够达到最大直线运行速度和最大角速度，每次减速均能够将直线速度或角速度降为 0。图 7-12 所示为某一转弯角度计算示例，假设中心的红色节点为当前节点，上方的深蓝色节点为当前节点的父节点，浅蓝色节点为当前节点扩展出的节点，以当前节点右边的节点为例，当前节点 $\theta_n=-\dfrac{\pi}{2}$，扩展节点 $\theta_{n'}=0$，$\theta=|\theta_n-\theta_{n'}|=\dfrac{\pi}{2}$，此过程实际消耗的时间计算见式 (7-2)。

$$T_\theta=\frac{\theta-\theta_a-\theta_b}{\omega_{max}}+\frac{\omega_{max}}{\dot{\omega}_a}+\frac{\omega_{max}}{\dot{\omega}_b} \tag{7-2}$$

根据以上推导，结合匀加减速模型即可得到 $g(n)$ 的表达式如下：

$$g(n)=\begin{cases} \dfrac{L}{v_{\max}}+\dfrac{v_{\max}}{2\dot{v}_{a}} & n'=n_{s}\ \text{和}\ n=n_{m} \\[2mm] g(n')+\dfrac{L}{v_{\max}}+\dfrac{v_{\max}}{2\dot{v}_{b}} & n'=n_{m},n=n_{t}\ \text{和}\ \theta=0 \\[2mm] g(n')+\dfrac{L}{v_{\max}}+\dfrac{v_{\max}}{2\dot{v}_{a}}+\dfrac{v_{\max}}{\dot{v}_{b}}+T_{\theta} & n'=n_{m},n=n_{t}\ \text{和}\ \theta\neq0 \\[2mm] g(n')+\dfrac{L}{v_{\max}} & n'=n_{m},n=n_{m}\ \text{和}\ \theta=0 \\[2mm] g(n')+\dfrac{L}{v_{\max}}+\dfrac{v_{\max}}{2\dot{v}_{a}}+\dfrac{v_{\max}}{2\dot{v}_{b}}+T_{\theta} & n'=n_{m},n=n_{m}\ \text{和}\ \theta\neq0 \\[2mm] \dfrac{L}{v_{\max}}+\dfrac{v_{\max}}{2\dot{v}_{a}}+\dfrac{v_{\max}}{2\dot{v}_{b}} & n'=n_{s}\ \text{和}\ n=n_{t} \end{cases} \tag{7-3}$$

b. 启发函数权重优化。由于 A^{*} 算法中启发函数 $h(n)$ 影响搜索性能，当环境中存在障碍物时，会导致搜索效率下降、产生较多冗余节点、搜索空间变大等问题。当 $h(n)$ 小于实际代价值的时候，搜索节点多，运行效率低，但是可以保证找到最优路径。当 $h(n)$ 大于实际代价的时候，搜索节点减少，运行效率提高，但无法保证找到最优路径。当 $h(n)$ 等于实际代价的时候，可以在较高运行效率的前提下找到最优路径。因此本节考虑引入障碍物系数 K，对不同位置的障碍物赋予不同的权重值，用来描述环境障碍物对通行的影响，通过改变启发函数的权重，实现参数自适应调整，从而能够更加准确地估计当前节点到目标节点的时间代价，使 $h(n)$ 更加接近实际代价。

障碍物系数计算示意图如图 7-13 所示，黑色方块为障碍物，白色方块为可通行区域。红点所在节点为当前节点，蓝点所在节点为目标节点。设 l_{ok} 为第 k 个障碍物中心到对角线距离，l_{k} 为第 k 个栅格到对角线的距离。n 为障碍物栅格数量；N 为当前节点到目标节点围成的矩形中包含的栅格数量。随着障碍物越多，从当前节点到目标节点可以直线通行的可能性就越小，距离当前节点和目标节点连线越近的障碍物对通行阻碍越大，因此考虑将所有障碍物到对角线距离的负自然指数之和除以所有栅格到对角线距离的负自然指数之和作为障碍物系数表达式。表达式如下：

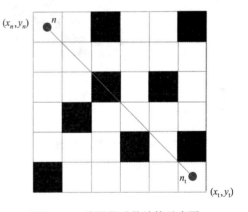

图 7-13　障碍物系数计算示意图

$$K=\frac{e^{-l_{o1}}+e^{-l_{o2}}+e^{-l_{o3}}+\cdots+e^{-l_{on}}}{e^{-l_{1}}+e^{-l_{2}}+e^{-l_{3}}+\cdots+e^{-l_{N}}} \tag{7-4}$$

改进后的 $h(n)$ 表达式为

$$h(n)=\frac{(1+K)\times\mathrm{Dist}(n,n_{t})}{v_{\max}} \tag{7-5}$$

$$\mathrm{Dist}(n,n_{t})=\sqrt{(x_{n}-x_{t})^{2}+(y_{n}-y_{t})^{2}} \tag{7-6}$$

改进后的 A* 算法与传统 A* 算法的流程不同点在于每个节点需要储存从父节点到该节点的方向角，也就是进入该节点前的行驶方向，并且能够根据环境中障碍物信息自适应启发函数的权重系数，由式(7-5)可知，增加了障碍物系数 K 以后，能够更加准确地估计当前节点到目标节点的时间代价，能够在较高的运行效率下找到较优路径。

③ 路径平滑优化。改进的 A* 算法有效地减少了路径转折次数，缩短了机器人运行时间，提高了运行效率。但是改进的 A* 规划出的路径依然存在不必要的转折节点，因此考虑使用 Floyd 算法对路径进行进一步平滑。

算法总体分为两步：去掉相邻共线的节点；如果两点之间没有障碍物，可以直接通行，去掉它们中间多余的拐弯节点。图 7-14 所示为路径平滑前后的对比图，1 号节点为起点，11 号节点为目标点。具体算法流程如下：

a. 遍历所有节点，删除直线路径的中间节点，只保留路径起点、终点和拐点。删除 2、6、8 节点，保留 1、3、4、5、7、9、10、11 节点。

b. 从起点开始，遍历每个节点，并分别将当前节点与后面节点相连作为备选路径。如果此条路径与最近障碍物的距离大于安全距离，则保留路径，并删除中间节点。如果小于安全距离，则不做任何操作。

c. 提取平滑后的路径节点为 1、7、8、9、11。

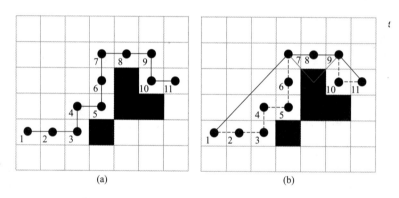

图 7-14　Floyd 路径平滑算法示意图

(2) 基于 DWA 的局部路径规划

在全局路径规划算法规划出一条可行路径后，根据路径信息和实时障碍物信息使用局部路径规划算法规划出机器人的局部行动策略。DWA 算法通过在 (v, ω) 空间中进行多组采样，模拟不同速度下机器人运动轨迹，使用评价函数对不同的轨迹进行评估，选择评价最高的路径作为当前的最优路径，发送给机器人底盘执行。

① 机器人运动学模型。两轮差动机器人运动学模型如图 7-15 所示。

假设 $x(t)$、$y(t)$ 分别为 t 时刻机器人位置的横纵坐标，$v(t)$、$w(t)$ 分别为 t 时刻机器人的线速度和角速度。机器人在 Δt 时间内相对于 t 时刻机器人在世界

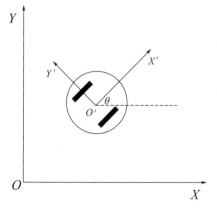

图 7-15　两轮差动机器人运动学模型

坐标系下位置的位移为 Δx、Δy，转动角度为 $\Delta \theta$。

$$\Delta x = v \Delta t \cos\theta_t \tag{7-7}$$

$$\Delta y = v \Delta t \sin\theta_t \tag{7-8}$$

$$\Delta \theta = \omega \Delta t \tag{7-9}$$

因此 $t+1$ 时刻机器人在世界坐标系下的坐标为

$$x(t+1) = x(t) + v \Delta t \cos\theta_t \tag{7-10}$$

$$y(t+1) = y(t) + v \Delta t \sin\theta_t \tag{7-11}$$

$$\theta_{t+1} = \theta_t + \omega \Delta t \tag{7-12}$$

② 速度采样。机器人在硬件的限制下，存在速度、加速度、角速度、角加速度、制动距离的限制。

a. 机器人自身最大、最小速度和角速度约束：

$$v_m = \{v \in [v_{\min}, v_{\max}], \omega \in [\omega_{\min}, \omega_{\max}]\} \tag{7-13}$$

b. 电动机加减速能力约束：

假设 v_c、ω_c 分别为当前线速度和角速度，约束条件如下：

$$v_d = \{(v, \omega) \mid v \in [v_c - \dot{v}_b \Delta t, v_c + \dot{v}_a \Delta t], \omega \in [\omega_c - \dot{\omega}_b \Delta t, \omega_c + \dot{\omega}_a \Delta t]\} \tag{7-14}$$

c. 制动距离约束：在最大减速度的条件下，机器人需要保证能够在随机障碍物前停下，因此能够避免碰撞的速度集合为

$$v_a = \{(v, \omega) \mid v \leqslant \sqrt{2 \times \mathrm{Dist}(v, \omega) \times \dot{v}_b} \bigcap \omega \leqslant \sqrt{2 \times \mathrm{Dist}(v, \omega) \times \dot{\omega}_b}\} \tag{7-15}$$

综上所述，机器人运动速度范围为

$$v_r = v_m \bigcap v_d \bigcap v_a \tag{7-16}$$

③ 评价函数。DWA 算法的评价函数综合考虑模拟轨迹与目标点的角度偏差、线速度、模拟轨迹末端与最近障碍物的距离。通过对以上三个量进行归一化处理，并分别赋予加权系数后相加得到轨迹评价函数如下：

$$G(v, \omega) = \alpha \mathrm{Head}(v, \omega) + \beta \mathrm{Vel}(v, \omega) + \gamma \mathrm{Dist}(v, \omega) \tag{7-17}$$

式中，$\mathrm{Head}(v, \omega)$ 为模拟轨迹末端与目标点之间的角度偏差；$\mathrm{Vel}(v, \omega)$ 为机器人当前线速度；$\mathrm{Dist}(v, \omega)$ 为模拟轨迹末端与最近障碍物之间的距离。

（3）算法融合

首先使用改进的 A* 算法，规划出一条时间较优的全局无碰撞路径。接着使用 Floyd 路径平滑算法对全局路径进行优化，提取路径上的关键节点。最后从起点开始，使用局部路径规划 DWA 算法顺次前往路径上的关键节点，最终完成能够躲避动态障碍物的机器人路径规划。融合后的算法流程如图 7-16 所示。

（4）仿真验证

① 改进 A* 算法仿真。仿真实验在 MATLAB 2021b 环境中实现。本节设计了 25×25 的栅格地图，每个栅格为边长 1m 的正方形，白色栅格代表可通行区域，黑色栅格代表障碍物区域。在以下三种随机地图中，障碍物按照 20% 的比例随机生成。起点为（1，25），终点为（25，1）。三张随机地图和性能对比如图 7-17 和表 7-2 所示。

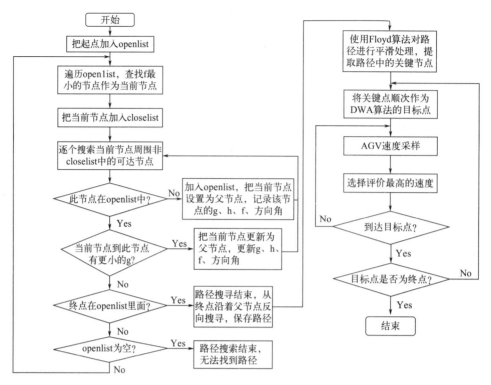

图 7-16 融合后的算法流程

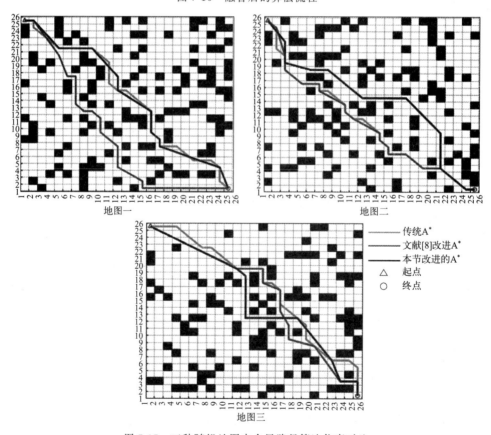

图 7-17 三种随机地图中全局路径算法仿真对比

表 7-2　算法性能对比

地图编号	算法类型	转弯次数/次	转弯角度/(°)	路径长度/m
地图一	传统 A^* 算法	17	855.4	39.799
	参考文献[8]改进 A^* 算法	13	706.1	41.256
	本节改进的 A^* 算法	10	507.9	38.192
地图二	传统 A^* 算法	20	1035.5	39.200
	参考文献[8]改进 A^* 算法	17	810.7	38.4763
	本节改进的 A^* 算法	9	393.9	39.0704
地图三	传统 A^* 算法	14	720.4	39.799
	参考文献[8]改进 A^* 算法	10	562.5	39.1273
	本节改进的 A^* 算法	7	382.3	39.449

从仿真结果可知，在以上三种随机地图中，本节改进的 A^* 算法相较于传统 A^* 算法转弯次数平均减少 49.0%，转弯角度平均减少 50.8%，路径长度平均减少 1.7%。本节改进后的 A^* 算法路径相较于参考文献 [8] 改进 A^* 算法转弯次数平均减少 35%，转弯角度平均减少 38.2%，路径长度平均减少 1.8%。

② 融合算法仿真。在图 7-17 地图一中验证融合算法的动态避障能力。DWA 算法参数设置如下：最大线速度 $2m/s$，最大加速度 $0.4m/s^2$，最大角速度 $20°/s$，最大角加速度 $50°/s^2$，速度分辨率 $0.01m/s$，评价函数的系数为 $\alpha=1.1, \beta=1.2, \gamma=1$。图 7-18 所示为分

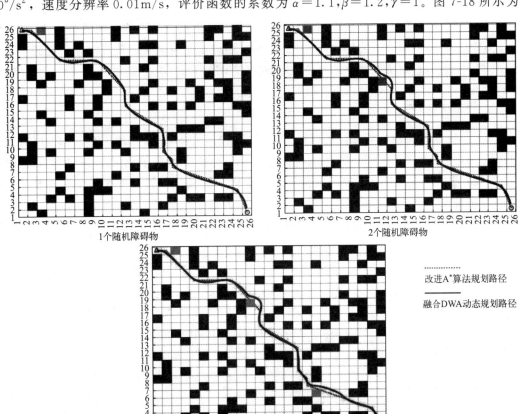

1个随机障碍物

2个随机障碍物

3个随机障碍物

- - - - - - - - 改进 A^* 算法规划路径

—— 融合 DWA 动态规划路径

图 7-18　加入随机障碍物后融合算法规划出的路径仿真

别加入 1～3 个障碍物情况下的机器人动态避障情况，其中灰色方块代表动态随机障碍物。表 7-3 列出了不同障碍物数量在融合算法后动态避障性能的对比。

表 7-3　融合算法后动态避障性能的对比

随机障碍物数量/个	路径长度/m	运行时间/s
1	37.31	289.77
2	37.58	295.41
3	37.62	303.64

(5) 小论

本节提出了一种将机器人行驶时间作为代价的改进 A* 算法，有效地减少了路径的转弯次数和转弯角度。使用 Floyd 路径平滑算法进行进一步优化，最终改进的 A* 算法规划的路径相较于传统 A* 算法和同类改进 A* 算法在转弯次数和转弯角度上有了显著减少，在路径长度上也有一定程度的缩短。加入 DWA 算法后，机器人具备了局部避障能力。因此，本节的路径规划算法具有一定的实用价值，可用于复杂环境中的机器人路径规划。

7.3　机械臂抓取模块

Dobot M1 可以通过 USB 转串口或局域网控制，与上机位通过特定的通信协议（UDP）进行数据传输。串口通信的波特率为 115200bps。协议指令由包头、负载帧长、负载帧、校验位组成。校验信息由负载帧中的 8 位数字逐字节相加后求二补数得到。

7.3.1　机械臂控制

Dobot M1 机械臂较为简便，可以通过厂家提供的 Dobot 库函数使用 C++ 程序对机械臂进行控制。首先运行 DobotServer.cpp 建立 AGV 和机械臂的通信。在主程序中调用 setPTPcmd 函数即可通过直接控制机械臂末端坐标、机械臂各关节角度、关节角度增量的方式控制机械臂运动。当连续发送指令时会形成队列指令，根据指令发送时间，机械臂会依次执行队列指令中的任务。执行点位功能指令包如表 7-4 所示。

表 7-4　执行点位功能指令包

包头	负载帧长	负载帧				校验位
0xAA 0xAA	2+8	83	1	0/1	PTPCommonParams	Payload checksum

PTPCommonParams = ｛uinit8 _ t ptpMode；//PTP 模式，float x，float y，float z，float r；//坐标或关节角度｝

7.3.2　气动吸盘控制

Dobot 机械臂配备多个 I/O 接口。正确连接气泵和机械臂后，控制 I/O 接口输出电平的高低即可控制气泵的开闭，实现吸取物体的功能。设置 I/O 接口输出电平指令包如表 7-5 所示。

表 7-5　设置 I/O 口输出电平指令包

包头	负载帧长	负载帧				校验位
0xAA 0xAA	2＋2	131	1	0/1	IODO	Payload checksum

IODO＝{ uint8 _ t address；//I/O 地址（取值范围 1～22），uint8 _ t level；//输出电平 0：低电平 1：高电平}

7.4　机器视觉模块

本节使用两个单目摄像头。如图 7-19 所示，A 处摄像头拍摄方向垂直向下，用于识别物块上粘贴的 AR 码和物块颜色，实现物块定位和色彩识别。B 处摄像头拍摄方向水平指向 AGV 的正前方，用于识别垂直粘贴的 AR 码。通过 AR 码位置姿态信息，实现 AGV 精准导航定位。

7.4.1　准备工作

（1）相机参数标定

由于光学设计的不足，通过镜头产生的图像会出现畸变现象，也就是现实场景中的直线在所成图像上会发生拉伸或扭曲。为了保证机器视觉的测量精度，

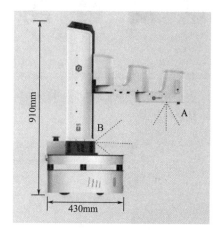

图 7-19　摄像头安装示意图

尽可能获得与显示场景一致的图像，需要获取摄像头的内参和畸变参数，建立摄像头成像模型，得到三维空间中某点的三维坐标与二维图像中对应点在像素坐标系下坐标的关系。因此，相机标定的是视觉模块开发工作的前提，需要保证较高的精度。

本节设计采用张正友棋盘标定法，调用 ROS 中的 camera _ calibration 功能包对相机内参数和畸变参数进行标定。如图 7-20 所示，使用角点数为 6×8 的棋盘格标定靶。启动相机节点，根据标定靶的角点数和方格边长修改标定程序参数以后，启动相机标定程序。从不同角度和距离拍摄标定靶，等待程序运行结束，即可获得相机的成像模型。

（2）AR 码创建和识别

AR 码是一种由黑白小方块组成的标志物。黑色方块和白色方块分别代表 1 和 0，不同的方块组合代表不同的二进制编码值。摄像头采集放置在水平面上的 AR 码图像，运用图像透视原理获取二维码在摄像头坐标系下的位姿。通过视觉识别，AR 码可以获取较为可靠的位置信息，因此 AR 码广泛应用于移动机器人定位和机械臂抓取中。

AR 标签通过 ar _ track _ alvar 功能包中的 createMarker 生成，标签信息可以是整数、网址、字符串等。图 7-21 所示为生成的标签信息为 0～9 的 AR 码。生成需要的 AR 码以后，打印并粘贴到摄像头可以观察到的平面上即可。

根据实际打印出的 AR 码边长修改二维码识别的 launch 文件。启动摄像头以后，启动 ar _ track _ alvar 二维码识别节点即可在 Rviz 中观察到二维码在相机坐标系下的位姿。识别

图 7-20　棋盘格标定靶

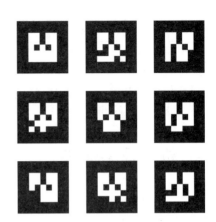

图 7-21　标签为 0~9 的 AR 码

效果如图 7-22 所示。蓝色坐标轴为 Z 轴，表示垂直于二维码向上的方向；红色坐标轴为 X 轴，表示平行于二维码向右的方向；绿色坐标轴为 Y 轴，表示平行于二维码向上的方向；坐标轴中心位于 AR 码中心点。

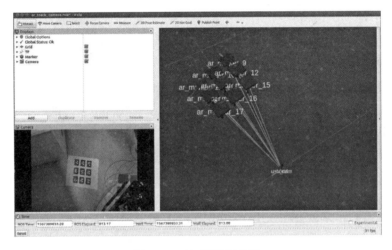

图 7-22　AR 码识别效果

(3) 机械臂手眼标定

摄像头通过视觉得到 AR 码在像素坐标系下的位置，机械臂需要利用这个位姿信息将末端移动到 AR 码的位置。因此，需要标定机械臂空间坐标系和摄像头像素坐标系的关系，将视觉识别的结果转移到机械臂坐标系下。本节采用"眼在手"的装配方式，即相机和机械臂末端的相对位置保持不变。考虑到物块在货架上位于同一个水平面，吸取物块的高度即 Z 轴坐标固定。并且机械臂自上而下运动通过吸盘吸取物块，只需要控制机械臂运动到 AR 码中心位置即可，不用考虑 AR 码的旋转角度。因此，本节采用工业上广泛使用的二维手眼标定方法——九点标定法，该方法常用于从固定平面抓取物品。

九点标定法的原理：如果已知某点在像素坐标系下的坐标为 $\boldsymbol{X} = \begin{bmatrix} x & y & 1 \end{bmatrix}$，在机械臂空间坐标系下的坐标为 $\boldsymbol{Y} = \begin{bmatrix} x' & y' & 1 \end{bmatrix}$，$\boldsymbol{X}$ 与 $\boldsymbol{Y}$ 之间的转换关系为 $\boldsymbol{T}$，$\boldsymbol{T}$ 矩阵包含 $\boldsymbol{X}$ 到 $\boldsymbol{Y}$ 的旋转关系和平移关系：

$$T = \begin{bmatrix} a & d & 0 \\ b & e & 0 \\ c & f & 1 \end{bmatrix} \tag{7-18}$$

$$XT = Y \tag{7-19}$$

$$\begin{bmatrix} x & y & 1 \end{bmatrix} \begin{bmatrix} a & d & 0 \\ b & e & 0 \\ c & f & 1 \end{bmatrix} = \begin{bmatrix} x' & y' & 1 \end{bmatrix} \tag{7-20}$$

$$\begin{cases} ax + by + c = x' \\ dx + ey + f = y' \end{cases} \tag{7-21}$$

式（7-21）中有 6 个未知数，需要六个方程求解，因此至少需要三组坐标。

具体操作方法如下：保持机械臂的观察点位不变，连续三次改变 AR 码在空间中的位置。首先于观察点位记录 AR 码在像素坐标系的坐标。接着控制机械臂，让末端的吸盘放置在 AR 码正中心，记录 AR 码在机械手空间坐标系中的位置。标定完成会得到三组 AR 码在像素坐标系的坐标和在机械臂空间坐标系的坐标。将三组数据组成坐标矩阵，分别为

$$\begin{bmatrix} cam\_x1 & cam\_y1 & 1 \\ cam\_x2 & cam\_y2 & 1 \\ cam\_x3 & cam\_y3 & 1 \end{bmatrix} \text{和} \begin{bmatrix} rob\_x1 & rob\_y1 & 1 \\ rob\_x2 & rob\_y2 & 1 \\ rob\_x3 & rob\_y3 & 1 \end{bmatrix}$$

调用 OpenCV 的 solve 函数解算变换矩阵 T，得到机械手空间坐标系和像素坐标系的转换关系。

7.4.2　基于 AR 码的精准导航定位

当连续执行到某个定点的导航时，AGV 停下的位置和姿态都会有一些偏差，特别是当 AGV 工作环境发生一些变化的时候会导致定位不准。当 AGV 导航到货架正前方的抓取点位时，如果位姿偏差较大，货架上摆放的物块位置将会超出机械臂的工作范围，导致机械臂无法抓取到物块。因此，本节考虑使用激光雷达导航和 AR 码导航相结合，提高 AGV 到定点的导航的精度。

首先使用激光雷达导航到可以观察到 AR 码的点位，接着通过视觉识别 AR 码位姿，最后将 AGV 导航到二维码正前方的位置。因为 B 位置的相机使用120°广角镜头，可以观察到较大范围内的 AR 码，因此 AGV 到观察点位的导航精度不需要很高。为了减少单次检测单个 AR 码位姿时产生的误差，考虑连续 100 次采样 5 个 AR 码位姿并求平均值。图 7-23 所示为导航二维码的排布情况，四个二维码分布在大正方形的四个角点上，一个二维码位于正方形对角线交点处。

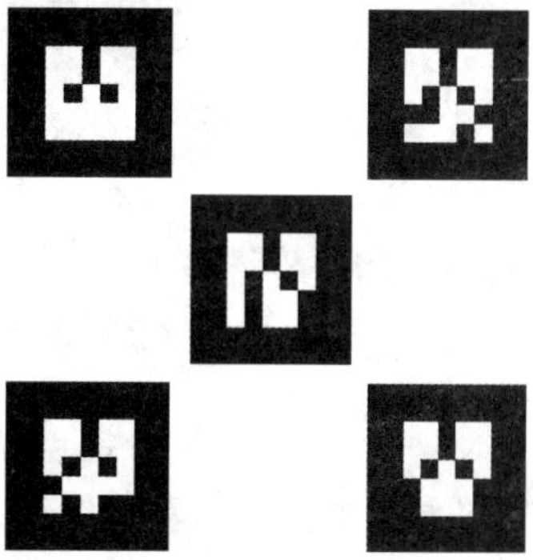

图 7-23　导航二维码排布

图 7-24 所示为 B 处相机识别垂直粘贴在货架上方的 AR 码位姿的效果，7-25 所示为相机视角下的导航二维码图像。在 launch 文件中，使用 tf 功能包中的 static _ transform _ publisher 将 ar _ marker _ id 坐标系沿 Z 轴正方向平移 0.8m，然后绕 Y 轴旋转$\dfrac{\pi}{2}$，形成 goal _ id 坐标系，平移后的 goal _ id 坐标系原点为二维码正前方 0.8m 的位置，X 轴正方向垂直指向 AR 码粘贴平面。通过求出 5 个 goal_id 坐标系在全局坐标系下的位姿平均值，即可得到处于正前方 0.8m 且垂直指向中心 AR 码的 AGV 目标点的姿态。向 AGV 下发导航到该目标点的指令，AGV 即可移动到导航 AR 码正前方 0.8m 处，且 AGV 正前方垂直指向二维码平面，执行效果如图 7-26 所示。根据实验结果，用 AR 码导航的精度可以满足实验需求，基本可以保证 AGV 准确地停在货架正前方，货架上的物块位置不会超出机械臂的工作范围。

图 7-24　Rviz 中观察导航 AR 码识别结果

图 7-25　摄像头视角下的导航 AR 码图像

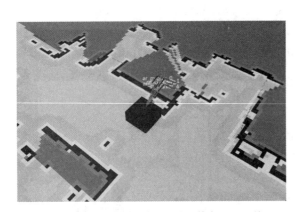

图 7-26　AGV 导航到 AR 码正前方 0.8m 处

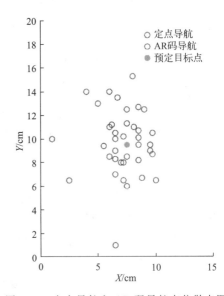

图 7-27　定点导航和 AR 码导航点位散点图

图 7-27 为分别执行定点导航和 AR 码导航到同一点位，AGV 停止点位置的散点坐标图。两种导航方式的对比如表 7-6 所示。AR 码导航相比定点导航，导航精度有了较大提升。

表 7-6　定点导航和 AR 码导航精度对比

导航方式	X 轴方差/cm^2	X 轴平均绝对误差/cm	Y 轴方差/cm^2	Y 轴平均绝对误差/cm
定点导航	4.94	1.65	19.5	3.15
AR 码导航	1.65	1.07	5.41	1.86

7.4.3　基于 AR 码的物块识别抓取

图 7-28 所示为控制机械臂运动到观察姿态。图 7-29 所示为 A 处相机识别水平货架上放置的粘贴 AR 码物块位姿的效果。

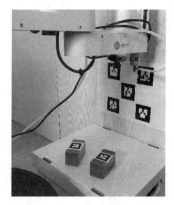

图 7-28　机械臂观察点位

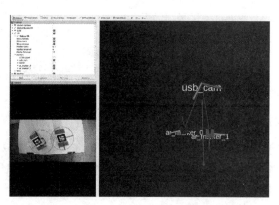

图 7-29　Rviz 中观察物块二维码识别结果

将像素坐标系下的 AR 码坐标乘以手眼标定矩阵 T 得到 AR 码在机械臂坐标系下的坐标，如图 7-30 所示。通过调用 setPTP 函数，控制机械臂移动到抓取点位，通过改变 I/O 接口输出值打开气泵，吸取物块，实现抓取功能。

图 7-30　物块二维码位姿

7.4.4　物块颜色识别

摄像头拍摄图像如图 7-31 所示。以 AR 码在像素坐标系下的坐标为中心，切出单个物块图像，如图 7-32(a) 所示。使用 OpenCV 库中的 inRange 函数对单个物块图像中的某种颜色进行提取。提取效果如图 7-32(b) 所示，白色像素区域为提取到的绿色区域。如果该颜色的比例大于设定阈值，就判定为该种颜色物块。

图 7-31　摄像头拍摄图像

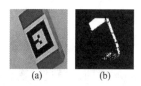

(a)　　　　(b)

图 7-32　单个物体切片

7.5　语音识别模块

通过对语音识别芯片源码重新修改编译并更新语音库，实现了语音控制 AGV 开始工作和选择机械臂抓取物块的颜色和代号的功能。语音模块的工作原理：当语音芯片接收到语音库中的语音信号时，会向串口写入相应数据。启动编写好的串口消息读写程序，不断循环，等待串口数据写入，当接收到串口数据时，以话题形式发布出去，主程序就可以接收语音识别话题，控制 AGV 做出相应动作。主程序也可以通过串口读写程序向该串口写入消息，控制语音模块播放"提示音"。语音识别流程如图 7-33 所示。

图 7-33　语音识别流程

AGV 开始工作前会间隔播放"等待开始指令"的提示音，直到接收到"开始工作"的语音信号，语音模块会给予回应，AGV 开始整个工作流程。AGV 从货仓取到货物以后会播放"取货成功"的提示音。AGV 将货仓货物放置到相应货架以后会播放"上架成功"。在 AGV 前往货架取货前，会间隔播放"请选择抓取物块颜色"和"请选择抓取物块数字"，直到接收到选择颜色和数字的语音信号，AGV 会前往相应货架并抓取对应货物。AGV 将货物送到交货区以后，会播放"交货成功"。具体对应关系如表 7-7 所示。

表 7-7　语音模块语句对应关系

提示音	语音控制信号	应答
等待开始指令	开始工作	收到指令,开始工作
请选择抓取物块的颜色	黄色	选择黄色成功
	红色	选择红色成功
	绿色	选择绿色成功
请选择抓取物块的代号	一号	选择一号成功
	二号	选择二号成功
取货成功	无	无
上架成功	无	无
交货成功	无	无

7.6　实验成果验证

7.6.1　激光雷达建图功能

打开 Gampping 建图。通过键盘控制 AGV 在实验室中移动，保证激光雷达描到每个角落，地图形成的过程如图 7-34 所示。

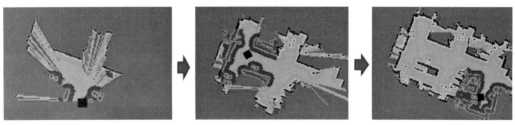

图 7-34　激光雷达建图

7.6.2 AGV 导航避障功能

运用 A* 融合 DWA 的动态避障算法可以躲避 AGV 预先规划路径上突然出现的动态障碍物，并重新规划无碰路径，完成点到点路径规划。在 AGV 运行路径上突然放置一个凳子，AGV 可以躲避并绕行障碍物，如图 7-35 和图 7-36 所示。

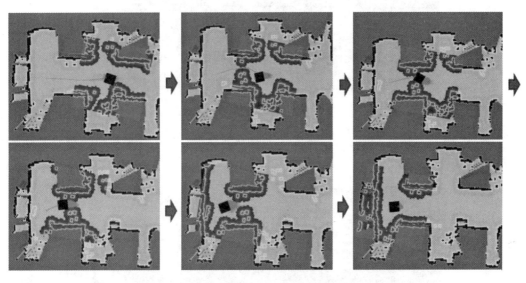

图 7-35 Rviz 动态避障效果图

图 7-36 动态避障实拍图

7.6.3 仓储环境下货物搬运效果展示

总体工作流程如下：如图 7-36 所示，AGV 首先前往 E 货仓区域随机抓取货物；根据货物颜色前往位于 A、B、C 区域的对应货架；放置货物到货架上的指定位置；通过语音识别获取需要运送到交货区的货物的颜色和编号；前往对应货架抓取对应货物；前往 D 交货区交货，放置货物；前往 E 货仓区开启下一个工作周期。

具体效果展示如下。

① AGV 导航到货仓前面的观察点位，如图 7-37 所示。

图 7-37　货仓观察点位

② 通过 AR 码导航，AGV 运行到货仓正前方的抓取点位，控制机械臂运行到拍摄点位，如图 7-38 所示。

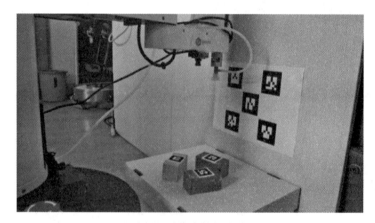

图 7-38　货仓拍摄点位

③ 判断物块编码和颜色，控制机械臂抓取物块，本次抓取黄色一号物块，如图 7-39 所示。

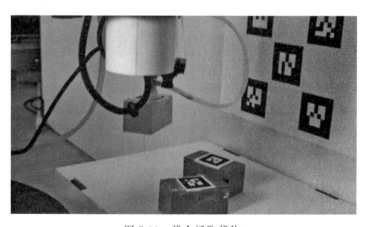

图 7-39　货仓抓取货物

④ AGV 导航到黄色物块货架的观察点位，如图 7-40 所示。

图 7-40　货架观察点位（1）

⑤ 通过 AR 码导航，AGV 运行到货仓正前方的抓取点位，并控制机械臂运行到拍摄点位，视觉模块检测货架物块编码对应位置，控制机械臂放置物块，如图 7-41 所示。

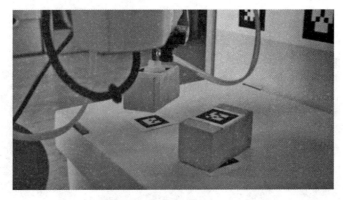

图 7-41　货架抓取货物（1）

⑥ 通过语音选择需要运送到交货区的物块的颜色和编码，本次选择绿色二号物块，AGV 导航到绿色物块货架的观察点位，如图 7-42 所示。

图 7-42　货架观察点位（2）

⑦ 通过 AR 码导航，AGV 运行到绿色货仓正前方的抓取点位，控制机械臂运行到拍摄点位，视觉模块检测货架物块编码对应位置，控制机械臂抓取绿色二号物块，如图 7-43 所示。

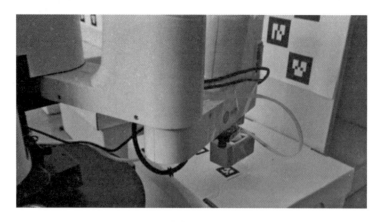

图 7-43　货架抓取货物（2）

⑧ AGV 导航到交货区观察点位，如图 7-44 所示。

图 7-44　交货区观察点位

⑨ 通过 AR 码导航，AGV 运行到交货区，并控制机械臂将物块放置到地面上，交货成功，一次工作周期结束。AGV 前往货仓开启下一个工作周期，如图 7-45 所示。

图 7-45　交货区卸载货物

7.7　小结

　　本章设计了一个具有建图、导航定位、动态避障、语音识别、视觉识别、视觉导航、机械臂抓取功能的复合型 AGV。在实验室搭建的模拟仓储物流环境中，复合型 AGV 可以稳定且安全地完成从货仓抓取货物、货物上架、语音选择货物、交货等一系列货物搬运工作。其中针对全局路径规划算法——A^* 算法的不足，提出了改进方案，并在 MATLAB 中验证了算法的有效性。另外，针对激光雷达导航精度不足导致货物位置超出机械臂工作范围的问题，提出了使用机器视觉对垂直粘贴的 AR 码进行识别，从而矫正 AGV 位姿，实现更为精确的导航定位。在实验中，这种方法有效提高了 AGV 的导航精度，基本避免了货物位置超出机械臂工作范围的问题。实验结果表明，本节设计的复合型 AGV 具有良好的性能，可以胜任仓储物流环境中的识别、抓取、搬运任务。

？思　考　题

1. AGV 常见的工作场景有哪些？
2. 简述 AGV 系统组成及基本工作原理。
3. 简述 SLAM 的工作原理。
4. 分析影响 AGV 定位精度的因素。
5. 简述 A^* 算法的基本原理。

第8章　魔术师机械臂力控视觉抓手

8.1　项目背景介绍

随着工业自动化的不断发展，机械臂的应用也越来越广泛，在汽车制造业、机械电子、重金属工业等领域，机械臂不仅可以代替人工完成货物的自动抓取、放置等工作任务，还可以用于零件的焊接、铸造、成型或加工后处理等工序，进行打磨、抛光及去毛刺等工作。由于机械臂刚性、定位误差等因素，采用机器人夹持产品在去不规则毛刺时，容易出现断刀或对工件造成损坏等情况。传统的铸件清理技术采用位置控制原理，因需要尽可能精确地确定机器人的运行路径，编程工作复杂且耗时。

在农业领域，由于作业的复杂性和特殊性，农业机器人抓取成功率低、损伤率高，柔性抓取和夹持已成为相关机器人研究的关键技术。力控抓手可以根据夹持物体种类改变自己的输出力矩，实现柔性作业，在工业、农业领域有广泛的应用。

基于视觉的机器人运动控制是当下的研究热点之一。视觉伺服控制的目的在于从实时拍摄的环境图像中获取感兴趣的特征信息，并利用这些特征信息对机器人（机械臂）进行有针对性的控制。传统机械臂的每一次动作都是预先规划好的，对于分拣等需要判别或具有一定自主性的任务显得捉襟见肘，而视觉传感器具有提供稠密环境信息的作用，将机械臂控制系统与机器视觉技术结合起来，可以在很大程度上解决机械臂在复杂工作环境和工作任务中灵活性不足的问题，从本质上提高机械臂的自主程度和智能程度。

当前工业机械臂多采用气动抓手和位置控制抓手，这两种夹取装置的力量输出无法被控制。例如气动抓手输出力量固定；位置控制抓手堵转时会无上限地输出力矩，这导致了该类抓手只能处理坚硬的近似刚体的物体，而抓取柔性材料、脆性材料时很容易造成损坏。另外，在抓取过程中，一旦出现堵转，位置控制的夹取装置很容易损坏驱动机构。随着对机器人末端力的控制精度的提高，国内外专家对机器人末端力的控制方法进行了研究，主要有阻抗控制和力/位控制。

图 8-1　魔术师机械臂

本实验项目基于"魔术师"机械臂设计了一种灵活、智能的末端抓取机构，如图 8-1 所示。采用阻抗控制跟随目标输出力，保证了柔顺、准确、安全的抓取，不损坏被抓物体和电动机；在末端机构上配备固连的视觉模块，通过机器视觉方法实现目标快速检测与定位，实现灵活准确的抓取。

"Dobot Magician"是由越疆科技公司自主研发的多功能高精度轻量型智能实训机械臂，是一站式 STEAM 教育综合平台，具备 3D 打印、激光雕刻、写字、画画等多种功能，预留 13 个拓展接口支持二次开发，用户可以通过软件编程结合硬件拓展来开发更多的应用场景，并且它可以快速更换夹具，机械臂的末端经过特殊设计的标准化嵌入式插口，让更换夹具变得轻而易举，如图 8-2 所示。

图 8-2　可以更换夹具

在操作平台方面，该魔术师机械臂采用 DobotStudio 平台（图 8-3），可以自由配置底层参数，代替烦琐的编程。

图 8-3　采用 DobotStudio 平台

该机械臂还可以灵活搭配滑轨、传送带、智能小车、视觉等配件，根据不同需求，完成不同的工作，操作较为简单、精准灵活、高度可拓展。通过预留的多个拓展接口，用户可以通过软件编程结合硬件拓展来开发更多的应用场景。

8.2　项目方案分析

力控视觉抓手将力控抓手和视觉伺服算法相结合，做到对机器人末端力较为精确的控制，同时通过机器视觉检测机械臂末端是否达到目标区域，并将结果反馈给控制器，用于修正机械臂的定位。它能够做到将柔性控制和精确定位结合在一起，比较好地满足了准确抓取容易变形的柔性物体的要求。

8.2.1 需求分析

在制造业流水线生产过程中，不少零件的加工需要多道工序，且每道工序都需要比较精细化的操作，这就要求机械臂的操作要精细准确，每个环节都不能有过度的偏差。同时许多零件对表面要求较高，要求无损加工，另外，还有不少易变形的零件不能受到过度的力的作用。因此，需要提出满足这些要求的方案，使零件不因加工过程中机械臂的动作受到损伤。

精确性：相较于固定式的相机，视觉伺服能够近距离感受机械臂周边信息，有利于精确的视觉反馈和运动控制。可以很好地解决物件遮挡的问题，使机械臂的定位更准确。

鲁棒性：能够适应更加复杂的场景，不需要事先对整体环境进行认知。同时，视觉反馈的引入使机械臂在定位出现偏差或目标物位置出现意外改变的时候能够及时修正路径，提高整体系统对变化的调节能力。此外，力控设计可以控制机械臂末端的力的输出量，能够根据夹取物体的不同进行调节。

经济性：由于相机配置在机械臂末端，因此对相机的要求降低，分辨率也不需要特别高。同时对空间掌握的要求也下降了，可以减少相机的配置数量。

高效性：视觉识别和运动控制同时进行，提高了机械臂的工作效率。

8.2.2 方案优势

采取视觉伺服控制力控抓手具有比较好的控制能力和调节能力，其优点主要有以下几方面。

① 视觉伺服能够从实时拍摄的环境图像中获取机械臂运动和定位需要的特征信息，并利用这些特征信息对机械臂进行针对性控制，提升了机械臂对环境的适应能力以及对环境改变的承受能力，有利于机械臂在更加复杂的环境中工作，在本质上提高了机械臂的自主程度和智能程度。

② 相机在机械臂末端，离标定物体的距离更近，使物体的特征细节更多，更能够提取出标定物体的特征。这也提升了机械臂对标定物体的敏感度，有助于机械臂对特征的正确识别。

③ 相机在机械臂末端，能帮助机械臂的运动控制更加具有实时性。同时实时的视觉检测也使机械臂无需经过抓取物体检验纠错的环节，整个系统在抓取环节的效率也得到提高。

④ 视觉伺服的反馈调节能力能够提高定位或跟踪的精度，减小相机和机械臂在标定物体附近运动的偏差。

⑤ 视觉伺服能帮助反馈物体当前的状态，使力控抓手对物体的状态有更加全面精确的掌握，有利于力控抓手更好地调节输出。

⑥ 利用基于视觉伺服的力控抓手能够扩展机械臂的功能，并可以比较有效地降低对物体的损伤。例如在力控抓手上装载近红外检测，用于检测水果是否出现一定的破损，使力控抓手能够用于水果的分拣。

综上所述，基于视觉伺服的力控抓手能够有效地解决当前机械臂所面临的一些困难，也能帮助机械臂提升控制精度和环境适应力，拓展功能。在工序更加复杂、控制要求更加严格、整体环境更加难以建模的情况下，视觉伺服的力控抓手更能体现优势。

8.2.3　方案缺点

由于图像检测关系到机械臂的运动控制和标定物体识别，因此该方案对机器视觉图像处理的准确性比较高。但是现阶段的视觉伺服算法针对的环境不同，且各有优势和劣势，很难找到比较优秀的适应所有情况的视觉伺服算法，因而需要较长时间的匹配和调试过程。

8.3　视觉伺服仿真技术详析

8.3.1　视觉伺服的原理

传统机械臂的每一次动作都是预先规划好的，对于分拣等需要判别或具有一定自主性的任务则显得捉襟见肘。视觉伺服控制系统通过给机械臂增加一个视觉传感器，基于实时反馈的视觉信息来实现对机械臂的运动控制。其一般架构为一个典型的闭环控制系统，由视觉传感器及相关机器视觉处理技术给出机械臂抓手位置的反馈，提高机械臂抓取目标的准确性。

本实验实现 Dobot Magician 机械臂视觉伺服的基本思想是：通过对视觉传感器获取到的图像进行色块识别，利用目标物体在图像上的坐标计算出目标物在世界坐标系中的位置，然后求解出机械臂末端抓手运动到此处的关节角度。

8.3.2　仿真环境

Vrep 是一款轻量化的动力学仿真软件，主要定位于机器人仿真建模领域，可以利用内嵌脚本、ROS 节点、远程 API 客户端等实现分布式的控制结构，是非常理想的机器人仿真建模的工具。控制器可以采用 C/C++、Python、Java、Lua、MATLAB、Octave、Urbi 等语言实现。Vrep 具有亲和的画面和灵活的结构，非常适合机器人仿真的入门学习，因此选用 Vrep 进行 Dobot Magician 机械臂的视觉伺服仿真。Vrep 界面如图 8-4 所示。

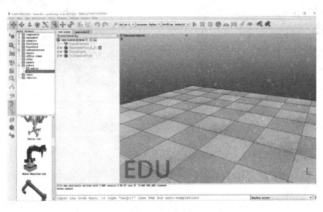

图 8-4　Vrep 界面

仿真所用 Vrep 软件版本为 EDU_V3.6.2 版，远程 API 客户端为 Python v3.6.4，程序环境为 Windows 10 Version 1903，Python 控制台如图 8-5 所示。

为实现 Python 与 Vrep 的联合仿真，需要进行一些设置。首先将 verp \ programming \ remoteApiBindings \ python \ python 目录下的 vrep. py、vrepConst. py、remoteApi. dll 复

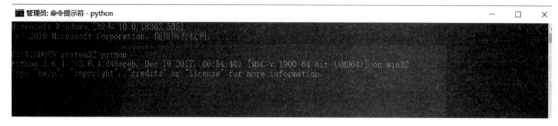

图 8-5　Python 控制台

制到 Python 脚本目录；其次，在 Vrep 场景中，将 simExtRemoteApiStart（19999）代码添加到 Lua 脚本中。

8.3.3　机械臂仿真模型

由于 Dobot Magician 机械臂模型 Vrep 仿真软件中有预置模型（路径为 Model Browser/robots/non-mobile/Dobot Magician.ttm），因而省去了机械臂建模的步骤。为了解 Dobot 的结构，需要对场景层次（scene hierarchy）中的列表进行分析。

但是，预置模型的抓手为吸盘，而本研究所选用的抓手为自主设计的力控抓手，因而需要对抓手部分进行单独建模。

（1）模型外观导入

将在 SolidWorks 中绘制好的零件图导入，同时采用系统中的模型和实物计算缩放比例。利用距离快速测量模块确定 Vrep 中模型的尺寸，在合理缩放后拼接到将爪子部分去除掉的 Dobot 模型上。由于导入零件均未上色，在装配过程中也结合实物进行上色处理，在外观上确保模型与实物相匹配，如图 8-6 所示。

图 8-6　抓手模型外观

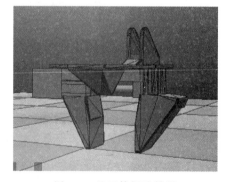

图 8-7　凸面体提取结果

（2）模型实体建立

在 Vrep 中利用其工具将模型提取为凸面体。凸面体不存在内部孔洞结构，在提取的过程中，用简单的集合体代替抓手结构，确保了爪子能够正常运动，并将爪子实体和 Dobot 实体进行对接，属性设置为隐藏，之后模型的运动都由该实体承担，如图 8-7 所示。

（3）级联结构分析

图 8-8 列出了 Dobot Magician 机械臂的级联结构，表面上看结构较为复杂，这是因为在建模时用了较多的电动机传动结构，实际上机械臂的运动链并不复杂。

为便于后续计算，导出机械臂的 DH 参数，部分如图 8-9 所示，保存于文件 DH. txt 中。

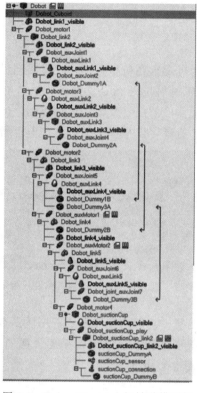

```
Between 'Dobot_motor1' and 'Dobot_motor2':
    d=0.0808
    theta=-179.6
    a=0.0031
    alpha=-90.0

Between 'Dobot_motor1' and 'Dobot_motor3':
    d=0.0808
    theta=-0.7
    a=0.0027
    alpha=-90.0

Between 'Dobot_motor1' and 'Dobot_auxJoint1':
    d=0.1010
    theta=91.0
    a=0.0379
    alpha=90.0
```

图 8-8　Dobot Magician 机械臂模型树　　图 8-9　Dobot Magician 机械臂 DH 参数（部分）

（4）整体 Dobot 模型测试

构建整体级联模型，同时将实体设置为隐藏，令模型在重力环境下测试，保证模型整体不坍塌，模型外观如图 8-10 所示。

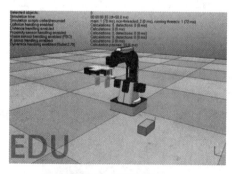

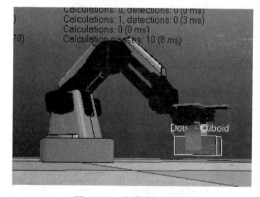

图 8-10　模型外观　　　　　　　　　图 8-11　实物抓取仿真

（5）抓取物体仿真

下面对承担运动任务的关节进行编程，在仿真的时候，这些关节能够依据指令完成指定任务。同时进行抓手的参数调整，使其符合实际需要，如图 8-11 所示。

由于力控抓手的建模过程遇到一些问题导致完成的时间延后，因而在进行视觉伺服仿真时无法应用该抓手。但从原理上说，抓手的类别并不影响视觉伺服的本质过程，基于此考虑，视觉伺服仿真中仍用了吸盘抓手。

8.3.4 获取图像数据

在相机配置上，主要有两种配置方法：一种是将相机配置在机械臂上，相机跟随机械臂一起运动；另一种是将相机固定在工作空间中以观察机械臂的运行。这两种方法各有优缺点，前者相机能近距离感知机械臂的周边信息，有利于精确的视觉反馈和运动控制，但由于获取的主要是局部信息，难以规划出高效的运动路径；后者可以把握全局信息，但也增加了相机分辨率和图像噪声带来的干扰。

考虑实际的研究方案，本研究将视觉传感器设置在机械臂上，简单起见，视觉传感器安装在末端吸盘抓手上，级联结构如图 8-12 所示。Vrep 中提供了两种成像检测设备——视觉传感器与摄像机，两者都能显示场景中的图像，但是也存在着区别，前者侧重视觉检测和处理，后者侧重场景显示。本研究选择视觉传

图 8-12　视觉传感器添加到机械臂模型中

感器，视觉传感器分为正交投影型和透视投影型两种类型，它们的视场形状不一样。本研究选择透视投影型。在视觉传感器的属性中可以对近端剪切平面和远端剪切平面、视场大小、X/Y 方向的分辨率进行设置，视觉传感器属性设置如图 8-13 所示。

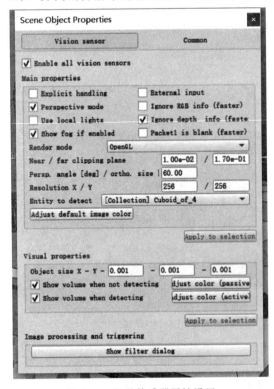

图 8-13　视觉传感器属性设置

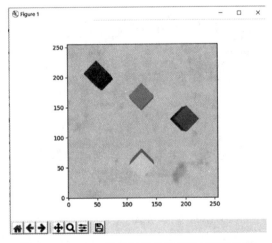

图 8-14　Python 端显示视觉传感器捕获的图像

Vrep 内部提供了观察视觉传感器捕获到的图像的窗口，如图 8-14 所示，利用这个窗口可以很方便地对仿真中出现的问题进行定位分析。为便于图像的处理分析，本研究需要用 API 函数 vrep. simxGetVisionSensorImage（clientID，visionSensorHandle，0，vrep. simx _ opmode _ streaming）将捕获到的图像数据传输到 Python 客户端，利用 Python 的图像处理工具库（如 OpenCV、PIL 等）可以较为方便地对图像进行处理。

考虑到 Vrep 也提供了一些内部 filter 对图像进行处理，该方法的效率要比在 Python 客户端操作高很多，且该方法能满足大部分本视觉伺服仿真的需求。因此，本研究使用内部的 Blob Detection filter，处理后的信息保存在 Packet2 中，使用 API 函数 vrep. simxReadVisionSensor（clientID，visionSensorHandle，vrep. simx _ opmode _ buffer）来获取。

8.3.5 色块识别

色块检测（Blob Detection）是对图像中相同像素的连通域进行检测，在计算机视觉中，Blob 是指图像中的相似颜色、纹理等特征所组成的连通区域。Blob 分析就是将图像进行二值化，分割得到前景和背景，然后进行连通区域检测，从而得到 Blob 块的过程。Vrep 内部的 Blob Detection filter 可以对颜色、块大小检测阈值进行设置，如图 8-15 所示。

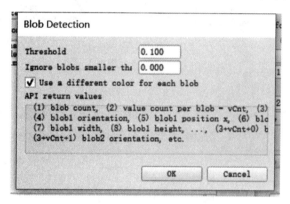

图 8-15　Blob Detection filter 参数设置

色块识别结果在 Vrep 图像窗口中的显示如图 8-16 所示，色块元数据传输到 Python 端，经格式化打印输出后如图 8-17 所示，包含色块位置（在图像上的 X/Y 位置坐标）、色块编号及旋转角度。由于色块元数据中并不包含颜色信息，因此需要利用位置坐标以及原图像对色块颜色进行一次单独的判别。

8.3.6　机械臂目标关节角

通过 Blob Detection filter，得到了目标物体在视觉传感器所捕获到的图像中的位置，利用该坐标信息求解机械臂的关节角，以使机械臂末端抓手运动到目标物体处，这样的问题在机器人学中称为运动学解逆。一般需要通过相机标定以及坐标系转换来求解。

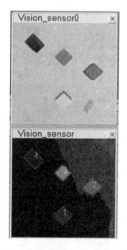

图 8-16　Vrep 内部图像显示窗口显示捕获的图像与 Blob Detection filter 处理后的图像

185

blob1:   position:{0.4873046576976776,0.2919921576976776} orientation:-45.00000125223908
blob2:   position:{0.7724609375,0.5771484375} orientation:-45.00000125223908
blob3:   position:{0.486328125,0.72265625} orientation:-45.00000125223908
blob4:   position:{0.2060546875,0.8623046875} orientation:-45.00000125223908

图 8-17　Blob Detection filter 处理后得到的色块数据

(1) 方案一

Dobot Magician 机械臂的运动链如图 8-18 所示，一共有四台电动机控制机械臂的运动，其中一台电动机控制整个机械臂在底座上的旋转（绕 Z 轴），一台电动机控制末端吸盘的旋转（绕 Z 轴）。因此，这两台电动机的运动可以单独考虑，将机械臂简化为具有两个自由度的连杆，列出如下约束方程：

$$\begin{cases} l_1\sin\alpha + l_2\cos\beta = x \\ l_1\cos\alpha - l_2\sin\beta = h \end{cases} \tag{8-1}$$

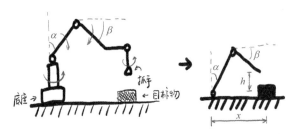

图 8-18　Dobot Magician 机械臂的运动链示意图

令

$$\theta = \tan\frac{h}{x}$$

则有

$$x^2 + h^2 + l_1^2 - l_2^2 = 2l_1 \times \sqrt{x^2 + h^2}\sin(a+\theta) \tag{8-2}$$

根据上述关系式求解出 α，代回原方程即可求出 β。

算法描述如下：

① 获取相机视野，对视野中的物体进行色块检测，得到 blob 的数量及在图像上的坐标。

② 确定 blob 图像坐标，即 px、py。

③ 移动机械臂，使 px＝0.5，py＝0.5，即使机械臂处于图像中央（调 j1、j2，采用比例控制），确定 j1t。

④ 获取机械臂末端到物块顶部的高度 dh、当前物块到机械臂基座的水平距离 x，由上述公式解出机械臂的关节角度 j2t、j3t，将机械臂移动到物体处。

⑤ 根据仿真效果对 dh 和 x 进行微调。

(2) 方案二

本质上该问题是一个两个自由度的连杆的逆运动学求解，复杂程度不高。机械臂关节角（j1，j2，j3，j4）唯一确定了末端抓手在世界坐标系中的位置，因此可以考虑采用遍历的方式找到与目标物坐标相匹配的关节角参数（j1t，j2t，j3t，j4t）。

算法描述如下：

① 获取相机视野，对视野中的物体进行色块检测，得到 blob 的数量及在图像上的坐标。

② 确定 blob 图像坐标，即 px、py。

③ 移动机械臂，使 px＝0.5，py＝0.5，即使机械臂处于图像中央（调 j1、j2，采用比例控制），确定 j1t。

④ 对 j2 从 0～90°遍历循环（步长根据实际仿真效果调整，一般取 0.1°）。对于每一个 j2 的取值，需对 j3 从 0～90°遍历循环。利用上述约束方程计算每一个（j2，j3）组合的机械臂末端抓手坐标（x，h）。

⑤ 计算（x，h）与物体实际坐标（tx，th）的误差 ex 与 ey，设定误差阈值，当 ex 与 ey 小于设定的阈值时，即可将 j2、j3 的值作为 j2t、j3t，停止遍历。

⑥ 移动机械臂至（j1t，j2t，j3t，j4t）。

⑦ 根据仿真效果对 dh 和 x 进行微调。

8.3.7 仿真结果

利用视觉传感器的成像信息，对于检测到的物块，机械臂能准确地抓取目标颜色的物块，完成了预期的视觉伺服仿真任务。具体仿真结果如图 8-19、图 8-20 所示。

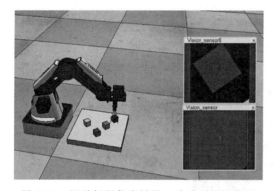

图 8-19 视觉伺服仿真结果：移动到目标位置

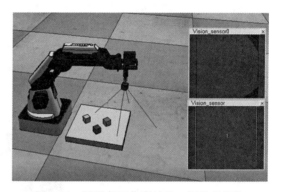

图 8-20 视觉伺服仿真结果：抓取目标物

8.3.8 存在的问题与不足

① 机械臂末端抓手由于进度延后，目前仍用预设的吸盘抓手，虽然这对于视觉伺服来说，并不影响其本质过程，但影响了仿真工作的完整性。

② 色块识别过程中，由于获取的是 Vrep 中的 Blob Detection filter 的数据流，数据流中不包含每个色块的颜色信息，对于事先未知色块分布，仅凭 Blob Detection filter 数据流信息不能实现抓取指定颜色的物块（解决办法是将图像信息导出到 Python 端单独作一次色块颜色识别），这样会导致处理效率的降低。最好的方案是利用 Vrep 的 filter 获取颜色信息并输出到 Python，然而目前尚未找到有效的方法，仍需要研究。

③ 对目标物的识别依赖于简单的特征（颜色），对于复杂的目标物没有较好的适应性。

④ 仿真中发现解算出来的关节角度总会与仿真实际有偏差，初步断定的原因是机械臂连杆动态长度不是一个固定值，会有较小的变化，对于一次完全自主的识别抓取来说，这样的偏差是致命的。解决方案仍需进一步研究。

⑤ 目前机械臂的视觉伺服只应用了一个随机械臂运动的视觉传感器，对目标物的寻找较为依赖初始位置（或者说是预先设定好的位置），增加视觉传感器的数量或许可以提高机

械臂寻物的自主性和效率，多视觉传感器的视觉伺服有待进一步的研究。

8.4 力控视觉抓手实物

8.4.1 整体架构

（1）机械臂

Dobot Magician 是由越疆科技公司自主研发的多功能高精度轻量型智能实训机械臂。基于此机械臂，创新性地设计了一个力控视觉抓手，可以通过视觉获取物体位置并进行力控抓取。

该魔术师机械臂具有多种控制方式并且可以进行夹具的更换。在本设计中，使用 Arduino 的底层模块 Atmega2560 芯片来控制魔术师机械臂，并且使用通过 3D 打印的机械爪作为夹具。同时，根据视觉和力控需求，为机械臂搭配了 Openmv 视觉模块和滚珠丝杠滑轨、压力传感器等部件。

（2）整体设计方案

力控视觉抓手主要实现两个功能，分别是力控功能和视觉功能。力控功能是指在抓取物体的时候，能够控制力度，避免物体被夹变形或夹坏。视觉功能是指在抓取物体的时候，能够根据视觉模块反馈的信息实现物体位置的确认和抓取。以上两种功能在不同的时段分别发挥作用，因此基本上是分离设计、分离作用的。根据其功能，该力控视觉抓手的整体架构如图 8-21、图 8-22 所示。

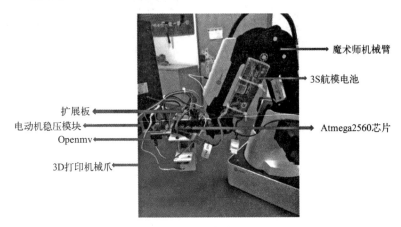

图 8-21 实物整体架构（1）

由于拍摄角度的原因，在图中没有标出压力传感器，在下面介绍中会展示实物。下面按照硬件和软件分别展开该整体架构的详细介绍。

8.4.2 硬件部分

硬件系统主要包括机械组件和电路组件两部分，电路组件可分为力控子系统和视觉子系统两部分，两者在中央控制器方面略有重合，但传感器、执行器均不同。力控子系统在硬件上由主控制器、步进电动机、压力传感器、触碰限位开关、交互按钮连接而成；视觉子系统在硬件上则由主控制器、视觉模块以及通往机械臂的总线组成。

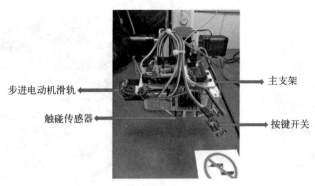

图 8-22　实物整体架构（2）

（1）机械部分

机械结构实物如图 8-23 所示。

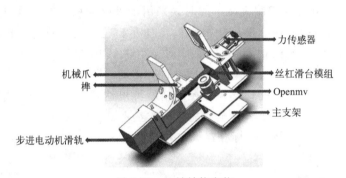

图 8-23　机械结构实物

主要的机械部分有机械爪、主支架、丝杠滑台模组和榫。步进电动机滑轨和 Openmv 不属于机械部分，应属于电路部分。

机械爪：在本设计中，机械爪的设计与丝杠滑台模组相辅相成，是丝杠滑台爪。该爪由两片组成，一片固定，另一片在滑台上。通过滑台可以控制机械爪的开合。

主支架：主支架负责集合所有部件，为各个部件提供支撑平台，所有部件均与该主支架连接。

丝杠滑台模组：该模组是机械结构的核心，通过丝杠滑台结构，把转动简化成沿直线轴的运动，从而简化机械爪的控制。

榫：榫卯结构位于机械爪的根部，通过插入对应的孔并用紧定螺钉与机械臂的腕部连接，更换不同的榫后，同一个手爪可以适配不同的机械臂。

（2）电路部分

1）视觉部分

Openmv 是一个可编程的摄像头模块，其内核是 STM32F765VET6 芯片，采用与 Python 类似的 MicroPython 语言，能够实现多种功能，并且摄像头本身内置了一些图像处理算法，能够直接调用，并在此基础上进行修改。目前，Openmv 用于帧差分算法、颜色追踪、标记追踪、人脸检测、眼动跟踪等，具有强大的图像处理功能。

在本项目中，因 Openmv 小巧、低功耗、低成本、可使用 Python 与内建函数库编程、允许脱机运行等优点，最终作为与机械臂组合的视觉模块。Openmv 硬件结构如图 8-24、图 8-25 所示。

图 8-24　Openmv 示意图

图 8-25　Openmv 效果

2）力控部分

① 步进电动机滑轨。在控制机械爪的时候采用步进电动机滑轨，该组件将电动机和丝杠滑轨结合，是力控功能的核心模块，如图 8-26 所示。左端的步进电动机可以驱动丝杠转动，使丝杠上的滑台沿丝杠轴向做直线运动。本次选用的丝杠导程为 1mm、总长为 100mm，末端由一四线 28mm 步进电动机驱动，其转动一圈需要 36 步，若使用八步换向法驱动，在不考虑齿轮空程误差的情况下，控制精度可以达到 0.111mm，满足控制要求。电动机的额定电压是 24V，但是出于安全和能耗、散热考虑，实际使用 12V 电压驱动该电动机，因此其实际运行速度与技术指标存在一定差异。

图 8-26　步进电动机滑轨示意图

在设计方案中，该模块与机械爪的主支撑板相连，作为力控功能的执行机构，实现机械爪对夹持力的精确控制，其实物如图 8-27 所示。

图 8-27　步进电动机滑轨实物

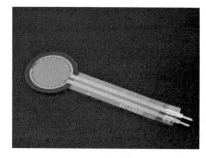

图 8-28　压力传感器示意图

② 压力传感器。压力传感器使用薄膜力敏压力传感器 FSR-402，其产品如图 8-28 所示。压力传感器的变送器是一个简单的惠斯登电桥，为保证电路接插件的稳定性，其被放置在与

手爪基板固连的位置上，并连接到主控制器的模拟量输入端口。

在设计过程中，为直接感知压力大小，力传感器被贴在机械爪内侧，其实物如图 8-29 所示。

③ 人机交互接口。为了方便调试，本设计中加入了按键开关模块，可以通过按动开关实现机械臂和人的互动。在实际调试过程中，该按键作为继续运行的信号来源，在调试模式下，每执行一个动作之后，都需要触发按钮，程序才能够继续运行，如图 8-30、图 8-31 所示。

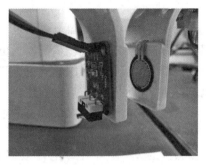

图 8-29　压力传感器实物

图 8-30　按键开关示意图

图 8-31　按键开关实物

3）主控制器部分

主控制器选用 Arduino Mega 2560 开发板（图 8-32），其底层芯片为爱特梅尔公司生产的 ATmega2560。主控制器通过 1 号串口（UART1）与机械臂通信，发送传输 Dobot 指定协议打包好的位置数据，交由机械臂内部的队列控制器执行；I^2C 总线用于与视觉模块通信，在视觉对准阶段接收位置误差并用于产生机械臂控制信号；压力传感器与模拟量输入端口连接直接读取 10 位 ADC 的输出；触碰传感器、交互按键均连接到数字量输入口读取开关值；L298N 则连接到 4 个数字量输出引脚，主控制器通过电平值控制步进电动机的换向。

图 8-32　主控制器实物

在实际调试过程中，Arduino 的库效率过低，进行力控时引脚电平切换速度远低于步进电动机八步换向法的最低时间要求，造成了电动机发热、效率低下等问题，因此在代码中通过直接操作底层的寄存器实现电平切换。考虑编程、调试参数的便捷性，而且其他环节中最主要的延迟来自机械臂任务队列的超长控制周期，大部分 PID 参数的调试工作仍然在 Arduino 的简便开发环境中完成。机械设计方案中，原定将主控制器与机械臂基座固连，但考虑线长、工作空间等问题，最终将控制器开发板和 L298N 驱动模块直接固定在机械爪基板的上表面，并使用了一块扩展板通过排针排座连接，保证接线时有足够引脚，具体排布如图 8-32 所示。

4）供电部分

机械臂本身由适配器电源供电，因此初步方案中计划引出 12V 网络的支路为手爪供电。但在实际操作中，发现该适配器供电电流仅 2A，仅能承受机械臂本身的重量和极少的末端负载，额外给机械臂上的其他部分进行供电（包括视觉模块、力控模块和控制器）时会出现电流不足、机械臂无法启动、逻辑模块失常的情况，因此额外使用了 12V 锂离子电池给手爪供电。由于两种供电系统支持的模块之间需要进行电平通信，两个供电网络之间的 GND 是使用导线连通的。

最终的设计版本中，电池被绑在机械臂的小臂上，主要原因有两个：一是线长约束，12V 网络中电流较大，导线过长会造成损耗，并带来安全隐患；二是工作空间约束，实际上电池在大臂上可以有效减少末端的转动惯量和负载，对降低能耗有很大帮助，但大臂长度较短、有外壳遮挡，若与大臂连接，则会导致工作空间损失，发生干涉，给控制带来额外的麻烦。

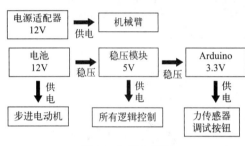

图 8-33　供电流程

供电模块的示意简图如图 8-33 所示。电池连接到 L298N 给步进电动机供电，同时通过 L298N 内置的线性稳压模块输出 5V 的稳定电压，为包括主控制器和视觉模块在内的所有逻辑控制电路供电。5V 网络通过 Arduino 上的稳压模块 AMS1117-3.3 输出 3.3V 稳定电压，为压力传感器、触碰传感器和交互按钮供电。在这个过程中，为消除噪声，所有模块都是共地的。Dobot 自带的电源适配器如图 8-34 所示，3S 20C 2200mA·h 锂离子电池如图 8-35 所示。

图 8-34　Dobot 自带的电源适配器

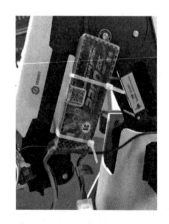

图 8-35　3S 20C 2200mA·h 锂离子电池

8.4.3　软件部分

(1) 视觉部分

视觉部分实现的主要功能是确定物体的位置，并返回物体位置和期望位置的误差，再通过 I^2C 实现数据的传输，将误差返回给机械臂，从而进行机械臂控制。

1）色块识别

根据本研究预设的目标，识别葡萄或其他小型果蔬，采用以下两个方案。

方案 1：识别圆形物体，再结合颜色判断。

在方案 1 的尝试中，Openmv 使用霍夫圆检测识别圆形效果一般，正确识别圆形的概率很低，而错误识别圆形的概率非常高，即使进行了参数的调整，也不能满足需求。同时，该算法只能识别整个圆形，不能对残缺的圆或椭圆进行识别。虽然与颜色判断相结合后，效果有一定提升，但仍旧不能满足稳定识别与标记目标位置的需求。

方案 2：直接识别特定色块，不进行物体形状的判断，只进行大小的限制，识别较大的色块。

方案 2 的效果比较好，通过直接识别色块，能够识别出视野区域中红色（设定阈值为红色）的色块，在同时有多个色块时，选取面积最大的色块作为目标。同时，算法内还对色块面积上限进行了限制，避免了过大色块的影响。但是，该方案受光照影响比较大，也与传感器的白平衡设置有关，在设定较窄的红色阈值范围后，仍可识别出粉红色、紫红色、暗红色等一系列接近红色的颜色。

2）数据传输

I^2C（又称 IIC）总线是一种双向、半双工的同步串行总线，它支持设备之间的短距离通信，常用于处理器和一些外围设备之间的通信，操作简单、线路少且不需要进行大量的校验。I^2C 总线的标准通信速率是 100kbps，快速模式是 400kbps，高速模式支持 3400kbps。根据其优点，本节采用 I^2C 协议在视觉模块与主控制器之间进行通信。通信过程中，主控制器是主设备，负责向从设备请求数据，Openmv 作为从设备，负责在收到请求后响应，发回两个分别代表 X 方向和 Y 方向位置误差的整数。

（2）力控部分

力控子系统在视觉对正、手爪放下之后开始工作，其目的是控制夹持力在期望范围内。夹持力的期望值通过经验预先指定。

力控软件部分的工作完全在主控制器内进行，其读取压力传感器的模拟量数值和步进电动机已经经过的位移，结合近似的弹簧模型对接触力进行 PD 控制，算法最终产生一个需要步进电动机继续位移的增量，单位为步数。该数值作为参数送入八步换向法函数中，主控制器通过电平信号驱动步进电动机发生动作，直到达到期望的夹持力。

（3）整体控制分析

在整个控制过程中，主要有四个控制闭环，分别是视觉位置控制闭环（包括 X 轴控制和 Y 轴控制）、力闭环和触碰闭环。

1）视觉位置控制闭环

在该闭环中使用了 PI 控制。PI 控制是指比例调节和积分调节。比例调节能够按比例反映系统的偏差，系统一旦出现偏差，比例调节立即产生调节作用来减少偏差。积分调节能够消除稳态误差，提高无误差度。

在该控制闭环中，输入的信息是期望的机械爪位置，通过 Openmv 获得位置信息和期望的机械爪位置的差，再通过控制器 Atmega2560 实现 PI 控制。机械臂根据控制器发出的信号进行 X 方向和 Y 方向的调整，最终调节到合适的爪子位置输出。期望的爪子位置根据机械臂的高度变化，需要提前进行机械臂的定高和高度下物体位置的标注，如图8-36 所示。

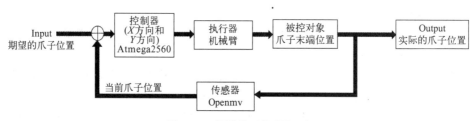

图 8-36　视觉位置控制闭环

2）触碰闭环

触碰传感器用于碰撞检测（图 8-37、图 8-38），安装在机械爪的底部，当机械臂触地的时候，能够及时感知并调整机械臂位置，避免损坏机械臂。其控制流程如图 8-39 所示。当传感器感知到触碰到地的时候，通过棒棒控制，实现机械臂的调节，从而避免机械臂触地。

图 8-37　触碰传感器示意图

图 8-38　触碰传感器实物

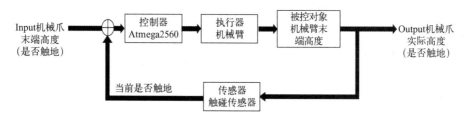

图 8-39　触碰控制闭环

除此之外，这一过程也用于初始化过程中对地面高度的检测。在后续的视觉对准过程中，由于摄像头偏心放置，机械臂末端的高度对视觉定位点影响很大，因此需要保持机械臂末端与操作平台的距离不变，这一过程可以帮助机械臂记录操作平台的高度，并在后续操作中保持定高。

棒棒控制：我们把最优化问题归结为将状态空间划分为两个区域，一个区域对应控制变量取正最大值，另一个区域对应控制变量取负最大值。其实际上是一种时间最优控制，它的控制函数总是取在容许控制的边界上，或取最大，或取最小，仅在这两个边界值上进行切换，其作用相当于一个继电器，所以也是一种位式开关控制。

3）力控闭环

在力控闭环中，输入的是期望的力，通过压力传感器感知目前力的大小以及与期望力的误差，该误差被送入近似的弹簧模型中进行非线性变换，得到的类误差再送入 PD 控制器中，得到步进电动机的位移步数，并通过步进电动机的驱动程序改变电动机的运动状态，整个系统并不是单纯的 PD 控制器，而是类似模型预测控制的非线性控制器，如图 8-40 所示。

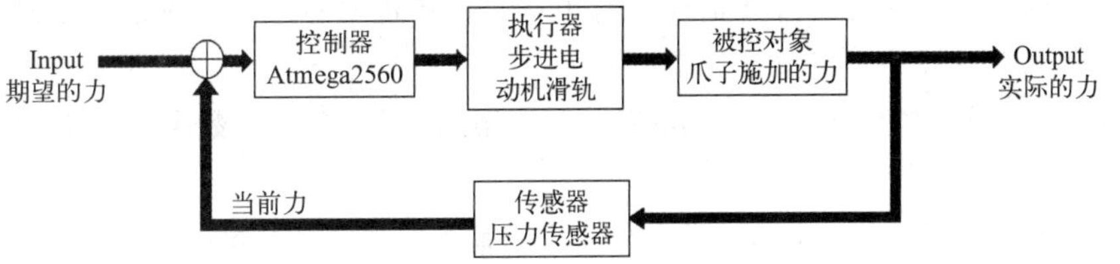

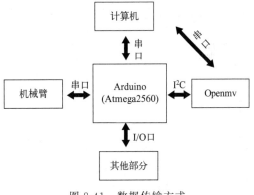

图 8-40 力控闭环

（4）整体数据传输

在整个过程中，数据传输是一项重要工作。数据传输方式和内容如图 8-41 所示。

作为整个系统的核心，Arduino Mega 2560 和 Openmv、机械臂和计算机均有通信。其与 Openmv 通过 I^2C 方式通信，获得机械臂末端位置的视觉误差；其与计算机通过串口通信，反馈任务的执行情况；其与机械臂通过另一个串口发送符合 Dobot 协议的数据来控制机械臂的运动；其与其他部分（包括力控、触碰传感器和按键开关）则通过常规 I/O 口传递数字信号和模拟信号并进行处理，作为数据的交汇处实现最终的控制。

图 8-41 数据传输方式

8.4.4 机械臂工作流程

整个机械臂工作流程如图 8-42 所示。

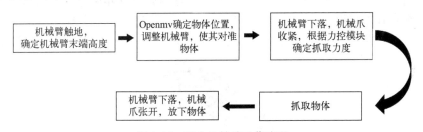

图 8-42 整个机械臂工作流程

首先，控制器操作机械臂触地确定并记录操作平台的实际高度，再接收 Openmv 传来的数据确定物体的位置，并通过串口指令调整机械臂的位置，使其对准物体。之后，机械臂下落、机械爪开始收紧，力控模块发挥作用，控制抓取的夹持力，从而实现对柔性物体的稳定抓取。抓取完成后，机械臂通过固定的轨迹移动到目标区域后松开手爪，放下物体，夹取工作的一个周期到此结束。

8.5 近红外光谱技术破损检测实验

用近红外光谱技术来做抓手在抓取水果过程中水果的破损检测，使抓手可以根据近红外光谱的信息来调整自身的输出力矩，从而避免抓手将水果抓坏。

由于近红外光谱仪的价格较高，必须先验证此方法的可行性。与多方联系后，最终在农学院借到一台符合要求的近红外光谱仪，对小番茄、草莓两种水果分别进行了测量，测量结果总结如下。

波长范围：400～2498nm，每2nm测一个数据点，共1050个数据点，纵轴表示漫反射吸光度。

小番茄：分别对同一个小番茄的完好和夹破（流出少量汁水）情况测光谱图像，如图8-43所示。

草莓：分别对同一个草莓的完好和夹破（流出少量汁水）情况测光谱图像，damage2比damage1破损程度大，如图8-44所示。

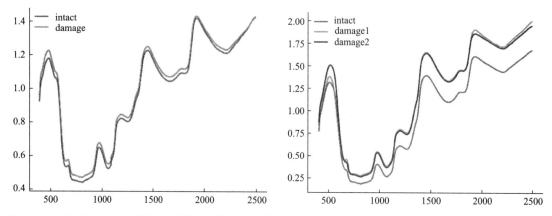

图 8-43 小番茄完好与破损状态下的近红外光谱图像　图 8-44 草莓完好与破损状态下的近红外光谱图像

最终实验结果表明水果表皮破损后，表层水分含量会较完好时升高，而—OH基团在近红外区域的吸收特别强，在近红外光谱图像中表现为漫反射吸光度增大，因此可以用近红外光谱来检测水果有无破损。

由于需要安装在抓手上，因此采用外接光纤型微型近红外光谱仪方案，如图8-45所示。

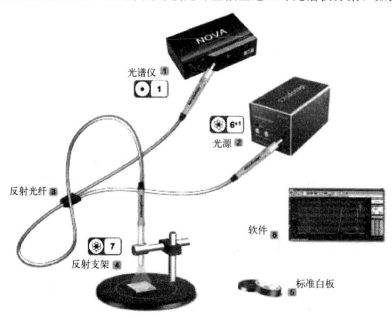

图 8-45 外接光纤型微型近红外光谱仪方案

在外接反射探头光纤型近红外光谱仪中，光源的光通过光纤照射到样品表面，反射后的光通过探头-光纤传回光谱仪，之后便可以得到反射光谱图像。

在检测过程中，反射探头的安装位置是一个必须考虑的问题。为了便于安装，拟采用图8-46中的安装方法，抓手内两侧都装配一块石英玻璃（石英透光率可以达98%），探头垂直于抓手一侧，如此便可以透过石英玻璃实时测得抓手与水果接触点（面）的水果表层近红外光谱图像，通过近红外光谱图像判断水果有无破损。

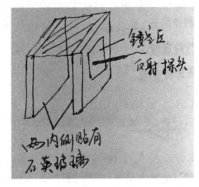

图 8-46　探头安装

8.6　小结与展望

8.6.1　电路板一体化

当前抓手的各个电路模块是分立的，互相之间依靠杜邦线连接，同时多数模块中都存在未使用的冗余引脚或子模块，如 Atmega2560 板和对应的扩展板引出的大量引脚都未使用，开发板本体有 50 余个引脚被引出，这一数目在扩展板上是 24 个，但实际使用的端口只有 9 个普通 I/O 端口和 4 个总线接口，这些接口使用高度约 1cm 的杜邦线端子连接，稳定性和防呆设计均不足。虽然使用多联端子壳和颜色标记缓解了以上问题，但隐患仍然存在。这些冗余部分以及连线占据的空间、重量和带来的隐患都是产品化过程的阻碍。因此需要在电路的整体架构保持不变的前提下进行形式重塑，使用一体化的 PCB 连接各个模块以降低外部供电线路的损耗，以及接插件等在线路上悬挂带来的断裂风险，同时使用更小型化的模块板代替现有的模块，以 1000mil 或 500mil 间距的排针连接到 PCB 上，如使用 STM32 系列的核心板代替 Atmega2560，以成本略高但驱动原理更优、发热更少的 TB6612FNG 板代替现在使用的 L298N，省去散热片的体积，各个必须外置的模块可以使用 XH2.54 或 PH2.0 系列的端子，在保证不会反接的基础上，也使接头处更加牢固。另外，这一举措会导致供电模块与驱动模块的分离，需要额外增加 LM2596S 产生 5V 电压输出。在机械方面，PCB 可以直接承担主板的作用，不再需要额外切割或打印一支撑板连接各个模块，也有助于整个抓手的小型化，有利于后续的外观设计。

8.6.2　机械结构改进

目前手爪机构的核心是丝杠滑台模组，使用步进电动机驱动。这种驱动方式最直接的好处是直接、线性，容易控制。相应地，使用永磁同步电动机或直流减速电动机需要额外的控制模块和控制算法，但也因此更加灵活。当前的方法是在电动机本体附近采用开环控制，对于电动机轴的输出完全是开环控制，在后续存在力反馈时才能够得知，因此并不稳妥。现在抓手的常用结构是使用常规电动机和四连杆驱动手指形成转动的结构，用编码器、电流采样电阻获取电动机的位置、速度、力矩，并使用标准的阻抗控制方法让电动机的行为模仿弹簧、阻尼等有柔顺能力的元件，实现柔顺的力控。除此之外，还可以在机械结构中直接以串并联的形式加入阻尼、弹簧，以实现被动的柔顺，这一方法由于转动角度会发生变化，需要设计轴系装配图，因此需要的工作量明显更大。另外，魔术师机械臂的性能有限，其控制周期较长，控制的开放性低，可以实现较精密的 PTP 运动，但对于有终点速度的规划无能为力，造成了运动过程中的卡顿现象。机械设计中也可以考虑适配其他机械臂，获得更好的控制效果。

8.6.3　更精确的建模

当下仿真的过程仅是运动学仿真，只能实现简单的位置控制运动，对于整个系统，通过仿真建立类似"数字孪生"的模型辅助外部控制器帮助不大。若要起到类似的作用，需要在仿真中加入弹簧、阻尼、轻绳、螺杆等元件的动力学规则，即进行动力学建模与仿真，并在模型中考虑芯片、电池等的重量、惯量等参数，以获得更加精确的结果。

8.6.4　场景扩展

当下机器抓手的主要应用场景是果蔬的抓取分拣，场景比较单一，未来可以思考拓展力控视觉抓手的其他应用场景，对更多的柔性物体进行操作，或结合其他的感知、驱动模块（如近红外光谱模块等）拓展功能，使其可以更加灵活和智能。

❓思　考　题

1. 如何设计机械臂抓手的力控系统？
2. 用 Vrep 仿真软件对机械臂进行建模和仿真。
3. 简述带力控抓手的机械臂的工作流程。
4. 力控抓手控制系统应该包含哪几个控制回路？
5. 设计一个机械臂力控抓手应用场景

第9章 数字孪生驱动的智能装配机械臂控制与运行监测

9.1 数字孪生基本概念

随着工业 4.0、中国制造 2025 等发展战略的提出，传统制造业正朝着智能制造的方向发展。工业 4.0 的本质就是通过信息物理系统（CPS）构建智能工厂，使用智能制造的手段来生产智能产品。智能制造的核心是智能生产技术和智能生产模式，把产品、机器、资源和人有机联系在一起，推动各环节数据共享，实现产品生命周期和生产流程的数字化。

在数字化工厂与智能工厂的发展过程中，生产车间数据的采集、管理与集成，是智能制造的一大关键问题。从产品最初的设计环节，到车间装配设备的布局，再到生产过程中柔性制造的定制化需求，乃至产品全生命周期的物料管理、生产监控、运行维护，产品制造和服务过程中的数据集成等问题日益突显。

因此，将面向工业 4.0 智能制造教学实验室的智能装配环节，采用数字孪生驱动的建模理念，对智能装配场景中的工业机械臂控制策略和故障在线监测等进行了研究与探讨。项目研究目标是针对流水线柔性装配场景，实现智能装配机械臂的预期轨迹控制跟踪和运行故障在线监测。

数字孪生技术利用数字化建模和仿真的方法，对物理实体的动力学特征、结构拓扑、三维动态数据等关键信息进行描述与刻画，并融合其在全生命周期中产生的历史数据和实时反馈信息，在虚拟空间中建立与实际物理对象相互映射的虚拟实体。从多模型融合角度构建数字孪生模型，需要将涉及智能制造全流程的多种异构模型进行集成，并融合到数字孪生模型中。

运用数字孪生技术可以实现在虚拟空间建立机械臂的模型，对物理空间的真实状态进行模拟。当更改机械臂的工作任务时，可以通过对数字模型编程调试来实现对实际机械臂运动的规划，从而大幅提高了对实体机械臂编程的效率，避免了传统直接在实体机械臂上进行实验而带来的成本。结合物理模型、传感器、运行历史等数据还可以实现对机械臂运行状况、健康状况的分析评估，实现对机械臂的轨迹优化与检修预报，从而使柔性制造流水线相应提高了生产效率，使工厂实现智能制造。

9.2 数字孪生驱动的机械臂建模

在智能装配单元中，机械臂起到了核心作用，需要执行不同的轨迹任务，来完成订单驱动的柔性生产装配过程。而传统机械臂轨迹运行通过示教器实现，采用有限组固定的轨迹，其柔性制造能力有所欠缺。轨迹规划、控制策略、运行驱动和故障诊断一体化的机械臂综合自动化解决方案可以提高智能装配环节的柔性生产能力，因此，需要考虑将机械臂多维模型进行集成融合。数字孪生模型便可以实现该虚实融合建模、仿真和控制集成框架。

9.2.1 基于多模型融合的数字孪生构建

利用数字孪生驱动的模型构建方法，可以实现机械臂的虚拟现实信息融合，包括三维设计模型和数字孪生虚拟模型的转换过程、动态模型的信息反馈过程、虚实环境的数据交互过程等，具体关系如图9-1所示。

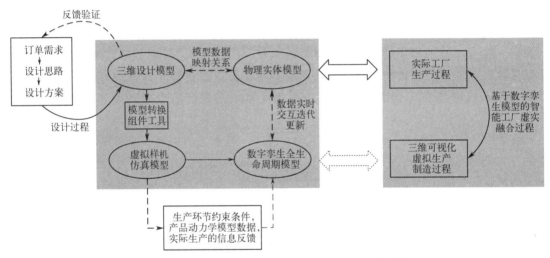

图9-1 基于数字孪生模型的智能制造环节虚拟现实融合过程

机械臂数字孪生多维模型之间存在数据交互和集成的需求。其中，机械臂设计模型为机械臂的生产制造提供了三维可视化的装配体模型，其包含的三维几何信息、拓扑结构信息可以作为虚拟样机和轨迹规划模型的虚拟空间描述资源；虚拟样机仿真模型涉及机械臂的运动学、动力学仿真，表征了机械臂运行过程的状态描述，其与轨迹规划模型相互映射，共同组成了数字孪生虚拟空间的智能体仿真；而虚拟样机的生产运行信息可以作为故障诊断模型的数据来源，还可以结合历史轨迹规划数据信息来挖掘其隐含的磨损情况，用于数据驱动故障诊断。图9-2展示了智能装配机械臂多维模型融合的内在信息交互关系。

图9-2 智能装配机械臂多维度模型融合的内在信息交互关系

以机械装配模型和虚拟样机运动学模型的转换为例，具体描述机械臂设计模型和虚拟实体模型的融合过程，其数据信息流动关系如图9-3所示。

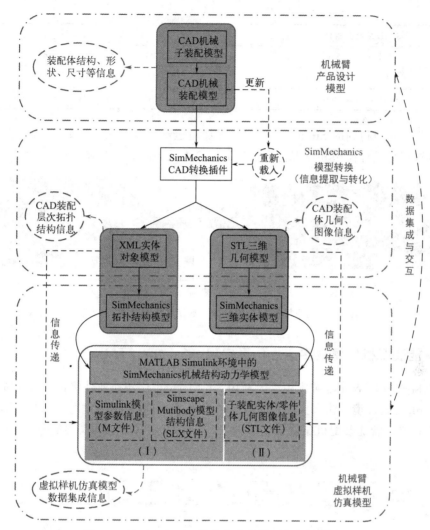

图 9-3 SimMechanics 转换方法的模型信息转化关系

首先，利用 SolidWorks 软件建立流水线机械装配模型，其中机械臂三维设计模型包含了机械臂形状尺寸信息和拓扑结构约束等。然后，采用 SimMechanics CAD 转换插件生成 XML 和 STL 文件，实现机械臂三维设计模型和运动仿真模型的转换，具体步骤如下。

① 导出。将 CAD 装配模型转换为 XML 多实体描述文件。

② 导出。将 CAD 装配模型转换为 STEP/STL 零件几何文件。

③ 导入。将 XML 和 STEP/STL 转换为 Simulink 模型和 M 文件。

④ 更新。用新的 XML 和 STL 文件在 Simulink 中更新多体模型。

CAD 装配模型中的组件与 SimMechanics 模块的对应关系如表 9-1 所示。

表 9-1 CAD 组件与模块之间的对应关系

CAD 装配图组件	对应的 SimMechanics 模块
Part	Body
Mate	Joint
Fixed Part(in a subassembly)	Root Body-Weld-Body

续表

CAD 装配图组件	对应的 SimMechanics 模块
Fundamental Root	Ground-Root Weld-Root Body
Subassembly	Subsystem
Subassembly Root	Root Body-Root Weld-Fixed Body

最后，根据转换得到的 Simulink 模型，添加与运动控制相关的驱动器、传感器和控制器等。机械臂三维设计模型和虚拟仿真模型的转换关系如图 9-4 所示。

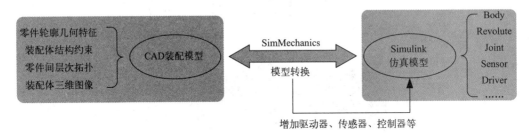

图 9-4　基于模型转换的机械臂数字孪生模型构建思路

9.2.2　智能装配机械臂数字孪生仿真实现

根据机械臂 SolidWorks 装配模型，利用 SimMechanics 转换插件将机械臂三维设计信息导入 Simulink 仿真环境，输入实际采集得到的关节角-时间序列，以驱动机械臂 Simulink 模型的运动学仿真。智能装配机械臂数字孪生的 Simulink 运动学仿真模型如图 9-5 所示。

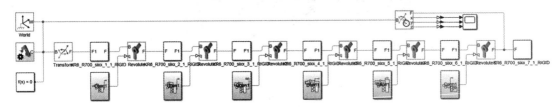

图 9-5　智能装配机械臂数字孪生的 Simulink 运动学仿真模型

运行仿真模型，可以在 Simscape Multibody 环境中得到机械臂数字孪生运动学可视化仿真结果，如图 9-6 所示。该可视化仿真与实体机械臂的运行状态相对应，通过示波器还记录了末端执行器的空间轨迹。

上述案例验证了基于多模型融合的数字孪生仿真思路的可行性。通过在数字孪生模型中的虚拟仿真，可以模拟实体机械臂的运行情况。

9.2.3　机械臂建模基础

为了更好地理解运动学和动力学的机理，下面介绍项目使用的型号为 KUKA KR6 R700 的经典工业六轴机械臂的建模，如图 9-7 所示。

运动学建模，即通过研究关节变量与末端执行器位置的关系来为机械臂控制提供帮助。它主要涉及两类数学问题：正向运动学，已知关节变量，求解末端位置；逆向运动学，已知末端位置，求解关节变量。

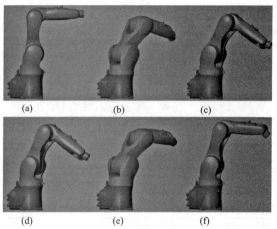

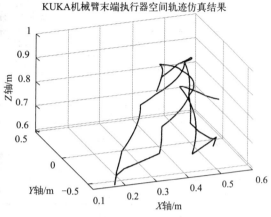

KUKA机械臂末端执行器空间轨迹仿真结果

图 9-6　智能装配机械臂的数字孪生运动学仿真结果

正向运动学主要包括三项内容：一是相对于杆件的坐标系的确定；二是建立各连杆的模型矩阵 $\boldsymbol{A}$；三是利用正运动学算法求解。坐标系的确定通常采用 D-H 表示法。D-H 表示法是 1955 年由 Denavit 和 Hartenberg 提出的，之后成为表示机器人以及对机器人建模的标准方法。其总体思想是，首先给每个关节指定坐标系，然后确定从一个关节到下一个关节进行变化的步骤，这体现在两个相邻参考坐标系之间的变化，将所有变化结合起来，就确定了末端关节与基座之间的总变化，从而建立运动学方程，进一

图 9-7　仿真环境下的
KUKA KR6 R700 机械臂

步对其求解。依次写出从基坐标系到手爪坐标系之间相邻两坐标系的齐次变换矩阵，它们依次连乘的结果就是末端执行器（手爪）在基坐标系中的空间描述，即

$$
{}^0\boldsymbol{T}_6 = \begin{bmatrix} n_x & s_x & a_x & p_x \\ n_y & s_y & a_y & p_y \\ n_z & s_z & a_z & p_z \\ 0 & 0 & 0 & 0 \end{bmatrix} \rightarrow \begin{bmatrix} \theta_1 \\ \theta_2 \\ \theta_3 \\ \theta_4 \\ \theta_5 \\ \theta_6 \end{bmatrix} \tag{9-1}
$$

已知 $\theta_1 \sim \theta_6$，求 n_x、s_x、a_x、p_x，称为运动学正解；已知 n_x、s_x、a_x、p_x，求 $\theta_1 \sim \theta_6$，则为运动学逆解。

实验所用的 KUKA 机械臂为六轴机械臂，各关节模型及质量如表 9-2 所示。

表 9-2　关节质量

序号	1	2	3	4	5	6	7
质量	81.95	48.94	57.43	22.67	21.50	3.45	0.11
图片							

相应可求解 D-H 参数，如表 9-3 所示。

表 9-3　D-H 参数表

关节 J	连杆扭转角 α	连杆长度 a/m	连杆偏距 d/m	关节角 θ
1	$\pi/2$	0	0.4	θ_1
2	0	0.315	0	θ_2
3	$-\pi/2$	0	0	$\theta_3-\pi/2$
4	$\pi/2$	0	0.365	θ_4
5	$-\pi/2$	0	0	θ_5
6	0	0	0.08	θ_6

本实验中，从实验平台获取的机械臂轨迹的数据是每一时刻各个机械臂 6 个关节的角度数据，这些角度数据通过正运动学计算可以得到机械臂末端在这一段运动过程中的位姿变化；而若进行路径规划，可在地图中规划好机械臂末端运动轨迹，可以通过逆运动学解算得到机械臂各个关节角度的设定值。

9.3　机械臂控制策略研究

机器人经常采用 PID 控制器，其具有控制简单，易于实现，且无需建模，但是难以保证控制具有良好的动态和静态特性。传统 PID 控制结构简单，无法有效控制一些复杂的过程，为了调节 PID 控制的效果，在实际案例中会采用前馈＋PID 控制，或是串级 PID 控制。此外，也有机械臂采用神经网络滑模的方法进行机械臂轨迹跟踪，以达到稳定快速控制机械臂的目的。滑模变结构在复杂非线性系统的控制中发挥着重要的作用，机械臂就是其应用场景之一。通过神经网络进行非线性逼近，确定不确定因素的上界，可让控制更加稳定。

9.3.1　虚拟仿真环境的传感反馈与驱动机构

基于上述机械臂数字孪生仿真模型，首先将 KUKA 机械臂的 SolidWorks CAD 装配模型导入 MATLAB Simulink 平台下的 SimMechanics 仿真插件，并输入关节角驱动机械臂，如图 9-8 所示。

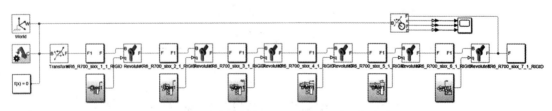

图 9-8　机械臂数字孪生 Simulink 运动学仿真模型

查阅 SimMechanics 插件中各种部件的说明和使用方法，为实现后续控制策略的实施与故障诊断、运行监测提供必要的传感和反馈信息。

以 SimMechanics 中的转动副关节 Revolute Joint 为例，其包含诸多可选属性，如图 9-9 所示。其中，State Targets 可以实现基于指定关节角位置的驱动和基于指定关节角速度的驱动，单位可以选择弧度或角度、角速度等；Actuation 可以选择自动计算或手动输入力矩、运动参数；Sensing 可以实现传感信息的采集，包括角度、角速度、角加速度和执行器力矩等；此外，还可以设置力矩等的约束条件，从而更好地对实际机械臂进行模拟和仿真。

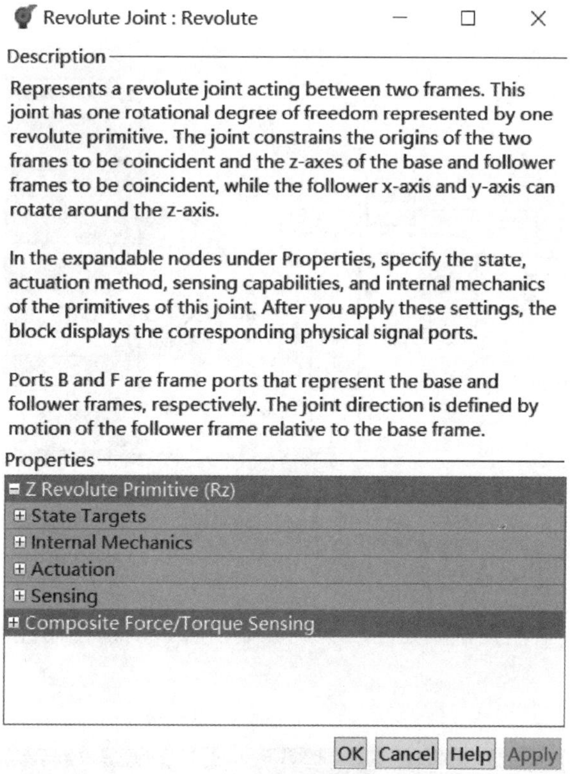

Revolute Joint : Revolute　　　— □ ×

Description

Represents a revolute joint acting between two frames. This joint has one rotational degree of freedom represented by one revolute primitive. The joint constrains the origins of the two frames to be coincident and the z-axes of the base and follower frames to be coincident, while the follower x-axis and y-axis can rotate around the z-axis.

In the expandable nodes under Properties, specify the state, actuation method, sensing capabilities, and internal mechanics of the primitives of this joint. After you apply these settings, the block displays the corresponding physical signal ports.

Ports B and F are frame ports that represent the base and follower frames, respectively. The joint direction is defined by motion of the follower frame relative to the base frame.

Properties

⊟ Z Revolute Primitive (Rz)
⊞ State Targets
⊞ Internal Mechanics
⊞ Actuation
⊞ Sensing
⊞ Composite Force/Torque Sensing

OK　Cancel　Help　Apply

图 9-9　SimMechanics 中的转动副关节 Revolute Joint

9.3.2　机械臂关节角单回路控制

① 机械臂控制的总体情况。运行基于 MATLAB Simulink 平台的机械臂仿真程序，实现了单个关节的 PID 控制，并可以实时调整力矩、角度、角速度、角加速度等运动参数。经过测试，获取了一些误差数据，主要测试内容为被控参数的稳定裕度，即在被控参数的何种波动范围内，仍然能保证机械臂运行效果在可接受范围内。

② 增加传感反馈环节，为单回路 PID 控制器提供反馈信息来源。通过查阅 SimMechanics 插件中各种部件的说明和使用方法，为转动关节增加位置反馈（关节角）传感器，如图 9-10 所示。

③ 对关节角设定值输入模块、单回路 PID 控制模块进行封装，封装后的模块输入为关节角反馈信号，输出为关节角的驱动信号。然后在子模块内加入 PID 控制器，如图 9-11 所示。

④ 对每个关节角采用单回路控制方案，如图 9-12 所示。

Revolute5

图 9-10　转动关节
增加位置反馈
（关节角）传感器

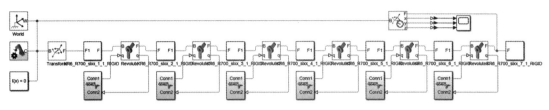

图 9-11　设定值输入、PID 模块封装结果

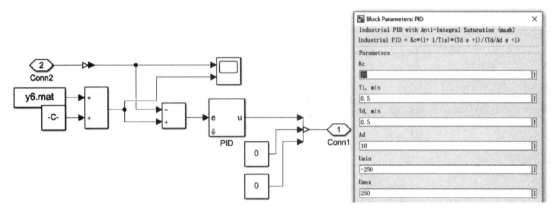

图 9-12　某一关节的关节角 PID 控制方案

⑤ 以第六个关节角为例，调节 PID 控制参数。

a. 当 $K_c=1$，$T_i=0s$，$T_d=0s$ 时。

增益简单地等于 1 显然无法满足本实验的控制需求，所以使用经验法对其进行调整，如图 9-13 所示。

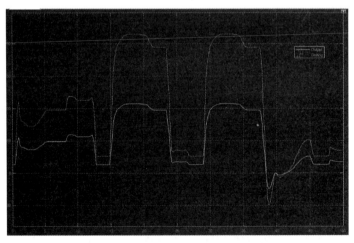

图 9-13　第六个关节控制效果图（1）

b. 当 $K_c=10$，$T_i=0.5s$，$T_d=0.5s$ 时。

虽然控制的精度和速度提升了很多，但是速度上仍然有些不足，导致无法进行快速地切换和跟踪，需要进一步改善，如图 9-14 所示。

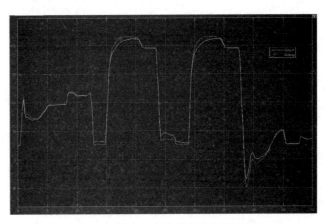

图9-14　第六个关节控制效果图（2）

c. 当 $K_c=35$，$T_i=1s$，$T_d=0.5s$ 时。

此时关节角的控制性能已经可以完全跟随设定输入进行改变了，PID控制方法达到了一定的控制效果，如图9-15所示。

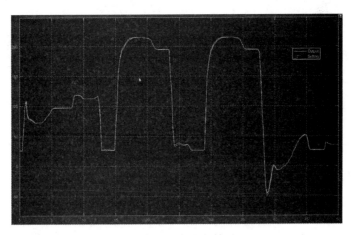

图9-15　第六个关节控制效果图（3）

⑥ 采用同样的方法对每个关节进行参数调节，每个关节的关节角单回路PID都取得了较好的控制效果，如图9-16所示。

⑦ 在每个关节都取得良好的控制效果后，同时对6个关节施加控制，观察其控制效果。

机械臂末端执行器位置的理论值和实际控制效果如图9-17所示。可以看出，单回路控制效果虽然对每个关节角比较好，但是最终末端执行器的位置明显不理想。

这个问题最终通过检查发现，问题产生的原因是单位换算的不一致。由于驱动机械臂关节角的输入信号为角度信号，而SimMechanics模块内部默认为弧度信号，因此仿真中出现机械臂末端轨迹位姿完全不符合正常情况的现象。经过角度和弧度的换算后，仿真结果正常，如图9-18所示。

至此，单回路PID控制取得了一定的效果，但是由于系统是直接输入关节角，自动计算力矩并且没有考虑阻尼，这是不太符合实际的。考虑到更复杂的系统会对控制提出更高的要求，接下来在提高模型真实度的同时，将采用串级控制进一步提高控制效果。

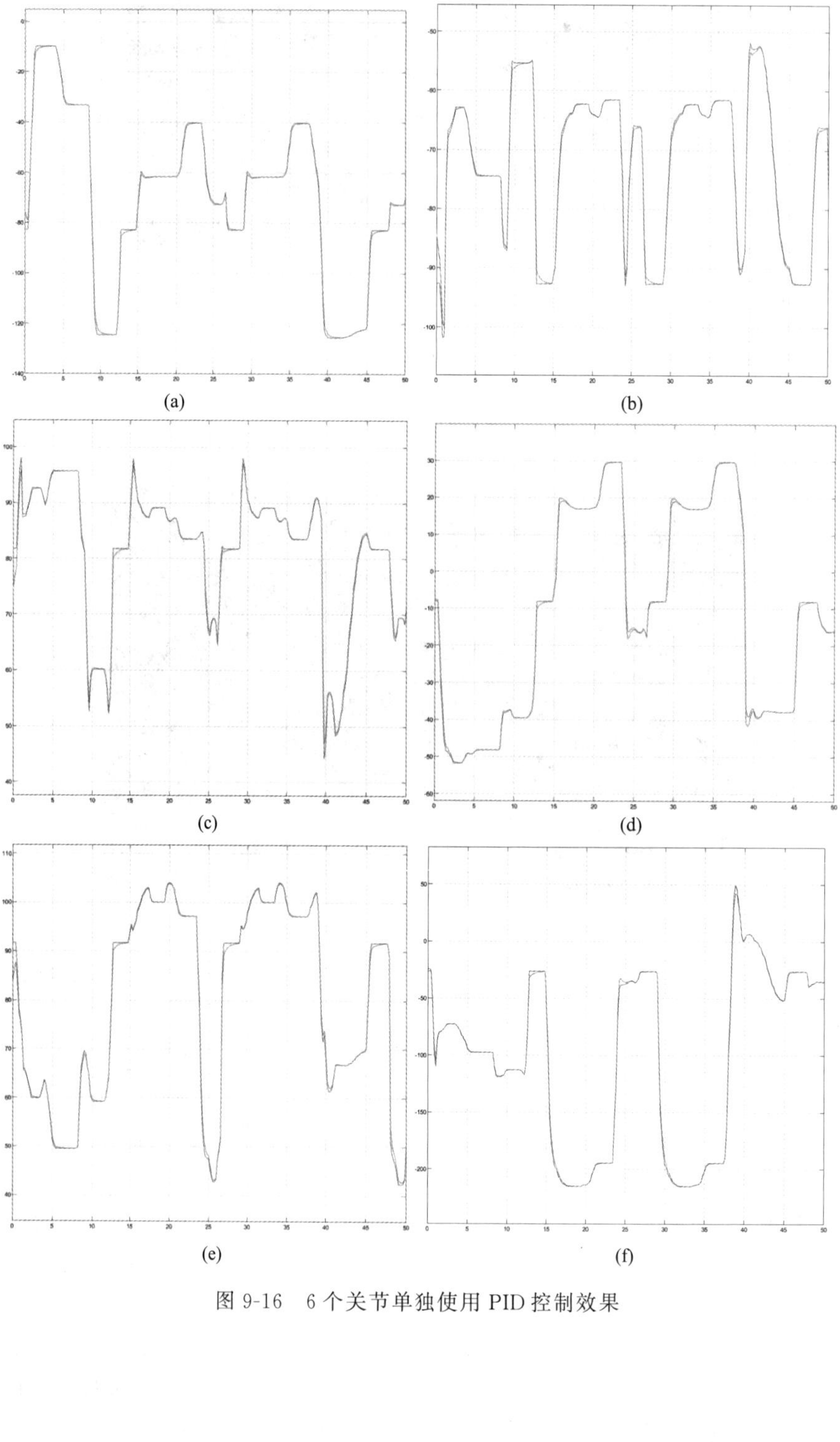

图 9-16　6 个关节单独使用 PID 控制效果

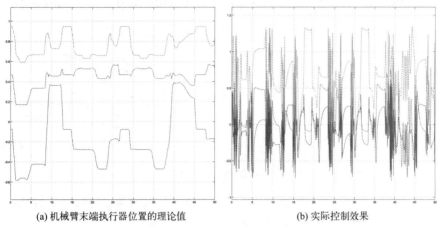

| (a) 机械臂末端执行器位置的理论值 | (b) 实际控制效果 |

图 9-17　机械臂末端执行器位置的理论值和实际控制效果（1）

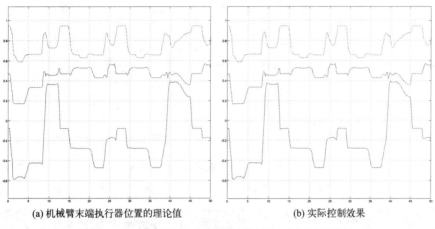

| (a) 机械臂末端执行器位置的理论值 | (b) 实际控制效果 |

图 9-18　机械臂末端执行器位置的理论值和实际控制效果（2）

9.3.3　机械臂关节角串级控制

根据机械臂实际情况，设计串级控制回路框图，如图 9-19 所示。

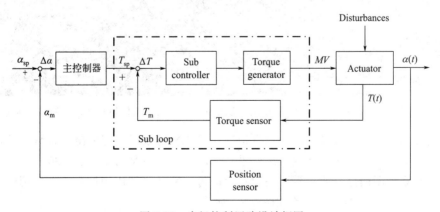

图 9-19　串级控制回路设计框图

根据串级控制框图，搭建机械臂的串级控制系统（PID 参数待定），如图 9-20 所示。

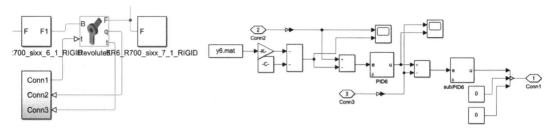

图 9-20　机械臂关节角串级控制系统设计与实施（PID 参数待定）

首先进行副回路控制器参数的整定，先分析副回路广义对象的过程动态特性，因此需要增加控制器手/自动切换功能，如图 9-21 所示。

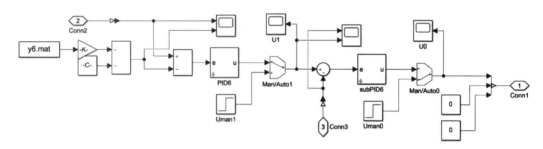

图 9-21　机械臂关节角串级控制系统（增加控制器手/自动切换模块）

观察机械臂正常运行的力矩变化情况。根据之前由 SimMechanics 模块自动计算的理想力矩的仿真结果，采集机械臂第六个关节运行过程中的力矩变化情况，如图 9-22 所示。

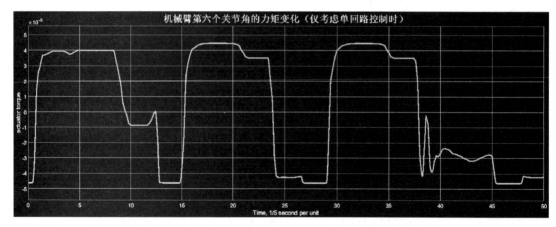

图 9-22　机械臂第六个关节运行过程中的力矩变化情况（力矩为模块自动计算的最理想力矩）

为了更好地模拟实际机械臂的动力学情况，给机械臂设置一定的阻尼系数（采用某个假定的值，若实际机械臂有相关参数，可以进行修改，这里只是为了仿真模拟）。

串级控制系统副回路一般只需要快速跟踪即可，因此用纯比例控制器，采用经验法进行整定，副回路 PID 控制器参数设置如图 9-23 所示。

主回路广义对象动态特性测试如下。

设该过程动态系统的广义对象模型传递函数为

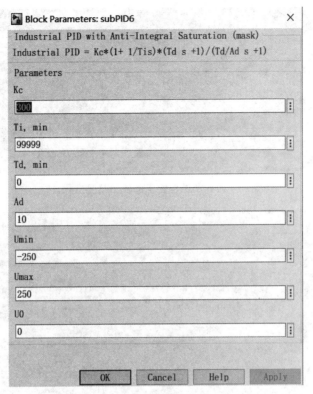

图 9-23 机械臂串级控制系统副回路 PID 控制器参数设置

$$G_o(s) = \frac{K}{Ts+1} e^{-\tau s} \tag{9-2}$$

首先，测定串级控制系统主回路的广义对象特性。其中，阶跃测试输入信号和输出变化曲线如图 9-24、图 9-25 所示。

其次，利用示波器中的 Signal Statistics 功能，可以分析原始机理模型控制系统的广义对象阶跃响应曲线的部分信息，如图 9-26 所示。

可以得到广义对象输出（传感变送器的输出信号）的变化幅值为 $T_m(\infty) - T_{m0} = 0.04$，则过程增益为 $K = \dfrac{T_m(\infty) - T_{m0}}{u(\infty) - u_0} = \dfrac{0.04}{2\%} = 0.02℃/\%$，一

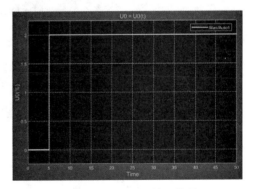

图 9-24 阶跃测试输入信号

阶时间常数为 $T = 1.5 \times (t_{0.632\Delta O} - t_{0.283\Delta O}) = 1.5 \times 0.4 = 0.6$ (s)，广义对象的纯滞后时间为 $\tau = t_{0.632} - T - t_0 = 5.605 - 0.6 - 5 = 0.005$ (s)。

因此，串级控制系统主回路的广义对象为 $G_o(s) = \dfrac{0.04}{0.6s+1} e^{-0.005s}$。

使用 Lambda 得到主回路的 PID 整定参数如下所示（见图 9-27）。

$$K_c = \left(\frac{1}{K}\right) \times \left(\frac{T}{1.2\tau}\right) = 5000$$

$$T_i = T = 0.6s$$

$$T_d = \tau/2 = 0.0025s$$

机械臂第六个关节串级控制系统主回路广义对象动态特性测试
angle, rad
Time, 1/5 second

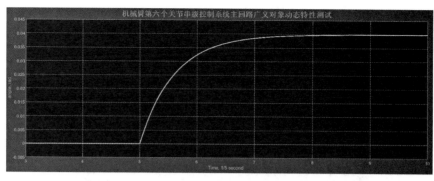

图 9-25　阶跃测试输入下的输出信号变化曲线

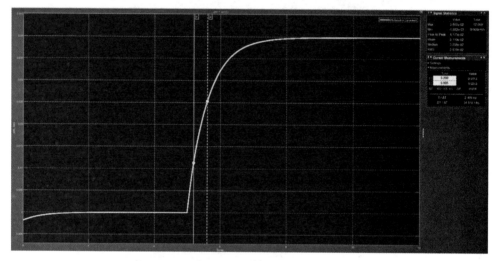

图 9-26　单回路控制系统的广义对象阶跃响应

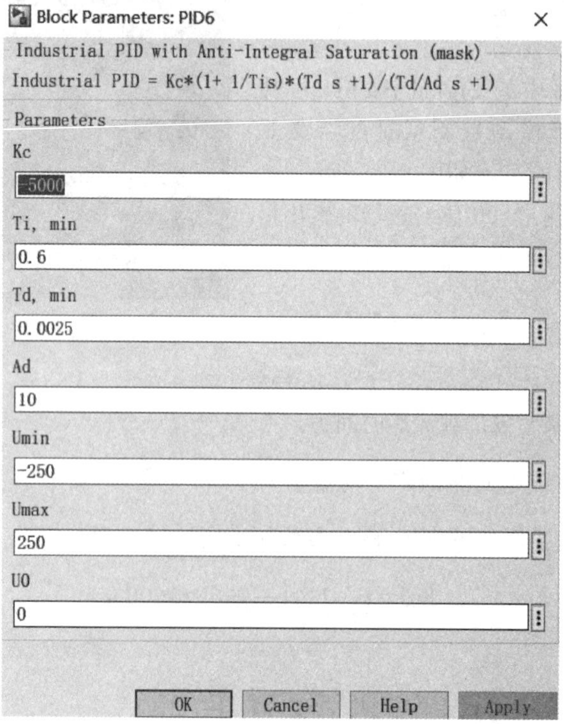

Block Parameters: PID6
Industrial PID with Anti-Integral Saturation (mask)
Industrial PID = Kc*(1+ 1/Tis)*(Td s +1)/(Td/Ad s +1)
Parameters
Kc
-5000
Ti, min
0.6
Td, min
0.0025
Ad
10
Umin
-250
Umax
250
U0
0
OK
Cancel
Help
Apply

图 9-27　机械臂串级控制的主回路 PID 控制器参数

采用上述主回路控制器参数,将串级控制系统投入自动运行,机械臂控制的第六个关节角的跟踪情况如图 9-28 所示。

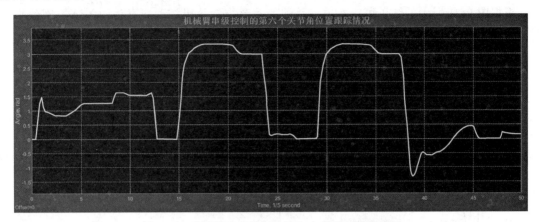

图 9-28　机械臂串级控制的第六个关节角跟踪情况

其中,主回路控制器的信号变化情况如图 9-29 所示。

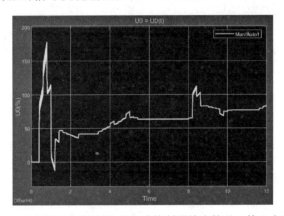

图 9-29　机械臂串级控制的主回路控制器输出情况(第六个关节)

根据上述结果,可以看出,串级控制方案的控制效果非常理想。机械臂第六个关节的关节角几乎完全按照预先给定的轨迹进行控制,符合预期效果。

结果表明,PID 控制器具有较好的鲁棒性,对于非线性的机械臂对象,即使操作条件不断发生变化,采用串级 PID 控制方案的控制效果也完全符合要求。

在完成机械臂第六个关节的串级控制主/副回路参数的整定之后,将所有关节的控制都改为串级控制方案,如图 9-30 所示。

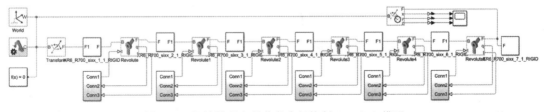

图 9-30　机械臂所有关节角串级控制 Simulink 模型

同样地,假设关节具有一定的阻尼,不妨设置成和第六关节一样的参数。

由于第六个关节串级控制器参数已经进行整定，若将其他关节的控制器参数默认设置为和第六个关节的参数一致，控制效果如下（依次为1～6号关节角控制）。

根据图9-31所示的结果可以看出，靠前的关节控制效果较差，靠后的关节控制效果较好。这可能是由于耦合的因素，靠近末端的关节受到的动力学约束更少，控制更容易。

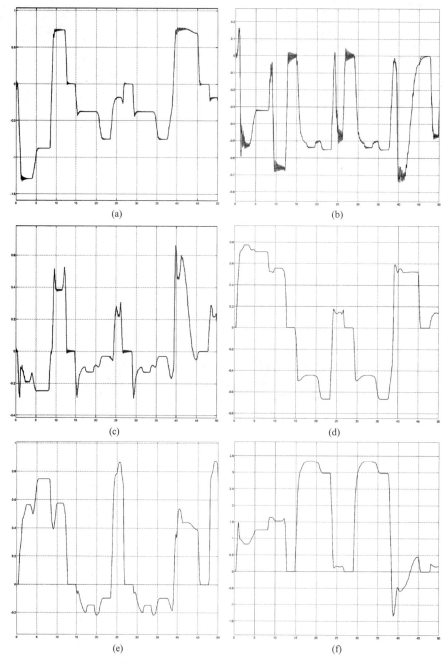

图 9-31　6 个关节采用串级控制的控制效果

最终得到的末端执行器位置变化情况如图 9-32 所示。

由于上述控制器参数的控制效果不是非常理想，因此对其进行调整。主要针对效果最差的第二个关节进行调整（第二个关节前后连杆质量大，而且受到前后的多种耦合因素的影

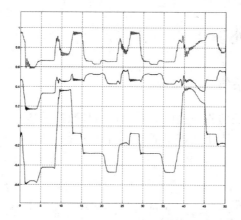

图 9-32　采用串级控制时机械臂末端执行器的位置

响，控制难度最大）。

最终调整后得到的结果对比如图 9-33 所示。

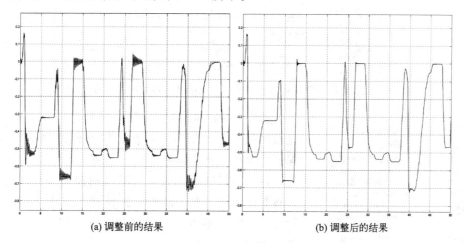

(a) 调整前的结果　　　　　　　　　　(b) 调整后的结果

图 9-33　第二个关节角控制效果

此时机械臂末端执行器的位置变化情况如图 9-34 所示。

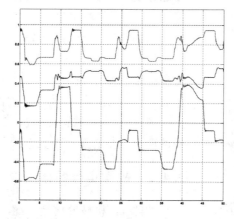

图 9-34　机械臂末端执行器的位置变化情况（调整后的结果）

可以看出，相比改进之前，抖动明显减少了，但是存在可以改进的空间。

9.4 运行数据与处理

9.4.1 正常运行数据采集

在之前机械臂控制系统仿真模型的基础上，增加数据采集模块，将机械臂所有关节的关节角、角速度、角加速度和力矩数据，通过 SimMechanics 模型提供的传感器采集出来，如图 9-35 所示。

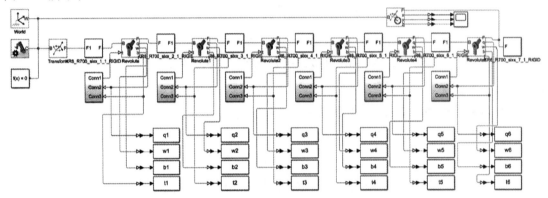

图 9-35　采集机械臂所有关节的角度、角速度、角加速度和力矩数据

工作区	
名称 ▲	值
b1	542066x1 dou...
b2	542066x1 dou...
b3	542066x1 dou...
b4	542066x1 dou...
b5	542066x1 dou...
b6	542066x1 dou...
q1	542066x1 dou...
q2	542066x1 dou...
q3	542066x1 dou...
q4	542066x1 dou...
q5	542066x1 dou...
q6	542066x1 dou...
t1	542066x1 dou...
t2	542066x1 dou...
t3	542066x1 dou...
t4	542066x1 dou...
t5	542066x1 dou...
t6	542066x1 dou...
tout	542066x1 dou...
w1	542066x1 dou...
w2	542066x1 dou...
w3	542066x1 dou...
w4	542066x1 dou...
w5	542066x1 dou...
w6	542066x1 dou...
y1	2x238 double
y2	2x238 double
y3	2x238 double
y4	2x238 double
y5	2x238 double
y6	2x238 double

图 9-36　采集得到的机械臂运行数据以及机械臂期望关节角序列

选取 $0\sim47.4s$ 的机械臂控制系统运行情况（因为在这段时间开始和结束的时候，机械臂均位于初始位置，保证后续可以直接对数据进行拼接，关于运行监测的数据，目前的想法是人为加入随机的白噪声，并且将原始采集数据重复多次，以模拟机械臂的批次运行过程）进行仿真，将采集得到的数据存到 MATLAB 工作区，如图 9-36 所示。

其中，q_i、w_i、b_i、t_i 分别代表关节角、角速度、角加速度和力矩，$i=1$，2，3，4，5，6 代表第 i 个关节，t_{out} 是时间戳（注意仿真时间是变步长的，可能还需要均匀抽样），$y_1\sim y_6$ 是输给机械臂的期望关节角序列。

注意：由于机械臂对象非常复杂，求解的时候无法通过定步长的 ODE 数值求解算法得到，因此仿真求解采用变步长的方法。也就是说，得到的时间戳并不是均匀分布的。

图 9-37 是机械臂在一次完整的运行过程中能够采集到的四个变量在第一个关节处的表现形式。

9.4.2 故障运行数据生成、采集与对比

故障 1：机械臂模型失配。

将第二个关节的阻尼等参数修改为如图 9-38 所示的数值（表示故障 1）。

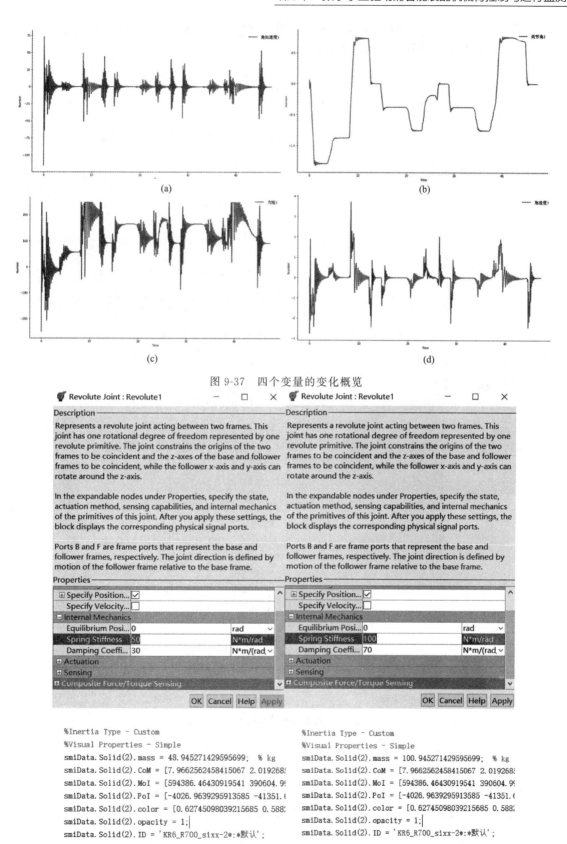

图 9-37 四个变量的变化概览

图 9-38 第二个关节的参数对比（左边为正常情况，右边为故障情况）

运行带控制系统的机械臂仿真模型，可以得到一批新的数据（故障数据集 1）。图 9-39 为第二个关节角的控制效果。

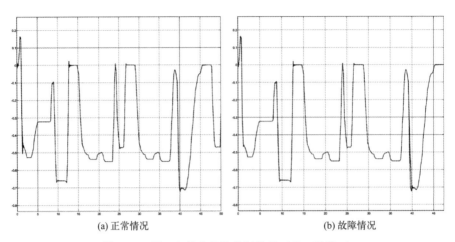

(a) 正常情况　　　　　　　　　　(b) 故障情况

图 9-39　第二个关节角的控制效果对比（故障 1）

虽然控制效果没有明显变差，但是通过其他变量也可能反映出故障信息。

故障 2：控制系统性能下降。

将第二个关节角串级控制系统的主控制器参数手动修改为（表示故障 2）：

$$K_c = -5000, T_i = 0.6, T_d = 0.03$$

运行带控制系统的机械臂仿真模型，可以得到一批新的数据（故障数据集 2）。图 9-40 为第二个关节角的控制效果。

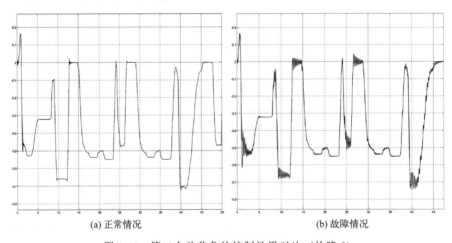

(a) 正常情况　　　　　　　　　　(b) 故障情况

图 9-40　第二个关节角的控制效果对比（故障 2）

在故障生成之后，采集运行数据。

故障运行数据对比如下。

① 对于故障 1，将故障变量和正常变量进行对比，结果如图 9-41 所示。

由此可见，故障 1 中，有比较明显故障的变量并不是很多，故障 1 的严重程度并不是很高，对故障监测的灵敏度要求比较高。

图 9-41　故障 1 中与正常情况有明显区别的变量

② 对于故障 2，故障变量和正常变量对比如图 9-42 所示。

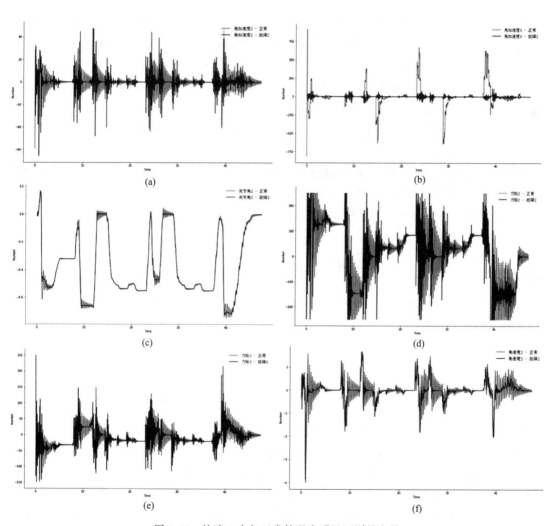

图 9-42　故障 2 中与正常情况有明显区别的变量

故障 2 中，很多变量和正常变量相比有比较严重的区别和波动，由此可见，故障 2 严重程度比较高，监测效果更加明显。

9.4.3 数据降采样

机械臂数据采样频率是随着机械臂变量变化速度变化的,当机械臂位姿变化剧烈时,采样频率就高,变化不剧烈时,采样频率就相对较低,如表9-4所示。

表9-4 采样时间变化 (1)

采样点	采样时间/s	采样点	采样时间/s
1	0	6	2.24×10^{-8}
2	1.58×10^{-9}	7	3.13×10^{-8}
3	3.16×10^{-9}	8	4.01×10^{-8}
4	4.74×10^{-9}	...	...
5	1.36×10^{-8}	542066	47.4

由上述可见,仿真软件引出数据时的采样频率是变化的,而且采样频率整体偏高,这带来了两个问题。

① 数据量过大。一次运行采集出来的数据高达542066个,这对本实验的模型来说是没有必要的,过密的数据会给计算带来过大的负担。

② 数据间隔不统一。一般输入模型的数据都是等间隔的,而这种不等间隔的数据则需要进行预处理。

针对这个问题,需要对得到的数据进行重新降采样,得到数据间隔一致且更加稀疏的数据。经过测试,最终决定将这个采样频率定在0.01s一次,也就是47.4s运行时间,一共得到4740个数据点,这样一方面减少了数据量,另一方面避免了丢失重要信息。

采样时间变化如表9-5所示。

表9-5 采样时间变化 (2)

采样点	采样时间/s	采样点	采样时间/s
1	0	6	0.05
2	0.01	7	0.06
3	0.02	8	0.07
4	0.03	...	...
5	0.04	4740	47.40

数据降采样可能带来的缺点就是对数据重新进行了采样,数据信息可能存在缺失的情况,直观表现就是采样前后图像表现不同,为了证明数据信息并没有出现严重丢失的情况,取了其中一个关节的四个变量绘制成图进行对比,如图9-43所示。

对图像整体来说,降采样之后基本上没有很大的变化,为了进一步说明问题,选取角速度和角加速度的前5s进行局部放大,如图9-44所示。

由此可见,降采样使数据量减少了约99%,并且使数据的时间戳对齐,但数据信息基本没有发生变化,这对后续使用监测模型有着很大的帮助。

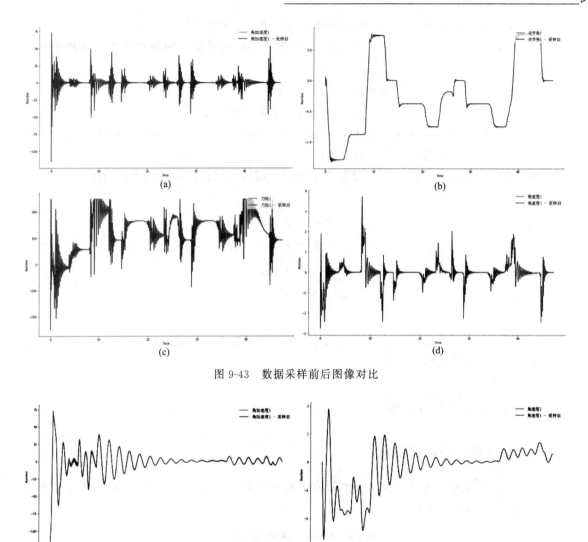

图 9-43　数据采样前后图像对比

图 9-44　局部放大的数据采样前后图像对比

9.4.4　基于机理建模的特性构造

机械臂运行时，能量输入为关节力矩做功，能量输出主要为由空气阻力和关节摩擦带来的阻尼，其余部分能量在动能和势能两种形式中反复转换。当机械臂出现故障时，如某一关节出现故障，其关节处的阻尼有可能突然增大，系统能量变化也就出现较大异常，因此，机械臂运行时的能量数据能在一定程度上反映机械臂是否存在运行故障。

为了给故障诊断提供更多样化的数据以进行特征分析，对机械臂的运行动能进行了衡算，以机械臂各关节质量、关节结构为已知参数，以每一个时刻的关节角、关节角速度为输入，输出每个时刻机械臂的能量值，具体衡算方式如下。

首先定义以下参数。

ω^i：第 i 个关节角的角速度，为矢量。

l^i：第 $i+1$ 个关节相对第 i 个关节角的转轴，为矢量。

v^i：第 i 个关节坐标系原点在地面参考系中的速度，为矢量。

h^i（θ^i，$i=1$，2，3，4，5，6）：第 i 个关节在地面参考系中的相对高度，是关节角的函数。

在上述参数定义下，列写能量衡算方程如下：

$$E = \sum m^i (\boldsymbol{\omega}^i \times \boldsymbol{l}^i + \boldsymbol{v}^i)^2 + m^i h^i g \tag{9-3}$$

计算中，v^i 的值难以确定，由于 $v^0 = 0$，而 $v^i = \boldsymbol{\omega}^i \times \boldsymbol{l}^i + v^{i-1}$，故可以从底部关节依次向上做换算，从而计算出每一个关节的速度值。

关于每个关节的高度 h^i，基于坐标系变换，化简后可以得到如下的换算公式：

$$h^1 = 0$$
$$h^2 = h^1 + \boldsymbol{l}^2$$
$$h^3 = h^2 + \boldsymbol{l}^3 \sin\theta_3$$
$$h^4 = h^3 - \boldsymbol{l}^4 \sin\theta_4$$
$$h^5 = h^4 + \boldsymbol{l}^5$$
$$h^6 = h^5$$

与上述的速度计算相同，从底部自由关节依次向上换算，可得到每一个关节对应的高度值，从而解算系统当前时刻能量值。

9.5 机械臂运行监测

9.5.1 机械臂采样数据特点

工业机械臂通常具有 6 个关节（本研究中机械臂为六轴），其中，每个关节都有对应可采集的物理量，如表 9-6 所示。

表 9-6　机械臂采样物理量描述

物理量	描述	物理量	描述
q_i	关节 i 的关节角	b_i	关节 i 的角加速度
w_i	关节 i 的角速度	t_i	关节 i 的力矩

以关节 1 为例，采集机械臂在一个批次内的所有物理量。如图 9-37 所示，机械臂在正常工作情况下一个批次内的四个物理量随时间不断变化，其中角速度和角加速度在 0 附近振荡，而关节角和力矩随着运行状态的不同而具有不同的稳态。因此，机械臂采样数据具有非平稳、过渡过程多的特点。若仅使用常规的多元统计分析方法对批次数据进行建模监测，建立的模型将不够准确，使得在监测时出现大量的漏报。倘若能够将采样数据进行分段处理，具有相同特性的采样点聚集为一段，段间分开建模监测，相当于建立多个子监测模型，将能够大幅提升模型对实际过程描述的精确程度，以提高监测效果。

由于机械臂运行过程中重复批次操作，一个批次内又有不同的操作轨迹，因此最好能够以批次数据建模，对同一批次内的数据进行分段处理，使机械臂的每个操作稳态都能对应到某个分段中予以建模，且稳态间进行切换时的过渡过程也可以对应到有限个分段中予以建模监测。

对于批次内数据分段，通常可以按照时间顺序进行分段处理，在变量较多的情况下，可以选取某一个对整个批次过程轨迹具有较好代表性的变量作为参考变量，按照一定规则对所有采样数据进行分段处理，再于子分段中进行建模。考虑到机械臂采样数据的特点，关节角度作为机械臂控制模块的控制目标，相对而言振荡较小，能够更好地体现出稳态和过渡过程，因此，可以通过选取关节 1 的关节角度变量作为参考变量（conditon variable），对批次采样数据进行分段。

9.5.2 机械臂过程监测方案

通过上一节的分析可知，选取关节 1 的关节角度变量作为参考变量进行分段可能具有更好的效果。在此节中将详细阐述分段与建模检测的解决方案（此过程监测方案为戴清阳毕业设计内容）。

(1) 慢特征分析法

慢特征分析（slow feature analysis）旨在提取出信号向量中变化较慢的特征，是一种无监督的机器学习方法。

如图 9-45 所示，慢特征分析旨在找出映射函数 $g(x)$，使原始信号 $x(t)$ 经过 $g(x)$ 映射为慢特征信号 $y(t)$。以数学形式可以描述为如下。

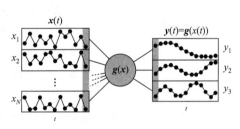

图 9-45 慢特征分析原理

给定一个 I 维输入信号 $\boldsymbol{x}(t) = [x_1(t) \cdots x_I(t)]^{\mathrm{T}}$，其中时间范围 $t \in [t_0, t_1]$，找到一个输入输出映射函数 $\boldsymbol{g}(x) = [g_1(x) \cdots g_J(x)]$，产生 J 维输出信号 $\boldsymbol{y}(t) = [y_1(t) \cdots y_J(t)]^{\mathrm{T}}$，即 $y_j(t) := g_j(x(t))$，且对每个 $j \in \{1, \cdots, J\}$，都有：

$$\min \Delta_j := \Delta(y_j) := \langle \dot{y}_j^2 \rangle$$

$$\text{s. t.} \begin{cases} \langle y_j \rangle = 0 \\ \langle y_j^2 \rangle = 0 \\ \langle y_{j'} y_j \rangle = 0, \forall j' < j \end{cases} \tag{9-4}$$

$$\langle f \rangle := \frac{1}{t_1 - t_0} \int_{t_0}^{t_1} f(t) \, \mathrm{d}t$$

(2) 步进有序时段划分方法

步进有序时段划分方法针对批次过程数据，依靠过程数据对时段进行划分，是子时段建模的基础。方法考虑了批次过程时段运行的时序性，通过评估时段划分对监测统计量的影响确定合适的时段划分点。该方法包含以下步骤。

① 数据采集。获取过程分析数据，将间歇过程数据构成三维矩阵形式（时间、变量、批次）。

② 数据预处理。将三维数据矩阵按照批次轴展开为二维数据矩阵。首先剔除二维数据中的异常点，对缺失值进行填补。而后对二维数据矩阵按照采样顺序进行标准化处理，每一列变量进行减均值除以标准差，从而消除量纲的影响。

③ 时间片 PCA 建模。对标准化后的每一个时间片矩阵执行 PCA 分解，建立时间片

PCA 模型，根据累计方差贡献率方法对所有时间片选取统一的主元个数，并计算残差空间中的 SPE 指标。

④ 时间块 PCA 建模。从批次过程初始点开始，依次将下一个时间片与之前的时间片按照变量展开方式组合在一起，并对时间块进行 PCA 分析，计算得到时间块的 SPE 指标，并确定时间块内每个时间片的控制限 Ctr。

图 9-46　大范围非平稳暂态监测方法流程

⑤ 对比模型精确性，确定时段划分点。比较该时间块内每个时间片上的控制限 Ctr 大小，如果连续三个时间片呈现时间块控制限 $Ctr_{v,k}$ 大于时间片控制限 Ctr_k α 倍（其中 α 称为松弛因子，根据实际过程的建模效果进行调整），则在此时间处断开时间块，之前的时间块形成一个时段。

⑥ 数据更新，确定所有划分时段。断开时间片后，重复上述过程，直到所有时段被划分。

（3）机械臂监测方法

在对机械臂进行监测时，并没有直接采用步进有序时段划分方法按时序对变量进行子时段划分，而是采用了一种新的条件变量划分方法，在此称为大范围非平稳暂态监测方法。该方法首先选取一个能够反映过程特性变化的条件变量，并且将步进有序时段划分方法应用于该条件变量的条件段划分（期间将原来的 PCA 换为慢特征分析 SFA），条件段的划分依赖于条件变量值，因此在时间上不一定连续。通过条件变量划分条件段后，对于每个条件段内，通过慢特征分析法提取出静态慢特征、静态快特征、动态慢特征、动态快特征（动态特征为原始数据的一阶差分数据的特征），根据特征在条件段内进行 GMM 聚类，并且将条件段内样本的 BID 距离视为控制限，完成条件段内建模。对于新样本，首先判断其属于哪一个条件段，而后调用条件段模型进行监测即可。大范围非平稳暂态监测方法流程如图 9-46 所示。

采用该方法的好处是：以条件变量作为条件段划分依据，避免了通过时间轴分析时，由于数据的大范围的非平稳性、暂态性导致的传统的统计分析方法可能遇到的模型失配问题，从而能够提升监测精度。

9.5.3　机械臂过程监测结果

（1）正常数据

从图 9-47～图 9-49 可以看出，对于正常数据而言，该模型具有 1% 以下的误报率，倘若设置报警参数，完全可以忽略掉该误报，因此模型对正常数据还是比较贴切的。

（2）异常类别一

异常类别一数据前 3000 个样本为正常数据，后 800 个样本为产生异常类别一的异常采样数据。从图 9-50～图 9-52 发现，自 3000 采样时刻开始，就已经检测出明显异常，且在 3000 采样时刻前几乎没有误报情况，取得了良好效果。

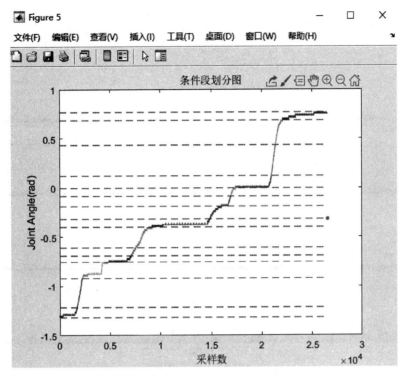

图 9-47 正常数据条件段划分

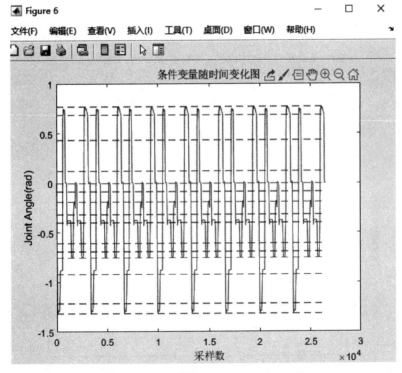

图 9-48 正常数据条件变量随时间变化

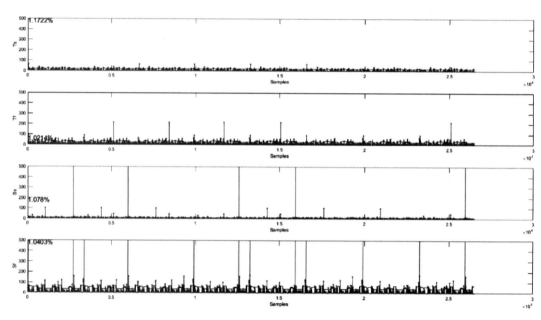

图 9-49 正常数据过程监测

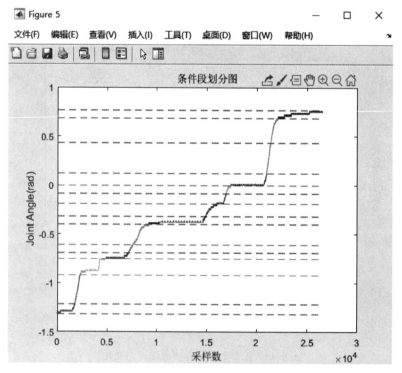

图 9-50 异常类别一条件段划分

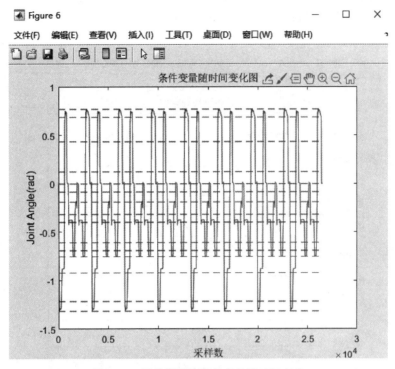

图 9-51　异常类别一条件变量随时间变化

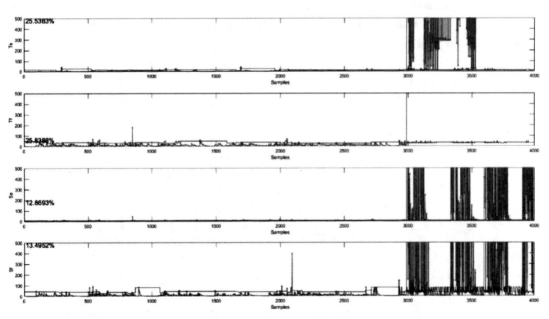

图 9-52　异常类别一监测过程

（3）异常类别二

异常类别二数据前 3000 个样本为正常数据，后 800 个样本为产生异常类别二的异常采样数据。从图 9-53～图 9-55 中发现，自 3000 采样时刻开始，就已经检测出明显异常，且在 3000 采样时刻前几乎没有误报情况，也取得了良好效果。

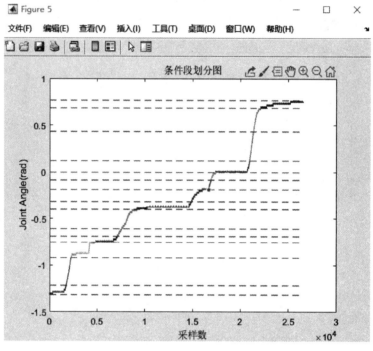

图 9-53　异常类别二条件段划分

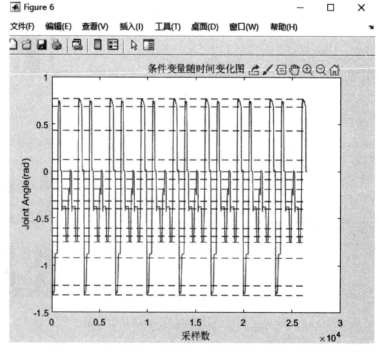

图 9-54　异常类别二条件变量随时间变化

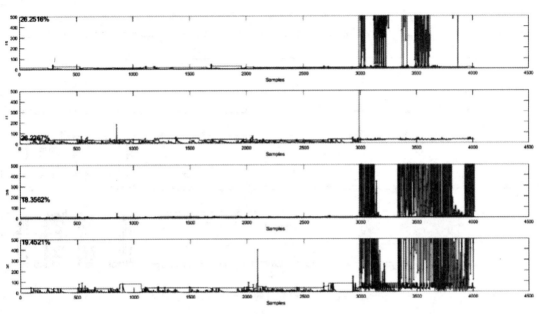

图 9-55 异常类别二监测过程

（4）机理特征构造后的监测结果

误报率减小了约 0.2%，有小幅提升。在误报率减小的情况下，监测依旧灵敏，如图 9-56～图 9-58 所示。

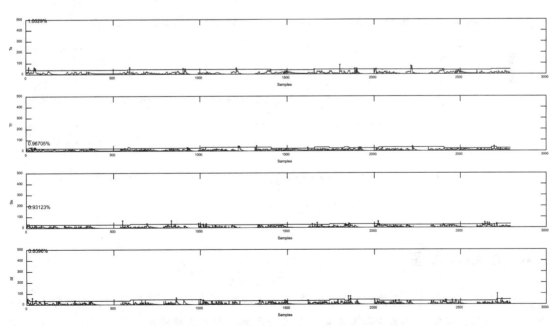

图 9-56 机理特征构造后的正常数据监测结果

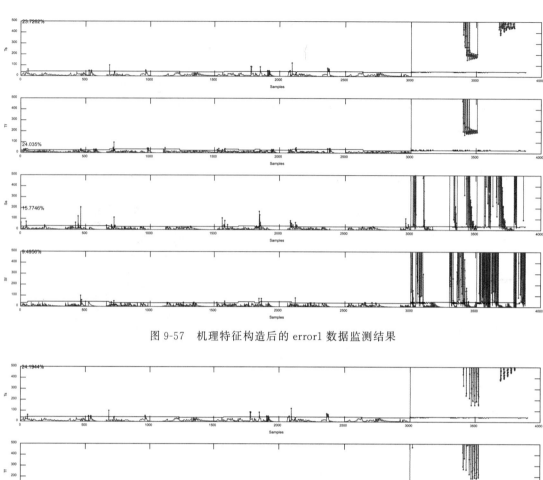

图 9-57　机理特征构造后的 error1 数据监测结果

图 9-58　机理特征构造后的 error1 数据监测结果

9.6　小结与展望

通过多模型融合的思路构建机械臂的数字孪生虚拟仿真模型，使机械臂控制策略的实施变得简单高效，避免了直接在实体机械臂上进行控制所需的高昂成本，还可以防止由于控制策略出错导致实际机械臂有潜在的危险。

在机械臂运行监测环节中，本实验考虑了机械臂批次过程数据的大范围非平稳、过渡过程多的特性，选取具有过程代表性的条件变量且按照条件变量值划分条件段，并在每个子条件段中对数据进行建模，建立统计控制限。对于新的采样样本，首先根据条件变量值将其划分进子条件段，而后调用子条件段模型进行监测，克服了数据的非平稳、暂态特性，取得了良好的效果。

此外，在虚拟仿真模型中进行机械臂控制策略和运行监测算法的研究，可以结合迁移学习的思想，实现 simulation-to-real 的转换。也就是说，在虚拟模型中实施足够精准的控制策略，可以通过实际运行过程中的少量数据将控制模型迁移到实体机械臂中，达到数字孪生虚实交互的最终目标。

❓思　考　题

1. 数字孪生的基本概念。
2. 请举例说明基于多模型融合的数字孪生构建方法。
3. 简述机械臂常用的控制策略。
4. 简述机械臂过程监控的目的及常用方法。
5. 简述基于数字孪生模型进行机械臂控制和监控的优缺点。

第10章 人机物品交接协同机器人

10.1 人机物品交接项目背景

机器人技术发展迅速，在工业生产、科学研究、军事装备和社会生活等方面都有广泛的应用。在世界各地的工厂里，工业机器人已经可以出色完成日常操作任务，例如上下料、搬运、焊接、喷涂、打磨等。传统的工业机器人虽然具有执行速度快、精度高的优点，但灵活适应性是一大短板。相对的，尽管人在速度和精度方面很难达到机器人的水平，但人具有很强的感知能力和灵活适应能力。机器人和人是工业生产中的两大主要生产力，它们有着各自的优势，但出于安全性考虑，工厂通常用围栏等安全设施将人和机器人隔离开来，让两者分开独立工作，无法实现优势互补，这不仅降低了生产线的灵活性和空间利用率，也增加了成本。而未来的工厂，不仅需要进行大规模的批量生产，还需要完成少量的定制化生产任务，这对工厂的灵活性有了更高的要求。人机协作可以让人和机器人在同一工作空间中协作完成指定任务，将人强大的感知能力和灵活性与机器人的速度、精度优势相结合，从而提高生产效率和生产线的灵活性。

就像工人之间协同工作，人与机器人协同工作的过程中经常需要完成物品交接的任务，例如机器人给工人提供接下来要用的工具或零件，工人将拆解出的部分递给机器人分类放置，因此，人机物品交接是人机协作领域的一个研究热点。目前，关于人机物品交接涉及的技术环节的研究非常多，例如用于指导机器人如何抓取物体的位姿估计算法和力伺服控制算法等，为了更顺畅安全地完成物品交接而研究的意图识别技术、柔顺控制算法以及许多新型路径规划算法。但如何应用和优化这些算法和技术，进而实现完整的人机物品交接系统，并不是一个十分聚焦的问题。因此，本章综合应用机器视觉和机械臂运动规划技术，搭建了一个人机物品交接系统。

10.2 本实验主要研究内容

本节实现了一个初级的人机物品交接系统——人手持容器，机械臂持盛装物品的容器；机器人通过视觉对人手中的容器进行实时位姿估计，基于视觉信息进行机械臂的运动规划和控制，将物品移交到手持容器中。在此人机物品交接系统上，可以进一步实现手递手的物品传递，从而应用在工厂中为工人提供工具和零部件，也可以增加移动功能，使其成为服务机器人，为残障人士拿取所需物品。本节的研究内容分为两大部分：

① 视觉模块对手持容器进行实时准确的位姿估计；

② 机械臂模块应用路径规划和控制算法使机械臂柔顺快速地到达目标位姿。

10.3 技术理论综述

本部分介绍项目中涉及的相关理论和技术，将分成机器视觉、操作机器人运动规划两个部分展开阐述。

10.3.1 机器视觉

（1）实时物体位姿估计

物体位姿估计是利用传感器数据（如 RGB-D 图像）估计出物体在传感器/世界坐标系下的位置和姿态，如图 10-1 所示。实时地获取人手中容器的位姿，是人机交接系统视觉功能的最终目标，也是机器人进行运动规划与控制的关键依据，因此，实时物体位姿估计技术是系统的重要技术。由于已获得容器的 3D 模型，以及出于实时性的考虑，项目涉及的物体位姿估计方法有 LineMOD、DenseFusion、PVNet 和 REDE。

(a) RGB图像　　　　　　(b) 深度图像　　　　　　(c) 位姿估计效果可视化

图 10-1　物体位姿估计

1）LineMOD

Hinterstoisser 等提出的 LineMOD 是一种基于模板匹配的物体位姿估计方法，如图 10-2 所示。若在物体位姿估计任务中已知物体的 3D 模型，可以在物体模型上选择合适的特征作为模板，通过与实际的传感器数据进行匹配来计算位姿变换。LineMOD 从 RGB 图像中提取轮廓梯度向量，从深度图像中提取物体表面法向量，构建多模态特征来进行模板匹配。算法需要的训练时间很短，所用到的算力很少，且算法已集成在 ROS 的 ORK（object recognition kitchen）中，实现方便。同时，经过实验，LineMOD 在本项目的实验平台上可以达到 10fps 以上的速度，可以直接实现实时物体位姿估计。但显然，由于其对物体整体特征的依赖，在有遮挡时估计效果较差；而由于项目中是手持容器，人手对容器会产生一定程度的遮挡，因此 LineMOD 的应用效果不佳。

2）DenseFusion

Wang 等提出的 DenseFusion 是一种基于神经网络回归的物体位姿估计方法，如图 10-3 所示。首先需要对图像进行分割以排除杂乱背景，接着利用神经网络对 RGB 图像和点云分别提取特征，并设计 DenseFusion 网络实现颜色特征和几何特征的像素级融合，再采用预测

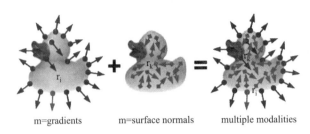

图 10-2　LineMOD 的特征提取

网络回归位姿。此外，还引入了端到端的迭代优化网络，实现快速准确的位姿微调。Dense-Fusion 提取的像素级融合特征以及迭代优化网络使估计准确、鲁棒，且其速度也可以达到 10fps 以上。但作为一种基于神经网络回归的物体位姿估计方法，使用网络直接回归的方式可解释性差，且旋转空间的非线性会限制网络的学习能力。此外，调用 DenseFusion 前需要先进行图像分割处理，因此，严格来讲，其并不是一步到位的物体位姿估计方法。而对于以上问题，下面讲到的 PVNet 提供了一个良好的解决思路。

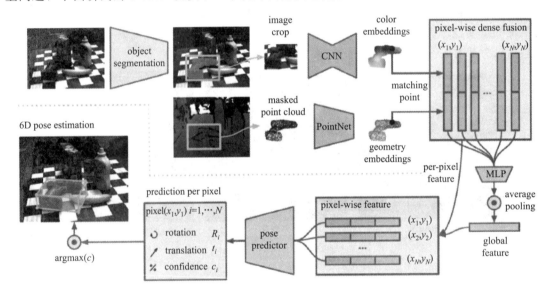

(a) 特征提取与位姿预估网络

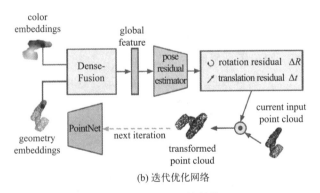

(b) 迭代优化网络

图 10-3　DenseFusion 网络结构

3）PVNet

Peng 等提出的 PVNet 基于 RGB 图像，其使用 farthest point sampling（FPS）算法在物体 3D 模型表面选取了具有代表性的 3D 关键点，并提出使用向量场表示关键点 2D 投影，即令每个像素预测指向 2D 关键点的方向向量，再通过基于 RANSAC（random sample consensus）的投票定位 2D 关键点，最后基于 2D-3D 对应关系应用 PnP 算法来计算位姿，如图 10-4 所示。这种基于关键点检测和 PnP 问题的物体位姿估计方法具有良好的理论基础和可解释性，同时关键点的向量场表示可以大幅提升算法应对物体遮挡等情况的能力，使结果更加准确和鲁棒。此外，PVNet 对图像的向量场预测和语义分割共用了一部分的网络结构，不需要引入另外的分割网络，这显然使 PVNet 保持甚至提升了实时性，并且位姿估计和图像分割共享图像特征可以增强彼此的效果。遗憾的是，PVNet 并没有利用点云数据，且获得向量场表示后采用传统方法估计位姿的思路使其失去了神经网络端到端的优势。

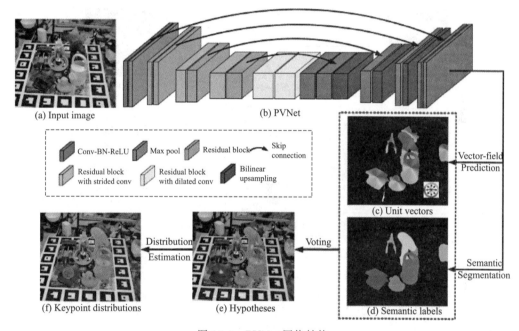

图 10-4　PVNet 网络结构

4）REDE

基于上述提到的相关方法和问题，Hua 等提出的 REDE 的思想是把特征构建交给网络学习，而位姿的估计仍使用几何计算及优化，并将这些过程可微化，从而构建端到端的位姿估计模块，如图 10-5 所示。REDE 首先需要对图像和点云中的感兴趣区域进行分割，再采用与 DenseFusion 类似的网络对 RGB-D 图像进行逐点特征提取与融合，接着预测每个点相对 3D 关键点的偏移量和置信度，加权平均得到关键点，然后基于关键点建立最小位姿估计器库，对候选位姿进行加权平均后得到位姿初值，最后使用迭代优化网络完成细调。作为保留了几何估计特性的端到端位姿估计方法，REDE 在三个公开数据集 LineMOD、Occlusion LineMOD 和 YCB-Video 上的表现优于其他方法，同时在本项目实验平台上 REDE 算法速度可以达到 20fps。因此，本节最终采用 REDE 算法完成实时位姿估计任务，如图 10-6 所示。

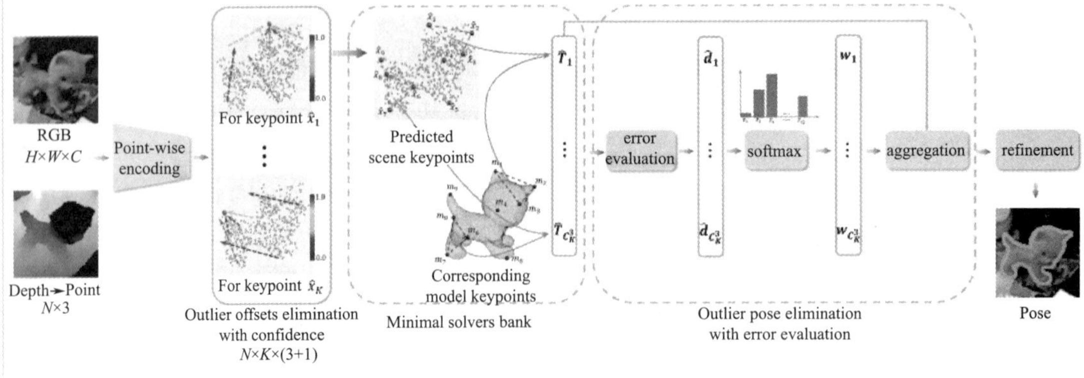

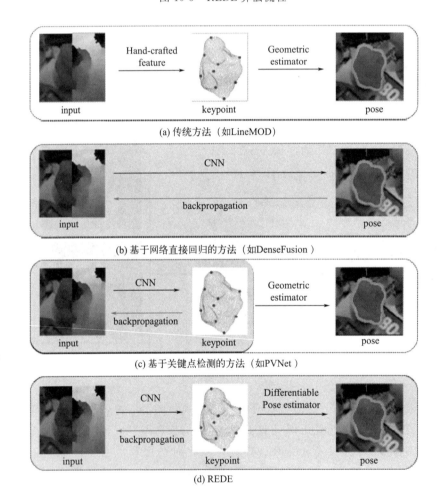

图 10-5　REDE 算法流程

(a) 传统方法（如LineMOD）

(b) 基于网络直接回归的方法（如DenseFusion）

(c) 基于关键点检测的方法（如PVNet）

(d) REDE

图 10-6　位姿估计方法比较

(2) 实时图像分割

对于前面讲到的物体位姿估计方法，尤其是利用深度神经网络提取像素特征的算法（如 DenseFusion、REDE 等），常常需要先进行图像分割来缩小数据处理范围、减少杂乱背景的干扰，因此，快速准确的图像分割也是人机交接系统在视觉方面所需要的一项重要能力。

图像分割一般指语义分割或实例分割，如图 10-7 所示。语义分割是将图像划分成若干具有不同语义的区域块；而实例分割，是在语义分割的基础上，还要定位出同一语义类别下的不同对象；因此，相比于语义分割，实例分割需要完成的任务更复杂也更耗时。由于项目中的场景较为简单，即某类别的容器仅出现一个，所以本系统的图像分割任务就是实时语义分割。

(a) 原图像　　　　　　　　(b) 语义分割效果　　　　　　　　(c) 实例分割效果

图 10-7　语义分割与实例分割

作为实时物体位姿估计（本节选择 REDE 算法）的上游任务，本节对语义分割的实时性要求是至少和位姿估计的速度（20fps）持平，因此考虑使用轻量的快速语义分割网络 Fast-SCNN，如图 10-8 所示。

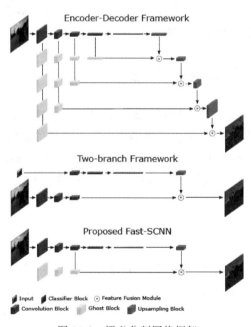

图 10-8　语义分割网络框架

Poudel 等提出的 Fast-SCNN 融合了 Two-branch 方法和经典的 Encoder-Decoder 框架：Two-branch 方法对图像低分辨率化后用深层网络提取全局信息，对原高分辨率图像用浅层网络学习细节特征，最后整合两种特征得到分割结果，如此可以减少网络的参数量；Fast-SCNN 在 Encoder-Decoder 框架上引入了 Two-branch 方法，将降采样网络提取的低层次特征用于全局和细节特征（分别使用深层网络和浅层网络）的学习并融合得到分割结果，即将 Two-branch 网络的不同 branch 的前几层网络进行了共享，从而进一步减少了参数量。实验结果表明，在保证同水平精度下，Fast-SCNN 的速度是减少著名快速语义分割网络 BiSeNet 的 2 倍。经过测试，Fast-SCNN 在本项目实验平台上也可以达到 20fps 的速度。

10.3.2　目标跟踪与检测

前面讲到的机器人视觉技术似乎已经足以完成实时物体位姿估计的任务（实际上，项目中人机交接系统使用的视觉功能就是实时语义分割及位姿估计；后续实验证明，只要再进行一些简单的优化，就可以达到不错的效果），而如果想要在十分复杂的场景中（如物体频繁快速运动、背景干扰很大等）得到具有鲁棒性的准确的估计结果，还可以引入目标跟踪与目标检测技术。

视觉目标跟踪是在第一帧图像中目标位置（姿态）确定的前提下，在后续视频序列中持续地定位目标（即跟踪目标）。这里的定位，若是指确定包围目标的 Bounding Box，则相应的目标跟踪算法（如孪生神经网络 SiamRPN）可以作为图像分割的预处理，提升实时分割的鲁棒性；若是指直接确定目标的位姿（如 6D 位姿跟踪算法 6-PACK），则可以进一步提升位姿估计的速度，并能较好地适应待测物体的运动。

对于前一种目标跟踪任务（确定 Bounding Box），第一帧目标位置的确定往往可由目标检测来完成；同时长时间跟踪下，当跟踪出错时，也需要目标检测进行重新定位。此外，若能实现实时的目标检测，其实也就不太需要进行目标跟踪（跟踪算法的优势是其对运动的适应性较好且有一定的预测特性）。视觉目标检测，即在图像中找到并定位目标物体（常用 Bounding Box 表示）；快速目标检测常使用单阶段模型（如 YOLO）。

10.4　操作机器人运动规划与控制

为了使机械臂能够柔顺地跟随手持容器运动并最终完成倾倒，本节采用以下思路对操作机器人进行运动规划与控制：先使用人工势场法，根据容器位姿建立虚拟势场，计算操作臂末端受到的虚拟力（矩）；再采用导纳控制，获取机械臂末端在虚拟力（矩）作用下的期望速度，并根据 Jacobi 矩阵将末端速度映射到关节速度；最后通过速度控制器使机械臂柔顺跟踪目标位姿。

10.4.1　人工势场法

人工势场法是 Oussama Khatib 提出的一种路径规划和实时避障算法，其主要思想是通过建立虚拟的人工势场使机器人在不与障碍物发生碰撞的情况下朝着目标运动：目标点的吸引势场使其对机器人产生引力，引导机器人朝目标点运动；障碍物的推斥势场使其对机器人产生斥力，从而避免机器人与障碍物发生碰撞；目标点的吸引力与障碍物的推斥力组成的合力，可以使机器人无碰撞地接近目标。

简单地，利用人工势场法建立目标位姿的虚拟吸引势场，计算其对机械臂末端的虚拟力（矩），这样的力（矩）可使末端尽快地达到目标位姿。

（1）建立人工势场

$$U_{att}(\boldsymbol{x}) = \begin{cases} K_a |\boldsymbol{x}_d - \boldsymbol{x}|^2, & |\boldsymbol{x}_d - \boldsymbol{x}| \leqslant d_a \\ K_a (2 d_a |\boldsymbol{x}_d - \boldsymbol{x}| - d_a^2), & |\boldsymbol{x}_d - \boldsymbol{x}| > d_a \end{cases} \tag{10-1}$$

式中，K_a 为系数；$\boldsymbol{x}$ 为待评估位姿；$\boldsymbol{x}_d$ 为目标位姿；d_a 为距离阈值。

从以上吸引势场函数可以看出：距离目标位姿越远，引力势能越大。此外，将吸引势场函数设置为上述分段形式：在距离小于等于阈值时，引力势能与距离的平方成正比，在距离大于阈值时，引力势能随距离的变化保持连续，但变化速度变得缓慢，如此可以避免距离目标位姿较远时引力过大，从而保证稳定。

（2）根据人工势场计算引力

目标位姿产生的虚拟吸引势场对机械臂末端的引力，是吸引势场在机械臂末端处的反向梯度：

$$F_{\text{att}}(\boldsymbol{x}) = -\nabla U_{\text{att}}(\boldsymbol{x}) = \begin{cases} 2K_{\text{a}}(\boldsymbol{x}_{\text{d}} - \boldsymbol{x}), & |\boldsymbol{x}_{\text{d}} - \boldsymbol{x}| \leqslant d_{\text{a}} \\ 2K_{\text{a}}d_{\text{a}}\dfrac{\boldsymbol{x}_{\text{d}} - \boldsymbol{x}}{|\boldsymbol{x}_{\text{d}} - \boldsymbol{x}|}, & |\boldsymbol{x}_{\text{d}} - \boldsymbol{x}| > d_{\text{a}} \end{cases} \tag{10-2}$$

（3）偏差的表示

由于项目中考虑的是机械臂末端的位姿，上述的 $\boldsymbol{x}$ 和 $\boldsymbol{x}_{\text{d}}$ 包括位置和姿态；相应地，$F_{\text{att}}(\boldsymbol{x})$ 包含三维空间中的力以及绕轴 $\boldsymbol{K}$ 的力矩。因此这样表示 $\boldsymbol{x}$ 和 $\boldsymbol{x}_{\text{d}}$ 之间的位置偏差：

$$\boldsymbol{e}_{\text{d}} = (\boldsymbol{x}_{\text{d}} - \boldsymbol{x}_{\text{e}}, \boldsymbol{y}_{\text{d}} - \boldsymbol{y}_{\text{e}}, \boldsymbol{z}_{\text{d}} - \boldsymbol{z}_{\text{e}})^{\text{T}} \tag{10-3}$$

而姿态之间的偏差即旋转变换，可采用以下的轴角表示：

$$\boldsymbol{e}_0 = \boldsymbol{K}\sin\theta \tag{10-4}$$

式中，$\boldsymbol{K}$ 为旋转轴方向单位向量；θ 为绕轴 $\boldsymbol{K}$ 的旋转角度。

设目标姿态对应的旋转矩阵为 $\boldsymbol{R}_{\text{d}} = [\boldsymbol{n}_{\text{d}} \quad \boldsymbol{s}_{\text{d}} \quad \boldsymbol{a}_{\text{d}}]$，机械臂末端姿态对应的旋转矩阵为 $\boldsymbol{R}_{\text{e}} = [\boldsymbol{n}_{\text{e}} \quad \boldsymbol{s}_{\text{e}} \quad \boldsymbol{a}_{\text{e}}]$，则有

$$\boldsymbol{R}(\boldsymbol{K}, \theta)\boldsymbol{R}_{\text{e}} = \boldsymbol{R}_{\text{d}}$$

$$\boldsymbol{R}(\boldsymbol{K}, \theta) = \boldsymbol{R}_{\text{d}}\boldsymbol{R}_{\text{e}}^{\text{T}}$$

$$\boldsymbol{e}_0 = \frac{1}{2}(\boldsymbol{n}_{\text{e}}\boldsymbol{n}_{\text{d}} + \boldsymbol{s}_{\text{e}}\boldsymbol{s}_{\text{d}} + \boldsymbol{a}_{\text{e}}\boldsymbol{a}_{\text{d}}) \tag{10-5}$$

根据上述公式，利用目标姿态和机械臂末端姿态对应的旋转矩阵，可以直接计算两者之间的偏差。

10.4.2 导纳控制

首先介绍一下柔顺控制。柔顺控制是指机器人在执行任务时，能够对环境中的外力做出一定的顺应性改变，从而避免对自身或环境造成破坏。例如机械臂正按照给定的轨迹运动，突然给机械臂施加一个外力；在柔顺控制下，机器人可能会修改预定轨迹来顺应这个外力；当这个外力撤去后，机械臂又会继续按照之前给定的轨迹运动。

导纳控制是实现柔顺控制的一种常用方法。导纳控制的核心是

$$\boldsymbol{M}(\ddot{\boldsymbol{x}}_{\text{d}} - \ddot{\boldsymbol{x}}_0) + \boldsymbol{D}(\dot{\boldsymbol{x}}_{\text{d}} - \dot{\boldsymbol{x}}_0) + \boldsymbol{K}(\boldsymbol{x}_{\text{d}} - \boldsymbol{x}_0) = \boldsymbol{F}_{\text{ext}} \tag{10-6}$$

式中，$\boldsymbol{F}_{\text{ext}}$ 为外力；$\boldsymbol{M}$、$\boldsymbol{D}$、$\boldsymbol{K}$ 分别为期望的惯性、阻尼和刚度；$\boldsymbol{x}_0$、$\dot{\boldsymbol{x}}_0$、$\ddot{\boldsymbol{x}}_0$ 分别为没有外力 $\boldsymbol{F}_{\text{ext}}$ 作用时机械臂末端的期望位姿、速度和加速度；$\boldsymbol{x}_{\text{d}}$、$\dot{\boldsymbol{x}}_{\text{d}}$、$\ddot{\boldsymbol{x}}_{\text{d}}$ 分别为外力 $\boldsymbol{F}_{\text{ext}}$ 作用下为了柔顺性而生成的新期望位姿、速度和加速度。机械臂末端实际上将以 $\boldsymbol{x}_{\text{d}}$、$\dot{\boldsymbol{x}}_{\text{d}}$、$\ddot{\boldsymbol{x}}_{\text{d}}$ 运动，即模仿弹性阻尼系统运动。

导纳控制构建了外力与轨迹修正量之间的关系，而本节已经利用人工势场法得到了机械臂末端受到的虚拟力（矩），于是利用导纳控制的思想，构建虚拟力（矩）与末端速度之间的关系，从而得到机械臂在虚拟力（矩）作用下的期望末端速度。项目中设定，若没有目标

位姿产生的虚拟力（矩），机械臂末端的期望加速度和速度将为 0，即 $\ddot{x}_0=0$、$\dot{x}_0=0$；并且项目中并没有预设位姿轨迹，因此可以删去位姿相关项，于是关系式可化简为

$$M\ddot{x}_d+D\dot{x}_d=F_{ext} \tag{10-7}$$

此外，代码实现中利用迭代差分近似求解微分方程：

$$\ddot{x}_d^{(k)}=M^{-1}\left[F_{ext}-D\dot{x}_d^{(k-1)}\right] \tag{10-8}$$

$$\dot{x}_d^{(k)}=\dot{x}_d^{(k-1)}+\ddot{x}_d^{(k)}t \tag{10-9}$$

得到期望末端速度后，根据 Jacobi 矩阵计算相应关节速度，进而使用速度控制器控制机器人运动：

$$\dot{\theta}=J(\theta)^{-1}V=J(\theta)^{-1}\begin{bmatrix}v\\\omega\end{bmatrix} \tag{10-10}$$

10.5　人机交接系统构建与测试

10.5.1　实验平台

实验工作平台如图 10-9 所示。

图 10-9　实验工作平台

（1）硬件

1）上位机（PC）

处理器：Intel（R）Core（TM）i7-8550U CPU @ 1.80GHz/1.99 GHz。

内存：16.0GB。

2）服务器

处理器：Intel（R）Xeon（R）Gold 5118 CPU @ 2.30GHz。

内存：108.0GB。

显卡：NVIDIA GeForce RTX 2080Ti。

3）机械臂

型号：Universal Robot UR5。

描述：六自由度协作机器人。

UR5 机械臂如图 10-10 所示。

4）夹爪

型号：Robotiq 2F-85，如图 10-11 所示。

描述：2 指自适应夹爪。

图 10-10　UR5 机械臂　　　　图 10-11　Robotiq 2F-85 夹爪　　　图 10-12　RealSense L515 相机

5）相机

型号：Intel RealSense LiDAR Camera L515，如图 10-12 所示。

描述：高分辨率光学雷达深度摄像头。

深度分辨率（设置）：1024×768。

RGB 分辨率（设置）：1920×1080。

帧率（设置）：30fps。

模式（设置）：short-range。

6）容器

容器如图 10-13 所示。

(a) 实物　　　　　　　　(b) CAD模型（人手持杯）　　　　　　(c) 夹爪持杯

图 10-13　容器

（2）软件

① 操作系统：Ubuntu 18.04。

② 机器人操作系统：ROS Melodic。

③ 深度学习框架：PyTorch。

10.5.2 技术路线

项目设计的人机交接系统的工作流程如下：系统视觉功能通过相机实时地采集场景RGB-D图估计人手持容器的6D位姿，机器人根据容器位姿和自身的运动状态，利用运动规划和控制算法计算得到相应的运动控制指令，以调整机器人的运动状态来完成交接任务。因此，项目的技术路线包含视觉功能、机械臂运动规划与控制两个部分（图10-14），下面将分别具体阐述。

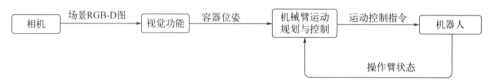

图 10-14 人机交接系统工作流程

（1）视觉功能

人机交接系统视觉功能按照以下技术路线实现：对于相机采集到的 RGB-D 图和深度图，首先对 RGB-D 图使用语义分割得到语义标签，即 RGB-D 图中表示物体的感兴趣区域（图 10-15 中为白色区域），再结合原 RGB-D 图和深度图得到表示物体的感兴趣像素点和点云，送入位姿估计模块得到物体的 6D 位姿。

图 10-15 系统视觉功能技术路线

为了满足后续机械臂运动规划与控制的需要，以上环节均要求是实时的。项目中选用轻量卷积神经网络 Fast-SCNN 作为实时语义分割器，采用端到端鲁棒 6D 位姿估计器 REDE 实现实时位姿估计的功能。

（2）机械臂运动规划与控制

机械臂运动规划与控制采用的思路：在得到容器位姿后，根据当前末端位姿和交接任务确定操作臂末端的目标位姿，并结合末端实际的位姿利用人工势场法计算机械臂末端受到的虚拟力（矩），基于末端虚拟力（矩）采用导纳控制的思想推导相应的速度指令，完成对操作机器人向目标位姿运动的柔顺控制；得益于视觉功能的实时处理能力，以及对操作机器人的速度控制方式。以上环节也是实时进行的，如图 10-16 所示。

图 10-16 机械臂运动规划控制技术路线

10.5.3 具体实施

(1) 视觉功能实现

1) 相机部署

相机固定安装在实验平台的侧面（方框），如图 10-17 所示。与安装在机械臂末端这种"眼在手上"的方式不同，固定的安装方式可以避免机械臂运动带来的运动模糊、视野中丢失目标等问题；当人手持容器时，安装在侧面的相机大概率可以记录下容器富有特征的侧视图，提升图像分割与位姿估计的效果。

图 10-17 实验平台（标注相机）

2) 数据集获取与处理

数据集数据可视化示例如图 10-18 所示。

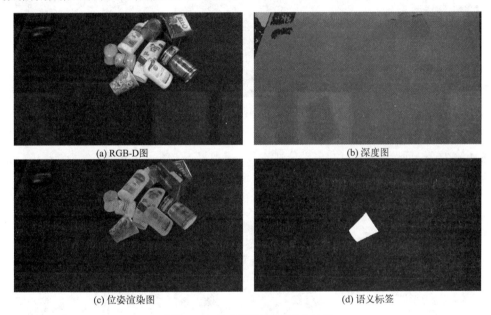

(a) RGB-D图   (b) 深度图

(c) 位姿渲染图   (d) 语义标签

图 10-18 数据集数据可视化示例

首先是图像的采集，具体方法如下：将相机安装在机械臂末端并进行手眼标定，控制机械臂运动，并记录不同视角下的场景 RGB-D 图。虽然在人机交接场景中是物体运动而相机固定，但本质上是物体在相机坐标系下的运动，即物体与相机的相对运动，因此，出于实现的便利，数据采集场景描述为物体静置在平台上而相机运动。

为了标注物体的位姿数据，先使用开源位姿标注工具 Object Pose Annotation Tool 手动标注场景前若干帧图像中的物体位姿，再根据机械臂的运动数据计算后续帧中的物体位姿。而在得到图像中物体的 6D 位姿后，经过 2D-3D 变换即可将物体模型渲染至平面图像上，进一步处理可以得到图像的语义标签。此外，还需对物体模型使用 Farthest Point Sampling 算法选取 3D 关键点。至此，用于训练语义分割网络和物体位姿估计网络的数据集准备完成。

3) 网络部署、训练与验证

在获取数据集后，将处理好的数据集、要使用的语义分割网络 Fast-SCNN 以及物体位姿估计网络 REDE 部署到有充足算力的服务器上，进行训练和验证。前面讲到的数据集获取中，最终得到5500份包含手持容器的数据，将其中4950份作为训练集，550份作为验证集，对2个网络分别训练一定批次并进行验证，选择效果最好的批次模型参数用于后续推理。

4）场景推理测试与优化

下面对训练好的语义分割网络和位姿估计网络，在ROS中先后调用以形成完整的视觉功能，并在项目实际场景中进行推理测试。测试表明，视觉功能在大多数时候运行良好，且实时语义分割和实时位姿估计的速度均能达到20fps，整体视觉功能处理速度约10fps。然而，如图10-19（b）方框部分所示，在测试中发现，语义分割中场景图边缘的一些像素有时会被误分类为感兴趣部分，从而导致后续位姿估计（对图像中物体定位）失准。

(a) RGB-D图　　　　　　　(b) 语义分割不良结果　　　　　　(c) 位姿估计失准

图10-19　优化前的不良测试结果

为了解决这一问题，需要优化语义分割结果。采取以下方法：分析语义分割结果中标记为物体的连通区域，当有多个这样的连通区域时，去除在边缘且像素点数量较少的连通区域。经过测试，该方法可有效解决上述问题，在保证速度的同时使视觉功能更加鲁棒，如图10-20所示。

(a) RGB-D图　　　　　　　(b) 优化后的分割结果　　　　　　(c) 优化后的位姿估计

图10-20　优化后的改良测试结果

（2）机械臂运动规划与控制

1）构建仿真环境

为了方便验证和测试机械臂运动规划与控制算法的效果，首先要在Gazebo中搭建机械臂工作台的仿真环境，如图10-21所示。经过调研发现，官方提供了诸多关于仿真物理世界、UR机械臂、Robotiq夹爪的参考描述与配置文档。此外，所需的主要工作是建模工作平台、设置机械臂与夹爪并完成整合：先使用SolidWorks等建模软件绘制工作平台模型，导出为仿真环境所用的描述格式；在相关配置文件中设置机械臂和夹爪的仿真硬件、控制器等接口；再在描述文件中设定工作平台、机械臂、夹爪之间的连接关系。

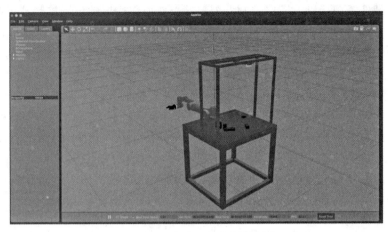

图 10-21　Gazebo 仿真环境中的机械臂工作台

2）使用 MoveIt! 实现位置控制

MoveIt! 是在操作机器人领域被广泛使用的开源软件，集成了许多成熟的功能包和运动规划控制算法库，并提供了友好的调用接口；Universal Robots 官方也发布了 UR 机械臂的 MoveIt! 配置文件。因此，我们选择使用 MoveIt! 实现无碰撞光滑的路径规划与轨迹跟踪：在接收到手持容器的位姿后，调用 MoveIt! 进行运动规划控制，使夹爪持容器的机械臂快速到达相应的目标位置，并且其间保持容器杯口朝上，以免物品掉落；到达目标位置时，若手持容器位置稳定且杯口朝上，则通过 MoveIt! 控制机械臂完成倾倒动作。

具体实现时，使用一个 server 节点实时获取手持容器在相机坐标系下的位姿，并转换为世界坐标系下的目标位姿；再通过一个 client 节点向 server 请求目标位姿，调用 MoveIt! 完成相应的规划控制；在仿真环境验证中，编写了一个发布虚拟容器位姿的相机节点。经测试，该方法在仿真环境中工作良好。

3）实物通信测试

在完成仿真环境中的测试后，开展了实物实验。经过探索，采用以下方式实现了 PC 与机械臂的通信：将计算机和操作臂连接到同一局域网上，分别为机械臂和计算机分配 IP，并在各自的网络通信设置中互相指定 IP。配置好通信后，在实物平台上对已实现的机械臂规划控制程序进行了测试，效果与仿真环境中基本一致。

4）基于人工势场法和导纳控制的速度控制

① 转变技术路线。虽然使用 MoveIt! 实现位置控制的方法能够完成基本的物品交接任务，但由于该方法是阻塞的（机械臂必须到达上一次规划的目标后，才进行下一次规划和运动），机械臂无法完成顺滑的跟随动作（若人在机械臂还未运动到目标位姿时移动容器，机械臂不能临时调整路径进行跟随）；更严重的是，如果人在机械臂开始倾倒时移开容器，机械臂还会继续执行动作，这会造成物品交接的失败。

为了保证跟随运动的连续性和交接任务的成功率，决定转变技术路线，采用基于人工势场法和导纳控制的速度控制方法：先通过人工势场法获取目标位姿对机械臂末端的虚拟引力，接着采用导纳控制计算该引力导致的末端速度变化，再根据 Jacobi 矩阵得到相应的关节速度，最后调用 UR 机械臂底层配置的速度控制器实现对机械臂的运动控制。最终效果应该像是连续移动的目标在不断牵引着机械臂运动。

② 仿真实验。由于更换了控制方式，在进行仿真实验时，需要先调整仿真环境的设置，

包括机械臂的硬件资源接口、底层控制器配置等。然而将底层的位置控制器更改为速度控制器后，发现在仿真环境中，速度控制下的 UR 机械臂无法按照速度指令进行运动；经过调研，最终采取关闭仿真环境重力的方式成功实现 UR 机械臂的速度控制。仿真实验表明，基于人工势场法和导纳控制的速度控制方法，能够完成柔顺的跟随动作。

③ 实物测试与调参。完成仿真实验后，首先在实物上开展了测试，但实物机械臂的运动效果与仿真相差甚远；经过筛查，原因是放弃 MoveIt! 配置文件后，手动引入的描述文件中部分关节坐标变换与实物不一致。修正了此问题后，在实物平台上实现了和仿真中一样的控制效果。

然而，经过深度测试发现，速度控制指令有时会出现异常值，从而导致机械臂速度突变。经分析，机械臂奇异位姿下的 Jacobi 矩阵不可逆是问题所在，因此在计算关节速度时，应使用 Jacobi 矩阵的广义逆。

解决了以上问题后，机械臂已能鲁棒地完成柔顺的跟随动作。之后又进行了多组实验，调整优化算法参数（惯性系数、阻尼系数等），最终达到了良好的跟随效果。

图 10-22　手眼标定

(3) 整机融合

1）手眼标定

本项目实现的人机交接系统为视觉伺服系统，需要准确地将手持容器在相机坐标系下的位姿转换到世界坐标系下，才能作为机械臂运动规划的依据。因此，整机融合时，首先要进行手眼标定：机械臂夹爪持标定板并调整为不同位姿，并由固定安装的相机拍摄多张图像，利用编写好的标定程序计算外参，即可得到世界坐标系到相机坐标系的变换，如图 10-22 所示。

2）系统通信架构

如图 10-23 所示，为了实现系统的实时视觉处理和相应的跟随运动规划，采用以下通信架构：相机与 PC 通过数据线连接，PC 上运行的相机通信节点 camera＿node 接收并转发同步对齐的 RGB-D 图像到 /camera 话题；服务器与 PC 连接到同一局域网，因此部署在服务器上的视觉功能节点 cv＿node 可以订阅到 /camera 话题获取图像、处理得到物体位姿并发布至 /pose/obj 话题；同样地，PC 上的节点 pose＿server 也可以获取 /pose/obj 中的物体位姿并转换为对应的目标位姿；机械臂规划控制节点 robot＿node 分别向节点 pose＿server 请求得到目标位姿，向机械臂请求得到其状态，由此计算速度控制指令，并发布到 /vel＿controller 话题，从而控制机械臂运动。

3）策略设计

根据机械臂使用"基于人工势场法和导纳控制的速度控制"方法后展现的良好跟随特性，设计以下目标位姿设置策略：若机械臂末端与手持容器的位置偏差较小，且容器杯口稳定朝上，则使末端在跟随容器的同时做倾倒动作（设定目标位置为容器的偏高某处，目标姿态为倾倒姿态）；否则，末端在跟随容器的同时，保持夹爪持容器杯口朝上（设定目标位置为容器的偏高某处，目标姿态使夹爪持容器杯口朝上）。实验表明，以上策略能够很好地完成人机交接的任务。

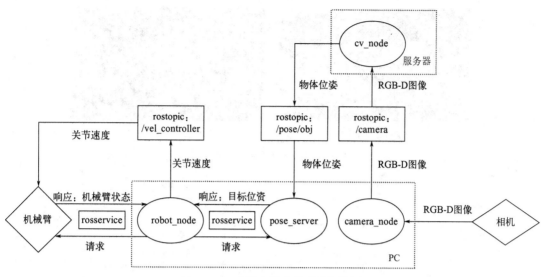

图 10-23　人机交接系统通信架构图

10.6　视觉功能测试与实验结果

（1）数据集验证结果

语义分割网络：Fast-SCNN。

语义分割数据集验证结果如图 10-24 所示。

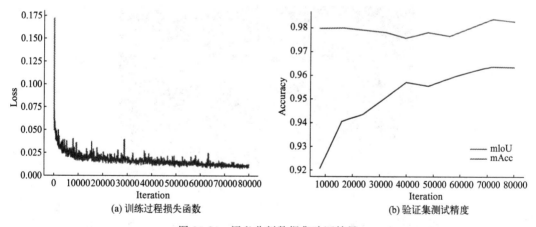

（a）训练过程损失函数　　　　（b）验证集测试精度

图 10-24　语义分割数据集验证结果

当训练迭代次数到达 70000 时，损失函数基本收敛接近于 0，验证集测试精度达到峰值，因此最终选择第 72000 次迭代得到的模型参数用于后续推理，如图 10-25 所示。

位姿估计网络：REDE。

位姿估计数据集验证结果如图 10-26 所示。

当训练批次达到 400 时，验证集测试成功率趋近于 1，验证集测试误差成功收敛并接近 0。因此，最终选择第 400 批次的模型参数用于后续推理，如图 10-27 所示。

(a) 验证集RGB-D图

(b) 分割结果

图 10-25 语义分割测试结果示例（第 72000 次迭代）

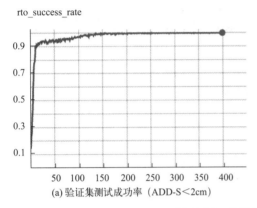

(a) 验证集测试成功率（ADD-S＜2cm）

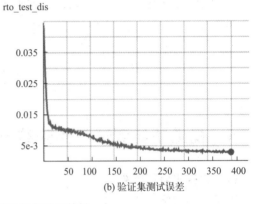

(b) 验证集测试误差

图 10-26 位姿估计数据集验证结果

图 10-27 位姿估计测试结果示例（第 400 批次）

（2）场景推理测试结果（优化后）

经测试，在实验平台上，实时语义分割每帧数据用时约 0.04s，实时位姿估计每帧数据用时约 0.04s，连通区域优化步骤需要约 0.02s，整体视觉功能处理每帧数据用时约 0.1s，满足实时性要求，且处理结果符合预期，具有较好的准确性和鲁棒性，如图 10-28 所示。

（3）机械臂运动规划与控制

在进行了多次仿真与实物实验后发现："基于人工势场法和导纳控制的速度控制"方法，可以控制机械臂柔顺地跟随一系列快速移动的目标位姿，包括奇异位姿，如图 10-29 所示。

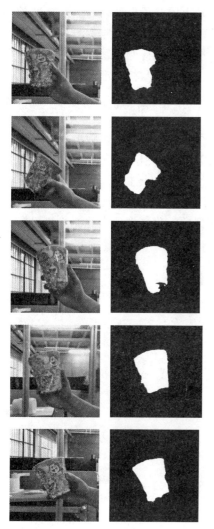

图 10-28 场景推理测试结果演示（经裁剪）

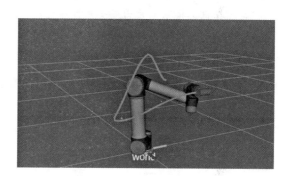

图 10-29 仿真实验效果可视化

（4）整机任务完成度

经过多次实物测试观察到：本项目实现的人机交接系统中，机器视觉部分可以快速、准确、鲁棒地获取手持容器的 6D 位姿；机械臂可以柔顺、灵敏地跟随手持容器运动，且在跟随手持容器运动的过程中，机械臂始终保持爪持容器的杯口朝上，以避免盛装在容器内的物品掉落；当手持容器位置稳定且杯口朝上时，机械臂可以迅速准确地在该位置进行物品交接；且当机械臂进行物品交接时，手持容器突然移开，机械臂会迅速终止倾倒动作，在恢复爪持容器杯口朝上的同时，跟随手持容器，从而大概率防止物品掉落。因此可以认为，本项目实现的人机交接系统能够较好地完成物品交接任务。

10.7 进一步研究展望

前面的实验结果表明，应用实时语义分割、实时物体位姿估计、基于人工势场和导纳控制的速度控制技术实现的人机交接系统可以较好地完成任务。但显然，要进一步提升人机协作的表现，还有很多工作需要完成。因此，在本项目基础上展开了一系列的探索与思考。

在机器视觉部分，可以引入视觉目标检测与跟踪功能，以更好地适应待测物体的快速运动，提升后续处理结果的鲁棒性和准确性；另外，本节期望实现待测容器的泛化，尤其是在没有物体模型的情况下也能进行位姿的估计。在机械臂运动规划与控制部分，应在目标位姿引力势场的基础上，增加包围人手的斥力势场，从而让机械臂运动时能自动避开人手，使交接过程更加安全。

此外，本节还希望加入目标轨迹预测的功能，这样可以使机械臂的跟随更加灵敏，提升人机协作的效率。经过调研，首先考虑传统的卡尔曼滤波方法，但不同于飞行物体，人手持容器的运动任意性大、难以建模，而在没有运动模型的情况下，卡尔曼滤波的运动方程将退化，导致预测失准。另外，还考虑了长短期记忆神经网络（LSTM），但深度学习模型的训练依赖于良好的数据集，个体的手部运动习惯将影响模型的泛化，大规模的训练数据有助于提升模型的普适性，但同时可能影响卷积层中特征值的提取。

？思 考 题

1. 简述物体位姿估计的基本概念及方法。
2. 简述人工势场法路径规划和实时避障的基本原理。
3. 简述人机交接系统的构成及工作原理。
4. 简述手眼标定的工作原理。
5. 人机交接系统的难点分析。

第11章 多AGV协同智慧物流仿真

11.1 背景介绍及需求分析

智慧物流是指以互联网为依托,广泛应用物联网、大数据、云计算、人工智能等新一代信息技术,通过互联网与物流业深度融合,实现物流产业智能化,提升物流系统分析决策和智能执行的能力,提升整个物流系统的智能化、自动化水平。智慧物流集多样服务功能于一体,体现了现代经济运作特性的需要,即强调信息流与物质流快速、高效、通畅地运转,从而实现降低社会成本,提升生产效率,整合社会资源的目的。

传统物流由于信息不对称、资源不共享、系统不协同,物流体系不能互联互通,带来严重的资源浪费。智慧物流的发展和物流标准化的推进将带来多样颠覆性创新。近几年,我国智慧物流快速发展,主要受以下几个因素影响:

① 国家大力推进"互联网+"物流业;
② 新商业模式涌现,对智慧物流提出要求;
③ 物流运作模式革新,推动智慧物流需求提升;
④ 大数据、无人技术等智慧物流相关技术日趋成熟。

智慧物流仓储一般是由自动化立体仓库、立体货架、有轨巷道堆垛机、高速分拣系统、出入库输送系统、物流机器人系统、信息识别系统、自动控制系统、计算机监控系统、计算机管理系统以及其他辅助设备组成,另外还包括相关的物联网技术,如利用 RFID 技术,通过先进的控制、总线、通信等技术,实现对各类设备的自动出入库作业。

自动导引运输车(automated guided vehicle,AGV)是指装备有电磁或光学等自动导引装置,能够沿规定的导引路径行驶,具有安全保护以及移载功能的运输车。工业应用中,该运输车不需驾驶员,以可充电蓄电池作为动力来源,一般可通过计算机来控制行进路线及行为,或利用粘贴于地板上的电磁轨道来设立行进路线。因其最能实现高效智能的运行、作业、检测等功能而被广泛应用于现代物流系统。相应地,多 AGV 路径规划的算法研究对智慧物流与立体仓储系统的优化有着重大的意义。

11.2 应用场景及详细设计方案

我们在经过前期调研之后,已经基本了解了 AGV 在目前立体仓储系统中的具体发展情况，主要有以下几种模式：跟随轨迹路线运动、跟随二维码运动、基于红外线或视觉的 AGV 移动等。重点研究自由环境中的 AGV 运动。具体场景如图 11-1、图 11-2 所示。

图 11-1　快递仓库

图 11-2　天猫仓库

尽管目前 AGV 技术已经十分成熟，但是在多 AGV 协同方面，还有需要完善的地方。以此为背景，本方案选用自由的 AGV 进行多 AGV 协同的研究，在了解国内各式各样的自动化仓库（如菜鸟、京东、海尔等）以及亚马逊等国际物流仓库的基础上，对自动化仓库的规模及设计有了初步的概念。

在观察现有的立体仓库后，选择自动化生产的基本流程模型，即零件到达—零件分拣—零件加工—入库的基本操作，这十分贴合本节课题智慧物流与立体仓储的要求。最终设置了一个环境条件适中的立体仓库，并通过 AnyLogic 平台实现了多 AGV 协同仿真设计方案，如图 11-3 所示。

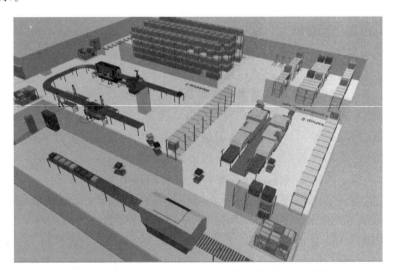

图 11-3　基于 AnyLogic 平台实现的立体仓库 3D 图像

图 11-4 通过 AnyLogic 仿真平台展示了车间物流应用场景，具体如下。

工厂占地尺寸：80m×90m。

整个工厂可分为三个生产车间，每个车间各司其职，分别实现不同的功能，而多辆 AGV 在其中运动，完成自己的任务。其中，车间（Workshop）1、2、3 的职能分别是零件分拣、零件加工、零件检验修补。

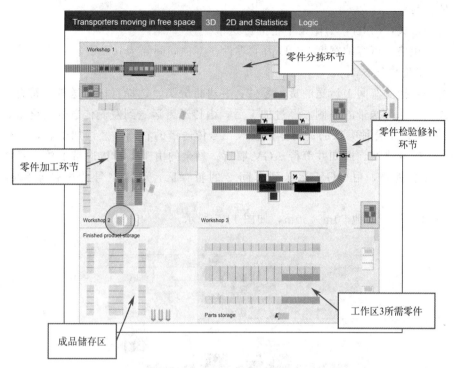

图 11-4　基于 AnyLogic 平台实现的立体仓库 2D 图像

① 车间 1 区域：占地 60m×10m，如图 11-5 所示。

传送带×1。

一型 AGV 充电区×3。

工作情况：由传送带从源头进行零件的运送，然后等待将其运送到车间 2 的传送带进行零件分类。

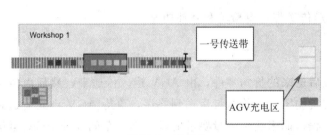

图 11-5　车间 1

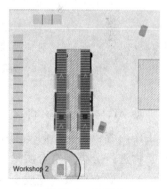

图 11-6　车间 2

② 车间 2 区域：占地 40m×40m，如图 11-6 所示。

货架×2：

　　　　形式：one rack one ailse（一货架，一走道）形式。

　　　　规格：分别为 1×3、1×15。

　　　　层数：3 层。

　　　　层高：1m。

传送带×2：

　　　　　　形式：roller，为两条平行的传送带。

　　　　　　规格：可容纳宽度1m以内的零件，零件间间隔为0.2m。

一型AGV充电区×3。

工作情况：接受车间1运送的货物零件，并进行分类，选择目标传送带。符合种类一的货物零件放入二号传送带的左侧，经过加工后，由传送带运送到左侧传送带的终端，通知并等待AGV取货；符合种类二的货物零件放入二号传送带的右侧，经过加工后，由传送带运送到右侧传送带的终端，通知并等待AGV取货。剩余的由于二号传送带上放满货物而来不及放入传送带的货物，由AGV运送到车间2的暂存区，等待二号传送带空闲时再将其放入。

③ 车间3区域：占地50m×50m，如图11-7所示。

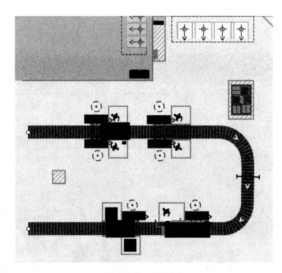

图 11-7　车间 3

传送带×1：

　　　　　　形式：roller，为一U形传送带，有检验和修补功能。

　　　　　　规格同上。

一型AGV充电区×4。

工作内容：接受车间2加工完成后送来的货物零件，由AGV运入传送带，然后由传送带对货物进行分类。符合质量要求的货物零件由传送带运送到终端，等待AGV将其运送到最终的产品储存区域，完成全部的流程，而未达到质量要求的零件则由车间3的AGV运送到修补区进行维修，完成维修后，再放回三号传送带，等待AGV运送。

④ 补充零件存储区：占地50m×30m，如图11-8所示。

货架×2：

　　　　　　形式：two racks one ailse（两货架，一走道）形式。

　　　　　　规格：均为2×15。

　　　　　　层数：5层。

　　　　　　层高：1m。

二型 AGV 充电区×6。

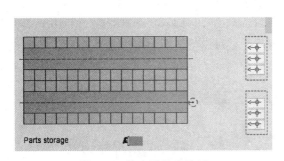

图 11-8 补充零件存储区

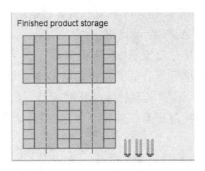

图 11-9 成品存储区

⑤ 成品存储区：占地 30m×30m，如图 11-9 所示。

货架×4：

　　　　形式：two racks one ailse（两货架，一走道）形式。

　　　　规格：均为 2×5。

　　　　层数：3 层。

　　　　层高：1m。

⑥ 一型 AGV，如图 11-10 所示。

主要在车间 1 和车间 2 以及成品储存区之间移动，主要的功能是负责零件和货物的运输，可用 AGV 数量可在初始状态时进行设置。

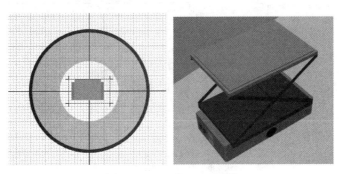

图 11-10 一型 AGV 示例

⑦ 二型 AGV，如图 11-11 所示。

图 11-11 二型 AGV 示例

主要在车间 3 和补充零件储存区之间工作，主要的功能是补充三号传送带所需的零件（从补充零件储存区拿取），回收加工不合格的零件。

⑧ AGV 活动区域。

本研究设置 AGV 自由运动，小车需要通过规划找到最短、最合适的路径，所以针对不同的订单规划合适的路径，能够极大程度地避免时间上的浪费，并且如此设计能够方便工作人员在 AGV 出现故障时及时调整。

参数调节及观察界面如图 11-12、图 11-13 所示。

图 11-12 AGV 数量和速度调整

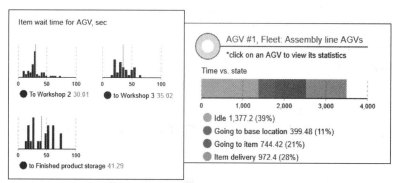

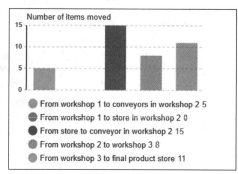

图 11-13 实时情况观察

在初始界面即可调整，一型 AGV 和二型 AGV 的数量分别可调整为 3～6 辆、1～5 辆，而小车速度也可合理调节，范围为 0.5～2m/s。

从图 11-13 中我们可以实时观察工作进行情况，包括当前零件的等待时间、AGV 的使用效率、目前各零件加工以及货物运输的基本情况。

11.3 Petri 网建模

11.3.1 Petri 网基本概念

Petri 网的概念最早由 Carl Adam Petri 在 1962 年提出的。经过 30 多年的发展，Petir

网理论已成为具有严密数学逻辑、多种抽象层次的通用网络。Petri 网是结构化、可视化的建模方法，是一个模型化的工具。它用于模型化某一类问题，即有并行事件的离散事件系统的问题，特别是系统内事件和条件间的关系，有效地描述了制造系统资源冲突、死锁、缓冲区容量等问题。Petir 网研究的系统模型行为特性包括状态的可达、位置的有界性、变迁的活性、初始状态的可逆达、标识之间的可达、事件之间的同步距离和公平性等，并以研究模型系统的组织结构和动态行为为目标，它着眼于系统中可能发生的各种状态变化以及变化之间的关系，适合于描述离散事件系统模型。

Petri 网能够对多种系统进行图形化、数学化建模，是一种易于掌握、直观明了的建模方法。但是 Petri 网在实际应用中存在没有数据概念、时间概念、层次概念的局限性，因此只是用于对小规模的系统进行建模研究，在对复杂系统建模的时候会导致模型过于庞大，对系统中部分进程建模存在难度。后来有学者在基本 Petri 网的基础上加入了颜色概念、时间概念、时序概念、层次概念进行扩展，提出了多种高级 Petri 网，主要有时间 Petri 网、有色 Petri 网、分层 Petri 网等。

着色 Petri 网（colored petri net，CPN）也称有色 Petri 网或赋色 Petri 网，在基本 Petri 网的基础上加入色彩的概念，对所需要表达的托肯赋予一种或多种颜色。颜色所表示的是给托肯所赋予的一个或多个值，托肯由于其值不同而具有不同的颜色。着色 Petri 网的实质是通过色彩的不同对托肯进行不同类别的整合，来完成对 Petri 网的规模的缩减。着色 Petri 网中，只有变迁的颜色跟库所中托肯的颜色相匹配的时候才可以激发，变迁激发后，根据变迁的定义产生赋予新特征值的托肯。

有色 Petri 网有多种形式，它的优点在于对于复杂的离散系统如柔性制造系统的建模，相应的网络就很庞大，利用有色 Petri 网理论，将具有相似性质的众多要素用一种颜色来区分，每一种颜色用一种符号来表示，这样大大地简化了系统的模型。同时，若同一位置中有几个标志，如果想从 PN 位置中获得更加丰富的信息，就必须对同一位置中的标志加以区分，为不同标志着色就可以很好地解决这个问题。

本节在建模中采用有色 Petri 网的主要原因就在于在多 AGV 组成的物流系统中，一个标志和一台 AGV 对应，即对每台 AGV 进行着色，能够更好地从整体上把握系统模型，以便于分析。

一个有色 Petri 网用一个六元组 CPN＝（P，T，C，I，O，M_0）定义。

① P 和 T 分别表示库所（place）和变迁的非空有限集合，且满足：

$$P \cup T \neq \varnothing, P \cap T = \varnothing$$

② 色彩集合为 $C = \{C_p, C_t\}$。式中，C_p 是与每个库所相关的色彩集，C_t 是与每个变迁相关的色彩集。

③ 有色库所集合为 $P = \{<p, c> \mid p \in P, c \in C_p\}$，有色变迁集合为 $T = \{<t, c> \mid t \in P, c \in C_t\}$。设 I 和 O 分别是输入、输出函数矩阵，则 $I = P \times T$，$O = T \times P$（笛卡儿积）。

④ M_0 是初始令牌集（标志）。$M(P_i)$ 表示包含在位置 P_i 中各个颜色标志的数目。

11.3.2 AGV 协调控制系统模型

在多 AGV 分布式协调系统中，每台 AGV 的控制体系都是混合的，是由两个控制层组成，即连续层和离散状态层。当某台 AGV 在完成一项任务时，运行的过程是由传送信息、规划路径以及执行运动这一循环组成。循环过程是不间断的，直至 AGV 到达目标工位。正是在这一系列的往复循环中，AGV 完成了从初始工位到目标工位的转移。多 AGV 在复杂环境中需要拓展这一简单的循环体系，即引进了离散状态层。离散状态层主要负责在局部发生冲突时，使各 AGV 之间协调及合作工作。

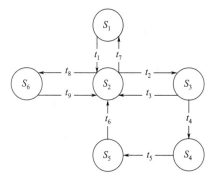

图 11-14　Petri 网模型图例

本研究采用 Petri 网来描述离散控制层的状态，采用不同的颜色表示不同的 AGV，以五台 AGV 为例，则颜色集合 $C = \{C1, C2, C3, C4, C5\}$，设 I 和 O 为恒等函数，恒等函数表明没有颜色之间的转换，即一个变迁对于某种颜色触发是在相应的输入位置移去这种颜色的标志，而在输出位置增加这种颜色的标志，从而作出基本论域。Petri 网模型图例如图 11-14 所示。S_1—初始状态；S_2—独立运行；S_3—检测冲突；S_4—协商谈判；S_5—执行冲突后的运动；S_6—等待；t_1—新任务；t_2—检测冲突；t_3—无冲突；t_4—发现冲突；t_5—解决冲突；t_6—执行解决方案；t_7—任务结束；t_8—等待；t_9—等待结束。

以五台 AGV 为例，初始标志 $M_0 = \{(C_1, 0, 0, 0, 0), \vec{0}, \vec{0}, \vec{0}, \vec{0}, \vec{0}\}$，其中，$\vec{0} = (0, 0, 0, 0, 0)^{\mathrm{T}}$。

与该网络运行情况相对应的 AGVS 系统的物理过程如下：在开始时，AGV 在节点处等待任务命令，即为 S_1 状态。任务命令由上层管理随时发送。如果 AGV 接收任务命令，它通过传送信息、规划路径和执行运动这一往复循环开始向着目标工位自动行驶，这是 S_2 状态。这个行驶过程是在与数据库地图信息匹配的过程中进行的。

如果某 AGV 收到它的最短可行路径被其他的 AGV 占用或阻挡的信息，那么该 AGV 开始判断信息的真实性，此时开始检测冲突，即进入状态 S_3。一旦某 AGV 发现自己真的进入冲突状态，就开始与跟它发生冲突的 AGV 进行谈判协商解决冲突，这就是模型中的状态 S_4。在谈判协商的过程中，应用运动路径规划算法，综合得到的各种信息，采用优化思想寻求一种最佳的解决方案。在谈判协商结束后，系统为发生冲突的 AGV 重新规划了路径，各 AGV 又开始了独自行驶，这是状态 S_5。在独自运行的过程中，有时会遇到一组陷入冲突的 AGV，那么这时只能采取等待的方式，即状态 S_6。

11.3.3　路径规划算法研究

智慧物流仓储中，智能体运动规划是其自主移动的核心问题，其主要目的和研究内容在于使智能体（代表为 AGV）在工作空间中找到一条从起始状态到目标状态能避开障碍物的最优路径。

本节参考了一些算法，发现它们都满足于采用一些单一的启发式算法进行静态的路径规划。这样做固然能满足目标，但缺陷也很明显：

① 这些算法只考虑了单 AGV 的情况，但实际的物流场景中需要多 AGV 协同工作。这些 AGV 的路径可能会发生重叠，从而相互干扰，影响工作效率，甚至也有可能引发死锁。有部分算法采用了 Petri 网建模，但没有在此基础上对路径冲突进行更深入的研究。

② 只考虑静态规划是不可靠的。实际的物流场景中有许多动态的障碍物，例如运动中的

其他 AGV、运动中的工作人员等。这就需要考虑动态避障。

因此，本节的算法研究主要致力于解决这两个问题。

（1）单车路径规划

1）基于图的搜索方法

基于图的搜索方法的主要思想是将地图中的搜索区域分成一个个搜索区域节点构成的数组，每个搜索区域节点对应一个单位地图的中心点。这类方法的一个特点是当环境和起始点、目标点确定后，得到的路径是完全相同的。但随着应用环境复杂度和机器人自由度的增加，此类算法将会导致维数灾难等问题，给实际运用带来了极大的不便。基于图的搜索方法主要有 BFS、DFS、Dijkstra 算法、A* 算法、D* 算法、人工势场法等经典算法，如表 11-1 所示。

表 11-1 基于图的运动规划方法性能对照

算法	完备性	最优性	适应性
BFS	完备	全局最优	较差
DFS	完备	需进行最优剪枝	较差
Dijkstra 算法	完备	全局最优	较差
A* 算法	完备	全局最优	较差
D* 算法	完备	全局最优	很好
人工势场法	不完备	一般	较好

2）Dijkstra 算法

Dijkstra 算法是经典的单源最短路径算法，可以解决有向图中的最短路径问题。它引入代价函数，每条边都对应一个非负代价，然后从初始点出发，挨个把离初始点最近的点一个一个找到并加入集合，集合中所有点的 $d[i]$ 都是该点到初始点的最短路径长度，并按照已付代价的函数进行排序。从起始点到目标点所有可能的路径上对边的代价求和，并取产生最小累积代价的路径，即为最优代价。其算法复杂度为 $O(n^2)$。

3）BFS 与 DFS

广度优先搜索算法（BFS）是一种盲目搜索算法，它从图中某点出发，系统地展开并检查图中的所有节点，并且对所有节点仅访问一次，以找寻结果。BFS 在进一步遍历图中顶点之前，会先访问当前顶点的所有邻接节点，然后再对下一层的节点进行访问。

深度优先搜索算法（DFS）与 BFS 一样是从图中某点出发遍历所有节点。但它会优先访问最新产生的节点，也即会优先搜索节点下完整的一条路径，直至成功返回或路径不通后进行回溯。

BFS 适合用于寻找深度小、最短路径的问题，这是由于 BFS 返回的一定是离初始顶点最近的一个解。与 Dijkstra 算法相比，BFS 运行得更快，但它内存消耗巨大，当环境复杂度上升时，BFS 的使用价值就变得极低。两者相比，BFS 需要占用大量空间，但节约了时间；DFS 花费大量时间，但节约了空间。

4）人工势场法

人工势场法的基本思想是，将机器人在周围环境中的运动，设计成一种抽象的在人工势场中的运动。人工势场法将机器人想象成受各势场影响的一个点，其中目标点将对机器人产生引力，障碍物则对机器人产生斥力，两者叠加共同构成一个影响机器人移动的人工势场。人工势场法规划出来的路径一般是比较平滑并且安全的路径，但是这种方法存在局部最优点问题。为了解决这一问题，有人提出随机势场法，采用随机运动的方式逃离了局部最优。

5）本项目实验最终方案

本项目采用基于图论的 A* 算法。与遗传算法等相比，该算法不需要大量迭代的过程，没有陷入局部最优等问题的困扰，实现也较为容易，简单高效，符合对实时性的需求。

A* 算法的流程如图 11-15 所示。

① 从起始点点 A 开始，把它作为待处理点存入一个"开启列表"（OPEN 集）。这是一个待检查方格（节点）的列表。

② 寻找点 A 周围所有可到达或可通过的方格，跳过有墙、水的地形或其他无法通过地形的方格。也可把它们加入开启列表。保存点 A 为这些方格的"父方格"。

③ 从开启列表中删除点 A，把它加入一个"关闭列表"（CLOSE 集），在列表中保存所有不需要再次检查的方格。

④ 按照公式 $F=G+H$ 计算点 A 周围所有点的 F 值，从开启列表中选择 F 值最小的方格，记为♯1 方格。把它从开启列表中删除，然后添加到关闭列表中。

⑤ 检查♯1 方格所有相邻方格。跳过那些已经在关闭列表中或不可通过的（有墙、水的地形，或其他无法通过的地形）方格。

⑥ 如果有相邻方格还不在开启列表中，把它们添加进开启列表，把选中的♯1 方格作为新的方格的父节点。

如果某个相邻方格已经在开启列表里了，检查这条路径是否更好。换句话说，检查如果用新的路径（A →♯1→该相邻格）到达它，G 值是否会更小（即是否比"A →该相邻格"原来路径的 G 值更小）。如果不是，那就继续检查其他已经在开启列表里的相邻格子；如果有方格的 G 值更小，该方格就作为♯1 方格的下一个方格，同时把该相邻方格的父节点改为目前选中的♯1 方格，重新计算该方格周围相邻方格的 F 和 G 的值。如果所有方格的 G 值都不是更小，那就放弃所有已经在开启列表里的相邻格作为♯1 方格的下一步方格。

如果♯1 方格的相邻方格都已经在开启列表中，并且经检查 G 值都不更小，那么放弃♯1 作为点 A 的下一个方格。然后按照 F 值最小原则选择开启列表里其他方格作为点 A 的下一个方格。

如果♯1 方格有新放进开启列表的方格，则检查新添加进开启列表的所有相邻方格，选择 F 值最小的方格作为♯1 方格的下一个方格。

⑦ 重复这个过程，直到目标格被添加进关闭列表。

本节在 MATLAB 上实现了 A*，用于进行算法测试。其效果如图 11-16 所示。

图 11-16 中的障碍是随机生成的。为了验证其在物流场景中的可行性，设置了更贴近真实的障碍来模拟仓库中的货架等，如图 11-17 所示。

如果之前的路径被其他障碍物（如其他 AGV、人等）堵死，该算法也能找到新路径，如图 11-18 所示。

在验证了算法的可行性后，只需将其移植到仿真平台即可。

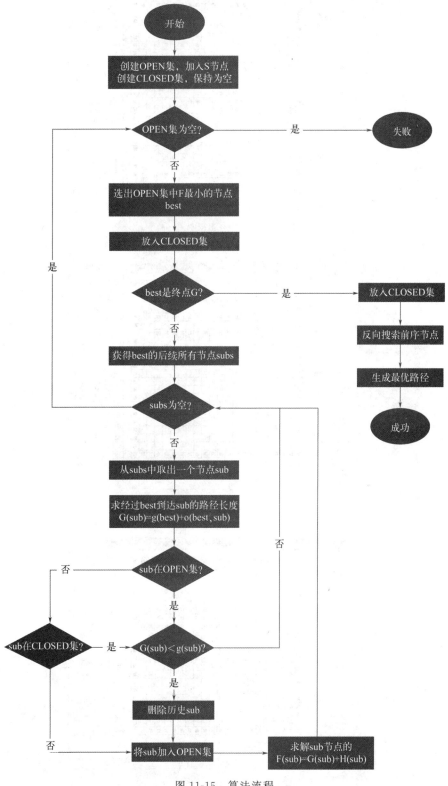

图 11-15　算法流程

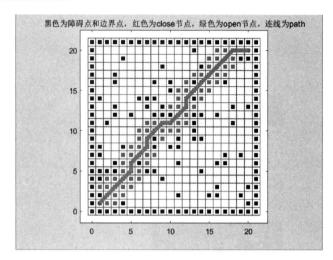

图 11-16　算法测试效果（1）

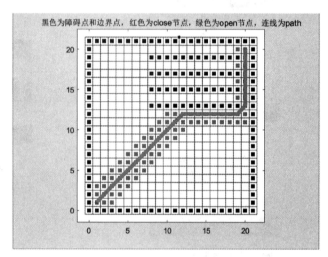

图 11-17　算法测试效果（2）

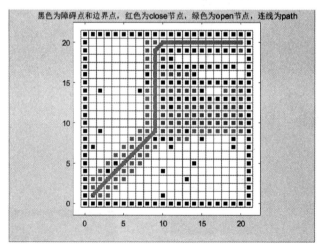

图 11-18　算法测试效果（3）

（2）动态路径规划

上述的 A* 等算法仅实现了最简单的静态路径规划，即在 AGV 开始运动之前，先规划好一条路径，此后不再更改。这显然不符合本项目的要求。在真实的物流场景中，各种动态障碍物出现的可能性非常大，订单需求也是实时改变的，因此，需要更加灵活的方案来应对物流场景的实时变化。

在之前的测试中发现，A* 等基于图论的算法并不适合做在线的路径规划。因为这些算法需要大量的搜索过程，在路径复杂的情况下，容易引起卡顿。

因此，本项目的思路是先用 A* 做静态规划，然后运用其他算法进行在线的路线调整。

本项目最终采用了动态窗口法（dynamic window approach）来进行在线的动态规划，如图 11-19 所示。该算法是应用非常广泛的一种在线局部避障方法。动态窗口法主要是在速度（v，ω）空间中采样多组速度，并模拟机器人在这些速度下一定时间（sim_period）内的轨迹。在得到多组轨迹后，对于这些轨迹进行评价，选取最优轨迹所对应的速度来驱动机器人运动。该算法突出特点在于动态窗口这个名词，它的含义是依据移动机器人的加减速性能限定速度采样空间在一个可行的动态范围内。

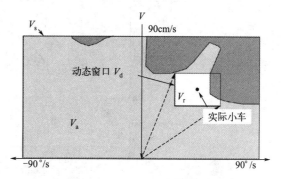

图 11-19 动态窗口法示意图

算法流程：

① 基于速度控制运动模型，构建可行的速度空间。

$$V_a = \left\{ (v,\omega) \mid v \leqslant \sqrt{2 \times \mathrm{Dist}(v,\omega)\dot{v}_b} \wedge \omega \leqslant \sqrt{2 \times \mathrm{Dist}(v,\omega)\dot{\omega}_b} \right\} \tag{11-1}$$

式中，V_a 为可以让机器人停止不与障碍物相碰的可行速度集合；$\dot{v}_b$ 为最大加速度；$\dot{\omega}_b$ 为最大角加速度。

② 考虑机器人在运动过程中最大速度和最大加速度的约束，在当前速度配置处以固定的小时间间隔开一个速度窗口空间。

$$V_d = \{ (v,\omega) \mid v \in [v_1,v_h] \wedge \omega \in [\omega_1,\omega_h] \}$$

$$\begin{cases} v_1 = v_a - a_{vmax} \times \Delta t \\ v_h = v_a + a_{vmax} \times \Delta t \\ \omega_1 = \omega_a - a_{\omega max} \times \Delta t \\ \omega_h = \omega_a + a_{\omega max} \times \Delta t \end{cases}$$

③ 结合窗口的可行速度空间，可得 $V_r = V_a \bigcap V_d \bigcap V_s$

其中：

$$V_a = \left\{ (v,\omega) \mid v \leqslant \sqrt{2 \times \mathrm{Dist}(v,\omega)\dot{v}_b} \wedge \omega \leqslant \sqrt{2 \times \mathrm{Dist}(v,\omega)\dot{\omega}_b} \right\}$$

$$V_d = \{ (v,\omega) \mid v \in [v_1,v_h] \wedge \omega \in [\omega_1,\omega_h] \}$$

$$V_s = \{ (v,\omega) \mid v \in [-v_{max},v_{max}] \wedge \omega \in [-\omega_{max},\omega_{max}] \}$$

④ 在窗口可行速度空间中选择最优的速度控制指令。

$$\text{evaluation}(v,\omega)=\alpha\times\text{Heading}(v,\omega)+\beta\times\text{Dist}(v,\omega)+\gamma\times\text{Velocity}(v,\omega)$$
$$\alpha+\beta+\gamma=1(\alpha\geqslant0,\beta\geqslant0,\gamma\geqslant0)$$

式中，evaluation 为本项目的评价函数；Heading 为代表朝向目标点的分量；Dist 为代表远离障碍物的分量；Velocity 为代表速度最大化的分量。

本项目在 MATLAB 中对动态窗口法的动态避障功能进行了测试，结果如图 11-20 所示。

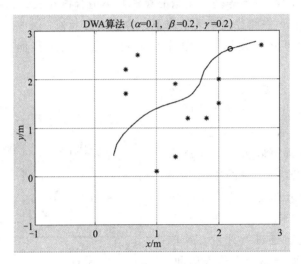

图 11-20　动态窗口法的动态避障功能测试结果

11.4　模型对接及方案测试

在 MATLAB 平台完成了算法的编写与简单测试，按照计划，在 AnyLogic 软件中也基本完成了仓库的搭建。在进行模型对接过程中发现以下差异。

（1）模型差异

MATLAB 内搭建的栅格地图模型和 AnyLogic 中的仓库仿真模型之间有较大不可忽视的差距。栅格地图尺寸较小，但地图相对复杂，地图中往往会设置不同 cost 值错落分布的栅格，导致寻路路径复杂曲折，少有平整规则的路径；仓库模型尺寸较大，但地图相对简单，货架分布规划整齐，AGV 的通道限制在两货架之间，AGV 有固定两条轨道对称分布于两货架之间。所以，若将现有的常见寻路算法应用于仓库模型中，反而有杀鸡用牛刀之嫌。

（2）实时性差

在实验中面对 30 辆 AGV 同时工作的场景，将 Astar 算法等写入小车，使其按照算法进行寻路规划时，模型运行严重卡顿，耗时很长，笔记本电脑 CPU 无法承受运算量，反而是简化的算法可以保证 AGV 稳定有序地工作，可以维持一个正常理想的工作环境。

综上所述，本项目不选择使用 Dijkstra 算法和 Astar 算法写入小车，而是改用另外的方法控制 AGV，以保证送货、装货、卸货多过程的运作。

11.4.1　仿真事件编写

AnyLogic 是一个专业的虚拟原型环境，用于设计包括离散、连续和混合行为的复杂系统。AnyLogic 帮助用户快速地构建被设计系统的仿真模型（虚拟原型）和系统的外围环境，包括物理设备和操作人员。

AnyLogic 的动态仿真具有独创的结构，用户可以通过模型的层次结构，以模块化的方式快速地构建复杂交互式动态仿真。AnyLogic 的动态仿真是由 Java 编写的，因此可以通过 Internet 访问并在 Web 页上显示。AnyLogic 独特的核心技术和领先的用户接口使其成为设计大型复杂系统的理想工具，因为构建物理原型进行试验代价高昂，耗时太长，有时还不一定成功。AnyLogic 提供给客户独特的仿真方法，即可在任何 Java 支持的平台或 Web 页上运行模型仿真。AnyLogic 是唯一可以创建真实动态模型的可视化工具，即带有动态发展结构及组件间互相联络的动态模型。

在本实验中，主要采用基于多 AGV 的建模。由于针对物流仓储环境，主要使用 AnyLogic 库作为流程建模库，这个库里面有 AGV、货物、货架及货车等仓储环境必备的元素。

本项目的主体部分为 Main 事件，主要包括四种视图方式，3D、2D、统计、逻辑视图。在具体描述整体流程之前，先来简单介绍其中被调用的各种事件，如图 11-21 所示。AGV—AGV 的数量、轮速、转速、计算时延等；ConveyorStationControl—根据货物的优先级和目标等，控制小车的运送分配的顺序和逻辑等；Item—存储货物相关的信息，如是否被运送、等待运送时间、运送的目标等信息；Main—控制整个运送过程的逻辑、各模块的运行时间顺序等；Part—定义一个基本的存储区域；PartsBatch—在单一存储区域的基础上定义一个批量的存储区域；PartsStorageAGV—运送该货物的 AGV 的序号、速度、转速和路径、计算延迟等；StationBuffer—派送缓存器、存储货物运送的目标、优先级、运送时间、运送数量等；Transporter—货物的运送起始时间、货物运送过程的时间。

图 11-21　事件框架 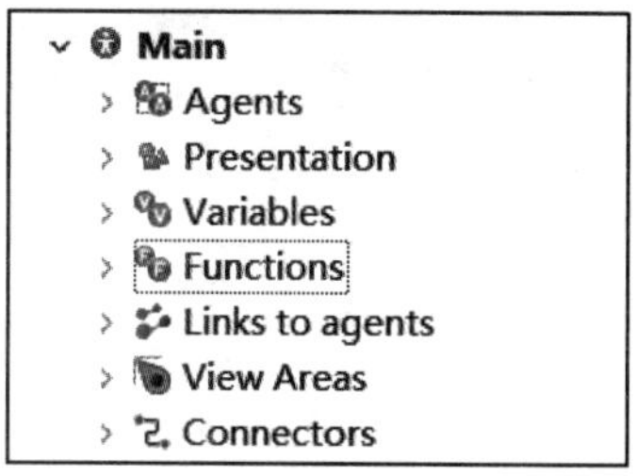　　　　　　　　　　图 11-22　Main 框架

然后是各个 Agents 的使用，Main 基本框架和 AGV 的逻辑流程如图 11-22 所示。

以 Main 主体为例，在 Agents 里确定需要调用的 Agent type；在 Presentation 里构建场景的外形；在 Functions 里进行函数的编写与调用；经过各种连接，形成一幅逻辑流程图，从而能够运行整体的仿真程序。

另外，在流程图界面可以进行 AnyLogic 库里已有逻辑模块的直接调用，如图 11-23 所示。

传送带　运输　货物存储 记录存储 取货状态 取货动作 装载上货车

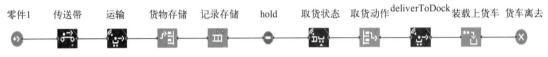

图 11-23　逻辑模块

其中紫色的模块主要是构建一个任务体（如传送带、AGV 等），并给出一个状态，让程序能够判断是哪一个任务体正处于什么样的状态，蓝色部分则主要是动作指令，能够命令 AGV 进行动作。通过这些逻辑模块的调用，便能够形成一个简单的基本流程，如图 11-24 所示。

零件1　传送带　运输　货物存储　记录存储　hold　取货状态　取货动作 deliverToDock 装载上货车 货车离去

图 11-24　各 AGV 运行模块及部分流程

再通过编写一些函数，可以获取 AGV 位置信息、距离信息，并可以实现 navigate 导航算法的操作，最终实现路径规划算法逻辑的对接。基本的函数体如图 11-25 所示。

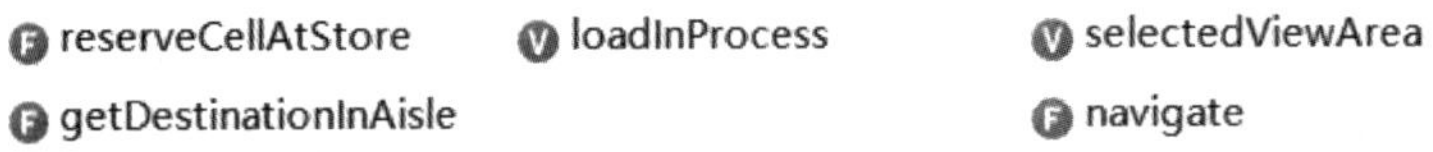

F reserveCellAtStore　　　**V** loadInProcess　　　**V** selectedViewArea

F getDestinationInAisle　　　　　　　　　　　**f** navigate

图 11-25　基本的函数体

最终形成的逻辑视图如图 11-26 所示。

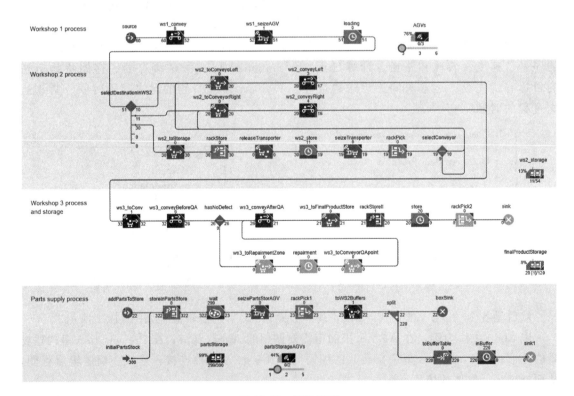

图 11-26　逻辑视图

11.4.2 整体流程及代码实现

整体的流程分为两部分,即三步车间流程和一步零件供应流程。车间流程的结构如图 11-27 所示。

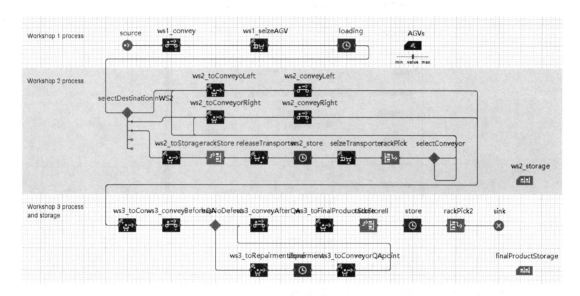

图 11-27　车间流程结构

零件供应流程的结构如图 11-28 所示。

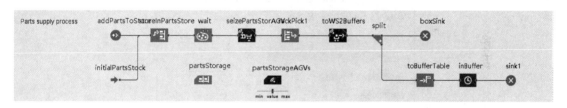

图 11-28　零件供应流程结构

车间流程按照三个不同的车间分成三个部分,即一号车间(车间 1)中的流程、二号车间(车间 2)中的流程和三号车间(车间 3)中的流程。

分类运送部分:一号车间中的流程主要是由一号传送带从源头进行货物零件的运送,将其运到传送带的终端进行等待,然后由与其对应的一型 AGV 进行运输,将其运送到二号车间的二号传送带进行分类。一型 AGV 的数量可进行设置,若在运送的过程中一型 AGV 的数量跟不上一号传送带运送货物零件的能力,则货物零件会在传送带的尽头等待小车,若小车的数量过多,则小车会回到停靠点进行充电,等待新的货物零件到来。

一号传送带的运行设置如图 11-29 所示。

一号车间 AGV 的运行设置如图 11-30 所示。

一号车间小车的运行逻辑如图 11-31 所示。

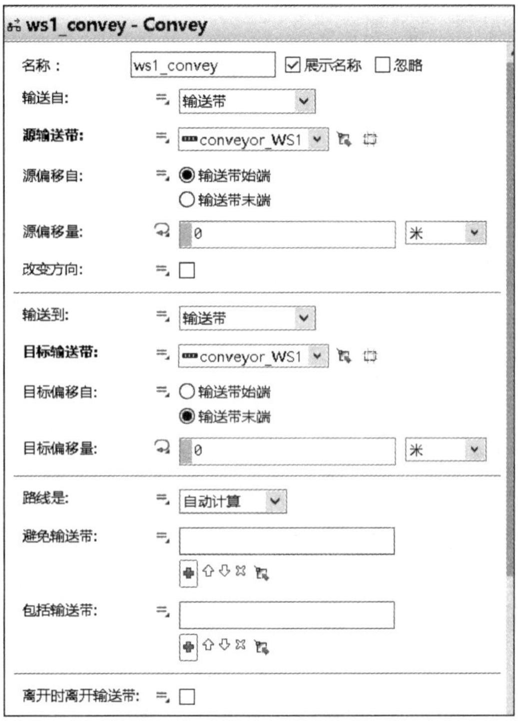

图 11-29　一号传送带的运行设置

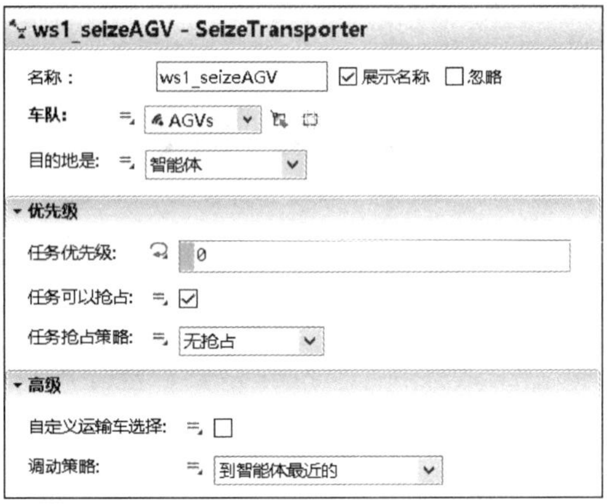

图 11-30　一号车间 AGV 的运行设置

零件加工部分：二号车间中的流程主要是接受一号车间 AGV 运送的货物零件，并进行分类，以选择目标传送带。此时分为三种情况：符合种类一的货物零件放入二号传送带的左侧，经过加工后，由传送带运送到左侧传送带的终端，通知并等待 AGV 取货；符合种类二的货物零件放入二号传送带的右侧，经过加工后，由传送带运送到右侧传送带的终端，通知并等待 AGV 取货。剩余的由于二号传送带上放满货物零件而来不及放入传送带的货物零件，由 AGV 运送到二号车间的暂存区，等待二号传送带空闲时再将其放入。

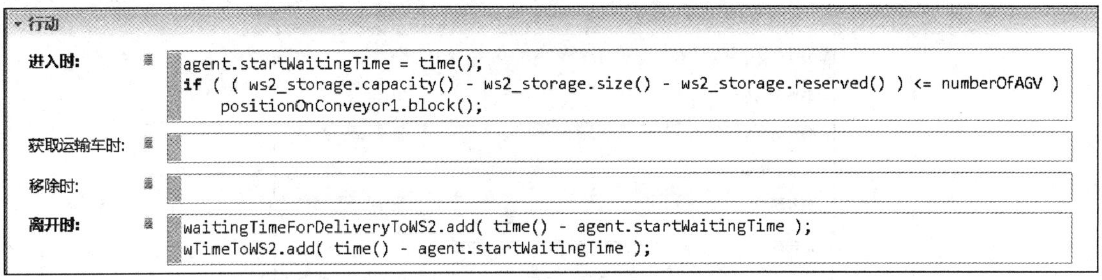

图 11-31　一号车间小车的行动逻辑

二号车间对目标传送带选择的分类如图 11-32 所示。

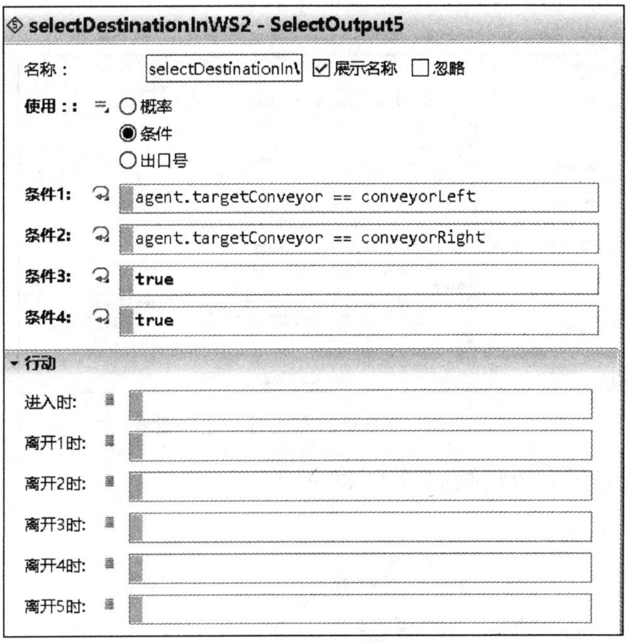

图 11-32　二号车间对目标传送带选择的分类

二号车间 AGV 运送货物零件至左侧传送带的设置如图 11-33 所示。

图 11-33　二号车间 AGV 运送货物零件至左侧传送带的设置

AGV 的左侧获取设置如图 11-34 所示。

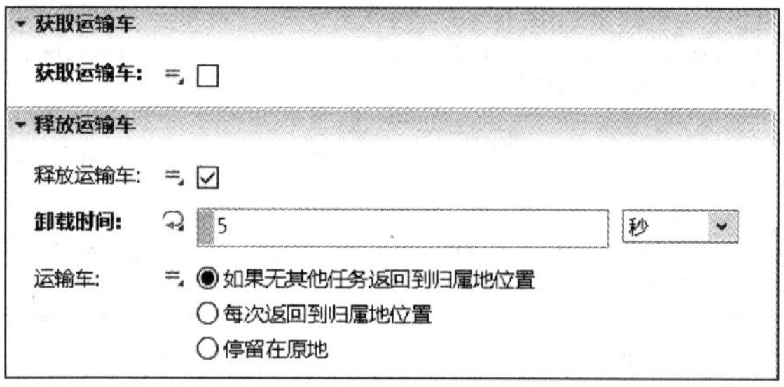

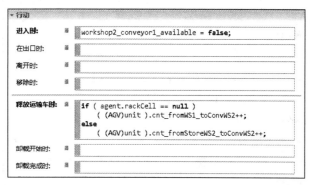

图 11-34　AGV 的左侧获取设置

AGV 的左侧行动设置如图 11-35 所示。

图 11-35　AGV 的左侧行动逻辑设置

二号车间左侧传送带运行设置如图 11-36 所示。

图 11-36　二号车间左侧传送带运行设置

二号车间 AGV 运送货物零件至右侧传送带的运行设置如图 11-37 所示。

图 11-37　二号车间 AGV 运送货物零件至右侧传送带的运行设置

AGV 的右侧获取设置如图 11-38 所示。

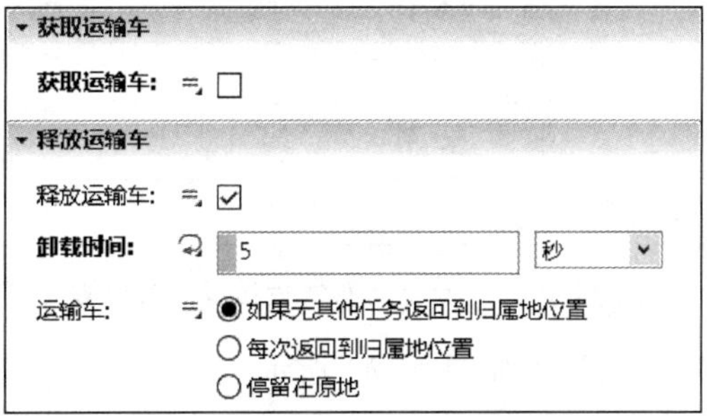

图 11-38　AGV 的右侧获取设置

AGV 的右侧行动设置如图 11-39 所示。

图 11-39　AGV 的右侧行动设置

271

二号车间右侧传送带运行设置如图 11-40 所示。

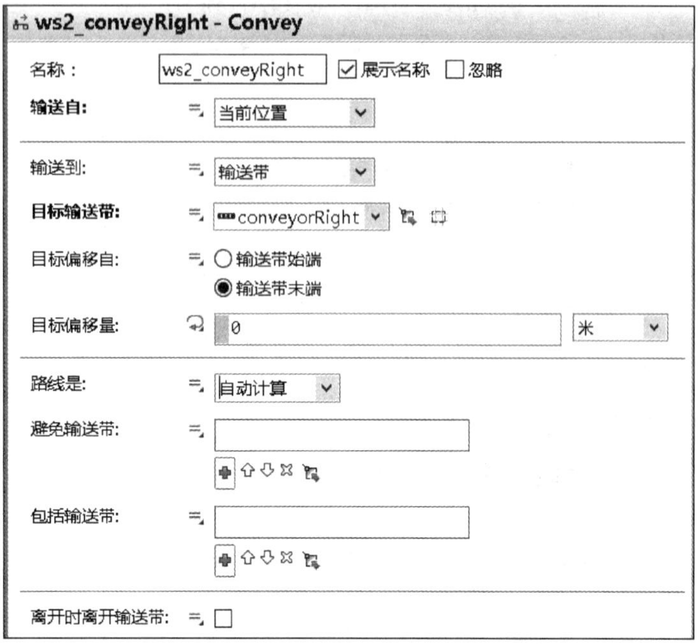

图 11-40　二号车间右侧传送带运行设置

二号车间存储区 AGV 运送设置如图 11-41 所示。

图 11-41　二号车间存储区 AGV 小车运送设置

二号车间存储区 AGV 的获取设置如图 11-42 所示。

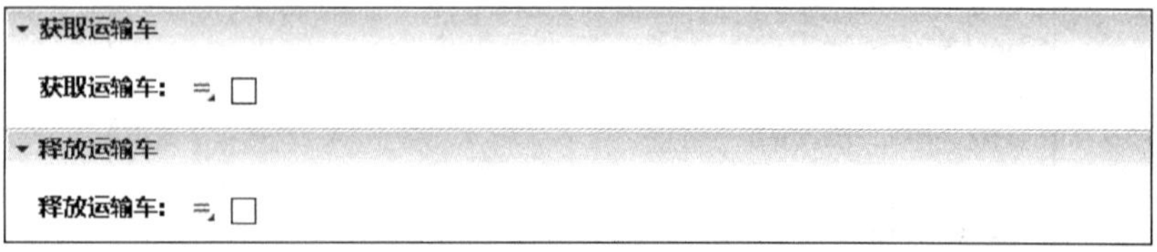

图 11-42　二号车间存储区 AGV 的获取设置

二号车间存储区 AGV 的行动设置如图 11-43 所示。

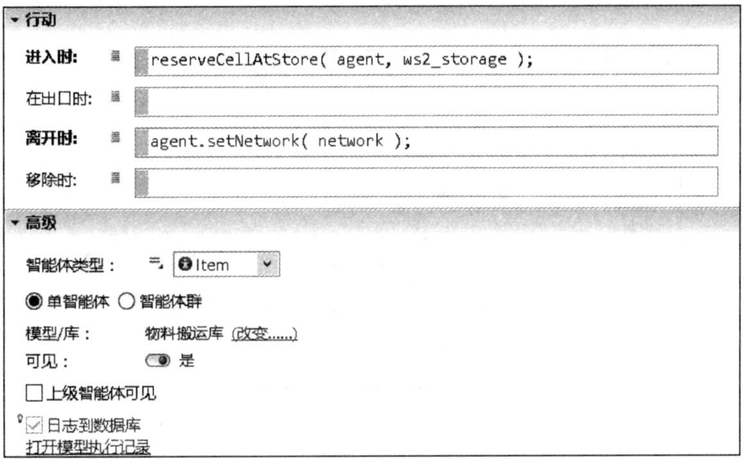

图 11-43 二号车间存储区 AGV 的行动设置

二号车间存储区放入设置如图 11-44 所示。

图 11-44 二号车间存储区放入设置

二号车间 AGV 放入存储区动作设置如图 11-45 所示。

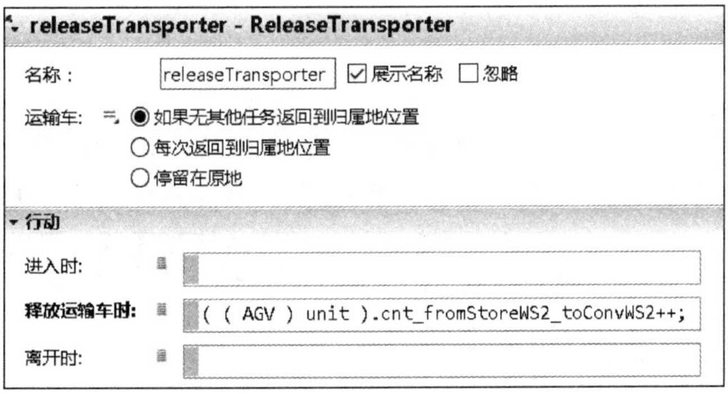

图 11-45 二号车间 AGV 放入存储区动作设置

二号车间至三号车间 AGV 的获取设置如图 11-46 所示。

图 11-46　二号车间至三号车间 AGV 的获取设置

二号车间 AGV 从存储区取出动作设置如图 11-47 所示。

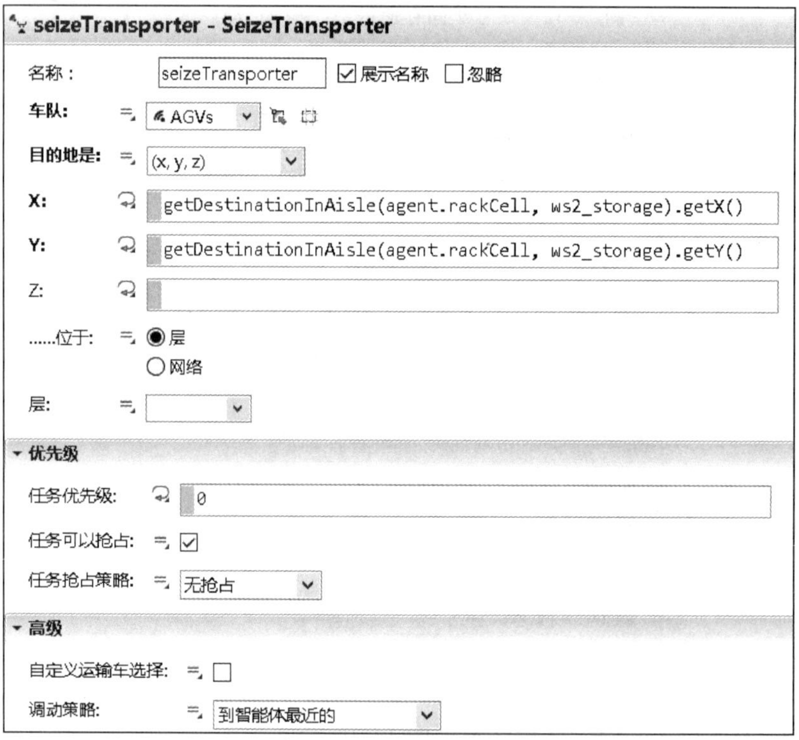

图 11-47　二号车间 AGV 从存储区取出动作设置

二号车间存储区取出设置如图 11-48 所示。

零件检验修补部分：三号车间中的流程主要是接受二号车间加工完成后送来的货物零件，由 AGV 运入三号传送带，然后由传送带对于货物零件分类。符合质量要求的货物零件由传送带运送到终端，等待 AGV 将其运送到最终的产品储存区域，完成全部的流程，而未能达到质量要求的零件则由三号车间的 AGV 运送到修理区进行维修，完成维修后再放回三号传送带，等待 AGV 运送。

图 11-48 二号车间存储区取出设置

11.5 运行结果及分析小结

11.5.1 仿真情况展示

首先展示各种不同情况（由于文件格式，仅展示数目不同的情况，不展示速度不同的情况）下的 AGV 运行仿真情况；再展示本项目路径规划中的细节问题，如避障、路径选择等；最后通过反馈的数据分析不同数量 AGV 时的仿真情况。

展示 1：一型 AGV 为 6 辆，二型 AGV 为 5 辆，如图 11-49～图 11-51 所示。

从图 11-49～图 11-51 可以观察到，一、二型 AGV 的运行情况十分好，并且在多个 AGV 较为靠近的时候，依然能够很好地调整小车状态，进行不同小车之间的碰撞规避，而由于建模与算法有一定的不匹配，看似小车之间有接触，但实际体积并没有接触。

展示 2：一型 AGV 为 3 辆，二型 AGV 数量为 2 辆，如图 11-52 所示。

可以观察到，AGV 数量减少，整体运行情况十分流畅。

11.5.2 数据情况展示

本实验选取了一个小时的时间作为基准来观察数据。

展示 1：一型 AGV 为 3 辆，二型 AGV 为 2 辆，如图 11-53 所示。

展示 2：一型 AGV 为 6 辆，二型 AGV 为 5 辆，如图 11-54 所示。

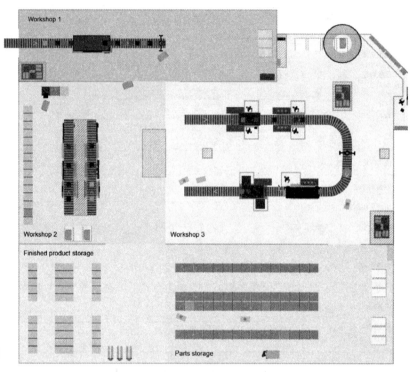

图 11-49　总体运行情况（1）

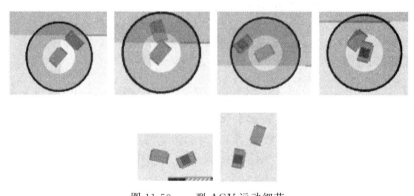

图 11-50　一型 AGV 运动细节

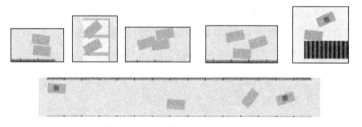

图 11-51　二型 AGV 运动细节

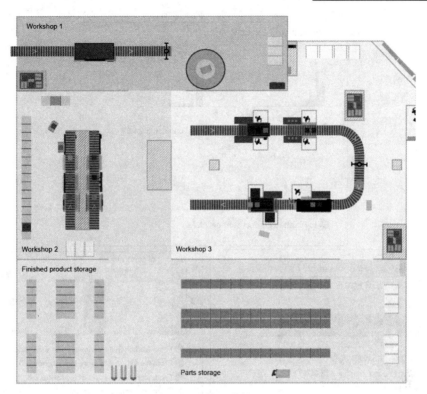

图 11-52 总体运行情况（2）

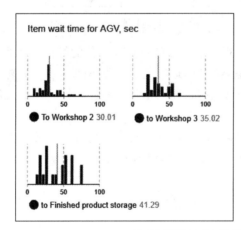

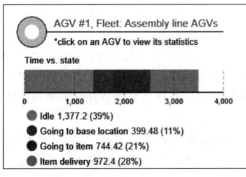

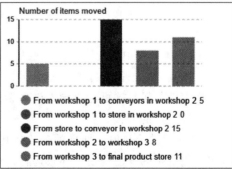

图 11-53 数据情况（展示 1）

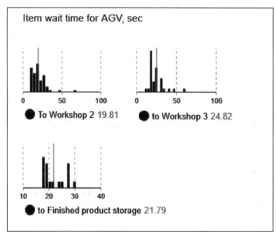
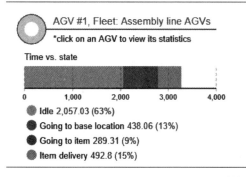
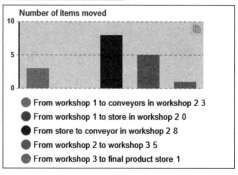

图 11-54　数据情况（展示 2）

观察两组数据，对比可得出展示 2 的各货物零件的等待时间明显减少，并且每个时间段的零件移动效率变快，但是 AGV 的运行效率明显下降。结合仿真图像可以看到有大部分时间中多辆 AGV 处于充电休息状态，原因是货物零件的供给速度及加工速度不够快，所以造成了一部分 AGV 的闲置。

该仿真一方面能够提供多 AGV 协同的路径规划方案，另一方面能够让本项目仿真出实际的工厂情况，可以很好地帮助预先判断应该使用的 AGV 方案。

11.6　项目进一步改进方向

在完成了上述研究成果后，经过小组讨论，本项目针对仍存在的一些问题和可能的改进方向整理出了一些意见。

① 当前物流场景中各货物零件是通过不同的颜色来进行区分的，并没有实际上的形状、大小差异，后续可以根据实际的工业情况，采用不同的 AGV 有针对性地运输与之相对应的特定的货物零件。但是这可能要导入许多新的零件模型，导致最后的仿真演示平台处理速度跟不上，造成一定的卡顿。

② 当前零件供给和加工处理的速度不够，而在本项目实现了多 AGV 的智能协调运动后，整体运输货物的速度较快，导致运行过程中有部分小车处于闲置状态，可以考虑增加新的零件供给处和生产线。

③ 目前本项目的研究成果是针对如仿真场景演示的特定的物流场景，当整个物流场景

发生较大变动或是在工业上需要给新的仓库、生产线提供新的物流方案时，虽然也能使用类似的思路，但其重新部署的难度和成本都比较高。

？思 考 题

1. 智慧物流和传统物流的区别在哪里？
2. AGV 在立体仓储系统中的具体工作模式有哪几种？分析各自利弊。
3. 常用立体仓储物流仿真的软件工具有哪些？
4. 多 AGV 协同的工作原理是什么？
5. 多 AGV 协同的常用算法有哪些？举例说明。

第12章 智能产线生产管控可重构实验平台

12.1 产线生产管控技术发展概述

生产管控在国际标准和企业多维价值网络中均处于核心位置，工艺流程调整、生产行为变化、现场操作异常等均会对管控业务的技术、方法、系统提出多种可重构需求。生产调度是智能制造生产过程最核心的管控业务。

离散制造生产调度问题可被概括为在给定的工件集、机器集、各工件的加工工艺与时间周期等条件下，对制造系统加工工件所需的资源、时间、工序等要素做出决策规划，以实现最小化生产时间、最大化工厂利润等优化目标。作为一个最优化问题，生产调度具有多种优化评价指标。

① 生产性能指标，即评价系统加工能力的指标，包括生产加工周期、机器利用率、平均流动时间等。

② 调度成本指标，即生产制造过程的经济指标，包括原料采购费用、设备运行费用、仓储库存费用等。

③ 客户满意度指标，即客户评价生产服务的指标，包括完工交付时间、产品质量等。

生产调度问题可以从不同的视角进行分类，例如制造系统的生产拓扑关系、约束的种类和数量、优化目标的类型、生产环境的特点、生产工艺的特征、工件的传递特性等。

按照制造系统的生产拓扑关系，生产调度问题可分为单阶段（single-stage）问题与多阶段（multi-stage）问题。单阶段问题，每个待加工的工件只需在一个生产单元按照特定步骤进行加工，从而可被建模为单机生产调度（single machine scheduling）或并行机生产调度（parallel machine scheduling）；多阶段问题，每个待加工的工件需在多个生产单元按照多个步骤进行加工，从而可被建模为流水车间调度（flow-shop scheduling）、作业车间调度（job-shop scheduling）或开放车间调度（open-shop scheduling）。

① 单机生产调度模型。生产制造系统中只有一台机器，该机器在任意时刻只能加工一件工件，任意工件只需经由该机器加工即可。

② 并行机生产调度模型。生产制造系统中具有一组功能相同的机器，其中任意机器在任意时刻分别只能加工一件工件，任意工件只需经由其中任意一台机器进行加工即可。

③ 流水车间调度模型。生产制造系统中具有一组功能不同的机器，其中任意机器在任意时刻分别只能加工一件工件，任意工件需要依次经过每一台机器进行加工，所有工件的加

工路线均相同。

④ 作业车间调度模型。生产制造系统中具有一组功能不同的机器，其中任意机器在任意时刻分别只能加工一件工件，任意工件需要经过每一台机器进行加工，同种类型的工件的加工路线相同，不同类型的工件的加工路线可以不同。

⑤ 开放车间调度模型。生产制造系统中具有一组功能不同的机器，其中任意机器在任意时刻分别只能加工一件工件，工件不需要经过每一台机器进行加工，相同类型的工件的加工路线可以不同。

根据工厂的生产环境特点，生产调度问题可划分为确定性和不确定性生产调度。

① 确定性生产调度。工厂外部的供需关系、工厂内部的机器设备等因素均稳定不变，相关参数均为常量。

② 不确定性生产调度。工厂外部的供需关系、工厂内部的机器设备等因素会产生波动，相关参数是随机变量。

为了求解上述各类生产调度问题，不同学科背景的研究者提出了多种优化算法与方法。

① 运筹学算法。例如分支定界法（branch and bound，BAB）。

② 机器学习。例如强化学习（reinforcement learning，RL）、集成学习（ensemble learning，EL）等。

③ 启发式方法。例如遗传算法（genetic algorithm，GA）、粒子群优化算法（particle swarm optimization，PSO）等。

④ 专家规则。包含各类精益生产（lean manufacturing 或 lean production）的先进管理经验等。

以上各类算法与方法，在实际应用中常常具有不同的性能表现，分别擅长解决不同类型的问题。与此同时，离散制造生产调度问题往往由于太过复杂而难以在多项式时间内求解，从而被视为 NP-Hard 问题，因此，针对调度问题的算法或方法，一般需要考虑计算性能并做出相应优化。

纵观国内外众多智能制造示范产线，它们均有各自专精的细分领域以及擅长应对的挑战。然而，在面对生产调度问题时，这些生产线常常掣肘于一个共性的瓶颈：受经费、场地、时间、人员、技术等因素限制，智能制造示范生产线的规模与功能往往有限，只能展示若干类典型的制造场景，无法自动、批量、高效、廉价地复现值得探讨的一般问题或生成实际运行中可能遇到的特殊情况。

以生产调度优化算法研究为例，人们需要在不确定性生产场景中，利用多种异构的生产线以及多样化的定制订单，测试同一种调度算法的效果、比较不同算法的优劣、改进各类算法的性能或探索其他问题。特别是在蒙特·卡罗方法日益被广泛应用的今天，这种对多元化生产场景的需求，是结构相对固定、功能较为有限的生产线远远无法满足的。面对这样的局限，如果研究者们分别开发适配于各自调度算法的专用评测工具，将造成"重复发明车轮"的窘境，导致大量的时间精力浪费。

为了充分利用有限的资源，最大限度缓解这一痛点，引入可重构制造系统的理论，提出智能制造示范产线生产调度可重构模型的概念，将物理空间实体产线映射为智能空间虚拟产线并根据需要在智能空间对其进行重构。在此基础上，通过多层次多粒度不确定性仿真，模拟出接近于真实工厂的生产环境，以满足应用问题研究对异构生产场景的需求。该可重构模型将大幅拓展智能制造示范产线的规模及生产条件的复杂程度，进而为生产调度优化等研究与应用提供灵活高效的仿真实验系统、测试验证工具、评价比较平台与优选推荐服务。

由于目前国内外已有的智能制造示范产线相关文献资料以离散制造类型居多，故本节将聚焦于离散制造范畴下的示范产线生产调度可重构建模。

12.2 面向实验教学的智能产线可重构模型需求分析

为了开展智能产线生产调度实验教学与研究，基于智能产线可重构技术构建了其可重构模型系统，具备灵活弹性、开放可变的系统仿真与优化功能。为了快速适应实际情况、便捷地重构出不同的生产线，本模型应当拥有相应的模型管理工具；在具备优化能力之后，为了加快计算速度、加强优化效果，从而进一步提升其应用价值，本模型应当配备高性能计算、调度算法推荐等服务。以上建模需求具体介绍如下。

(1) 不确定性仿真功能

仿真是开展制造系统相关研究的有力工具。相比于物理设备，利用仿真探索生产调度等问题，具有低成本、无风险、批量化、能够快速分析与迭代等优点。正因如此，本可重构模型将在仿真的基础上构建各类应用。这一功能牵涉以下重难点问题。

① 生产场景集成扩展。根据 IEC/ISO 62264，制造企业具有多种业务功能属性。在实际中，工厂面临着复杂的供需条件。这些多元化的内在功能属性与外在供需条件，构成了多样性的生产场景。为了使模型能够灵活地重构出不同的生产场景，本研究在建模时应考虑到产线结构、机器设备、维护管理、库存管理、订单管理、原料采购等诸多范畴的集成与扩展需要，促使仿真能够在各个方面贴近真实情况。

② 多层次多时空分辨率集成。回顾图 3-1，智能制造企业具有多层次体系架构。根据生产调度问题研究的需要，本可重构模型应主要面向功能层次模型第 3 层的相关业务，同时兼顾第 2 层与第 4 层的部分业务。落实到仿真层面，仿真模型需要具备相应的多层次特征，并且在不同层次拥有不同的时空分辨率。具体而言，第 3 层与第 4 层业务需要粗时间粒度、大空间尺度的仿真模型，而第 2 层业务需要细时间粒度、小空间尺度的仿真模型。

③ 内生与外生不确定性集成。在真实的工厂环境中，存在各种各样的随机因素，时常对生产过程造成扰动，使其偏离理想运行情况以及计划调度方案。在随机规划领域，这些扰动因素被划分为两类：一是源自系统内部的内生不确定性（endogenous uncertainty），此类不确定性会被系统决策所影响；二是源自系统外部的外生不确定性（exogenous uncertainty），此类不确定性不受系统决策影响。可重构模型应当能够仿真多种内生与外生不确定性因素，使仿真结果脱离理想情况而逼近真实工厂，从而为调度研究提供高质量的随机仿真环境。

④ 技术异构仿真器集成。纵览本领域现有的各类仿真工具，不难发现，目前已有多种擅长于细分问题的仿真工具可供本研究使用。例如机械臂仿真环节上，Vrep、Gazebo 与 ARGoS 具有各自的优势。因此，可重构模型应具备集成技术异构仿真器的能力，从而博采众长，充分发挥已有工具的作用。

(2) 决策优化功能

智能制造示范产线中存在众多决策优化命题，例如本研究重点关注的生产调度优化，以及其他诸如维修维护优化、原料采购优化等。求解这些问题，往往需要借助多种多样的优化算法。这些算法又常常有各自的优缺点，有各自擅长的具体细分问题。

为了更好地应对不同规模、不同条件的复杂生产状况，充分调用各种信息资源提高决策水平和质量，本可重构模型需要能够广泛集成各类优化算法，并使其能够与上述不确定性仿真功能协同合作，进而完成算法验证、测试、评价、比较、调优、推荐等任务。这一功能牵涉以下重难点问题。

① 多类别优化算法集成。从优化算法的功能出发，可重构模型首先需要集成生产调度算法，其次应当兼顾维修维护、原料采购等影响生产调度的优化算法；从优化算法的原理角度出发，可重构模型需要集成运筹学、机器学习、启发式与专家规则等不同类别的优化算法或方法，从而广泛辅助不同细分问题的研究工作；从优化目标的角度出发，可重构模型需要灵活集成各类单目标或多目标，以供算法确立优化方向；从生产调度的触发时机角度出发，可重构模型需要集成预调度与重调度优化算法，前者在生产开始前根据已知条件或预测信息制定调度方案，后者在生产开始后根据扰动与偏离情况适时调整预定方案。

② 技术异构求解器集成。在生产调度研究领域内，目前已有多种优秀的算法求解器被广泛使用，例如 GAMS、MATLAB 等，相关研究者也已经在这些求解器的基础上开发出了大量优化算法。为了兼收并蓄各类现有成果与工具，可重构模型应当具备集成技术异构求解器的能力。

（3）模型管理服务

在实际使用中，用户将会利用本模型重构出大量异构智能制造示范产线。为了有效管理大量模型数据，为用户组态提供操作便利，为模型运行提供完整性与一致性保障，本可重构模型需要具备模型管理功能。这一功能应具备以下特性。

① 多种组态工具。用户组态生产线模型时，有时渴望方便地创建或修改单一模型，有时则渴望批量生成多组不同模型。从模型管理工具的角度看，前者需要用户友好的组态界面，后者需要功能强大的组态脚本。因此，模型管理服务应提供多种组态工具，以适应不同的操作场景。

② 统一数据管理。多种组态工具操作模型时，数据应当被统一管理，避免出现数据孤岛，这既有利于模型后续执行，也有利于用户后续使用。此外，通过统一的数据管理，不同组态工具增、删、改、查模型时，数据的一致性将得到有效保障。

与此同时，模型管理服务需要解决以下重难点问题。

① 模型完整性。组态工具应考虑模型完整性问题，以便协助用户组态出完整可用的生产线模型。

② 模型一致性。模型一致性问题主要出现在两个环节：多种组态工具的数据一致性和多层次模型的上下一致性。前者要求模型管理系统通过统一的数据管理，使不同组态工具增、删、改、查的模型信息相一致，而不因组态工具差异而造成模型混淆或丢失。后者要求多层次模型所使用的不同时空粒度模型互相匹配，而不发生上下层模型错配。

（4）高性能计算服务

在生产调度研究等应用中，工业生产场景仿真往往具有细节繁多、逻辑复杂等特点，加之有的课题需要批量开展诸多生产场景的模拟实验，因而带来了繁重的计算任务；与此同时，复杂场景常常使调度算法的求解过程曲折漫长，甚至导致调度问题变成 NP-Hard 难题，这更进一步加重了计算负担。针对以上任何一点，都不难发现提升模型系统的计算性能就是提升其应用价值与效率。

面对重负荷计算场景，单一的计算单元（如单台工作站或单台服务器）时常不能满足要求，利用多个计算单元协同完成计算任务的分布式并行计算概念应运而生。分布式并行计算属于高性能计算（high performance computing，HPC）研究范畴，用于解决大数据时代下如何为具有大数据量、多类型、低价值密度、高时效性和在线特点的数据提供充足的计算资源这一问题。其核心思想可以概括为"分而治之"，即利用合理的方法将涉及大规模计算量和数据量的任务进行拆分，然后分摊给多个计算单元，使各个子任务能够在不同计算单元上进行并行计算，从而达到借助计算单元的数量优势缩短任务执行时间的目的。

为了提升可重构模型的计算效率，从而在有限时间内实现问题求解，选取高性能计算这一角度，提出一种分布式并行计算的解决方案。该方案需要解决以下重难点问题。

① 跨平台。在使用多个计算单元协同完成计算任务时，首先面临的问题是：不同计算单元上常常运行着不同版本的 Windows、Unix、Linux 等系统，而本研究所述的计算服务，应当能够部署在这些不同的操作系统上，以便充分利用不同平台的计算资源。

② 负载均衡。实际计算过程中，由于硬件性能、并发任务等多方面原因，不同计算单元的计算速度往往不同。为了促使所有计算单元都保持运转，而不因任务分配的不合理而间歇性闲置，我们需要均衡地将计算负载分配给各个计算节点。

(5) 调度算法推荐服务

在实际生产调度应用场景中，不同算法面对不同的具体问题往往具有不同的性能表现。为了提升调度算法的实际应用效果、为具体生产场景匹配合适的优化算法，本可重构模型需要向用户提供调度算法优选推荐这一服务。

本研究开展调度算法优选推荐的基本思路是，利用可重构模型批量仿真异构生产场景以获取大量训练数据，之后根据数据中定制订单、生产线与调度算法的相关特征与仿真结果，使用机器学习的方法建立特征与调度优化结果评价值间的关系模型，从而具备根据特征数据预测优化结果评价值的能力，进而利用基于预测的优化结果评价值排序为具体生产场景推荐恰当的调度算法。

这一技术方案需要解决以下重难点问题。

① 高维稀疏特征间的交叉效应。上述订单、生产线与调度算法相关特征具有高维、稀疏的特点，其信息密度低且不同特征间常常存在交叉效应，这样的交叉特征显然难以人工提取。如何自动处理高维稀疏特征间的交叉效应，亦即如何有效建模高维稀疏特征的交互关系，是一个需要重点攻克的问题。

② 从离线训练到在线学习。离线训练能够使模型"冷启动"，但这只解决了从无到有的问题。为了促进模型不断改进提升、不断适应新的应用场景，我们应使其在运行时不断利用调度优化方案的绩效等实时数据进行学习，并及时选取或切换合适的算法求解新的调度问题，从而达到使调度算法推荐服务向前动态演进的目的。这就要求模型具备良好的在线学习能力。

12.3　智能产线可重构模型的特点

面对不断快速变化的市场环境，制造企业需要不断升级其产品设计能力、加工制造技术与流程管理方法，才能在激烈的竞争中脱颖而出。在制造业的发展史中，先后涌现出了多种不同类型的制造系统。

① 专用制造系统（dedicated manufacturing system，DMS）。1913 年，亨利·福特发明

了汽车制造流水线，这标志着大规模生产时代的到来。这样的专用制造系统极大地提高了生产率，降低了生产成本，推动了人类社会的发展。然而，专用制造系统灵活性差，产品功能在系统生命周期中难以改变，客户定制成本高昂且难以实现。

② 柔性制造系统（flexible manufacturing system，FMS）。20 世纪中期之后，专用制造系统由于其固有缺陷而越发难以适应新的情况。1983 年，Stecke 和 Solberg 率先建立了柔性制造系统的数学模型，给出了形式化描述，并在此前以 9 台机器互相连接组成的车间为例介绍了柔性制造系统的操作策略。柔性制造系统是使用数字控制单元与自动物流系统将加工设备连接起来的自动化制造系统，其加工的工件、工艺、工序、节拍等均可自动调节，从而能够根据需要批量生产不同品种或性能的产品，进而达到快速适应市场需求变化的目的。但是，在大多数情况下，柔性制造系统的吞吐量小于专用制造系统，其复杂的设备结构也大幅增加了工厂的投资建设成本。

③ 蜂窝制造系统（cellular manufacturing system，CMS）。为了克服柔性制造系统生产率较低等不足，人们设计出了蜂窝制造系统。该系统使用多个独立的工作单元进行加工，每个独立单元专门用于生产具有类似加工要求的产品家族。这一系统主要用于制造具有稳定需求和较长生命周期的产品。

④ 可重构制造系统（reconfigurable manufacturing system，RMS）。伴随经济全球化的深入发展，制造业所面临的挑战越发艰巨，企业亟须引进高度灵活的下一代制造系统（next generation manufacturing system，NGMS）。1999 年，Koren 等首次定义了作为下一代制造系统的可重构制造系统：系统设计的出发点就是能够快速调整、改变结构，包括系统级别调整（例如增加机器）以及设备级别调整（更改机器硬件和控制软件，例如添加转轴、更换刀库或集成高级控制器等），从而使系统能够快速、高效地响应市场变化，生产新的产品。这一制造系统应围绕零件族进行设计，需要具有生产整个零件族的定制灵活性，从而降低生产成本。可重构制造系统融合了专用制造系统的大吞吐量与柔性制造系统的灵活性，能够大幅提高企业的效益。

RMS 提出后，很快便引起了学术界的广泛关注。A Hoda 等深入讨论了 FMS 与 RMS 的相关概念，详细分析比较了两种系统的特性，并描述了操作工人在不同制造系统中的角色、罗列了两种系统面临的研究挑战。M A Saliba 等探讨了智能制造背景下实施 RMS 的问题与可行性方案。M Bortolini 等构建了一种适应于工业 4.0 的 RMS 框架。Y Cohen 等提出了一种能够在现有制造和装配系统中实现可重构性和工业 4.0 相关技术的行业通用架构。H Elmaraghy 等介绍了如何将新的产品家族引入现有的 RMS 生产线中。R Ahmad 等介绍了 Alberta 大学面向工业 4.0 建造的 RMS 生产线 AllFactory。

当今的制造企业面临着对自动化装配过程的新方法的日益增长的需求，这是由频繁的不可预测和不断变化的市场以及及时生产技术的应用所驱动的，在这种技术中，零件可在需要时准确地到达工作站。这些市场变化包括新产品的频繁推出、产品需求的变化和批量订单的波动。柔性装配系统的设计和开发背后的驱动因素是经济性，要求以恒定的高质量、具有竞争力的低价格、最短的时间跨度以及快速的不同数量的新产品引进来提供更多种类的产品。传统上倾向于对复杂零件使用手动装配，而不是刚性专用线，这主要是因为专用线成本高，且专用线无法处理任何类型的零件变化。专用线无法轻松调整，以适应装配零件族的尺寸变化，以及此类变化的附加操作要求。在工资水平低、失业率高（劳动力供应量大）的国家，手工组装是很容易理解的。任何自动化装配系统都必须在所有生产级别进行竞争，以证明在这种情况下是可行的。在这方面，一个有竞争力的自动化系统必须能够有高产量，快速进行零件更换和可快速提升到完全生产能力。这种系统必须在结构和能力方面表现出一定程度的灵活性。

专用制造系统不容易操作，不便于组装一个产品系列的多个产品，而且由于劳动力成本高和/或生产率低，手动组装对制造商来说成本太高。制造企业可以通过使用可重构装配系统（reconfigurable assembly system，RAS）来提高竞争力，提高生产率，并将成本控制在最低水平。

具体目标有以下几个。

① 开发具有各种控制选项的可重构装配系统，以增强控制能力。

② 在构建系统的真实版本之前，开发仿真或虚拟模型以验证控制和操作。

③ 开发一个可以在多代理系统（multi agent system，MAS）和系统控制器之间切换控制的 RAS。

④ 开发一个能够生产同一产品系列不同产品的系统。

⑤ 根据要制造的特定产品的要求，开发能够自动适应的 RAS。

⑥ 开发一个 RAS，该 RAS 能够重新安排产品流程，并在输送机之间转移工作量。

⑦ 开发一个可以在产品出现故障时进行错误处理的系统。

由于控制系统的复杂性，很难通过分析确定系统的性能。因此，将使用仿真软件设计子系统或装配单元。软件选择达索公司的 DELMIA。DELMIA 允许在虚拟环境中模拟可编程逻辑控制器（PLC）代码。这简化了调试，并且可以在实现物理系统之前纠正设计错误。此外，系统的物理结构和设计将划分为组装单元。物理设计将使用 PLC 和运动控制器来控制子系统。运动控制器将驱动与线性驱动器相连的伺服电动机或步进电动机。这将允许对子系统进行重新配置，并使其适应要制造的每个产品零件的要求。接近传感器将用于确定零件何时以及是否到达正确位置。此外，DeviceNet 将研究现场总线协议，以便主控制器与其部件及对等控制器进行通信。主控制器将通过以太网与 MAS 通信，以与 MAS 相互发送和接收信息。PLC 存储器用于存储有关子系统设备能力、可用性和状态的信息。该内存将允许MAS 确定每个组件的最佳设置子系统取决于要制造的产品类型。如果 MAS 系统无法运行，或客户不希望 MAS 的设备在系统中可用，主控制器必须能够管理和完全控制。

可重构系统示意图如图 12-1 所示。

可重构性是指以成本效益高的方式，通过最小的努力和延迟添加或移除功能元件，反复更改和重新排列系统组件的操作能力。装配系统具有可重用性、可扩展性、敏捷性和可重构性的特点，因此出现了一种称为 RAS 或 RMS 的装配范例。灵活性是指整个生产和物流领域的"战术"能力，即通过改变制造工艺、物流和物流功能，以相当少的时间和精力切换到新的（尽管类似）组件系列。此外，可重构性和灵活性之间的关键区别可以通过以下几点来阐明。

首先，处理的工件的多样性：可重构系统可以在不同的产品系列之间切换，而柔性系统可以在类似的产品之间切换。

其次，制造系统必须经历的变化程度：可重构系统可能会添加或删除机器部件，而柔性系统会改变工艺或物流。

此外，制造系统中还可能发生两种类型的重构，即基本重构和动态重构。基本重构是以最简单的形式进行的重新配置，可以通过停止系统、应用必要的硬件或软件更改，然后重新

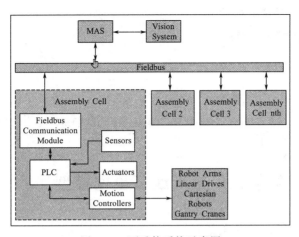

图 12-1 可重构系统示意图

启动系统来实现，也称冷启动系统。动态重构是指在系统仍在运行时进行的重新配置，无需停止系统。

RMS 具有以下特征。

① 硬件和软件组件的模块化可集成性；

② 既适用于现成的集成，也适用于未来新技术的引入可兑换性；

③ 允许产品之间的快速转换，以及对未来产品的快速系统适应性；

④ 可诊断性，以快速识别质量和可靠性问题的来源；

⑤ 定制，使设计的系统功能和灵活性与应用程序相匹配；

⑥ 可扩展性，可快速、经济地更改容量。

灵活性也可以分为不同的程度。

① 机器。无需更改设置，即可执行各种操作。

② 物料搬运。机器间物料转移的各种路径。可以通过使用的路径数除以所有机器之间可能的路径总数来衡量。

③ 操作。零件加工有各种操作计划。可以通过零件制造可用的不同加工计划的数量来衡量。

④ 工艺。例如零件混合的灵活性。无需重大设置更改，即可生产不同类型的零件。

⑤ 产品。将产品引入现有产品组合的难度（在时间和成本方面），这有助于提高敏捷性。

⑥ 工艺路线。可以用所有零件类型的可行工艺路线数量与零件类型数量的比率来衡量。

⑦ 产量。在生产能力范围内改变产量的能力。

⑧ 扩展。在需要时，通过对系统进行物理更改，轻松（在工作量和成本方面）增加容量和/或能力。

⑨ 控制程序。由于智能机器和系统控制软件的可用性，系统具有几乎不间断运行的能力（例如在不同的班次）。

⑩ 生产。它用于衡量在不增加主要资本设备的情况下可以生产的所有零件类型的数量。

制造系统的可重构能力包括可重构的生产系统、可重构的工厂软件、可重构的控制器、可重构的机器与可重构的流程等。制造系统的灵活性在很大程度上取决于其模块化程度。模块化设计使安装、拆卸和重新组合装配系统的各个模块变得容易。模块化设计的一个优点是"即插即用/生产"的可能性。这意味着模块可以动态添加或从系统中移除，而无需更改、重新配置或重新校准组装系统的硬件或软件。RMS 设计六个原则如下。

① 围绕特定零件族进行设计。

② 定制的灵活性。

③ 易于快速兑换。

④ 模块化可扩展性，增加或删除提高生产力或效率的元素。

⑤ 允许重新配置，以便机器可以在生产线上的多个位置运行相同的基本结构。

⑥ 在不同的位置执行不同的任务应使用模块化方法、通用硬件和接口实现。

12.4 智能制造教学工厂生产线可重构模型

12.4.1 可重构模型的功能层次

图 12-2 中，左半边表示物理空间智能制造示范产线实体，该实体可以由单条或多条产线构成；右半边表示由软件系统仿真得到的智能空间数字孪生体，其中的虚拟产线表示与物理产线对应的数字孪生产线。物理实体及数字孪生体通过数字纽带相连，虚实映射。此时，物理空间实体产线的重构需求，在智能空间对应于数字孪生体的重构需求。

智能空间可重构模型在 MES 层根据生产调度需要，响应物理实体或数字孪生体提出的重构需求，并重构生成相应的生产调度功能业务或生产调度决策逻辑。生产调度功能业务与决策逻辑的具体内涵如图 12-2 所示。

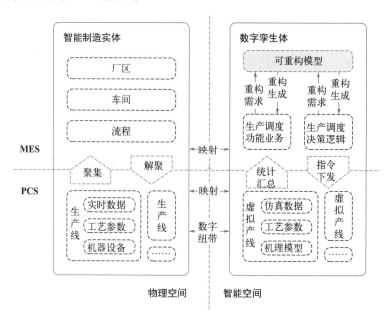

图 12-2 智能制造示范产线可重构模型的功能层次

通过使用可重构模型创建数字孪生体相关功能并参与生产调度，一方面能够将生产调度优化结果等多种决策建议提供给决策支持系统（decision support system，DSS），进而改进智能制造示范产线的运行管理、提升其多方面绩效；另一方面，物理空间的实际产出与设备状态等信息将反馈回可重构模型，从而帮助模型修正参数、提高质量，促进模型向前演进。

12.4.2　生产调度视角下的可重构模型

根据上述功能数据流模型，本节将对其中最为核心的生产调度功能业务与决策逻辑两方面重构能力做一梳理。图 12-3 展示了生产调度视角下的可重构模型。

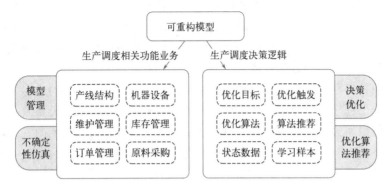

图 12-3　生产调度视角下的可重构模型

(1) 产线结构范畴

为了仿真模拟多元异构的智能制造示范产线，可重构模型应具有集成不同设备装置的能力，具体体现在工段、机器与库区三个方面。其中，工段是具有相似制造功能、承担相同生产任务的机器设备的集合，代表着生产调度问题中的并行机；库区是由若干仓库所组成的相对独立的仓储区域，一般而言库区中的仓库在地理上较为接近。

从全厂的角度看，本模型通过集成不同类型的工段，达到了获取不同类型机器的加工功能的目的。工段的可集成性，使模型系统能够灵活地延长、缩短或更新生产步骤，进而具备多样的生产能力。

从工段的角度看，本模型通过集成不同类型的机器，实现对工段具体特性的配置。机器的可集成性，使工段能够融合不同的生产技术，从而改变总体加工性能。此外，不同工段需要有各自的关联库区，用于存放待加工与已加工物料。

为了使可重构模型能够灵活伸缩，本模型应当允许机器设备的数量按需扩展。在任意工段上，任意类型机器的数量均可通过组态配置而灵活改变。增加或减少某种机器，不影响生产线中其他机器的运转。

智能制造示范产线所能生产的任何产品，至少具有一种生产路径。生产路径是一个由工段构成的列表，产品需要经过列表中的工段进行加工。由于生产工艺的原因，列表中的加工操作可以是有先后顺序的，也可以是无序的，还可以是部分有序、部分无序的；同时，列表中全部或部分的加工操作可以互相替代，也就是说整个加工过程可以不必经过列表中的所有工段。由于不同产品可能具有不同的生产路径，故本模型需要能够为产品配置各类生产路径及相应加工程序，以便仿真模拟生产加工过程。

(2) 机器设备范畴

可重构模型中的机器设备应当集成多种关键的功能特性，以便在内生不确定性条件下模拟智能制造示范产线的运行过程。

首先，本模型需要灵活集成设备加工时间模型，以仿真不同机器设备生产时间的随机波动。各类机器设备在执行生产加工任务时，每种操作往往有相对固定的时间，但实际中也常常会因为各种原因发生随机延误。

同时，本模型需要灵活集成设备故障概率模型，用以随机触发设备故障。工厂投运之初，生产线经过调试进入稳定生产阶段后，机器设备常具有较高的可靠性；随着机器设备的不断运转，其可靠度往往会不断下降；可靠度越低，故障越有可能发生。当机器设备发生故障时，需要通过维修排除故障，可靠度随之上升；机器设备未发生故障时，也可以通过维护操作预防故障，可靠度也随之上升。同一类的机器设备可能发生多种不同类型的故障，不同类型的机器设备可能具有不同的故障概率分布，因此本可重构模型将通过集成多种故障概率模型来仿真模拟不同设备的各类故障。

在生产线中，每台机器设备的每种加工功能都有相应的加工程序与成本，同一工段的不同机器设备，加工程序基本相同，成本可能有差异；不同工段的机器设备则会有截然不同的加工程序。本模型通过集成各种各样的加工程序，实现对机器设备功能的定义，同时明确其加工成本。设备加工时间模型便与加工程序挂钩，即不同的加工程序会造成不同的生产时间波动。

（3）维护管理范畴

可重构模型需要灵活集成维修模型与维护模型，以仿真机器设备的维修与维护过程。不同的维修与维护模型，对应着针对不同机器设备、不同的故障类型的不同维修或维护方案，并具有不同的资金成本与时间消耗，会带来不同程度的可靠度恢复。

（4）库存管理范畴

本可重构模型中，库存管理相关环节需要配合生产制造的需要，具备针对不同类型物料以及不同库存成本模型的集成能力。物料包括原材料、半成品以及成品，当生产线结构或客户定制订单发生改变时，模型所涉及的物料种类可能会相应发生改变。不同库区可能被用于存储多种不同类型的物料，并可能具有不同的库存成本模型。

本模型的仓储库存环节同样需要具备灵活扩展的能力，具体表现在仓库容量上限和各类物料数量两个方面。仓库容量上限应当能够通过组态配置而按需设定，以匹配不同类型的真实储存空间。各类物料数量则既需要在初始化时，也需要在运行时被灵活改变，以模拟真实的仓储动态变化过程。

（5）订单管理范畴

智能制造示范产线的一个重要特点，就是能够为客户提供定制化生产服务。相应地，本模型系统也应具备定制化生产的能力。订单管理部分被优先考虑，它需要能够承接定制化订单，能够集成不同的订单属性表单以及惩罚成本模型。

其中，订单属性是对客户需求的结构化描述，包含下单时间、产品类别、产品数量、交货期等多方面信息；惩罚成本是生产仿真与优化中常常考虑的一种成本要素，是对延期交货的经济惩罚，在定制化生产的背景下，惩罚成本的计算方式也会发生改变，需要根据客户需求做出调整。多样化的定制订单，是客户需求不确定性的具体体现，这为外生不确定性仿真奠定了基础。

本模型系统所能处理的订单数量也应是可扩展的。这些订单既有可能是来自初始化阶段的"0时刻"订单，也有可能是运行时动态加入的订单。

（6）原料采购范畴

在实际生产中，智能制造示范产线往往需要采购多种不同的原料，这些原料均有各自的价格。由于供应链的变化，原料采购事务可能面临到货时间波动的挑战。本模型将灵活集成不同类别原料、成本及供货时间模型，用以仿真采购过程及相应外生不确定性因素。

12.5 生产调度可重构模型实验系统

本研究提出一种生产调度可重构模型系统基础架构，如图 12-4 所示，以期进一步说明本模型的功能特性与应用价值。

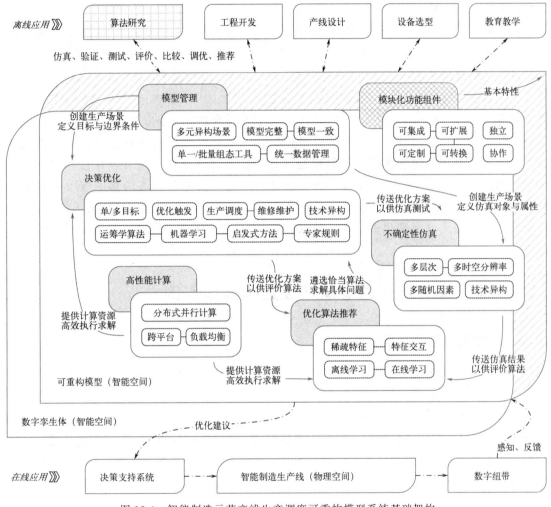

图 12-4 智能制造示范产线生产调度可重构模型系统基础架构

(1) 模型管理

模型管理系统用于配置多元异构生产场景，并保护所创建模型的完整性与一致性。该系统提供多种组态工具，包括用户友好的单一场景组态界面，以及方便批量产生场景的组态脚本。不同组态工具的数据将统一管理。该系统创建的生产场景，将为决策优化定义目标与边界条件，为不确定性仿真定义对象及属性。

(2) 决策优化

决策优化功能集成多类别优化算法与技术异构求解器，以应对不同类型、不同目标的决策问题。其优化结果将被传送给不确定性仿真与优化算法推荐功能模块，以供开展仿真验证、测评比较、调优推荐等工作。本研究重点关注的生产调度优化算法便归属于这一功能模块。

（3）不确定性仿真

不确定性仿真功能提供了针对多元异构生产场景的模拟能力。该功能集成了多层次多时空分辨率仿真机制、内生与外生不确定性因素以及技术异构仿真器。其结果将为可重构模型的各类功能与应用提供数据支持。

（4）高性能计算

高性能计算功能采用分布式并行计算技术路线，具备跨平台、负载均衡特性，能够为决策优化、优化算法推荐等功能特性提供计算资源，从而实现计算任务的高效执行。

（5）优化算法推荐

优化算法推荐功能将解决稀疏特征的特征交互问题，并通过离线学习与在线学习两种方式实现算法的排序与推荐，从而为具体优化问题遴选出合适的算法以开展求解。

此外，为了使本模型具备良好的可重构特性，上述模型内部功能应由模块化的组件构成，且各模块化功能组件能够被轻松地集成或扩展，各模块之间可以并行计算、协同合作。具体而言，模型中不仅主要功能是模块化的，主要功能模块内部的各级子功能也应当是模块化的；同时，各个主要功能模块之间，以及主要功能模块的各级子模块之间，应当有规范、通用或标准化的接口，从而使各个模块能够有效连通、灵活改变，构成可重构的整体。

12.6 基于多智能体的智能产线重构模型实例

12.6.1 智能制造示范产线实例

在图 12-4 所示的可重构模型的基础上，利用软件组态工具为智能制造教学工厂流水线设计了可重构模型实例，如图 12-5 所示。

在这一实例中，各个智能体均按照浙江大学智能制造示范产线的实际情况进行了配置。其中上半部分，成本核算智能体、定制销售智能体、原料采购智能体、计划调度智能体、维修维护智能体、产品发运智能体的功能数据流与模型框架一致；下半部分则对框架进行了更为具体的实例化：原料采购智能体将采购来的原材料放入原料库区，装配工段的智能体从原料库区取出原材料进行装配并将半成品放入装配库区，雕刻工段的智能体从装配库区取出半成品进行激光打标后放入雕刻库区，包装工段的智能体从雕刻库区取出半成品进行打包后放入产品库区，产品发运智能体从产品库区取出成品向客户交付。

特别地，浙江大学智能制造示范产线中，每个工段只有一台机械臂，因此只能展示简单的 Flow-Shop 调度场景；在可重构模型中，我们可以轻易地向每个工段加入更多不同参数的生产制造智能体，从而扩展出带有并行机的 Flow-Shop 调度场景；倘若更进一步，我们可以改变产品的种类与加工路径，从而创建起 Job-Shop 或 Open-Shop 调度场景，使智能空间生产线的功能更加丰富多彩。

使用同样的方式，我们也可以自动、批量、高效地重构出其他结构的智能制造示范产线，从而营建值得探讨的场景及问题，为生产调度等研究提供支持。

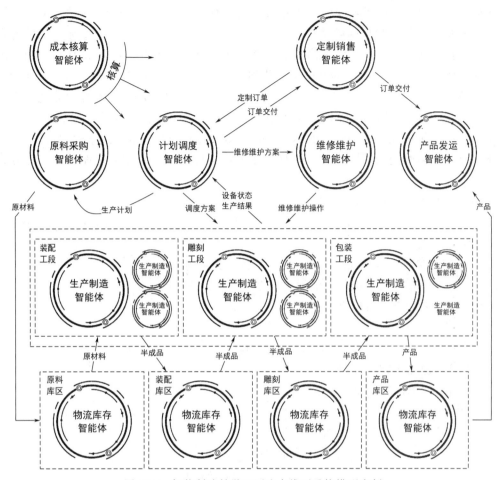

图 12-5 智能制造教学工厂流水线可重构模型实例

12.6.2 生产调度场景可重构实例分析

本节基于图 12-5 所述的智能制造示范产线实例，在智能空间重构出多种多样的生产场景，呈现出不同类型的调度问题，以展示本模型的仿真场景可重构特性与模型管理功能，进而通过不确定性仿真，开展预调度与重调度协同、多目标联合求解等优化工作，以演示本可重构模型利用不同类型调度算法开展仿真、验证、测试等应用研究的过程与效果；此外，本节将在前面案例中融合介绍可重构模型针对多层次多时空分辨率、异构技术以及内生与外生不确定性的集成能力。

生产调度问题按照制造系统的生产拓扑关系，可分为单阶段问题与多阶段问题。本节主要针对多阶段生产调度优化问题的三个经典分型展开可重构实例分析。

实例一：多阶段生产调度优化可重构原型。

在离散制造生产调度研究领域，调度问题一般采用数学规划的形式进行描述，也有学者利用图论进行描述。调度问题的描述涉及两个最基本的集合，即工件集 $J = \{J_1, J_2, \cdots, J_n\}$ 和机器集 $M = \{M_1, M_2, \cdots, M_m\}$，其中 $J_i (\forall i \in \{1, \cdots, n\})$ 表示第 i 个工件，$M_j (\forall j \in \{1, \cdots, m\})$ 表示第 j 台机器设备。加工 J_i 所需经历的工序，可表示为由若干 M_j 组成的向量。

多阶段生产调度优化问题按照加工路线的灵活性可分为 Flow-Shop 问题、Job-Shop 问题与 Open-Shop 问题。根据问题特点，Job-Shop 生产方式要求限定每个待加工工件各自的加工顺序，在其基础上进行约束重构和优化目标重构可以实现 Flow-Shop 及 Open-Shop 问题的建模。例如，在 Job-Shop 问题中统一待加工工件的工序，可得到 Flow-Shop 问题；在 Job-Shop 问题中灵活设定待加工工件的工序，则可以得到 Open-Shop 问题。因此，本研究选择基础 Job-Shop 问题的多目标优化模型作为多阶段生产调度优化问题的可重构原型。

本节以最小化最大完成时间（maximum makespan）与最小化库存成本为目标，介绍 Job-Shop 问题的数学规划描述。该问题具有多种定义形式，本研究采用面向工序的方式进行表述。

问题涉及的集合罗列如下。

$p = \{0, 1, 2, \cdots, o, o+1\}$：工序集，其中，0 表示起始工序，$o$ 表示工序总数，$o+1$ 表示终止工序；

T_i：工序对集合，表示加工工件 i 的工序排序关系约束；

ε_j：工序对集合，表示机器 j 上加工工序的排序关系约束。

问题涉及的参数及变量定义如下。

p_x：工序 x 的加工耗时。

t_x：决策变量，表示工序 x 的启动时间，其中 $t_0 = 0$。

e_i：工件 i 的加工完成时刻。

s_i：工件 i 的单位时间库存成本。

c：总库存成本。

在此基础上，本问题可定义如下。

$$\min [t_{p+1}, c] \tag{12-1}$$

$$\text{s. t. } t_b - t_a \geqslant p_a \ (\forall a, b \in T_i) \tag{12-2}$$

$$t_c - t_d \geqslant p_d \text{ 或 } t_d - t_c \geqslant p_c \ (\forall c, d \in \varepsilon_j; j = 1, \cdots, m) \tag{12-3}$$

$$t_k \geqslant 0 \ (\forall k = 1, \cdots, o) \tag{12-4}$$

$$e_i = t_f + p_f \ [f = T_i(m)] \tag{12-5}$$

$$c = \sum_{i=1}^{n} (t_{p+1} - e_i) s_i \tag{12-6}$$

其中，约束条件（12-2）表示工件 i 的加工工序需满足次序与时间要求；约束条件（12-3）表示机器 j 的加工过程需满足次序与时间要求；约束条件（12-4）表示加工工序的启动时间不小于 0。

利用可重构模型，决策者可以灵活配置各类生产场景，也可以权衡考虑多种优化目标，例如最小化最大延迟时间（maximum lateness）、最小化库存成本、最小化延期惩罚费用等，从而将上述原型重构为所需的模型。

实例二：Flow-Shop 重构优化实验。

本节从最简单的重构情况讲起，即简单的优化目标、简单的调度方法、简单的生产场景。

人们在研究离散生产调度问题时，最常见、最基本的优化目标，是最小化完工时间，或者最小化作业总成本，其目标函数分别如下。

$$T(\widetilde{ss}) = \min T(ss) \tag{12-7}$$

$$C(\widetilde{ss}) = \min C(ss) \tag{12-8}$$

式中，ss 为调度方案；$T(ss)$ 为调度方案的完工时间；$C(ss)$ 为调度方案的总成本。

上述两式分别表示：需要寻找一种调度方案 $\widetilde{ss}$，使 $T(\widetilde{ss})$ 是所有 ss 中最小的 $T(ss)$、使 $C(\widetilde{ss})$ 是所有 ss 中最小的 $C(ss)$。

本节选用最小化完工时间这一目标，并从算法库中调取相应的专家规则进行生产调度。该专家规则采用简单的顺序调度思想，每单位时间依次尝试调用每一台机器加工每个订单的每件产品，并在机器故障时进行维修。

接下来，给这条生产线一组数量巨大的生产订单，以观察其长时间满负荷生产的仿真结果。图 12-6 与图 12-7 是该生产线的不确定性生产调度仿真甘特图。

图 12-6 与图 12-7 中，纵轴坐标 S0M0、S1M0、S2M0 分别表示装配、雕刻、包装三个工段的三台机械臂，横轴坐标表示可重构模型系统的全局时间（秒），$J\text{-}i\,(i\in\mathbb{N}^{+})$ 表示第 i 件被生产的定制产品。生产 $J\text{-}i$ 时，工件需要依次经过 S0M0、S1M0、S2M0，并分别被各机械臂的相应工序操作加工。

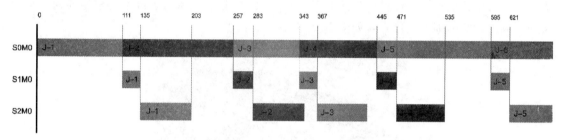

图 12-6　简单 Flow-Shop 场景的不确定性仿真甘特图（生产时间波动）

图 12-7　简单 Flow-Shop 场景的不确定性仿真甘特图（随机设备故障）

在浙江大学智能制造教学工厂玩具生产线中，雕刻机械臂与包装机械臂的生产加工时间较为稳定，经统计分别粗略服从正态分布 $N(25,2^2)$ 与 $N(65,6^2)$；装配机械臂的生产加工时间则波动较大，粗略服从均匀分布 $U(70,180)$，其主要原因是 AnyFeeder 柔性上料机在抖动上料时可能发生较大的随机延误。相应地，在可重构模型系统的不确定性仿真中，S0M0、S1M0、S2M0 加工各个定制产品的时间也会随机波动，其分布函数在模型系统组态时按照上述统计结果进行配置，效果则集中体现在图 12-6 中（例如 S0M0 加工 J-1 耗时 111s，而加工 J-2 耗时 146s）。

由于电气、机械、软件等方面原因，S0M0、S1M0、S2M0 会在运行时随机产生故障。以 S1M0 为例，经统计其故障概率粗略服从韦伯分布，概率密度函数如下：

$$f_X(x;\lambda,k)=\begin{cases}\dfrac{k}{\lambda}\left(\dfrac{x}{k}\right)^{k-1}\exp\left[-(x/\lambda)^k\right], & x\geqslant 0\\[2mm] 0, & x<0\end{cases} \tag{12-9}$$

式中，随机变量 x 代表该机械臂的累计加工量。

本节通过拟合真实的故障统计数据，取比例参数 $\lambda=110$、形状参数 $k=1.5$。

在图12-7中，可重构模型系统全局时间第11521s，S1M0本应开始加工 J-93，但意外发生故障。随后经计划调度智能体安排，维修维护智能体对 S1M0 开展维修，并于第11785s完成修复。从第11786s起，S1M0 开始赶工，满负荷生产积压的加工任务，并于第11884s完成追赶。S1M0 的短暂离线并没有影响上游 S0M0 的正常运转，但改变了下游 S2M0 的生产节奏：该机械臂加工完成 J-92 后开始等待，直到 S1M0 加工完成 J-93 后才复工；此后，S1M0 的连续赶工导致该机械臂任务积压，被迫也进入满负荷运转状态。值得一提的是，倘若 S1M0 发生故障后，由于没有被及时维修或其他原因导致迟迟不能恢复生产，装配库区将被上游 S0M0 加工后的工件装满，进而导致 S0M0 因无处存放工件而被迫停止生产。

我们利用 CoppeliaSim 建立了浙江大学智能制造示范产线的 PCS 层模型，模拟了各个机器设备的运行过程，并通过该软件的 Remote API 将这一模型与本可重构模型连通，从而实现了对生产线的细粒度仿真，如图12-8所示。

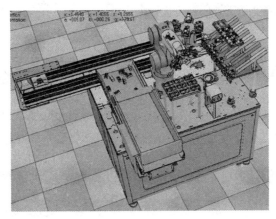

图12-8　基于 CoppeliaSim 的 PCS 层细粒度仿真过程截图

通过这一实验，我们验证了专家规则在 Flow-Shop 场景中的调度效果，同时展示了本模型系统的细粒度仿真过程、内生不确定性仿真能力以及支撑数字孪生体相关研究的潜力。

实例三：Job-Shop 重构优化实验。

机器设备长时间工作，有可能会发生故障，进而导致生产线加工能力下降，并需要通过维修予以解决。在实际中，机器故障常常带来较大损失，而及时维护以避免故障则代价较小。因此，我们在调度时，需要把设备维修维护纳入考量。

在目标函数（12-7）的基础上，实例三将优化目标调整为最小化完工时间与维修维护成本：

$$\mathrm{OBJ}_{\mathrm{re}}(\widetilde{\mathrm{ss}})=\min[T(\mathrm{ss}),C_{\mathrm{rm}}(\mathrm{ss})] \tag{12-10}$$

$$C_{\mathrm{rm}}(\mathrm{ss})=C_{\mathrm{r}}(\mathrm{ss})+C_{\mathrm{m}}(\mathrm{ss}) \tag{12-11}$$

式中，$C_{\mathrm{r}}(\mathrm{ss})$ 为维修成本；$C_{\mathrm{m}}(\mathrm{ss})$ 为维护成本；$C_{\mathrm{rm}}(\mathrm{ss})$ 为维修维护成本；$\mathrm{OBJ}_{\mathrm{re}}(\widetilde{\mathrm{ss}})$ 表示优化目标为需要寻找一种调度方案 $\widetilde{\mathrm{ss}}$，使 $[T(\widetilde{\mathrm{ss}}),C_{\mathrm{rm}}(\widetilde{\mathrm{ss}})]$ 在所有 $[T(\mathrm{ss}),C_{\mathrm{rm}}(\mathrm{ss})]$ 中最小。

为了挑战更复杂的调度问题，本研究利用模型的可重构能力，把生产场景拓展到 Job-

式中，ss 为调度方案；$T(\mathrm{ss})$ 为调度方案的完工时间；$C(\mathrm{ss})$ 为调度方案的总成本。

上述两式分别表示：需要寻找一种调度方案 $\widetilde{\mathrm{ss}}$，使 $T(\widetilde{\mathrm{ss}})$ 是所有 ss 中最小的 $T(\mathrm{ss})$、使 $C(\widetilde{\mathrm{ss}})$ 是所有 ss 中最小的 $C(\mathrm{ss})$。

本节选用最小化完工时间这一目标，并从算法库中调取相应的专家规则进行生产调度。该专家规则采用简单的顺序调度思想，每单位时间依次尝试调用每一台机器加工每个订单的每件产品，并在机器故障时进行维修。

接下来，给这条生产线一组数量巨大的生产订单，以观察其长时间满负荷生产的仿真结果。图 12-6 与图 12-7 是该生产线的不确定性生产调度仿真甘特图。

图 12-6 与图 12-7 中，纵轴坐标 S0M0、S1M0、S2M0 分别表示装配、雕刻、包装三个工段的三台机械臂，横轴坐标表示可重构模型系统的全局时间（秒），$\mathrm{J}\text{-}i\,(i\in\mathbb{N}^+)$ 表示第 i 件被生产的定制产品。生产 $\mathrm{J}\text{-}i$ 时，工件需要依次经过 S0M0、S1M0、S2M0，并分别被各机械臂的相应工序操作加工。

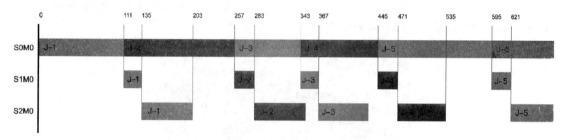

图 12-6　简单 Flow-Shop 场景的不确定性仿真甘特图（生产时间波动）

图 12-7　简单 Flow-Shop 场景的不确定性仿真甘特图（随机设备故障）

在浙江大学智能制造教学工厂玩具生产线中，雕刻机械臂与包装机械臂的生产加工时间较为稳定，经统计分别粗略服从正态分布 $N(25,2^2)$ 与 $N(65,6^2)$；装配机械臂的生产加工时间则波动较大，粗略服从均匀分布 $U(70,180)$，其主要原因是 AnyFeeder 柔性上料机在抖动上料时可能发生较大的随机延误。相应地，在可重构模型系统的不确定性仿真中，S0M0、S1M0、S2M0 加工各个定制产品的时间也会随机波动，其分布函数在模型系统组态时按照上述统计结果进行配置，效果则集中体现在图 12-6 中（例如 S0M0 加工 J-1 耗时 111s，而加工 J-2 耗时 146s）。

由于电气、机械、软件等方面原因，S0M0、S1M0、S2M0 会在运行时随机产生故障。以 S1M0 为例，经统计其故障概率粗略服从韦伯分布，概率密度函数如下：

$$f_X(x;\lambda,k)=\begin{cases}\dfrac{k}{\lambda}\left(\dfrac{x}{k}\right)^{k-1}\exp\left[-(x/\lambda)^k\right], & x\geqslant 0\\[2mm] 0, & x<0\end{cases} \tag{12-9}$$

式中，随机变量 x 代表该机械臂的累计加工量。

本节通过拟合真实的故障统计数据，取比例参数 $\lambda=110$、形状参数 $k=1.5$。

在图 12-7 中，可重构模型系统全局时间第 11521s，S1M0 本应开始加工 J-93，但意外发生故障。随后经计划调度智能体安排，维修维护智能体对 S1M0 开展维修，并于第 11785s 完成修复。从第 11786s 起，S1M0 开始赶工，满负荷生产积压的加工任务，并于第 11884s 完成追赶。S1M0 的短暂离线并没有影响上游 S0M0 的正常运转，但改变了下游 S2M0 的生产节奏：该机械臂加工完成 J-92 后开始等待，直到 S1M0 加工完成 J-93 后才复工；此后，S1M0 的连续赶工导致该机械臂任务积压，被迫也进入满负荷运转状态。值得一提的是，倘若 S1M0 发生故障后，由于没有被及时维修或其他原因导致迟迟不能恢复生产，装配库区将被上游 S0M0 加工后的工件装满，进而导致 S0M0 因无处存放工件而被迫停止生产。

我们利用 CoppeliaSim 建立了浙江大学智能制造示范产线的 PCS 层模型，模拟了各个机器设备的运行过程，并通过该软件的 Remote API 将这一模型与本可重构模型连通，从而实现了对生产线的细粒度仿真，如图 12-8 所示。

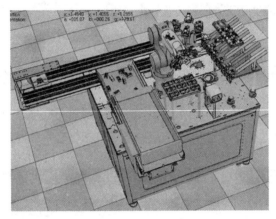

图 12-8 基于 CoppeliaSim 的 PCS 层细粒度仿真过程截图

通过这一实验，我们验证了专家规则在 Flow-Shop 场景中的调度效果，同时展示了本模型系统的细粒度仿真过程、内生不确定性仿真能力以及支撑数字孪生体相关研究的潜力。

实例三：Job-Shop 重构优化实验。

机器设备长时间工作，有可能会发生故障，进而导致生产线加工能力下降，并需要通过维修予以解决。在实际中，机器故障常常带来较大损失，而及时维护以避免故障则代价较小。因此，我们在调度时，需要把设备维修维护纳入考量。

在目标函数（12-7）的基础上，实例三将优化目标调整为最小化完工时间与维修维护成本：

$$\text{OBJ}_{\text{re}}(\widetilde{\text{ss}})=\min\left[T(\text{ss}),C_{\text{rm}}(\text{ss})\right] \tag{12-10}$$

$$C_{\text{rm}}(\text{ss})=C_{\text{r}}(\text{ss})+C_{\text{m}}(\text{ss}) \tag{12-11}$$

式中，$C_{\text{r}}(\text{ss})$ 为维修成本；$C_{\text{m}}(\text{ss})$ 为维护成本；$C_{\text{rm}}(\text{ss})$ 为维修维护成本；$\text{OBJ}_{\text{re}}(\widetilde{\text{ss}})$ 表示优化目标为需要寻找一种调度方案 $\widetilde{\text{ss}}$，使 $[T(\widetilde{\text{ss}}),C_{\text{rm}}(\widetilde{\text{ss}})]$ 在所有 $[T(\text{ss}),C_{\text{rm}}(\text{ss})]$ 中最小。

为了挑战更复杂的调度问题，本研究利用模型的可重构能力，把生产场景拓展到 Job-

Shop 领域，创建出具有 15 个工段、每个工段 1 台机器、故障概率服从韦伯分布的生产线，并定义了 20 个具有不同加工路线的产品。特别地，配置维修维护方案时，各类故障的维修费均被设置为设备维护费的 10 倍以上。针对以上场景，本研究从算法库中选取相应的粒子群优化算法，以便在预调度与重调度时求取 Pareto 最优解。在进行其他适当的配置后，模型系统通过仿真得出结果，如图 12-9 所示。

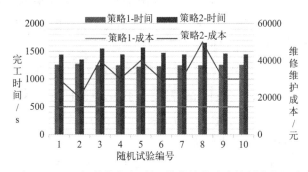

图 12-9　面向 Job-Shop 场景的完工时间-维修维护成本协同优化调度仿真结果

图 12-9 中，横轴坐标代表上述 Job-Shop 生产场景的 10 次调度仿真实验，以期展示相同配置下不同的随机实验结果；左侧纵轴代表全部订单的最后完工时间（s），对应的实验数据用条形图绘制；右侧纵轴代表生产全部订单所耗费的维修维护成本，对应的实验数据用折线图绘制。左右两条纵轴合在一起，即代表了式（12-10）所述的多目标优化仿真结果。

使用粒子群优化算法求解时，设定了两种不同的约束条件，从而得出了两种对应的调度策略。策略 1 表示，计划调度智能体既可以选择令维修维护智能体对某个生产制造智能体进行维修，也可以选择开展维护；策略 2 表示，计划调度智能体仅可以选择令维修维护智能体对某个生产制造智能体进行维修，而不可以选择开展维护。

不出意料，既可维修又可维护的策略 1 显著优于仅可维修不可维护的策略 2。从完工时间的角度看，策略 1 稳定于（1250±30）s，策略 2 则在区间(1300，1700)内波动；从维修维护成本的角度看，策略 1 稳定于 15000 元，策略 2 则在区间(30000，50000)内波动。

仅就策略 1 而言，由于及时维护，10 次随机实验中全厂均没有机器设备发生故障，因而其完工时间与维修维护成本较为稳定。也就是说，完工时间的小幅波动，源自机器设备生产时间的随机变动，生产全程未被故障事件所延误；而 10 次随机实验中维修维护成本全部一致，仅由同样次数的维护操作带来的成本构成，维修成本皆为 0。

仅就策略 2 而言，由于不进行维护，每次随机实验中全厂均有若干机器设备发生故障，且每次实验的总故障次数会随机变动，最终导致其完工时间与维修维护成本大幅波动，结果明显不及策略 1。纵观 10 次随机实验，该策略在第 2 次实验中表现最好，在第 8 次实验中表现最差，其余实验结果位居其间。这是由于在随机条件下，第 2 次实验中机器设备发生的故障总数最少，而第 8 次实验中机器设备发生的故障总数最多，其余实验的故障总数介于其间导致的。

通过这一实验，我们测试了启发式方法在 Job-Shop 场景中求解多目标调度优化问题的能力，比较了不同约束条件下的优化仿真结果并简单进行了分析，同时演示了本模型系统的相关可重构特性。

实例四：Open-Shop 重构优化实验。

为了进一步介绍本模型系统多方面的调度求解与仿真能力兼验证测试其他多目标优化算

法，将在式（12-7）与式（12-8）的基础上引入两种新的目标函数，然后组态出一种 Open-Shop 生产场景，进而提出本节的调度命题并优化求解。

首先，两种多目标优化的目标函数如下：

$$\mathrm{OBJ}_{c|t}(\widetilde{ss}) = \min C(ss) \mid \min T(ss) \tag{12-12}$$

式中，$\mathrm{OBJ}_{c|t}(\widetilde{ss})$ 表示优化目标为需要寻找一种调度方案 $\widetilde{ss}$，使在满足前提条件"$T(\widetilde{ss})$ 在所有 $T(ss)$ 中最小"下，达到"$C(\widetilde{ss})$ 在所有 $C(ss)$ 中最小"这一目的。以下将这一目标称为"最短时间-最低成本协同优化"。

$$\mathrm{OBJ}_{t|c}(\widetilde{ss}) = \min T(ss) \mid \min C(ss) \tag{12-13}$$

式中，$\mathrm{OBJ}_{t|c}(\widetilde{ss})$ 表示优化目标为需要寻找一种调度方案 $\widetilde{ss}$，使在满足前提条件"$C(\widetilde{ss})$ 在所有 $C(ss)$ 中最小"下，达到"$T(\widetilde{ss})$ 在所有 $T(ss)$ 中最小"这一目的。以下将这一目标称为"最低成本-最短时间协同优化"。

$$C(ss) = C_{ma}(ss) + C_{pr}(ss) + C_{rm}(ss) + C_{st}(ss) + C_{de}(ss) \tag{12-14}$$

式中，$C(ss)$ 为总成本；$C_{ma}(ss)$ 为原料采购成本；$C_{pr}(ss)$ 为生产加工成本；$C_{st}(ss)$ 为仓储库存成本；$C_{de}(ss)$ 为延期惩罚。

接下来，继续改变生产线结构，建立起 Open-Shop 生产场景：产线由 4 个工段组成，其中 0 号工段拥有 3 台性能不同的并行机，其余工段各拥有 1 台机器；在 0 时刻有 2 个订单到达，其中一个订单需要定制 3 件 A 产品，另一个订单需要定制 2 件 B 产品；A 产品仅需要经由 0、1、2 号工段加工，B 产品则需要经由所有工段加工，两种产品均可采用灵活的加工顺序进行生产，不限定通过相关工段的顺序。

在上述生产场景中，针对式(12-12) 与式(12-13) 所设目标，我们从算法库中分别调取相应的分支定界算法，仿真优化调度过程并验证调度方案，结果如图 12-10 与图 12-11 所示。

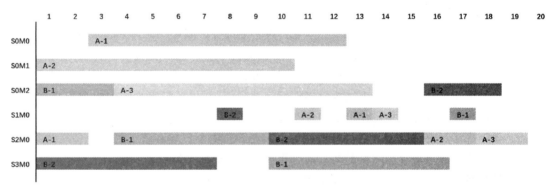

图 12-10　带有并行机的 Open-Shop 最短时间-最低成本协同优化调度甘特图

图 12-10 与图 12-11 中，纵轴坐标 S0M0、S0M1、S0M2 分别表示 0 号工段的三台并行机，S1M0、S2M0、S3M0 分别表示其余工段各自的机器；横轴坐标表示可重构模型系统的全局时间，单位为分钟。A-i（$i \in \{1, 2, 3\}$）表示第 i 件 A 产品，B-j（$j \in \{1, 2\}$）表示第 j 件 B 产品。

对比这两张甘特图，0 号工段的调度结果颇引人注目：一方面，图 12-10 中 A 产品在该工段的加工任务被平均分摊给了 S0M0、S0M1、S0M2，而图 12-11 中 S0M0 加工了 2 件 A，

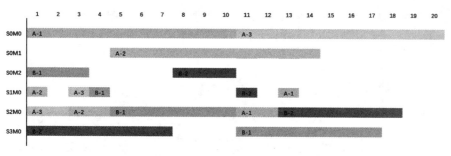

图 12-11 带有并行机的 Open-Shop 最低成本-最短时间协同优化调度甘特图

S0M1 加工了 1 件 A，S0M2 没有加工 A；另一方面，两张图中所有 B 产品在该工段的加工任务均被分配给 S0M2 机器。究其原因，乃是我们在组态模型系统时，设定 S0M0 与 S0M1 加工 A 产品的成本相等且小于 S0M2，而 S0M2 加工 B 产品的成本小于 S0M0 与 S0M1。因此，针对 A 产品，"最短时间-最低成本协同优化"优先考虑缩短时间，把任务平均分摊以缩短完工时间；而"最低成本-最短时间协同优化"则对成本敏感，没有令 S0M2 加工 A，降低了总成本，但是完工时间比前者多出了 1min。针对 B 产品，由于 S0M2 的生产负荷不重、有足够时间进行腾挪，因此两种优化方案均选择了这台能够低成本加工 B 的机器承担全部任务。

此外，我们可以从图中观察到，在优化调度方案时，求解算法灵活安排了每件产品各自经过相关工段的顺序（例如图 12-10 中 A-1 先后经过了 S2M0、S0M0、S1M0，而 A-2 先后经过了 S0M0、S0M1、S0M2），这种无序性是 Open-Shop 有别于 Job-Shop 与 Flow-Shop 的关键特征之一。

通过这一实验，我们测试了运筹学算法在 Open-Shop 场景中求解多目标调度优化问题的能力，比较了不同优化目标下的调度方案异同并简单开展了讨论，同时进一步挖掘、利用了本模型系统的可重构能力。

12.7 生产调度算法可重构实例分析

本节基于前述智能制造示范产线实例，开展调度算法性能评价比较及超参数调优，以演示本模型的优化算法可重构特性与高性能计算功能。

实例一：调度算法性能评价与比较。

在生产调度算法的研发过程中，人们往往需要将不同的算法放在同样的环境中进行评价、比较，从而明确其效用、认识其优劣，以作为筛选使用或调整改进的依据。

面向这一实际需求，将前面所构造的 Flow-Shop 场景进行扩展与集成，创建出符合图 12-10 且复杂度更高的生产线实例，并为其加入多种内生与外生不确定因素，以期在智能空间重构出浙江大学智能制造示范产线的升级强化版本，从而拓展该生产线的应用价值，深挖其调度算法研究潜力。

具体而言，先组态起一条具有装配、雕刻、包装三个工段的生产线，且各个工段分别配备 5 台、10 台、3 台相应机器设备，每台机器设备具有不同的加工时间模型、生产成本模型及故障概率模型；同时生成 O_1、O_2、O_3、O_4、O_5 五组不同的订单组合，每组订单组合均由多个不同需求且不同时刻到达的定制订单构成，这一生产场景，以下记为 FS1。

在 FS1 的基础上，我们以最小化总成本为目标设计了多种调度算法，并集成到本模型系统的优化算法库中，然后将这些算法进行仿真评价，以定量比较其性能，结果如图 12-12 所示。

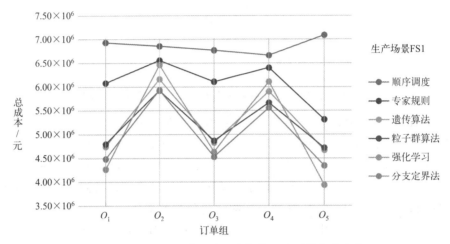

图 12-12　六种调度算法在生产场景 FS1 下的仿真比较

为了进一步探索各个算法的泛化能力以及面对不同生产场景时的性能表现，我们修改 FS1 当中每台机器设备的模型参数，从而衍生出生产场景 FS2，并在不调整算法的情况下利用 FS2 仿真比较各个调度算法，结果如图 12-13 所示。

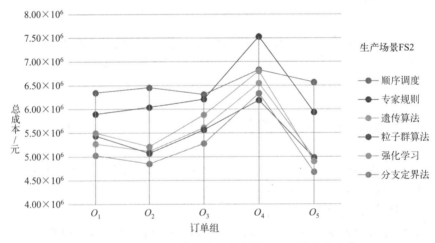

图 12-13　六种调度算法在生产场景 FS2 下的仿真比较

在这两张图中，朴素的顺序调度方法可以视为其他算法的比较基准。

以图 12-12 为例，从总成本的角度看，多种算法均提升了调度性能，其中运筹学算法（分支定界法）与机器学习算法（强化学习）总体成效较大，启发式方法（遗传算法）次之，专家规则的成效较小。值得注意的是，分支定界法并不总是最佳算法，这是因为本问题复杂度较高，为了在有限时间内求得可行解，该算法实际上并未遍历全部分支，求出的并不是全局最优解，也就有可能被其他算法超越；这也意味着，倘若进一步限制求解时间，分支定界法完全可能效果更差。从订单的角度看，各个算法在 O_1、O_3、O_5 上取得了较为显著的提升效果，而在 O_2、O_4 上则提升效果相对较小。此外，对不同的订单，各算法的性能排序不尽相同，说明不同算法具有各自擅长求解的问题。

将图 12-13 与图 12-12 相比，不难发现诸多算法基本都有较好的泛化能力。其中，各个算法在 O_4 上表现最差，特别是专家规则的总成本已经高于比较基准。究其原因，当 FS2 场景生产 O_4 订单时，产线总体运转负荷显著高于其他情况，多方面条件较为极端，最终导致各类算法面对这一特殊情况不似其他情形那样有效。另外，强化学习在这一场景中，排位明显有所落后，说明该算法在设计时需要进一步考虑泛化问题。

通过这一实验，我们展示了本模型系统在评价比较各类调度算法方面的功能与作用，同时丰富了浙江大学智能制造教学工厂生产线的价值创造场景，拓展了该生产线在生产调度领域的应用。

实例二：调度算法超参数调优。

在机器学习领域，超参数（hyperparameter）是一类用于控制学习过程的参数，需要在训练模型之前就进行设定，但调参操作往往缺少理论指导。在很长的历史时期中，学习模型的超参数都是由研究人员凭经验手工设定的；后来，业界涌现出很多利用启发式方法搜寻超参数的研究；近些年，人们把超参调优问题归入自动机器学习（AutoML）的研究范畴，并提出了贝叶斯优化、多保真度优化等调参方法。

实际上，在机器学习领域之外，有很多数学模型都面临着类似的"超参数调优"问题。例如控制领域大名鼎鼎的 PID 算法，其整定参数的过程就常依赖相关的工程经验。本实例将超参数这一概念引入生产调度领域，并聚焦于各类调度算法的"超参数调优"问题。

如上所述，超参数调优虽缺少理论指导，但是人们已经提出了一些行之有效的调参方法。若要将这些方法应用到生产调度优化模型调参中来，首先要解决的问题是，如何根据需要批量自动获取由模型超参数与对应调度结果所构成的样本数据，以供调参模型进行搜索或学习。

对于物理空间的生产线而言，这是一件颇为耗时费力的工作，且有可能产生巨大的生产成本。然而，对于本可重构模型系统而言，这恰恰是一项轻车熟路的任务，只要根据需求重构出相应的生产场景，并不断通过仿真获取随机或指定超参数配置下的生产调度测试结果，即可为调参方法提供所需样本。这一过程中，可重构模型的分布式并行计算功能将大放异彩，可显著加速整个计算过程。

为了方便叙述，本实例将采用超参数调优方法中最基础的网格搜索法，寻找 Job-Shop 场景中以最小化完工时间为目标的遗传算法模型的优化参数配置。

我们利用本模型系统重构出 5 个不同规模的 Job-Shop 生产场景，并按从简单到复杂的顺序依次记为 JS1、JS2、JS3、JS4、JS5。针对每一个生产场景，我们将分别搜索其优化参数配置，过程如下：首先，将遗传算法视为一个黑箱，仅关注它的输入，即 3 个超参数；对每个超参数，我们在其可行域内均匀地取 10 个网格格点；求出这 3 个超参数格点向量的笛卡儿乘积，即一个 1000 维的超参数组合向量，该向量的每个元素都是由 3 个超参数取值构成的"黑箱输入"；利用本模型系统，分别计算这 1000 组超参数配置下的生产调度仿真结果，也就是 1000 组"黑箱输出"；从输出中选取性能最好的超参数配置，作为该场景超参数调优取值。

上述 5 个生产场景的超参数网格搜索结果，分别如图 12-14～图 12-18 所示。这里每张图都包含左、中、右三张热图，其横轴分别表示 3 个超参数在网格搜索中的 10 个取值格点，纵轴分别表示除横轴超参数外的另两个超参数取值格点的笛卡儿乘积，热图色块越红表示完工时间越长，越蓝则完工时间越短。这意味着左、中、右三张热图在数学上是等价的，是同一组实验数据的不同呈现形式，分别突出了相应横轴超参数与搜索结果间的关系。

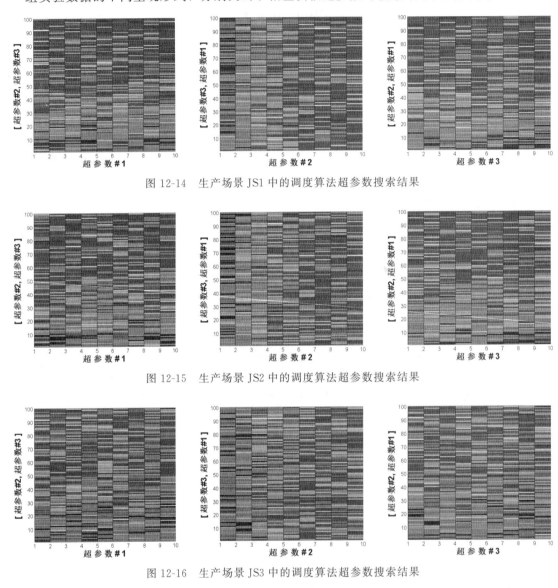

图 12-14　生产场景 JS1 中的调度算法超参数搜索结果

图 12-15　生产场景 JS2 中的调度算法超参数搜索结果

图 12-16　生产场景 JS3 中的调度算法超参数搜索结果

图 12-17　生产场景 JS4 中的调度算法超参数搜索结果

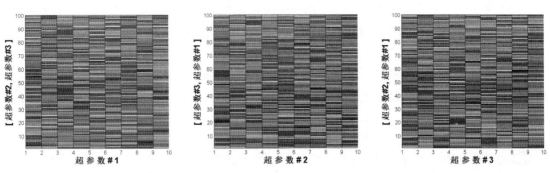

图 12-18　生产场景 JS5 中的调度算法超参数搜索结果

如果仅是为了快速获取超参数的最佳实践取值，那么只要选取完工时间最短的超参数配置即可。如果对超参数与调度结果间的关系感兴趣，可以进一步分析这五张搜索结果图。

首先，让我们观察图 12-14。在横轴方向上，仅中间热图显示出从左至右由蓝到红的迹象，而左右热图并无明显变化趋势。这意味着，仅第 2 个超参数显著影响了搜索结果，其取值格点编号越小，完工时间越短；而第 1、3 个超参数在宏观上对搜索结果影响不大；从图中未观察到各个超参数间明显的协变效应，即各个超参数对搜索结果的影响可以视作是独立的。如果我们将格点设置得更加密集，也许会发现局部区域存在不同的变化规律，进而做出更加精细的判断。

接下来，让我们纵向对比 5 组搜索结果。图 12-15～图 12-17 表现出了与图 12-14 类似的变化规律，即我们针对 JS1 的分析判断也适用于 JS2、JS3、JS4；但同时，这三张图的红色与蓝色部分都在减少，也就是说，上述趋势随着场景的复杂化而不断减弱，第 2 个超参数对调度仿真结果的影响在不断减小。在图 12-18 中，我们已经观察不到颜色的趋势性变化了，意味着 JS5 场景下超参数的调整在宏观上对调度仿真结果没有方向性改变；但在微观上，局部区域仍存在超参数配置的最佳实践取值。

为什么随着场景复杂度提升，超参数取值对调度仿真结果影响越来越小呢？实际上，离散生产调度的搜索空间往往较大，且会随着场景的复杂化而快速增加。各类调度算法在设计时，均需要考虑计算时间，避免陷入 NP-Hard 问题。所以在以上案例中，遗传算法的搜索广度（初始种群）与深度（遗传代数）被设置在有限范围内。当生产场景复杂度提升时，调度方案的可行域大幅增加了，而搜索域却不增加，从而导致调整超参数对提升搜索结果的效用不断下降。这里如果我们把搜索广度与深度也视为超参数的话，那么其实上述实验并没有探索两者对调度仿真结果的影响，而是直接将其设定为一个鲁棒的经验值，以确保算法的可用性。

此外，关于这 5 组实验的计算时间，统计结果如下：①在 1 台配备了 Intel Xeon E5-1620 的工作站上，以单线程的方式进行运算，共需要 1116 余小时；②在 7 台分别安装了 Ubuntu、Windows Server 2016、Windows Server 2008 等操作系统的服务器上，利用 200 个 CPU 线程，发挥本模型系统的跨平台负载均衡分布式并行计算特长，完成搜索任务仅需不到 6 小时。

通过这一实验，我们讨论了本模型系统在调度算法调优问题上的应用价值，介绍了其自动搜寻超参数最佳实践取值的过程，定性观察了超参数与调度仿真结果间的变化关系，定量评测了本系统的高性能计算服务并取得了令人满意的成效。

12.8   基于可重构模型的调度算法推荐实例分析

本节将利用深度学习算法，建立一种基于特征域交互的生产调度算法推荐模型，并构造其离线训练与在线学习机制；然后使可重构模型集成这一功能，从而向用户提供调度算法推荐服务。

互联网行业流行的点击率预估模型是一种根据用户、商品等数据特征预测用户是否会点击商品的模型。由于点击率预估场景中的数据特征大多对应多种类别，而离散特征之间又存在稀疏性的情况，因此如何更好地建模特征进行预测是点击率预估模型关注的重点。

这种在电商、广告行业广受重视的人工智能模型，恰巧对本研究所在领域的问题甚有帮助：当我们把生产线信息与客户定制订单（以下统称为生产场景）视为点击率预估模型中的用户、把生产调度优化算法视为该模型中的商品，那么我们所面临的向生产场景推荐优化算法的问题，就转化成了向用户推荐商品的问题；不仅如此，本研究中调度算法推荐模型所面临的重要挑战，也就是如何快速有效地处理稀疏的离散特征，也与点击率预估模型本身所要解决的问题相匹配。

它山之石可以攻玉。本节将利用这一模型的思想，解决调度算法推荐服务的相关问题。

较早期的点击率预估研究，是利用逻辑回归（logistic regression，LR）建立模型，但LR 模型只能从输入特征中提取线性信息，研究者需要提前通过特征工程对输入特征进行交互从而建立输入特征与预测目标之间的非线性关系，因此局限性较大。

后来，因子分解机（factorization machine，FM）尝试通过自动学习实现特征交互，具体方法是使特征之间两两进行内积交互，来建立特征之间的二阶交互关系；域感知的因子分解机（field-aware factorization machine，FFM）在 FM 的基础上进一步扩展，将相同类型的特征划归于同一个域，且每个特征在每个域中都对应一个隐向量，这样使特征交互不仅与特征本身相关，也与特征所在的域相关。

随着深度学习在诸多领域取得成功，陆续有人尝试利用该技术建模特征交互进而开展用户表现预测。FNN（factorization-machine supported neural network）用 FM 模型学习特征向量表示，再将预训练后的向量表征通过神经网络进行训练，最终实现用户表现预测。PNN（product-based neural networks）考虑到普通的神经网络难以拟合特定的数据交互模式，故利用乘积层来指定建模特征之间的交互关系。Wide & Deep 模型设计了同时基于宽度和深度建模的模型框架，其中宽度部分利用 LR 实现，深度部分利用神经网络实现，使模型同时具有记忆和泛化的功能。由于 Wide & Deep 模型中的宽度部分依然需要人力开展特征工程，DeepFM 对其做出了进一步改进，将 Wide & Deep 的宽度部分利用 FM 进行实现，并在 FM 和 DNN 之间进行参数共享。

实例一：高维稀疏特征交互。

如前所述，离散生产调度问题具有多种细分种类，但其目的无外乎合理分配车间的机器设备 $M = \{M_1, M_2, \cdots, M_m\}$，对工件 $J = \{J_1, J_2, \cdots, J_n\}$ 进行加工，以使车间能多快好省地完成订单生产工作。

本节只关注最小化作业总成本这一目标，并引入订单集合 $O = \{O_1, O_2, \cdots, O_s\}$，其中每个订单包含若干需要加工的产品，即前面所述的工件。任意订单中的每件产品均需经由一系列有序或无序的工艺进行加工，每种工艺需要由特定工段的机器设备进行处理。当机器设备开始加工一件工件后，在相应工序完成之前，该机器处于占用状态，不能执行新的加工任务。

受生产线复杂度、订单复杂度、维修维护复杂度等因素的影响，生产调度问题常常是一个 NP-Hard 问题。目前我们已有诸多不同种类的算法能够求解生产调度问题，从而制定出总成本最低或较低的调度方案，例如运筹学的分支定界法、机器学习中的强化学习、启发式方法中的遗传算法以及精益生产管理领域的专家规则等。这些求解算法 $A = \{A_1, A_2, \cdots, A_w\}$ 中，不同算法在不同应用场景中的性能表现不同。如何根据应用场景特征选择最合适的算法进行求解，是本节研究的主要问题。

本研究提出一种基于特征域交互的生产调度算法推荐模型，这一模型利用深度学习算法，对生产线信息、客户定制订单等影响调度决策的因素同调度算法一起进行特征交互，以预测与调度算法优化求得的总成本负相关的评价值 $y \in [0, +\infty]$，进而根据评价值排序实现调度算法优选推荐。这一模型的框架如图 12-19 所示。

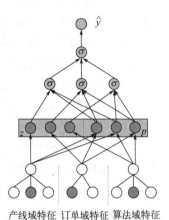

图 12-19 中有以下领域的特征参与了模型训练。

① 产线域特征。主要包含机器设备信息等各类与生产线相关的特征。具体涵盖了工段数量，每个工段对应的机器数量，以及每台机器对应的性能参数、生产成本、维护成本等。

② 订单域特征。主要包含与客户定制订单相关的特征。具体涵盖了订单数量，以及每个订单对应的到来时间、产品种类、产品数量、交付时间、延期惩罚成本等。

图 12-19　基于特征域交互的
生产调度算法推荐模型

③ 算法域特征。主要包含与算法相关的特征，这里取不同算法的通用唯一识别码。

产线域和订单域中都有多种特征，不同特征对生产线复杂度、订单复杂度、维修维护复杂度等问题的表征有不同的侧重，全体特征具有高维稀疏的特点。

为了便于计算，本研究对产线域和订单域的各个特征做出如下处理：如果某种特征属于离散特征，则将其对应的每个特征值进行编码，并将其映射为 one-hot 向量形式进行表征；如果为连续特征，则使用一个标量来代表该特征。

为了便于描述，本研究用 $m_i (\forall i \in \{1, \cdots, n_m\})$ 和用 $o_i (\forall i \in \{1, \cdots, n_o\})$ 分别表示产线域和订单域中第 i 个域特征。针对算法特征，我们定义一个嵌入矩阵 $E_a \in \mathbb{R}^{|A| \times d}$ 以存储不同算法对应的嵌入表示，其中，d 为所有特征的向量表示大小。当需要获取算法特征对应的表示时，可以直接通过索引矩阵对应的向量行得到，我们用 a 表示索引到的算法特征。此外，本研究用 $w_i (\forall i \in \{1, \cdots, n_m + m_o + 1\})$ 统一表示产线域、订单域和算法域各自不同域特征所对应的权重。

在产线域和订单域等特征域中，每条训练样本对应着特征域中的一个值。不同域之间，特征值的组合（例如对机器数量多而订单少和机器数量少而订单多的样本特征进行组合）不仅会影响最优调度算法的选择与排序，而且组合操作对计算复杂度的要求也不同。因此，我们面向特征域，对产线、订单和算法中的不同特征进行交互。利用简单的因子分解模型，我们可以将特征交互建模为

$$\hat{y}_{\mathrm{FM}} = \sum_{i=1}^{n_m+n_o+1} w_i + \sum_{i=1}^{n_m}\sum_{j=1}^{n_o} \langle \boldsymbol{m}_i, \boldsymbol{o}_j \rangle +$$

$$\sum_{i=1}^{n_m} \langle \boldsymbol{m}_i, \boldsymbol{a} \rangle + \sum_{i=1}^{n_o} \langle \boldsymbol{m}_i, \boldsymbol{a} \rangle + b \tag{12-15}$$

然而，通过这种方式进行特征交互，在进行梯度回传更新向量表示时，产线域、订单域、算法域中特征的表示都会受到不同域的向量表示的影响，这与我们期许的每个向量学习独立的表示相冲突。

一种学习独立的向量表示方式：使用与其他域进行交互的 n_f 个不同的隐向量对每个特征域的特征值进行学习，其中 n_f 是除该特征域之外的特征域数目。但由于特征值数量大，这样会引起参数爆炸。为了同时满足学习向量独立表示和控制参数数目，我们利用核空间映射将不同域的特征值映射到核空间进行交互。

受到 PNN 启发，由于神经网络具有深度建模能力，我们可以利用神经网络设计乘积交互层以进行空间映射，从而学习不同域特征的交互表示。特别地，同一域内不同特征的交互能够帮助我们更好地建模该类别信息。例如，产线域中每个工段的机器数量与每台机器的性能参数共同影响了总体生产效率与成本，而且这种影响在很多生产场景中是非线性的、有交叉效应的。因此，本研究对同一域内不同特征也进行交互，以建立该域内的特征复杂度模型。为了方便表示，令 $n = n_m + n_o + 1$，通过索引向量矩阵得到的不同域特征的稠密表征，设为 v_i ($i \in \{1, 2, \cdots, n\}$)，用 $\boldsymbol{V}$ 表示线性信息矩阵，用 $\boldsymbol{P}$ 表示两两交互得到的二阶信息矩阵，则有：

$$\boldsymbol{V} = (\boldsymbol{v_1}, \boldsymbol{v_2}, \cdots, \boldsymbol{v_n}) \tag{12-16}$$

$$\boldsymbol{P} = [p_{ij}] \in \mathbb{R}^{n \times n} \tag{12-17}$$

式中，$p_{ij} = g(\boldsymbol{v}_i, \boldsymbol{v}_j)$ 为成对的特征交互，其实现方式有多种，例如内积、外积或神经网络等。

本研究采用内积方式计算特征之间的交互，即 $g(\boldsymbol{v}_i, \boldsymbol{v}_j) = \langle \boldsymbol{v}_i, \boldsymbol{v}_j \rangle$。

如图 12-19 所示，通过权重矩阵 $\boldsymbol{W}_{\mathrm{v}}^{(k)}$ 和 $\boldsymbol{W}_{\mathrm{p}}^{(k)}$ 分别将特征信息与交互信息进行映射，我们可以得到乘积层的映射向量 $\boldsymbol{L}_{\mathrm{v}}$ 和 $\boldsymbol{L}_{\mathrm{p}}$：

$$L_{\mathrm{v}}^{(k)} = \boldsymbol{W}_{\mathrm{v}}^{(k)} \odot \boldsymbol{V} = \sum_{i=1}^{n}\sum_{j=1}^{d} [w_{\mathrm{v}}^{(k)}]_{ij} v_{ij} \tag{12-18}$$

$$L_{\mathrm{p}}^{(k)} = \boldsymbol{W}_{\mathrm{p}}^{(k)} \odot \boldsymbol{P} = \sum_{i=1}^{n}\sum_{j=1}^{n} [w_{\mathrm{p}}^{(k)}]_{ij} p_{ij} \tag{12-19}$$

式中，$k \in [1, \cdots, d_t]$，k 和 d_t 分别为映射向量 $\boldsymbol{L}_{\mathrm{v}}$ 和 $\boldsymbol{L}_{\mathrm{p}}$ 的维度，$\odot$ 表示左右两个矩阵按位乘积并求和得到标量的操作。最后，我们可以将映射特征向量和交互向量拼接起来，并通过非线性变换得到最终预测：

$$\hat{y} = \sigma(\boldsymbol{W}([\boldsymbol{l}_{\mathrm{v}}, \boldsymbol{l}_{\mathrm{p}}]) + b) \tag{12-20}$$

式中，σ 为 ReLU 激活函数，定义为 $\mathrm{Relu}(x) = \max(0, x)$；$\boldsymbol{W}$ 和 b 为线性层的权重和偏置；$[,]$ 为向量拼接。

实例二：离线训练。

为了建立起调度算法推荐模型，本研究需要先对模型参数进行离线训练。

在离线训练样本集中，每个样本由 〈产线域特征，订单域特征，算法域特征，调度结果评价值〉组成，其含义为：使用特定的生产线处理指定的客户定制订单时，利用给定的调度算法优化相应的调度任务，并对调度结果进行评价，从而得出定量的评价值。

生产调度有多种优化目标——以总成本为例，该值越低，意味着调度结果越优秀。此时，我们可以取总成本的倒数作为调度结果评价值 y，对 y 从大到小排序，就得到了调度算法效果的优选推荐排序。特别地，当样本生产场景对于样本调度算法而言是 NP-Hard 问题时，调度算法无法在有限时间内求解出调度方案，总成本可视为无穷大，即 $y = 0$。

本研究通过最小化特征交互预测值 $\hat{y}$ 与样本算法真实评价值 y 之间的平均绝对误差（mean absolute error，MAE）实现推荐模型参数的更新。具体而言，在离线数据上训练推荐模型时，损失函数定义如下：

$$L = \frac{1}{s} \sum_{i=1}^{s} |y_i - \hat{y_l}| \tag{12-21}$$

式中，s 为一组批数据中的样本数量。

利用这一损失函数，训练过程如下：首先对需要训练的模型参数进行随机初始化，然后通过批量梯度下降遍历离线训练数据，即每次批量学习部分样本直到完成全部样本的学习，以更新所训练的模型参数。本研究将待训练的所有模型参数记为 Θ，那么更新参数 Θ 的过程可以用伪代码的形式表示，如表 12-1 所示。

表 12-1　离线训练调度算法推荐模型的伪代码

算法	离线训练模型参数
	Input：Training Dataset D，Batch Size s，Learning Rate α
	Output：Model parameters Θ
1	Randomly initialize Θ；
2	Randomly shuffle dataset D；
3	repeat
4	for $i \in \{0,1,\cdots,|D|/s-1\}$ do
5	for $j \in \{1,\cdots,|\Theta|\}$ do
6	$\theta_j = \theta_j - \alpha \frac{1}{s} \sum_{k=i \times s}^{i \times s + s - 1} \frac{\partial}{\partial \theta_j} L_k(\Theta)$ w. r. t the loss function Eq. (12-21)
7	until convergence

表 12-1 中，s 表示更新参数时批量采样的样本大小，α 表示梯度更新的步长，$L_k(\Theta)$ 表示由第 k 个样本求得的关于 Θ 的损失函数。值得说明的是，本研究采用计算批量样本误差的方法，对模型参数进行平均更新，能够达到以较快训练速度取得较高训练准确性的效果。

实例三：在线学习。

为了使生产调度算法推荐模型能够在运行时也不断学习，从而借助实时数据自优化，促进模型向前动态演进，本研究将在离线训练的基础上，使用在线学习的方法优化模型参数。

可重构模型系统运行过程中，会产生预调度或重调度需求。这时，生产调度算法推荐模型需要根据相应的生产线状态与客户定制订单信息，选择最合适的调度算法进行生产调度，同时将调度结果作为在线样本对推荐模型进行迭代更新。与离线训练阶段利用批数据循环更新模型参数不同，在线学习每次只通过一个在线样本进行训练。在线学习调度算法推荐模型的伪代码见表 12-2。

表 12-2　在线学习调度算法推荐模型的伪代码

算法	在线训练模型参数
	Input：Offline Training Parameters Θ，Learning Rate α，Scheduling Signal S， 　　　　Top Sample Num k_1，Random Sample Num k_2
	Output：Model parameters Θ
1	if S then
2	Input machine features M and order features O
3	for $k \in \{1,2,\cdots,|A|\}$ do
4	Predict $\hat{y_k}$ via Eq. (12-16)-Eq. (12-21)
5	Rank $\hat{y_k}, k \in \{1,2,\cdots,|A|\}$ for A
6	Select TOP$-k_1$ algorithms into candidate algorithm set C
7	Random sample k_2 algorithms into C
8	for $k \in \{1,2,\cdots,|C|\}$ do
9	Observe $y_k \in [0,+\infty)$
10	for $j \in \{1,\cdots,|\Theta|\}$ do
11	$\theta_j = \theta_j - \alpha \dfrac{\partial}{\partial \theta_j} L_k(\Theta)$ w. r. t the loss function Eq(12-21)

　　具体而言，推荐模型选择调度算法求解问题时，首先需要预测所有调度算法的评价值并对其进行排序；然后选择排序中最优的若干算法进入候选集合，同时从其余算法中随机选择若干算法进入候选集合；分别用候选集合中每个调度算法求解出调度方案以及各方案对应的总成本；如果其中有调度算法不能在有限时间内求解，则终止该算法的计算，并将其总成本记为无穷大，即调度结果评价值 $y=0$；选出总成本最低的调度方案，作为优选方案，供可重构模型使用；针对每个有解的调度算法，分别取其总成本的倒数作为当前生产场景中的评价值 y；分别抽取候选集合中每个算法的相关数据作为在线样本，供推荐模型在线学习。

　　在线学习算法更新模型参数的过程如表 12-2 所示。这一过程中，模型参数不需要随机初始化，因为已经通过离线训练更新。当需要进行调度时，推荐模型先获取产线域和订单域的各项特征，再通过特征交互模型预测不同算法的评价值，并将预测值最优的 TOP$-k_1$ 个算法和随机选定的 k_2 个算法纳入候选算法集 C，分别求解调度总成本，并根据每个样本更新推荐模型参数。其中，每次调度将产生 $|C|$ 条样本，$\hat{y_k}$ 和 y_k 分别为第 k 条样本的预测评价值和真实评价值，$L_k(\Theta)$ 表示根据第 k 条样本得到的关于 Θ 的损失函数。

　　试验案例：在以上理论的基础上，本研究基于 TensorFlow 开发实现了离线与在线学习生产调度算法推荐模型，并将其整合到本可重构模型系统中去，以便为具体生产场景推荐最合适的调度算法。接下来，本研究将从推荐模型的训练过程与实用性能两方面设计实验，展示该模型的功能特性。

　　① 调度算法推荐模型的学习曲线。通过对上述调度算法推荐模型进行离线训练，我们得到其学习曲线，如图 12-20 所示。图中横轴代表训练代数，纵轴表示平均绝对误差，蓝色折线与橙色折线分别代表训练集与验证集上的实验结果。由于调度结果评价值 y 本身数量级较小，因此图中 MAE 计算结果亦较小。

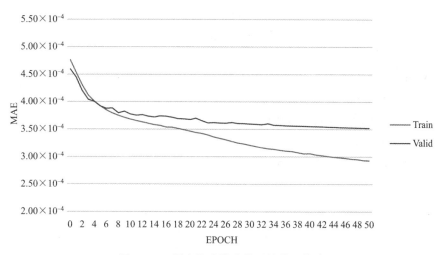

图 12-20　调度算法推荐模型的学习曲线

从图 12-20 中可以看出：在训练的前 8 代中，训练集与验证集的 MAE 均从较大值快速下降，且下降速率接近；第 8 代到第 25 代，训练集与验证集的 MAE 仍在下降，但训练集的 MAE 下降速率略快于验证集的 MAE；第 25 代到第 50 代，仅训练集的 MAE 保持明显下降趋势，验证集的 MAE 则只有轻微降低。最终，在这一训练集上离线训练调度算法推荐模型，经迭代 50 代后，验证集 MAE 趋近于 3.5×10^{-4}。

② 调度算法推荐模型的应用测试。本研究为该生产线重构出一种新的三工段生产线模型，并创建出 10 种不同的定制订单组合。

在兼具内生与外生不确定性的条件下，我们构建起三种在预调度与重调度时选取调度算法的策略：a. 仅使用固定的调度算法进行调度；b. 使用"离线学习生产调度算法推荐模型"选取算法进行调度；c. 使用"在线学习生产调度算法推荐模型"选取算法进行调度。

基于上述生产场景，以最小化总成本为目标，本研究仿真测试了三种策略的效果，如图 12-21 所示。从图 12-21 中不难发现，离线优选算法在大多数情况下均优于固定调度算法，而在线优选算法则在所有 10 种情况下均超越了离线优选算法与固定调度算法。这表明离线与在线优选算法推荐模型能够有效预测并选择出适合生产场景的调度算法，具有可观的应用价值，达到了我们的预期目标。

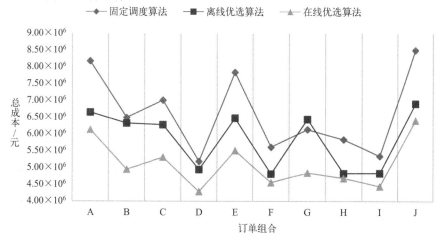

图 12-21　固定调度算法、离线学习推荐调度、在线学习推荐调度仿真比较

309

？思 考 题

1. 产线生产管控的基本功能有哪些？

2. 产线可重构指什么？具体可分为哪些层次？

3. 举例说明智能产线可重构模型的建模方法。

4. 生产调度可重构指什么？请举例说明。

5. 离散制造生产调度的常用优化算法有哪些？

参 考 文 献

[1] 钟登华. 新工科建设的内涵与行动 [J]. 高等工程教育研究, 2017 (3): 1-6.

[2] 夏建国, 赵军. 新工科建设背景下地方高校工程教育改革发展刍议 [J]. 高等工程教育研究, 2017 (3): 15-19, 65.

[3] 陆国栋, 李拓宇. "新工科"建设与发展的路径思考 [J]. 高等工程教育研究, 2017 (3): 20-26.

[4] 杨华勇, 张炜, 吴蓝迪. 面向中国制造2025的校企合作教育模式与改革策略研究 [J]. 高等工程教育研究, 2017 (3): 60-65.

[5] 胡波, 冯辉. 加快新工科建设, 推进工程教育改革创新——"综合性高校工程教育发展战略研讨会"综述 [J]. 复旦教育论坛, 2017 (2): 20-28, 2.

[6] 智能制造能力成熟度模型白皮书 (1.0 版) [R]. 中国电子技术标准化研究院, 2016.

[7] 张益, 冯毅萍, 荣冈. 智慧工厂的参考模型与关键技术 [J]. 计算机集成制造系统, 2016 (1): 1-12.

[8] 李明枫, 贺晓莹, 陆佳琪, 等. 基于机器视觉的机器人智能分拣实验平台开发 [J]. 实验技术与管理, 2019 (4): 87-91.

[9] 阎文舟. 柔性上料机与视觉辅助抓取系统的开发 [D]. 杭州: 浙江大学, 2016.

[10] 杨亮, 郭志军, 李文生, 等. 基于视觉伺服的桌面型机械臂创新实验平台研制 [J]. 实验技术与管理, 2018 (5): 92-94.

[11] 周济. 智能制造——"中国制造2025"的主攻方向 [J]. 中国机械工程, 2015 (17): 2274-2284.

[12] 杨帅. 工业4.0与工业互联网: 比较、启示与应对策略 [J]. 当代财经, 2015 (8): 99-107.

[13] 吴晓蓓. 《中国制造2025》与自动化专业人才培养 [J]. 中国大学教学, 2015 (8): 9-11.

[14] 信息物理系统白皮书 (2017) [R]. 北京, 中国电子技术标准化研究院, 2017.

[15] 张益, 冯毅萍, 荣冈. 面向智能制造的生产执行系统及其技术转型 [J]. 信息与控制, 2017 (4): 452-461.

[16] 张益, 冯毅萍, 荣冈. 智慧工厂的参考模型与关键技术 [J]. 计算机集成制造系统, 2016 (1): 1-12.

[17] 陈国金, 姜周曙, 苏少辉, 等. 智能制造技术人才培养的实验教学体系研究 [J]. 实验室研究与探索, 2016 (11): 189-192, 195.

[18] 杨斌, 王振. 基于柔性制造系统工程训练教学的智能制造人才培养 [J]. 实验室研究与探索, 2017 (1): 193-195, 200.

[19] 赵升吨, 贾先. 智能制造及其核心信息设备的研究进展及趋势 [J]. 机械科学与技术, 2017 (1): 1-16.

[20] 冯毅萍, 荣冈, 赵久强, 等. 面向工程教育的智能制造教学工厂 [J]. 实验技术与管理, 2018 (5): 167-173.

[21] 博尔曼, 希尔根坎普. 工业以太网的原理与应用 [M]. 杜品圣, 张龙, 马玉敏译. 北京: 国防工业出版社, 2010.

[22] 崔桂梅, 顾婧弘, 刘丕亮. 基于西门子PLC网络化实验平台的设计 [J]. 实验室研究与探索, 2015 (3): 212-215.

[23] 刘海燕. 几种典型实践教学模式对应用型本科院校的启示 [J]. 理工高教研究, 2005 (6): 82-83.

[24] 石菁菁. 基于Tecnomatix的燃气轮机生产数字化双胞胎实践 [J]. 热能动力工程, 2016 (12): 116-119.

[25] 荣吉利, 杨永泰, 李健, 等. 空间机械臂建模方法与控制策略研究 [J]. 宇航学报, 2012 (11): 1564-1569.

[26] 孙亮, 马江, 阮晓钢. 六自由度机械臂轨迹规划与仿真研究 [J]. 控制工程, 2010 (3): 388-392.

[27] 李进生. 六自由度机械臂轨迹规划算法设计及仿真分析 [J]. 制造业自动化, 2013 (21): 104-106.

[28] 胡友忠. 基于动力学的机械臂最优轨迹规划 [D]. 杭州: 浙江大学, 2016.

[29] 何兆楚, 何元烈, 曾碧. RRT与人工势场法结合的机械臂避障规划 [J]. 工业工程, 2017 (2): 56-63.

[30] 王俊龙, 张国良, 羊帆, 等. 改进人工势场法的机械臂避障路径规划 [J]. 计算机工程与应用, 2013 (21): 266-270.

[31] 郭静, 罗华, 张涛. 机器视觉与应用 [J]. 电子科技, 2014 (7): 185-188.

［32］ 马怀志，吴清潇，郝颖明．基于提升小波和 SVM 分类的炼钢物料识别［J］．计算机工程与设计，2010（18）：4093-4096.

［33］ 曹健飞．基于 Petri 网的生产物流系统仿真研究［D］．哈尔滨：哈尔滨工业大学，2011.

［34］ 乔岩．基于改进时间窗的 AGVs 调度仿真研究与系统开发［D］．南京：南京航空航天大学，2012.

［35］ 章逸丰．快速飞行物体的状态估计和轨迹预测［D］．杭州：浙江大学，2015.

［36］ 胡春，李平．连续工业生产与离散工业生产 MES 的比较［J］．化工自动化及仪表，2003（5）：1-4.

［37］ 陶飞，张贺，戚庆林，等．数字孪生模型构建理论及应用［J］．计算机集成制造系统，2021（1）：1-15.

［38］ 金炫智，潘戈，冯毅萍．基于微服务架构的生产调度仿真实验平台［C］//第 31 届中国过程控制会议（CPCC 2020）．2020：117.

［39］ 潘戈．面向智能制造示范产线的生产调度可重构模型研究［D］．杭州：浙江大学，2022.

［40］ Molly M K. Performance analysis using stochastic Petri nets［J］. IEEE Transactions on Computers，1982，C-31（9）：913-917.

［41］ Abele E，Metternich J，Tisch M，et al. Learning factories for research，education，and training［J］. Procedia CIRP，2015，32：1-6.

［42］ Judith E，Michael T，Joachim M. Learning factory requirements analysis-requirements of learning factory stakeholders on learning factories［J］. Procedia CIRP，2016，55：224-229.

［43］ Plorin D，Jentsch D，Hopf H，et al. Advanced learning factory（aLF）-method，implementation and evaluation［J］. Procedia CIRP，2015，32：13-18.

［44］ Tisch M，Hertle C，Abele E，et al. Learning factory design：a competency-oriented approach integrating three design levels［J］. International Journal of Computer Integrated Manufacturing，2016，29（12）：1355-1375.

［45］ Tisch M，Laudemann H，et al. Utility-based configuration of learning factories using a multidimensional，multiple-choice knapsack problem［J］. Procedia Manufacturing，2017，9：25-32.

［46］ Müler B C，Menn J P，Seliger G. Procedure for experiential learning to conduct material flow simulation projects，Enabled by learning factories［J］. Procedia Manufacturing，2017，9：283-290.

［47］ Olga O，Malin V G，Halvor H. Preconditions for learning factory［J］. Procedia CIRP，2016，54：35-40.

［48］ Judith E，Rupert G，Joachim M. Introducing a maturity model for learning factories［J］. Procedia Manufacturing，2017，9：1-8.

［49］ Wagner U，AlGeddawy T，Elmaraghy H，et al. The state-of-the-art and prospects of learning factories［J］. Procedia CIRP，2012，3：109-114.

［50］ Schuh G，Prote J P，Dany S，et al. Classification of a hybrid production infrastructure in a learning factory morphology［J］. Procedia Manufacturing，2017，9：17-24.

［51］ Bedolla J S，Antonio G D，Chiabert P. A novel approach for teaching IT tools within learning factories［J］. Procedia Manufacturing，2017，9：175-181.

［52］ Wagner P，Prinz C，Wannöffel M，et al. Learning factory for management，organization and workers' participation［J］. Procedia CIRP，2015，32：115-119.

［53］ Detlef Z. SmartFactory-towards a factory-of-things［J］. Annual Reviews in Control，2010，34（1）：129-138.

［54］ Clemens F，Dorothee F. Industry 4.0 learning factory for regional SMEs［J］. Procedia CIRP，2015，32：88-91.

［55］ Rentzos L，Mavrikios D，Chryssolouris G. A two-way knowledge interaction in manufacturing education：the teaching factory［J］. Procedia CIRP，2015，32：31-35.

［56］ Lanza G，Minges S，Stoll J，et al. Integrated and modular didactic and methodological concept for a learning factory［J］. Procedia CIRP，2016，54：136-140.

［57］ Karre H，Hammer M，Kleindienst M，et al. Transition towards an industry 4.0 state of the lean lab at graz university of technology［J］. Procedia Manufacturing，2017，9：206-213.

［58］ Andreas W，Siri A，et al. Using a learning factory approach to transfer industrie 4.0 approaches to small-and medium-sized enterprises [J]. Procedia CIRP，2016，54：89-94.

[59] Veza I，Gjeldum N，Mladineo M，et al. Development of assembly systems in lean learning factory at the university of splitIvica [J]. Procedia Manufacturing，2017，9：49-56.

[60] Chryssolourisa G，Mavrikiosa D，Rentzosa L. The teaching factory：a manufacturing education paradigm [J]. Procedia CIRP，2016，57：44-48.

[61] Kemérry Z，Beregi R J，Erds G，et al. The MTA SZTAKI smart factory：platform for research and project-oriented skill development in higher education [J]. Procedia CIRP，2016，54：53-58.

[62] Erol S，Hold P，Ott K，et al. Tangible Industry 4.0：a scenario-based approach to learning for the future of production [J]. Procedia CIRP，2016，54：13-18.

[63] Christopher P，Friedrich M，et al. Learning factory modules for smart factories in industrie 4.0 [J]. Procedia CIRP，2016，54：113-118.

[64] Anastasiia M，Juan V A. Learning factories for the operationalization of sustainability assessment tools for manufacturing：bridging the gap between academia and industry [J]. Procedia CIRP，2016，54：95-100.

[65] Tisch M，Hertle C，et al. A systematic approach on developing action-oriented，competency-based Learning Factories [J]. Procedia CIRP，2013，7：580-585.

[66] Kai F S，Peter N L. Cyber-physical production systems combined with logistic models- a learning factory concept for an improved production planning and control-SeienceDirect [J]. Procedia CIRP，2015，32：92-97.

[67] Jiang H C，Liu S R，Zhang B T. Inverse kinematics analysis for 6 degree-of-freedom modular manipulator [J]. Journal of Zhejiang University，2010，44 (7)：1348-1354.

[68] Lozano-Perez T. A simple motion-planning algorithm for general robot manipulators [J]. IEEE Journal on Robotics and Automation，1987，3 (3)：224-238.

[69] Gosselin C，Angeles J. Singularity analysis of closed-loop kinematic chains [J]. IEEE Transactions on Robotics and Automation，1990，6 (3)：281-290.

[70] Kavraki L E，Kolountzakis M N，Latombe J C. Analysis of probabilistic roadmaps for path planning [J]. IEEE Transactions on Robotics & Automation，1998，4 (1)：166-171.

[71] Zhao CH，Wang FL，Lu NY，et al. Stage-based soft-transition multiple PCA modeling and on-line monitoring strategy for batch processes [J]. Journal of Process Control，2007，17 (9)：728-741.

[72] Zhao C，Sun Y. Step-wise sequential phase partition (SSPP) algorithm based statistical modeling and online process monitoring [J]. Chemometrics and Intelligent Laboratory Systems，2013，125 (Complete)：109-120.

[73] Shewhart W A. Quality control charts [J]. Bell Labs Technical Journal，1926，5 (4)：593-603.

[74] Runger G C，Wlllemain T R，Prabhu S. Average run lengths for cusum control charts applied to residuals [J]. Communications in Statistics - Theory and Methods，1995，24 (1)：273-282.

[75] Neubauer A S. The EWMA control chart：properties and comparison with other quality-control procedures by computer simulation [J]. Clinical Chemistry，1997，43 (4)：594-601.

[76] Lu C W，Reynolds M R. EWMA control charts for monitoring the mean of autocorrelated processes [J]. Journal of Quality Technology，1999，31 (2)：166-188.

[77] Cynthia A Lowry，Douglas C Montgomery. A review of multivariate control charts [J]. IIE Transactions，1995，27 (6)：800-810.

[78] Sida Peng，Yuan Liu，Qixing Huang，et al. Pvnet：Pixel-wise voting network for 6dof pose estimation [C] //Proceedings of the IEEE Conference on Computer Vision and Pattern Recognition，2019：4561-4570.

[79] Hua W，Zhou Z，Wu J，et al. Rede：end-to-end object 6d pose robust estimation using differentiable outliers elimination [J]. IEEE Robotics and Automation Letters，2021，6 (2)：2886-2893.

[80] Lin T Y，Maire M，Belongie S，et al. Microsoft coco：common objects in context [C] //European Conference on Computer Vision. Springer，Cham，2014：740-755.

[81] Khatib O. Real-time obstacle avoidance for manipulators and mobile robots [C] //Proceedings. 1985 IEEE International Conference on Robotics and Automation. IEEE，1985，2：500-505.

[82] iciliano B，Sciavicco L，Villani L，et al. Robotics：modelling，planning and control [M]. Springer Science & Business Media，2010.

[83] Ott C，Mukherjee R，Nakamura Y. Unified impedance and admittance control [C] //2010 IEEE International Conference on Robotics and Automation. IEEE，2010：554-561.

[84] Gers F A，Schmidhuber J，Cummins F. Learning to forget：continual prediction with LSTM [J]. Neural Computation，2000，12 (10)：2451-2471.

[85] Kianoush Azarm，et al. Conflict-free motion of multiple mobile robots based ondecentralized motion planning and negotiation [J]. Proceeding of the 1997 IEEE International Conference on Robotics and Automation，1997，4：3526-3533.

[86] Khatlib O. Real-time obstacle avoidance for manipulators and mobile robots [J]. International Journal of Robotics Research，1986，5 (1)：90-98.

[87] Rashid A T，Ali A A，Frasca M，et al. Path planning with obstacle avoidance based on visibility binary tree algorithm [J]. Robotics & Autonomous System，2013，61 (12)：1440-1449.

[88] Reddy B S P，Rao C S P. A hybrid multi-objective GA for simultaneous scheduling of machines and AGVs in FMS [J]. International Journal of Advanced Manufacturing Technology，2006，31 (5-6)：602-613.

[89] Mousavi M. Multi-objective AGV scheduling in an FMS using a hybrid of genetic algorithm and particle swarm optimization [J]. PLoS ONE，2017，12 (3).

[90] Lu C，Gao L，Li X，et al. Energy-efficient permutation flow shop scheduling problem using a hybrid multi-objective backtracking search algorithm [J]. Journal of Cleaner Production，2017，144：228-238.

[91] Guomin Li，Bing Zeng，Wei Liao，et al. A new AGV scheduling algorithm based on harmony search for material transfer in a real-world manufacturing system [J]. Advances in Mechanical Engineering，2018，Vol. 10DOAJ.

[92] Cai B，Huang S，Liu D，et al. Rescheduling policies for large-scale task allocation of autonomous straddle carriers under uncertainty at automated container terminals [J]. Robotics & Autonomous Systems，2014，62 (4)：506-514.

[93] Ewgenij G，Max K，Rolf H M，et al. Conflict-free vehicle routing load balancing and deadlock prevention [J]. EURO Journal on Transportation and Logistics，2012，1 (1)：87-111.

[94] Umar U A，Ariffin M K A，Ismail N，et al. Priority-based genetic algorithm for conflict-free automated guided vehicle routing [J]. Procedia Engineering，2012，50 (9)：732-739.

[95] Prinz C，Morlock F，Freith S，et al. Learning factory modules for smart factories in industries 4.0 [J]. Procedia Cirp，2016，54：113-118.

[96] Koren Y，Shpitalni M. Design of reconfigurable manufacturing systems [J]. Journal of Manufacturing Systems，2010，29 (4)：130-141.

[97] Stecke K E. Formulation and solution of nonlinear integer production planning problems for flexible manufacturing systems [J]. Management Science，1983，29 (3)：273-288.

[98] Doulgeri Z，Magaletti N. Production control policies for a flexible assembly system [J]. Robotics and Computer-Integrated Manufacturing，1991，8 (2)：113-119.

[99] Son Y K，Park C S. Economic measure of productivity，quality and flexibility in advanced manufacturing systems [J]. Journal of Manufacturing Systems，1987，6 (3)：193-207.

[100] Cochran D S，Arinez J F，Duda J W，et al. A decomposition approach for manufacturing system design [J]. Journal of Manufacturing Systems，2001，20 (6)：371-389.

[101] Bortolini M，Ferrari E，Gamberi M，et al. Assembly system design in the Industry 4.0 era：a general framework [J]. IFAC World Congress，2018：5343-6015.

[102] 钟美华，姜济民，李景春等. 泛行业数字化人才转型趋势与路径蓝皮书 [R]. 华为技术有限公司，2022.

[103] e-work 制造企业智能制造人才培养白皮书，2023.